"十二五"普通高等教育本科国家级规划教材

计算机绘图教程（第4版）

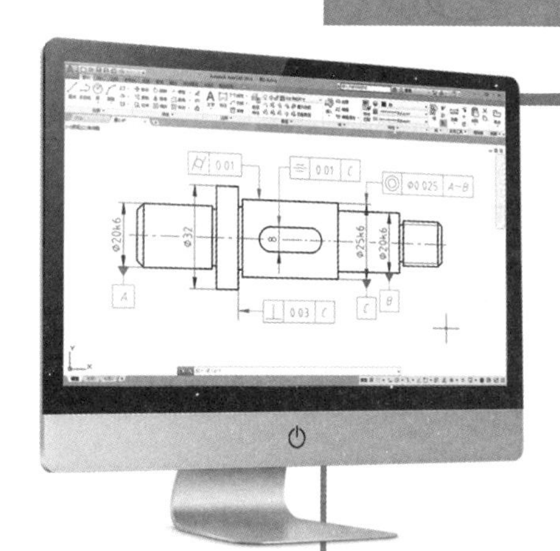

主编　许国玉　常艳艳　罗阿妮
主审　李广军　张生坦

AutoCAD 2018
Creo 4.0（Pro/E升级版）

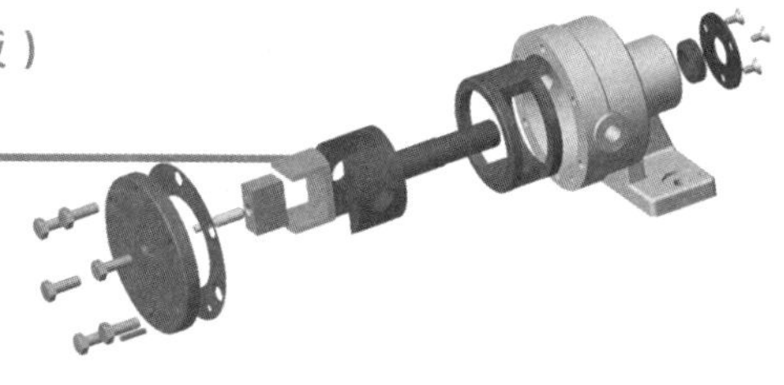

哈尔滨工程大学出版社
Harbin Engineering University Press

内容简介

本书是在"十二五"普通高等教育本科国家级规划教材《计算机绘图教程》的基础上修订而成的新形态数字化增强版教材，采用最新国家标准，简明、系统地介绍了 AutoCAD 2018 工程制图和 Creo 4.0(Pro/E 升级版)三维建模及工程图。全书共分 3 篇(12 章)和 3 个附录，主要内容包括 AutoCAD 基本知识、绘制平面图形、绘制零件图和装配图、AutoCAD 与常用软件数据转换、打印到图纸和打印到文件；Creo 基本知识、零件建模、装配建模、动画制作、由三维模型生成工程图样；附录包括 AutoCAD 2018 常用命令、AutoCAD 2018 快捷键和 Creo 4.0 快捷键；每章附有大量的工程实例、上机指导和练习。

本书结构清晰、内容丰富、语言简练，全书循序渐进、通俗易懂，具有很好的指导性、操作性和实用性，兼有普及与提高的双重功能，且与在线 MOOC 有机融合。

本书可作为计算机绘图教材、MOOC/SPOC 在线课程配套教材、CAD 培训教材，也可供计算机绘图的初学者自学和有一定经验的读者参考。

图书在版编目(CIP)数据

计算机绘图教程/许国玉，常艳艳，罗阿妮主编. —4 版. —哈尔滨：哈尔滨工程大学出版社，2019.7(2022.1 重印)
ISBN 978-7-5661-2204-9

Ⅰ. ①计… Ⅱ. ①许… ②常… ③罗… Ⅲ. ①AutoCAD 软件-教材 Ⅳ. ①TP391.72

中国版本图书馆 CIP 数据核字(2019)第 021297 号

选题策划：张林峰　刘凯元
责任编辑：刘凯元
封面设计：李海波

出版发行　哈尔滨工程大学出版社
社　　址　哈尔滨市南岗区南通大街 145 号
邮政编码　150001
发行电话　0451-82519328
传　　真　0451-82519699
经　　销　新华书店
印　　刷　哈尔滨圣铂印刷有限公司
开　　本　787 mm×1 092 mm　1/16
印　　张　20.75
字　　数　510 千字
版　　次　2019 年 7 月第 4 版
印　　次　2022 年 1 月第 4 次印刷
定　　价　55.00 元

http://www.hrbeupress.com
E-mail:heupress@hrbeu.edu.cn

前　言

计算机绘图广泛应用于机械等工程领域，AutoCAD 是当今世界最为流行的计算机辅助绘图和设计软件，其二维计算机绘图优势突出；Creo（Pro/E 升级版）是世界上广泛应用的 CAD/CAE/CAM 三维软件，其三维参数化建模功能强大、完善。

本书编者长期从事 AutoCAD 和 Creo（Pro/E 升级版）教学及应用、CAD 等级考试和竞赛工作，跟踪国家标准和工程图学课程的技术发展，已主编 3 版《计算机绘图教程》教材，融合多年教学研究成果，编写了第 4 版新形态数字化增强版教材。因此，本书具有如下特点：

（1）本书以机械图样为主线，注重现代工程实用，采用最新国家标准，图例规范，内容丰富实用，叙述通俗易懂、由浅入深、循序渐进。

（2）本书共分 3 篇（12 章）和 3 个附录，其中"第 1 篇 计算机绘图基础"简要介绍了计算机绘图相关国家标准规定；"第 2 篇 AutoCAD 工程制图"结合实例介绍了 AutoCAD 2018 常用功能、使用方法及技巧、数据转换、打印到图纸和打印到文件；"第 3 篇 Creo（Pro/E 升级版）三维建模及工程图"结合实例简要介绍了 Creo 4.0 零件建模、装配建模、爆炸图、动画制作和由三维模型生成工程图样的方法及技巧；在每章后附有上机指导和练习，有助于教师教学和学习者巩固所学知识；在附录中有 AutoCAD 2018 常用命令、AutoCAD 2018 快捷键和 Creo 4.0 快捷键，以便学习者全面了解 AutoCAD 2018 和 Creo 4.0 的功能并提高绘图和建模效率。

（3）本着少而精的原则，全书版面清晰、双色印刷、结构紧凑，技术知识含量高。

（4）本书融合"中国大学 MOOC"在线课程教学资源：

①扫描本书封面中的二维码或输入网址 http://www.icourse163.org/course/HRBEU-1003045002，可参加哈尔滨工程大学"计算机绘图—AutoCAD 和 Creo（Pro/E 升级版）"课程学习，该在线课程已在"中国大学 MOOC"网站上线。

②扫描本书章节中的二维码，可显示相应知识点的导学内容，便于查看 MOOC 在线课程中的相应视频。

本书是基于"十二五"普通高等教育本科国家级规划教材《计算机绘图教程》的新形态数字化教材，特别适用于作为计算机绘图教材、MOOC/SPOC 在线课程配套教材、CAD 培训教材，可供计算机绘图的初学者自学使用和有一定经验的读者参考。

本书由许国玉、常艳艳和罗阿妮主编，李广军和张生坦主审。参编人员还有张梦、崔木子、张武、吕金丽、张勇、韩旭东、杨恩程和郭兴召。全书由许国玉统稿整理。

本书编者得到了国内图学界知名专家们的指导，还参考了一些国内优秀书籍，在此深表谢意。

本书如有疏漏和不足之处，恳请广大读者和专家指正。

编　者

2019 年 5 月

目　录

第1篇　计算机绘图基础

第2篇　AutoCAD工程制图

第3篇 Creo(Pro/E 升级版)三维建模及工程图

第 1 篇

计算机绘图基础

本篇包括:

第1章 计算机绘图的基本知识

作为现代设计和绘图工作的一个重要手段,计算机绘图与手工绘图相比,能缩短设计和绘图周期、减少人力和物力、提高设计质量、便于用户内部管理和对外交流。

本章简要介绍计算机绘图与计算机辅助设计的概念、常用计算机绘图软件的应用以及学习计算机绘图的方法。

1.1 计算机绘图与计算机辅助设计

计算机绘图与计算机辅助设计既有联系又有区别,计算机绘图是计算机辅助设计的重要组成部分。目前,二维计算机绘图与三维建模越来越密切相关,进而计算机绘图与计算机辅助设计关系更加紧密。

1.1.1 计算机绘图

计算机绘图(Computer Aided Drawing)是利用计算机软件和硬件来绘制并可输出图形的一种方法和技术,它是在图学、应用数学及计算机科学三者有机结合的基础上迅速发展的技术。计算机绘图是把数字化的图形信息通过计算机存储、处理,并通过输出设备将图形显示或打印出来的过程。随着计算机硬件和软件功能的不断提高与完善,计算机绘图已被广泛应用于各个领域。

1.1.2 计算机辅助设计

计算机辅助设计(Computer Aided Design,CAD)是使用计算机软件和硬件来辅助人们对产品或工程进行设计的方法和技术,主要涉及图形处理技术、工程分析技术、数据管理与数据转换技术、图文档案处理技术和软件设计等基础技术,它是一种多学科综合应用的技术。通常,CAD 产品设计的过程是从概念设计、零部件三维建模及分析到工程图。计算机辅助设计包括设计、绘图、工程分析、优化、信息提取和文档制作等设计活动。

1.2 常用计算机绘图软件简介

常用工程图样包括机械、电气、建筑和土木工程图样。目前,许多软件都可以满足计算机绘图的需要,下面简单介绍常用的计算机绘图软件。

1.2.1 AutoCAD

AutoCAD 是美国 Autodesk 公司推出的国际工程设计领域中应用最为广泛的通用计算机辅助设计和绘图软件。从 1982 年的 AutoCAD 1.0 版本,经过 1.3,1.4,2.0,2.1,2.5,2.6,

9.0,R10,R11,R12,R13,R14,2000,2002,2004和以后每年的版本更新,AutoCAD已经从一个简单的绘图软件发展成包括三维建模在内的功能更加强大和完善的CAD系统,一直广泛应用于机械、建筑、航空航天、船舶与海洋工程、化工、轻工、汽车、电子、冶金、地质、气象和纺织等领域。

1.2.2 CAXA电子图板

CAXA电子图板是北京北航海尔软件有限公司开发的国产软件,具有符合国家标准的设置,以及易学、易用和绘图效率高等优点。CAXA电子图板提供了丰富的图库(包括机械和电子的标准图形符号等),在绘制装配图等方面具有明显的优势。

1.2.3 中望机械设计软件

中望机械设计软件以GB、ISO、ANSI、DIN和JIS等标准为设计依据,汇集机械行业专用功能、图库、图幅、图层和BOM表等智能化管理,使整个设计流程更加流畅、准确。

1.2.4 T-Arch

T-Arch是北京天正工程软件有限公司开发的国产系列软件(T-Arch天正建筑软件、T-WT天正给排水软件、T-Elec天正电气软件和T-Hvac天正暖通软件)之一,主要用于绘制建筑图。

1.2.5 Visio

Visio是Microsoft Office中一个功能较强大、操作极其方便的图形处理工具软件,其技术版的主要功能是创建各种流程图、计划图、工程图和网络结构图等,还能进行一些基本的图形处理。

1.2.6 Creo(Pro/E升级版)

Pro/ENGINEER(简称Pro/E)是美国PTC公司推出的三维参数化软件,经过二十几年的不断更新,其软件不断强大,一直是世界上应用最广泛的三维参数化主流软件。

Creo Parametric(简称Creo)是美国PTC公司推出的由Pro/ENGINEER Wildfire 5.0升级的CAD/CAE/CAM三维参数化软件系统,整合了PTC公司的Pro/ENGINEER的参数化技术、CoCreate的直接建模技术和ProductView的三维可视化技术。经过Creo 1.0、Creo 2.0、Creo 3.0和Creo 4.0的版本更新,Creo 4.0软件功能更加强大、完善,界面更加友好,可实现零件建模、装配建模、工程图输出、动态模拟与工程仿真和数控加工,实现了产品零部件从概念设计到制造全过程设计自动化,广泛应用于航空航天、机械、汽车、电气和计算机等领域的设计制造。

1.2.7 SolidWorks

SolidWorks是法国达索系统(Dassault Systemes)旗下子公司的三维机械设计自动化软件,可实现设计、绘图、装配和工程仿真,其软件具有功能强大和易学易用的优势,其中工程图模块可以快速地生成符合国家标准的零件图和装配图。

1.2.8　Inventor

Inventor 是美国 Autodesk 公司推出的三维参数化特征设计软件，可实现零件建模、钣金建模、装配建模、焊接、绘图和工程仿真，其软件易学易用、功能较强大，与 AutoCAD 和 3ds MAX 等软件具有兼容性好的特点。

1.2.9　CATIA

CATIA 是法国达索系统(Dassault Systemes)推出的 CAD/CAE/CAM 一体化的三维软件之一，其软件因曲面设计功能强大而具有明显优势，广泛应用于航空航天、汽车、造船和机械等产品设计与制造领域。

1.2.10　UG NX

UG NX 是 Siemens PLM Software 公司旗下的当前世界上最先进的、面向制造行业的 CAD/CAE/CAM 一体化的三维软件之一，提供了强大的实体建模技术和高效能的曲面建构能力，能够完成最复杂的造型设计，可高效实现设计、绘图、装配、工程仿真和数控加工。因此，UG NX 在工业界成为广泛应用的高级 CAD/CAE/CAM 系统。

1.2.11　SolidEdge

SolidEdge 是 Siemens PLM Software 公司旗下 CAD/CAE/CAM 一体化的三维软件之一，可实现设计、绘图、装配、工程仿真、钣金设计、产品制造信息管理、产品数据管理等功能，且可从二维视图转换为三维实体，其软件利用同步建模技术来加快设计和修改速度，并提高重用率。因此，SolidEdge 已经成功应用于机械、电子、航空、汽车、仪器仪表、模具和造船等领域。

综上所述，上述计算机绘图软件各有优势，用户应根据学习和工作需求选择适于自己的计算机绘图软件。本书主要介绍 AutoCAD 2018 和 Creo 4.0(Pro/E 升级版)软件，二者优势互补，可高质、有效地实现零件建模、装配建模、爆炸图、动画、工程图、工程分析和计算机辅助制造。

1.3　学习计算机绘图的方法

学习计算机绘图是实践性很强的过程，需要理论与实践紧密结合。为培养学习者的计算机绘图技能，学习计算机绘图应注意以下几方面。

(1)熟悉计算机绘图所需要的 Windows 等操作系统，以及常用硬件的基本操作要领。

(2)熟悉和遵守计算机绘图相关国家标准规定，掌握机械制图的知识要点。

(3)充分利用与本书配套的“中国大学 MOOC”在线课程教学资源。

①扫描本书封面中的二维码或输入网址 http://www.icourse163.org/course/HRBEU-1003045002，参加哈尔滨工程大学“计算机绘图—AutoCAD 和 Creo(Pro/E 升级版)”MOOC 课程学习，其中包括全部视频、上机作业及互评、测验、拓展与讨论、期末考试。

②扫描本书章节中的二维码，按显示相应知识点的导学内容，查看 MOOC 在线课程中的相应视频。

(4)经常上机实践，并及时按各章图例和章后的“上机指导和练习”操作。

(5)不断总结、积累经验，从而提高计算机绘图及建模的质量和效率。

第 2 章　计算机绘图相关国家标准规定

工程图样是工程界交流的"语言",工程图样必须符合 GB/T 14665—2012《机械工程 CAD 制图规则》和 GB/T 18229—2000《CAD 工程制图规则》等国家标准的有关规定;三维建模及工程图要遵循 GB/T 26099.1—2010《机械产品三维建模通用规则 第1部分:通用要求》、GB/T 26099.2—2010《机械产品三维建模通用规则 第2部分:零件建模》、GB/T 26099.3—2010《机械产品三维建模通用规则 第3部分:装配建模》、GB/T 26099.4—2010《机械产品三维建模通用规则 第4部分:模型投影工程图》和 GB/T 4458.3—2013《机械制图 轴测图》等国家标准的有关规定。本章将重点介绍有关计算机绘图的图纸幅面及格式、比例、字体、图线和尺寸注法、螺纹紧固件的画法及标注、极限与配合注法、表面结构的表示法和几何公差标注等国家标准知识。

2.1　图纸幅面和格式

绘制 CAD 工程图样时,其图纸应符合 GB/T 14689—2008《技术制图 图纸幅面和格式》和 GB/T 10609.1—2008《技术制图 标题栏》等有关规定。

2.1.1　图纸幅面

图纸的基本幅面和图框尺寸见表 2-1,其幅面代号中的数字可理解为将 A0 幅面($B \times L = 1\ m^2$)对折的次数。例如,A1 表示将 A0 幅面长边对折一次所得的幅面,依此类推。

表 2-1　图纸幅面和图框尺寸　　mm

幅面代号	A0	A1	A2	A3	A4
$B \times L$	841 × 1 189	594 × 841	420 × 594	297 × 420	210 × 297
e	20		10		
c	10			5	
a	25				

2.1.2　图框格式

在图纸上必须用粗实线画出图框,其格式分为留装订边和不留装订边两种,图纸可横放(X 型)或竖放(Y 型),如图 2-1 所示。一般 A3 幅面横放,A4 幅面竖放。

2.1.3　标题栏

每张图纸上都必须画出标题栏,标题栏格式和尺寸应符合 GB/T 10609.1—2008《技术

制图 标题栏》规定,如图 2－2 所示。标题栏的位置应位于图纸的右下角,在如图 2－1 所示的情况下,看图的方向与看标题栏的方向应一致。

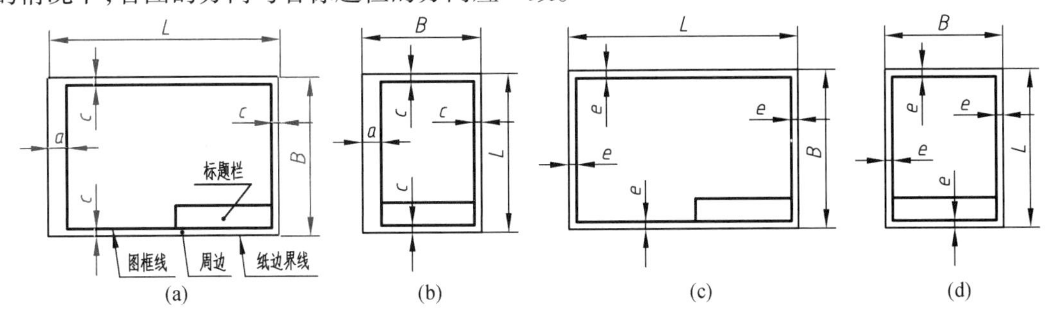

图 2－1　图框格式

(a)有装订边(X 型);(b)有装订边(Y 型);(c)无装订边(X 型);(d)无装订边(Y 型)

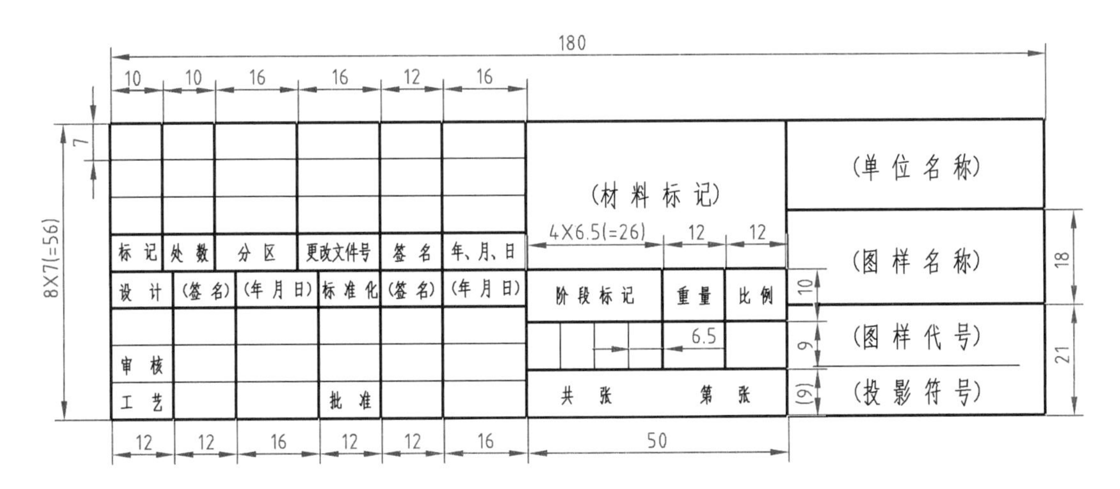

图 2－2　标题栏格式

在机械工程 CAD 制图中,根据需要设置如下附加符号:

(1)对中符号:为了使图样复制和缩微摄影时定位方便,在图纸各边长的中点处分别画出对中符号,如图 2－3 所示。对中符号用粗实线绘制,线宽不小于 0.5 mm,长度从纸边界开始至伸入图框内约 5 mm。对中符号处于标题栏范围时,伸入标题栏部分省略不画。

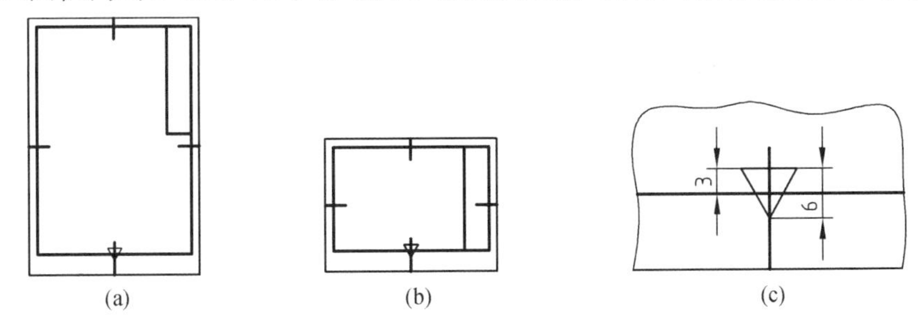

图 2－3　对中符号和方向符号

(a)标题栏的方位(X 型);(b)标题栏的方位(Y 型);(c)方向符号的尺寸和位置

(2)方向符号:当标题栏与看图方向不一致时,为了明确绘图与看图时图纸的方向,应在图纸下边对中符号处画出一个方向符号,表明其方向为看图方向,如图 2－3 所示。方向符号是用细实线绘制的等边三角形。

(3)投影符号:投影符号一般放置在标题栏中名称及代号区的下方,如图2-2所示。采用第一角画法时,省略标注其投影识别符号,必要时可画出其投影识别符号,如图2-4(a)所示;采用第三角画法时,必须在标题栏中画出第三角画法的投影识别符号,如图2-4(b)所示。投影符号中的粗实线线宽不小于0.5 mm。

说明 3个互相垂直的投影面将空间分成如图2-5所示8个分角,参见GB/T 14692—2008《技术制图 投影法》;GB/T 17451—1998《技术制图 图样画法 视图》规定技术图样应采用正投影法绘制,并优先采用第一角画法。

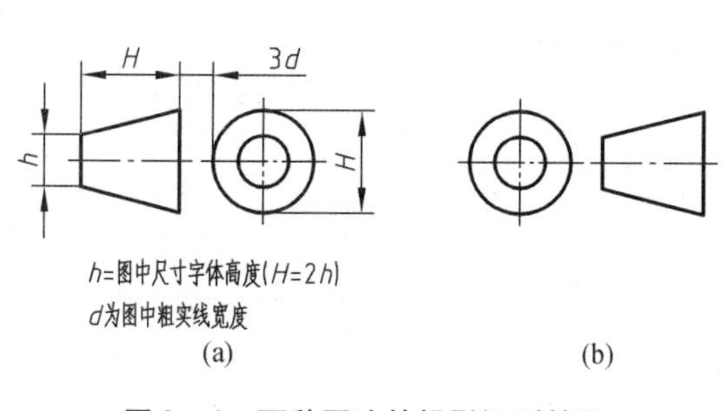

图2-4 两种画法的投影识别符号

(a)第一角画法;(b)第三角画法

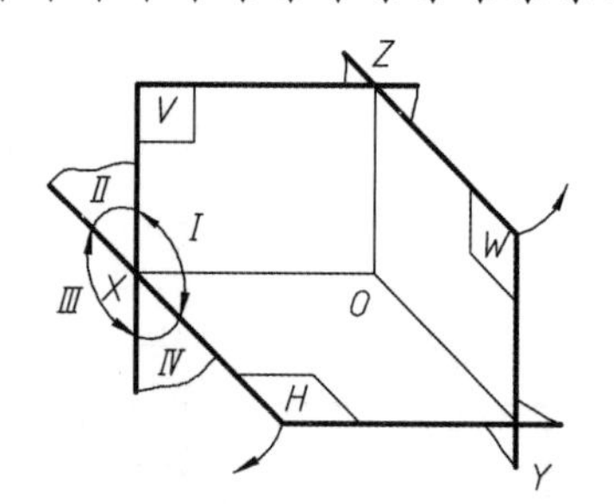

图2-5 空间8个分角

2.1.4 明细栏

GB/T 10609.2—2009《技术制图 明细栏》规定了装配图明细栏的格式和尺寸,明细栏一般配置在装配图中标题栏的上方,按由下而上的顺序填写,如图2-6所示。

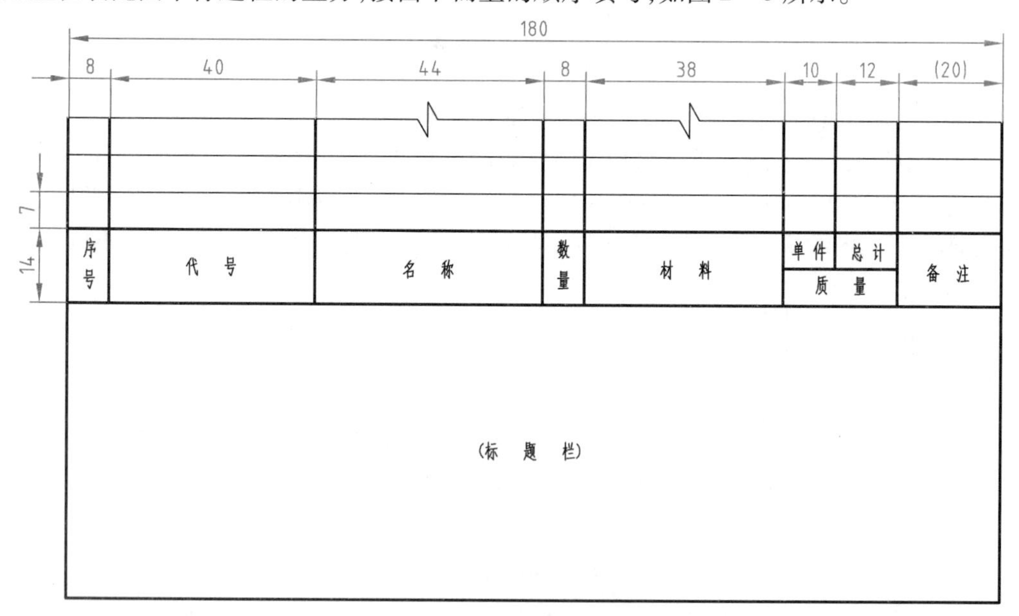

图2-6 装配图的明细栏格式

2.2　比　　例

比例是图中图形与其实物相应要素的线性尺寸之比,工程图样的比例大小应按GB/T 14690—1993《技术制图 比例》规定选择优先采用的比例,见表2-2。

表2-2　工程图样优先采用的比例

种　　类	优先采用的比例
原值比例	1:1
放大比例	2:1　5:1　1×10^n:1　2×10^n:1　5×10^n:1
缩小比例	1:2　1:5　1:1×10^n　1:2×10^n　1:5×10^n

注:n为正整数。

同一物体的各个视图,一般采用相同的比例绘制,其比例值标注在标题栏内。当某个视图为局部放大图时,在局部视图上方标注其局部放大图的比例。例如,$\frac{\mathrm{I}}{2:1}$,$\frac{B-B}{2:1}$和2:1。图形尺寸均按实物实际大小标注。

2.3　字　　体

在机械工程CAD制图中,所用字体应符合GB/T 14665—2012《机械工程 CAD制图规则》规定。字体号数(即字体高度,用h表示)的公称尺寸系列为1.8 mm,2.5 mm,3.5 mm,5 mm,7 mm,10 mm,14 mm,20 mm。

2.3.1　数字和字母

除表示变量的字母外,数字和字母一般应以正体输出。

2.3.2　汉字

汉字在输出时一般采用正体,并采用国家正式公布和推行的简化字。

2.3.3　字体高度与图纸幅面之间的选用关系

根据GB/T 14665—2012《机械工程 CAD制图规则》和GB/T 18229—2000《CAD工程制图规则》的规定,应按图纸幅面大小选用文字高度。在工程图样中,具体文字高度与图纸幅面之间的选用关系,可参见表2-3。

说明　用作指数、分数、极限偏差、注脚等的数字及字母,一般应采用小一号的字体。

表 2-3　工程图样中的文字高度

<table>
<tr><th>字符类别</th><th colspan="2">文字用途</th><th>A0</th><th>A1</th><th>A2</th><th>A3</th><th>A4</th></tr>
<tr><td rowspan="7">汉字、字母和数字</td><td colspan="2">图形的尺寸标注和文字</td><td colspan="2" rowspan="3">5</td><td colspan="3" rowspan="3">3.5</td></tr>
<tr><td colspan="2">技术要求中各项内容</td></tr>
<tr><td colspan="2">明细栏</td></tr>
<tr><td colspan="2">零、部件序号</td><td colspan="2" rowspan="2">7</td><td colspan="3" rowspan="2">5</td></tr>
<tr><td colspan="2">“技术要求”4 个字</td></tr>
<tr><td rowspan="2">标题栏</td><td>图样名称、单位名称、图样代号和材料标记</td><td colspan="5">5</td></tr>
<tr><td>其他</td><td colspan="5">3.5</td></tr>
</table>

2.4　图　　线

GB/T 14665—2012《机械工程 CAD 制图规则》规定机械工程的 CAD 制图应遵守 GB/T 17450 和 GB/T 4457.4 中的规定。

2.4.1　线宽

汉字图线宽度(d)的系列包括 0.13 mm,0.18 mm,0.25 mm,0.35 mm,0.5 mm,0.7 mm,1 mm,1.4 mm,2 mm。

为了便于机械工程 CAD 制图,GB/T 4457.4 中规定线宽分为 5 组,见表 2-4。机械图样中粗线与细线的宽度之比为 2:1,粗线的宽度常用 0.5 mm 和 0.7 mm。

表 2-4　图线宽度组别

组别	1	2	3	4	5	一般用途
线宽	2.0	1.4	1.0	0.7	0.5	粗实线、粗点画线、粗虚线
mm	1.0	0.7	0.5	0.35	0.25	细实线、波浪线、双折线、细虚线、细点画线、双点画线

2.4.2　线型和应用

在机械制图中,常用的线型和应用见表 2-5。

表 2-5　机械制图中常用的线型和应用

图线名称	线　型	应　用
粗实线		可见轮廓线、可见棱边、剖切符号
细实线		尺寸线、尺寸界线、剖面线、引出线、牙底线
虚线	$12d$　$3d$	不可见轮廓线、不可见棱边

表 2-5(续)

图线名称	线　型	应　用
点画线	24d　6.5d	对称线、中心线
双点画线	24d　10d	假想投影轮廓线、中断线
波浪线	～	断裂的边界线

注:d 为虚线、点画线或双点画线的线宽。

2.4.3　图线画法

绘制图形时,应注意如下几点:

(1)在同一张图样中,同类图线的宽度应一致。在虚线、点画线和双点画线中,长画和短画的长度及间隔应各自大小相等。

(2)两条平行线(包括剖面线)之间的间隙不小于粗线线宽的两倍。

(3)在较小的图形上绘制点画线和双点画线时,可用细实线代替。轴线和对称中心线的两端应超出相应轮廓线 2 ~ 5 mm。

2.4.4　图线分层和颜色

根据 GB/T 14665—2012《机械工程 CAD 制图规则》的规定,屏幕上显示的图线一般应按其国家标准提供的颜色显示,并要求相同类型的图线应采用同样的颜色,图样的常用线型在计算机中分层标识设置,见表 2-6。

表 2-6　线型的分层标识和颜色

标识号	描　述	屏幕上的颜色	国家标准
01	粗实线	白色	GB/T 14665—2012 GB/T 18229—2000
02	细实线、波浪线、双折线	绿色	
03	粗虚线	白色	
04	细虚线	黄色	
05	细点画线	红色	
06	粗点画线	棕色	
07	细双点画线	粉红色	

2.5　尺 寸 注 法

根据 GB/T 16675.2—2012《技术制图 简化表示法 第 2 部分:尺寸注法》和 GB/T 4458.4—2003《机械制图 尺寸注法》的规定,下面简介机械图样的尺寸注法。

图样中(包括技术要求和其他说明)的尺寸,以毫米为单位时,不需标注单位符号(或名称),如图 2 –7 所示。如果采用其他单位,则应注明相应的单位符号。

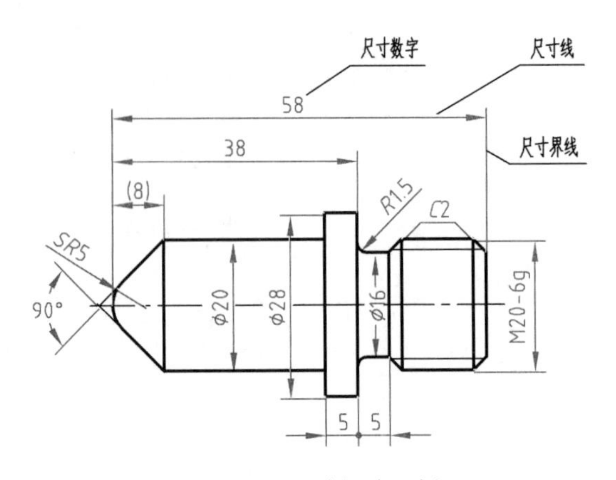

图 2 –7　尺寸标注示例

2.5.1　尺寸的组成

一个完整尺寸由尺寸界线、尺寸线和尺寸数字 3 部分组成,如图 2 –7 所示。

(1)在机械图样中,一般采用实心箭头作为尺寸线的终端。

(2)线性尺寸的数字一般应注写在尺寸线的上方,必要时也允许注写在尺寸线的中断处,如图 2 –7 所示。标注尺寸时,应尽可能使用符号或缩写词,常用的符号或缩写词见表 2 –7。

表 2 –7　标注尺寸的常用符号或缩写词

符号或缩写词	含　义	符号或缩写词	含　义
ϕ	直径	□	正方形
R	半径	↧	深度
$S\phi$	球直径	⌴	沉孔或锪平
SR	球半径	⌵	埋头孔
t	厚度	⌒	弧长
EQS	均布	∠	斜度
C	45°倒角	◁	锥度

说明　R、S、t 和 C 分别是 Radius(半径)、Sphere(球)、Thickness(厚度)和 Chamfer(倒角)的字首;EQS 是 equally spaced 的缩写。符号的高度同字高且线宽同文字的笔画线宽,参见 GB/T 4458.4—2003《机械制图 尺寸注法》。

国家标准对工程图样的尺寸注法有明确规定,常用尺寸注法见表 2 –8。

表 2－8　常用尺寸注法

内容	图例	说明
线性尺寸注法	(a)一般注法	尺寸界线一般应与尺寸线垂直
	(b)必要时倾斜	必要时才允许倾斜，在光滑过渡处标注尺寸时应用细实线将轮廓线延长，从两线交点处引出尺寸界线
尺寸数字注写方向	避免此范围标注尺寸 (a)一般注法	尺寸数字应按图(a)方向注写，并尽可能避免在图示 30°范围内标注尺寸
	(b)必要时引出	当无法避免在 30°范围内标注尺寸时，可按图(b)标注
直径注法	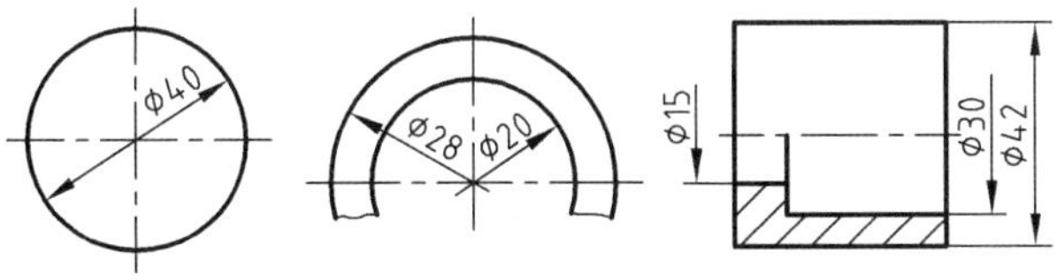	圆和大于 180°的圆弧应标注直径，并在尺寸数字前加注符号“ϕ”
半径注法	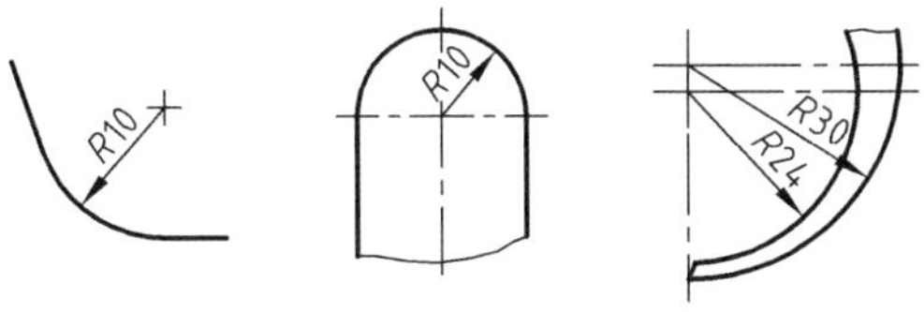	小于或等于 180°的圆弧应在反映其实形的视图上标注半径，并在尺寸数字前加注符号“R”
	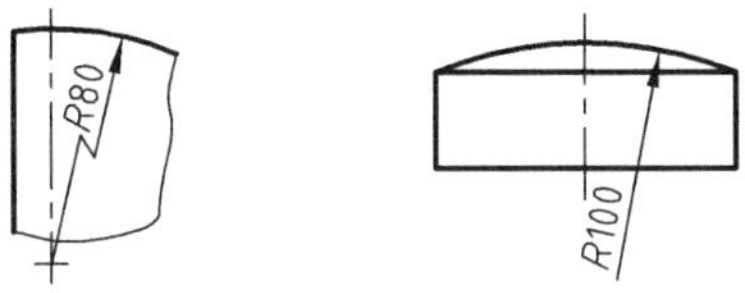	大圆弧的两种注法（圆弧半径过大或在图纸范围内无法标出其圆心位置，以及不需标出其圆心位置）
小尺寸注法	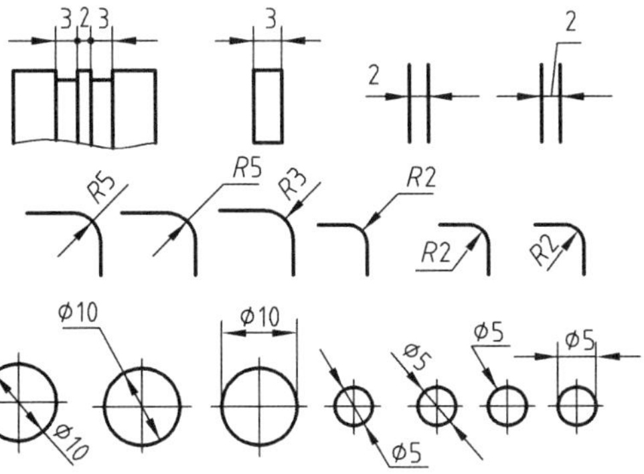	没有足够位置画箭头或注写数字的注法，允许用圆点代替箭头

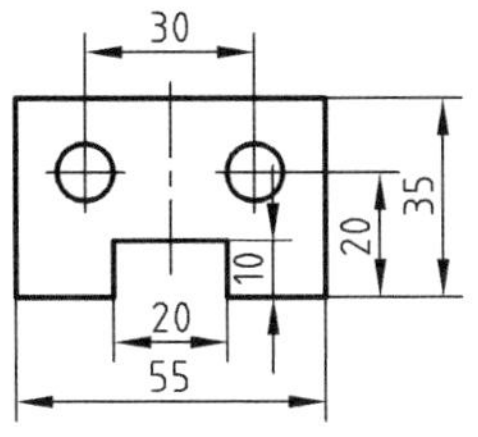

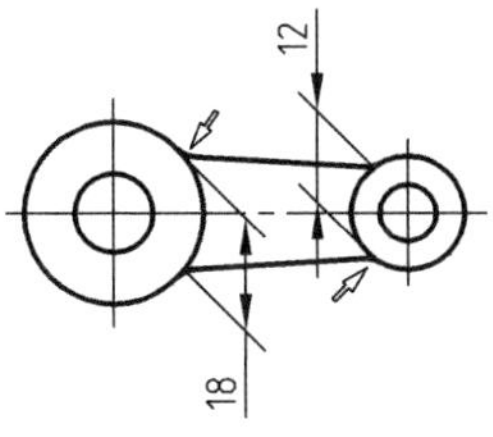

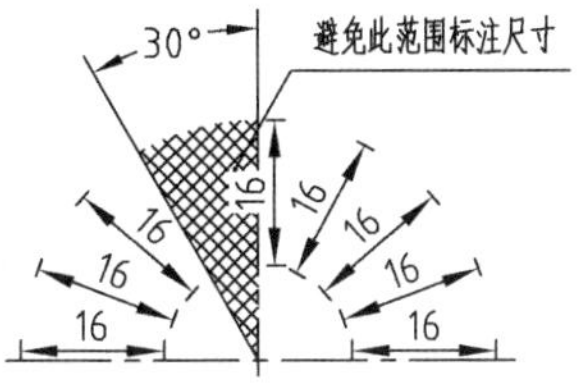

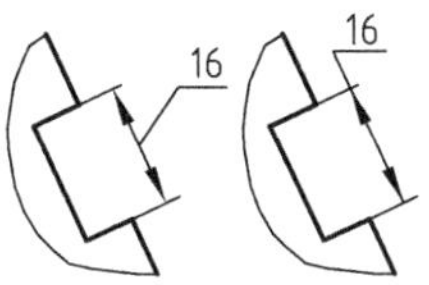

表 2-8(续)

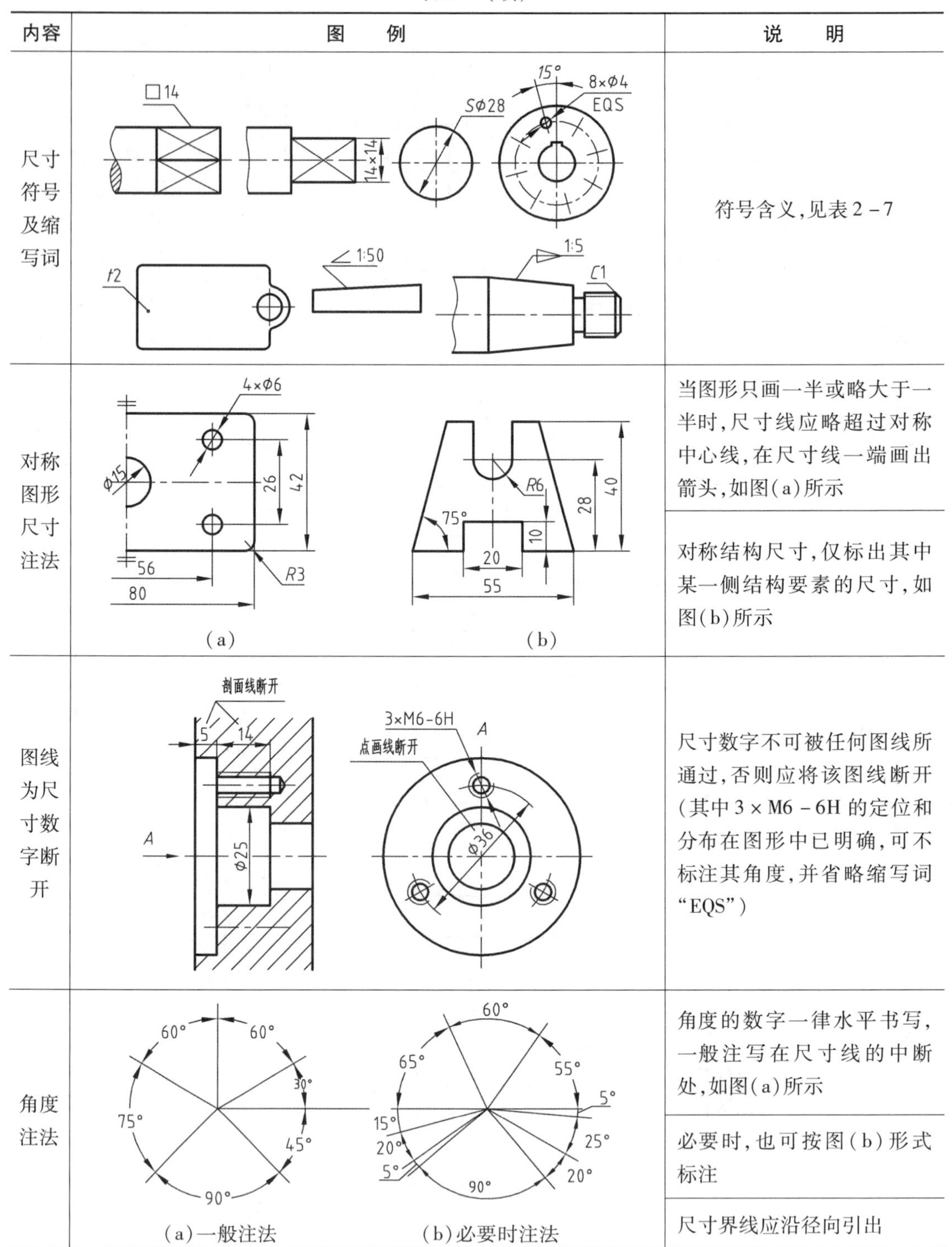

内容	图例	说明
尺寸符号及缩写词	□14、14×14、Sφ28、15°、8×φ4 EQS、t2、∠1:50、1:5、C1	符号含义,见表 2-7
对称图形尺寸注法	(a) 4×φ6、φ15、26、42、56、80、R3 (b) R6、75°、10、20、28、40、55	当图形只画一半或略大于一半时,尺寸线应略超过对称中心线,在尺寸线一端画出箭头,如图(a)所示 对称结构尺寸,仅标出其中某一侧结构要素的尺寸,如图(b)所示
图线为尺寸数字断开	剖面线断开、5、14、A、φ25、3×M6-6H、点画线断开、φ36	尺寸数字不可被任何图线所通过,否则应将该图线断开(其中 3×M6-6H 的定位和分布在图形中已明确,可不标注其角度,并省略缩写词“EQS”)
角度注法	(a)一般注法:60°、60°、30°、75°、45°、90° (b)必要时注法:60°、65°、55°、5°、15°、20°、5°、25°、90°、20°	角度的数字一律水平书写,一般注写在尺寸线的中断处,如图(a)所示 必要时,也可按图(b)形式标注 尺寸界线应沿径向引出

2.5.2 常见孔结构的尺寸注法

参见 GB/T 16675.2—2012《技术制图 简化表示法 第2部分:尺寸注法》,零件上常见孔结构的尺寸注法见表 2 –9。

表 2 –9　零件上常见孔结构的尺寸注法

孔类型		简化注法(一)	简化注法(二)	普通注法	说　　明
光孔	一般孔	4xΦ4↧10	4xΦ4↧10	4xΦ4 10	4 个直径为 $\phi4$ 的孔,深度为 10
	精加工孔	4xΦ4$^{+0.012}_{0}$↧10 孔↧12	4xΦ4$^{+0.012}_{0}$↧10 孔↧12	4xΦ4$^{+0.012}_{0}$ 10　12	4 个直径为 $\phi4$ 的孔,深度为 12;再精加工直径为 $\phi4^{+0.012}_{0}$,深度为 10
沉孔	锥形沉孔	6xΦ6.5 ⌵Φ10x90°	6xΦ6.5 ⌵Φ10x90°	90° Φ10 6xΦ6.5	6 个直径为 $\phi6.5$ 的孔,其锥形部分大头直径为 $\phi10$,且锥角为 90°
	柱形沉孔	8xΦ6.4 ⌴Φ12↧4.5	8xΦ6.4 ⌴Φ12↧4.5	Φ12 4.5 8xΦ6.4	8 个直径为 $\phi6.4$ 的孔,其圆柱形沉孔的直径为 $\phi12$,且深度为 4.5
	锪平孔	4xΦ7 ⌴Φ16	4xΦ7 ⌴Φ16	⌴Φ16 4xΦ7	4 个直径为 $\phi7$ 的孔,锪平孔直径为 $\phi16$,其深度不标注,只要加工与通孔轴垂直的圆平面
螺孔	通孔	3xM6-7H	3xM6-7H	3xM6-7H	3 个 M6 –7H 螺纹通孔
	不通孔	3xM6-7H↧10	3xM6-7H↧10	3xM6-7H 10	3 个 M6 –7H 螺纹孔,深为 10,钻孔深度不要求
		3xM6-7H↧10 孔↧12	3xM6-7H↧10 孔↧12	3xM6-7H 10　12	3 个 M6 –7H 螺纹孔,深为 10,钻孔深度为 12

2.6　螺纹紧固件的画法和标注

根据 GB/T 1237—2000《紧固件标记方法》和 GB/T 4459.1—1995《螺纹及螺纹紧固件表示法》规定,螺纹紧固件画法和简化标记见表2-10。

表2-10　螺纹紧固件画法和简化标记

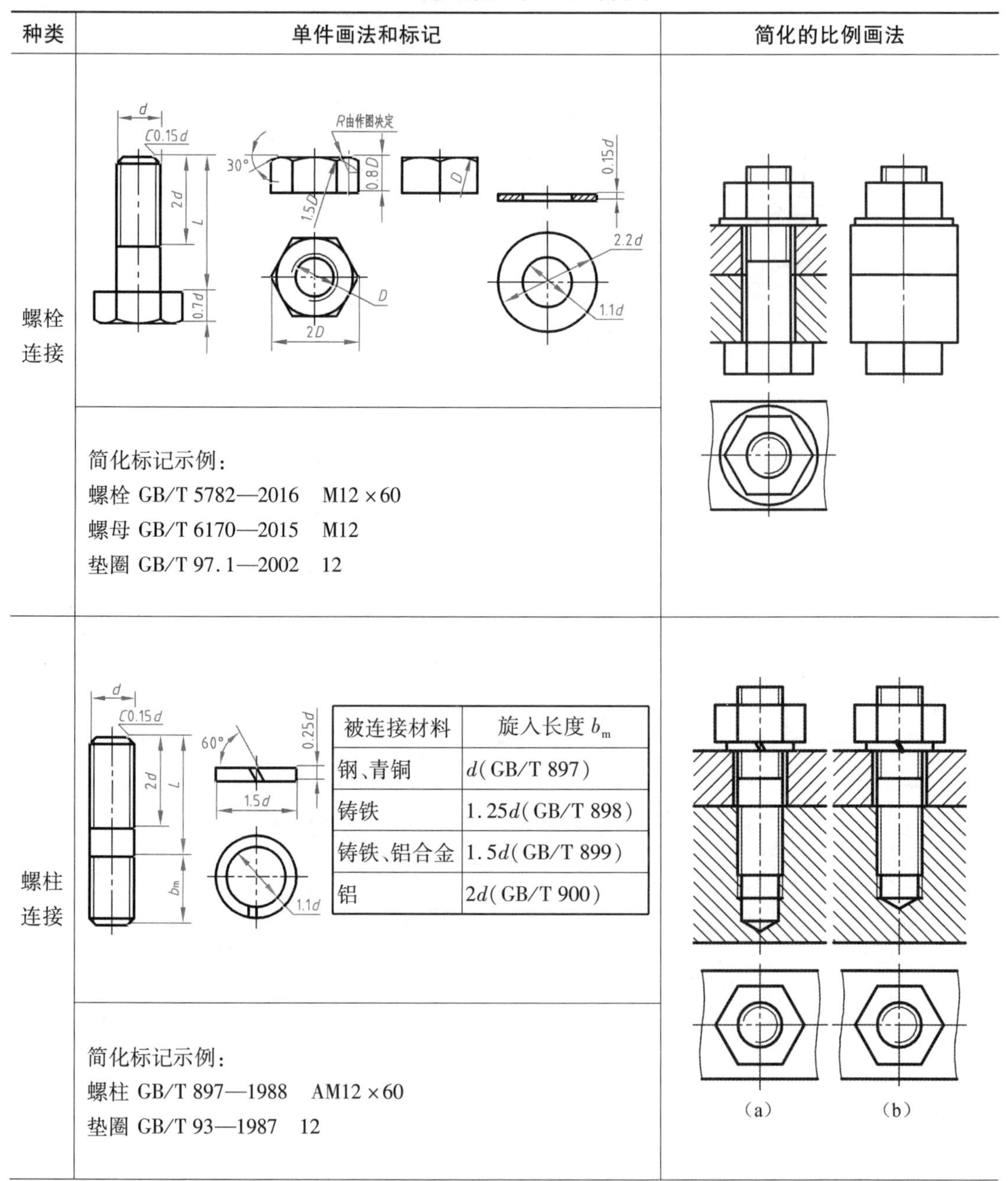

种类	单件画法和标记	简化的比例画法
螺栓连接	简化标记示例: 螺栓 GB/T 5782—2016　M12×60 螺母 GB/T 6170—2015　M12 垫圈 GB/T 97.1—2002　12	
螺柱连接	简化标记示例: 螺柱 GB/T 897—1988　AM12×60 垫圈 GB/T 93—1987　12	(a)　(b)

被连接材料	旋入长度 b_m
钢、青铜	d(GB/T 897)
铸铁	$1.25d$(GB/T 898)
铸铁、铝合金	$1.5d$(GB/T 899)
铝	$2d$(GB/T 900)

表 2－10(续)

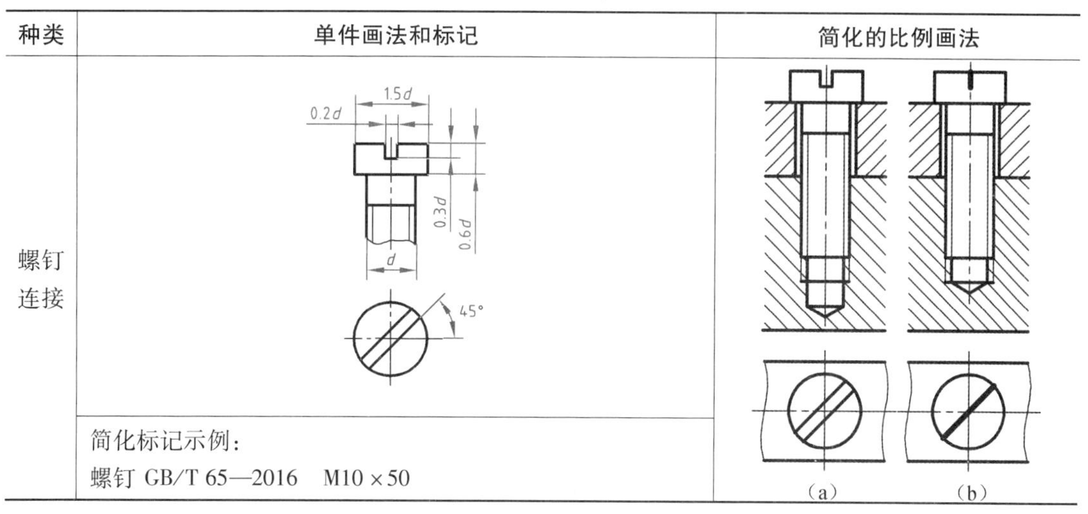

种类	单件画法和标记	简化的比例画法
螺钉连接	简化标记示例： 螺钉 GB/T 65—2016　M10×50	(a)　(b)

注：内螺纹和外螺纹的小径分别按 0.85D 和 0.85d 绘制。

2.7　极限与配合注法

根据 GB/T 1800.1—2009《产品几何技术规范(GPS)极限与配合 第 1 部分：公差、偏差和配合的基础》和 GB/T 4458.5—2003《机械制图 尺寸公差与配合注法》规定，零件图上的公差注法和装配图上的配合注法见表 2－11。

表 2－11　零件图上的公差注法和装配图上的配合注法

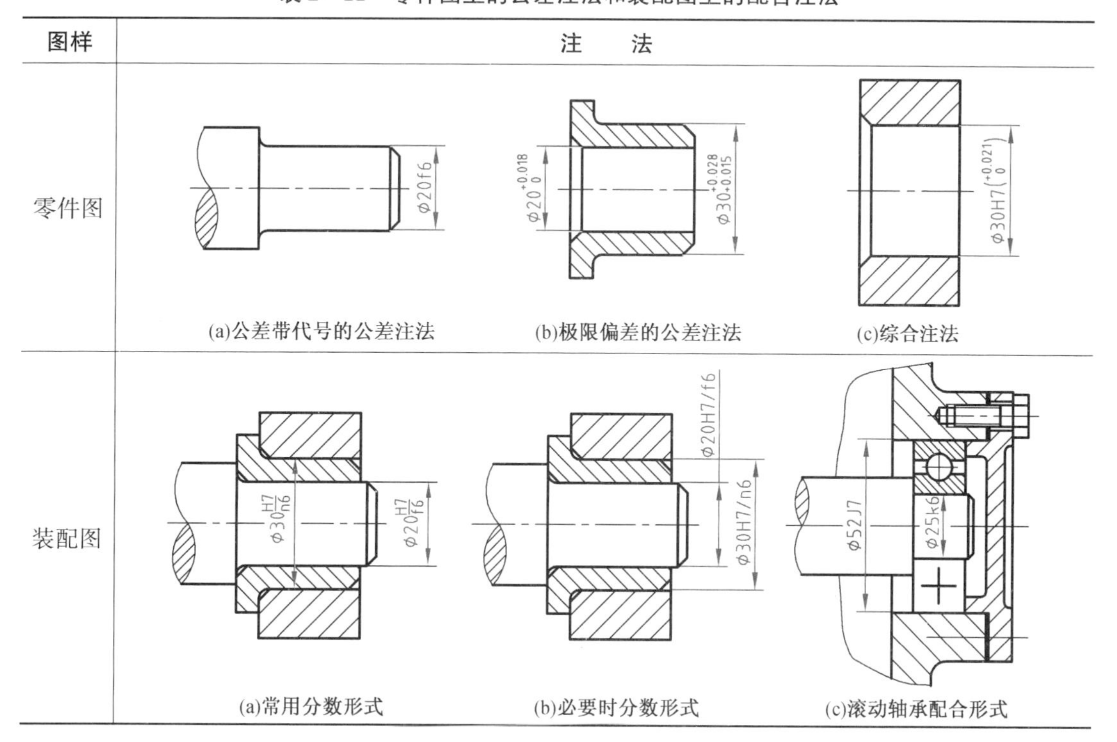

图样	注法
零件图	(a)公差带代号的公差注法　(b)极限偏差的公差注法　(c)综合注法
装配图	(a)常用分数形式　(b)必要时分数形式　(c)滚动轴承配合形式

2.8 几何公差标注

几何公差用于限制零件的几何形状、方向、位置和跳动公差的允许变动量。下面以图2-8所示轴为实例,简单介绍符合GB/T 1182—2008《产品几何技术规范(GPS) 几何公差 形状、方向、位置和跳动公差标注》和GB/T 17851—2010《产品几何技术规范(GPS) 几何公差基准和基准体系》规定的几何公差标注。

由图2-8所示轴零件的几何公差标注,可知其有如下要求:

(1)ϕ25k6 轴线相对于两个 ϕ20k6 公共轴线(公共基准 $A-B$)的同轴度公差为 ϕ0.025 mm;

(2)ϕ32 右端面相对于 ϕ25k6 轴线(基准 C)的垂直度公差为0.03 mm;

(3)键槽中心平面相对于 ϕ25k6 轴线(基准 C)的对称度公差为0.01 mm;

(4)ϕ25k6 圆柱表面的圆柱度公差为0.01 mm。

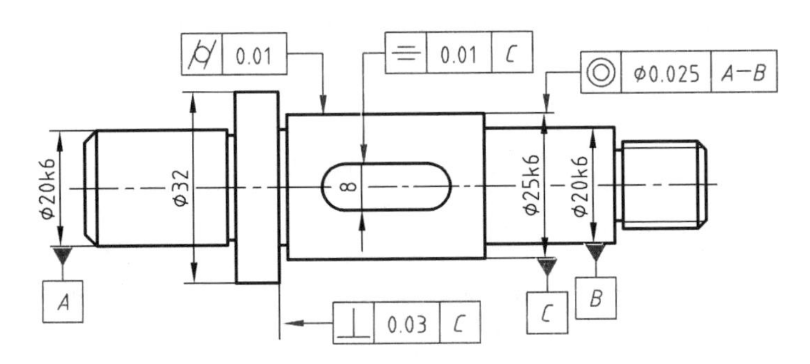

图2-8 几何公差标注示例

2.9 表面结构的表示法

表面结构包括粗糙度、波纹度和原始轮廓,其中粗糙度是指零件的加工表面上具有较小间距的峰谷所组成的微观几何特征。下面主要介绍GB/T 131—2006《产品几何技术规范(GPS) 技术产品文件中表面结构的表示法》规定的常用表示法。

2.9.1 表面结构符号的画法和尺寸

表面结构符号的画法和尺寸如图2-9所示,其具体尺寸见表2-12。

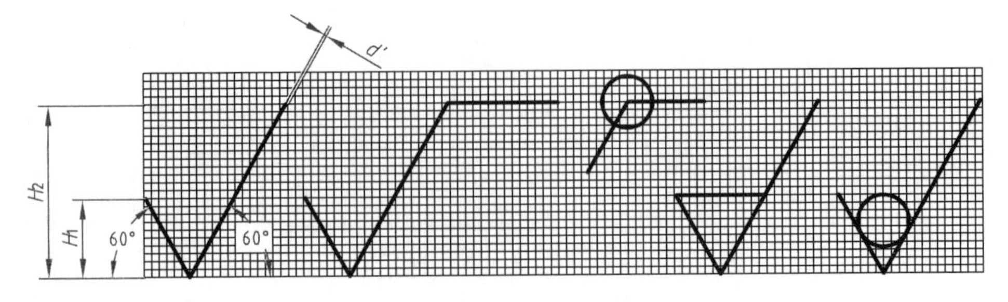

图2-9 表面结构符号的画法和尺寸

表2-12　基本图形符号尺寸

序号	数字和字母高度 h	符号线宽 d'	高度 H_1	高度 H_2（最小值）	适用图幅
1	3.5	0.35	5	10.5	A2,A3,A4
2	5	0.5	7	15	A0,A1

2.9.2　表面结构要求在图样中的注法

对每一表面的表面结构要求一般只标注一次，并尽可能注在相应的尺寸及其公差的同一视图上，其表面结构标注示例见表2-13。

表2-13　表面结构标注示例

序号	标注方法	图　例
1	表面结构的注写和读取方向与尺寸的注写和读取方向一致	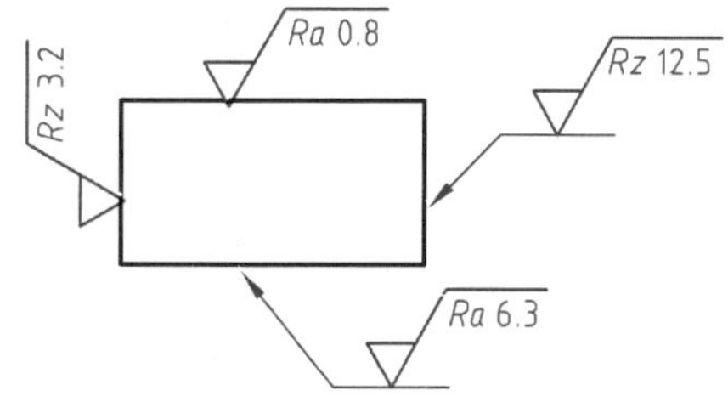
2	表面结构要求可标注在轮廓线上，其符号应从材料外指向并接触表面。必要时，表面结构符号也可用带箭头或黑点的指引线引出标注	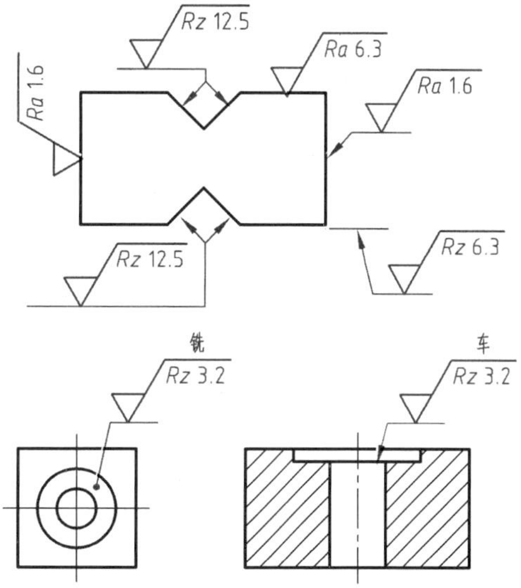
3	表面结构要求可标注在尺寸线上、延长线上或尺寸界线上，其中倒角和圆角可按主视图所示标注	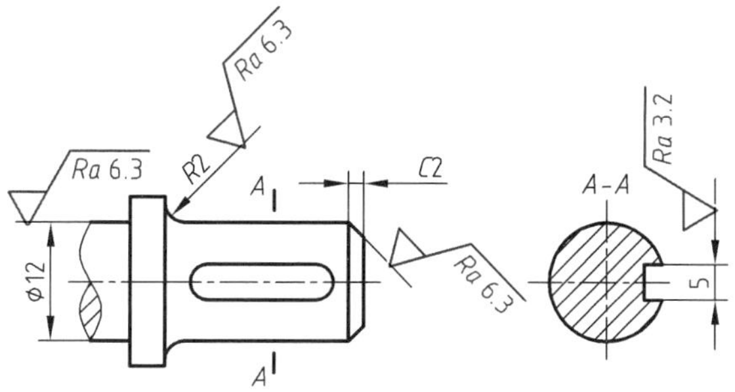

表 2－13(续)

序号	标注方法			图例
4	圆柱和棱柱表面的表面结构要求只标注一次。如果每个棱柱表面有不同的表面结构要求,则应分别单独标注			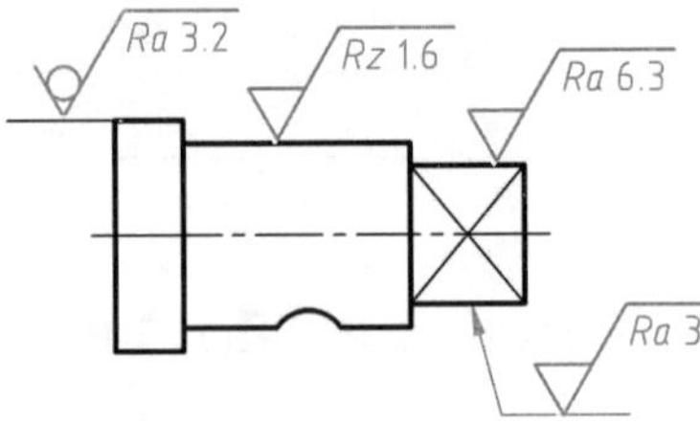 Ra 3.2　Rz 1.6　Ra 6.3　Ra 3.2
5	有相同表面结构要求的简化注法	当工件的全部表面具有相同的表面结构要求时,其要求可统一标注在图样的标题栏附近		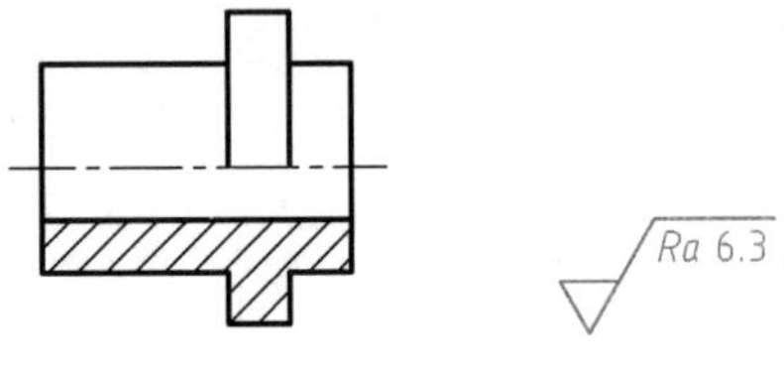 Ra 6.3
		如果在工件的多数有相同的表面结构要求,则其要求可统一标注在图样的标题栏附近	在圆括号内给出无任何其他标注的基本符号	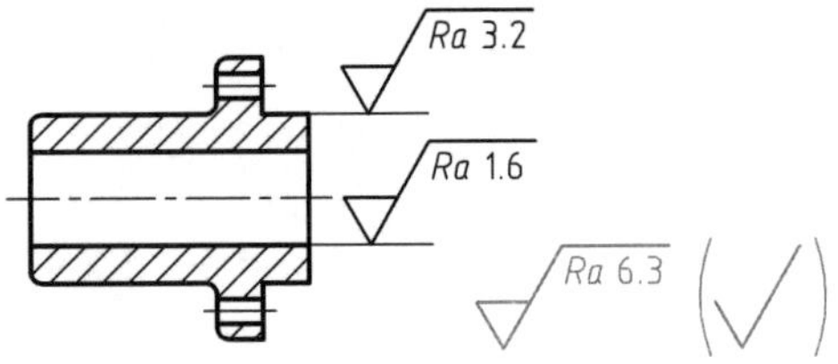 Ra 3.2　Ra 1.6　Ra 6.3
			在圆括号内给出不同的表面结构要求	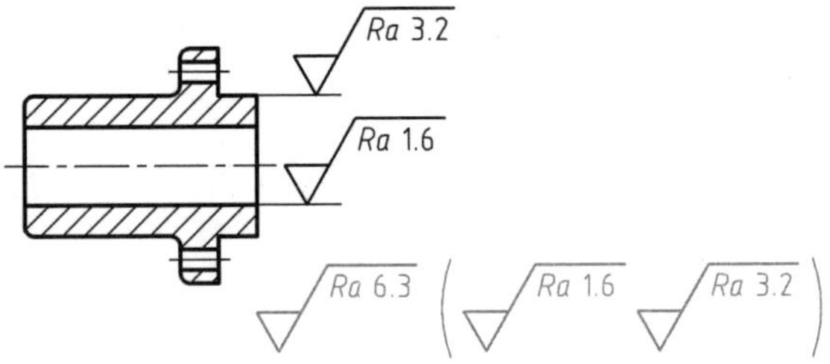 Ra 3.2　Ra 1.6　Ra 6.3　Ra 1.6　Ra 3.2
6	多个表面具有相同的表面结构要求或图纸空间有限时,可用简化注法	以等式的形式,在图形或标题栏附近标注	图中用带字母的完整符号	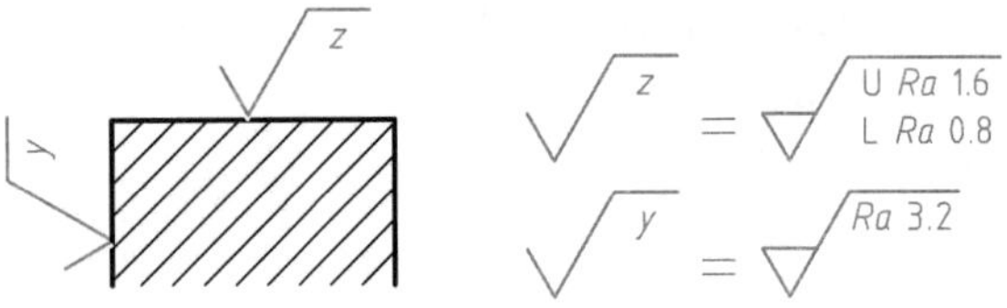 z　y　z = U Ra 1.6 L Ra 0.8　y = Ra 3.2
			图中只用表面结构符号	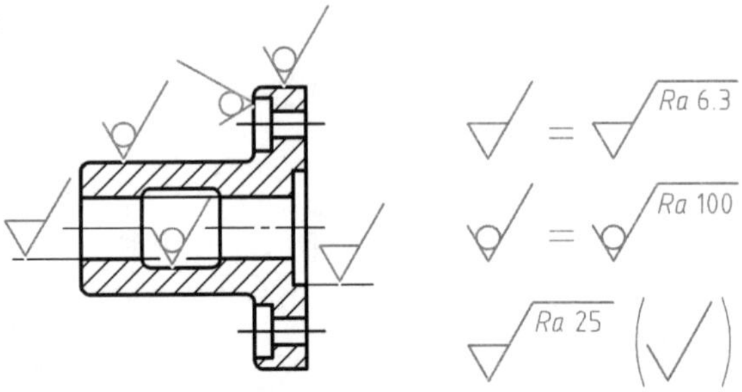 = Ra 6.3　= Ra 100　Ra 25

注:参数代号的第二个字母都是小写;在参数代号和极限值间应插入空格。

第2篇

AutoCAD 工程制图

本篇包括:

第3章　AutoCAD基本知识和绘图环境

AutoCAD是美国Autodesk公司推出的通用计算机辅助设计和绘图软件，其功能强大、使用方便、易于掌握，已成为工程界应用最为广泛和普及的计算机辅助设计及绘图软件。

本章主要介绍AutoCAD 2018的主要功能、安装、启动、工作界面、设置绘图环境、图形文件管理、精确定位绘图工具和显示控制。

3.1　AutoCAD主要功能、安装和启动

AutoCAD软件自1982年1.0版本问世，已经过三十余次的版本更新。AutoCAD 2018中文版的界面更加美观、实用和便捷，在性能和功能方面都有较大的增强，并与低版本完全兼容，其安装与启动是使用AutoCAD的基本操作。

3.1.1　AutoCAD主要功能

AutoCAD软件集二维绘图、三维建模、数据转换、二次开发、数据管理和网络通信等功能为一体，尤其在二维绘图与编辑、文字和尺寸标注、与其他常用软件数据转换及打印输出方面具有突出优势。

(1)二维绘图：可方便绘制零件图和装配图，详见例7-1和例7-2。另外，在“等轴测捕捉”模式下，可方便地绘制出二维正等轴测图，详见例7-3。

(2)三维建模及工程图：可直接创建基本实体、拉伸或旋转平面图形生成实体、布尔运算生成组合实体、扫掠或放样创建复杂曲面实体；还可由三维实体生成二维工程图。

(3)数据转换与打印输出：AutoCAD可将图形通过打印机或绘图仪打印在图纸上，还可与Creo(Pro/E升级版)、UG NX、SolidWorks、CAXA、Word、PowerPoint和Photoshop等其他软件数据转换，实现数据共享，从而增强使用其图形的灵活性，详见8.2节所述。

3.1.2　安装AutoCAD

为了保证软件在独立的计算机上正常运行，应确保计算机满足AutoCAD 2018软件最低系统需求为Windows 7及以上操作系统。要确认计算机是32位还是64位操作系统，然后安装与其操作系统对应的AutoCAD 2018软件。其安装操作如下：

(1)打开光驱或硬盘中AutoCAD 2018软件的安装文件夹；

(2)打开AutoCAD 2018安装文件夹中的安装说明文件；

(3)双击AutoCAD 2018安装文件夹中的“Setup.exe”文件进入安装界面，按安装向导的提示和安装说明进行操作，完成AutoCAD 2018软件安装；

(4)按安装说明完成AutoCAD 2018软件注册。

3.1.3　启动 AutoCAD

安装 AutoCAD 2018 后,系统会在 Windows 桌面上创建快捷图标,并在程序文件夹中创建 AutoCAD 2018 的程序组。启动 AutoCAD 2018,有如下几种方式:

(1)双击 Windows 桌面上 AutoCAD 2018 图标;

(2)单击 Windows 桌面左下角的【开始】按钮,选择菜单"【所有程序】→【Autodesk】→【AutoCAD 2018 - 简体中文(Simplified Chinese)】→【AutoCAD 2018 - 简体中文(Simplified Chinese)】"命令;

(3)双击已存盘的任意一个 AutoCAD 图形文件(*.dwg)或图形样板文件(*.dwt)。

3.2　AutoCAD 工作界面

安装并启动 AutoCAD 2018 后,即可进入初始界面和二维绘图界面。

3.2.1　AutoCAD 初始界面

启动 AutoCAD 2018 将默认进入如图 3 - 1 所示 AutoCAD 2018 初始界面的【开始】选项卡,其中包括【创建】和【了解】页面。

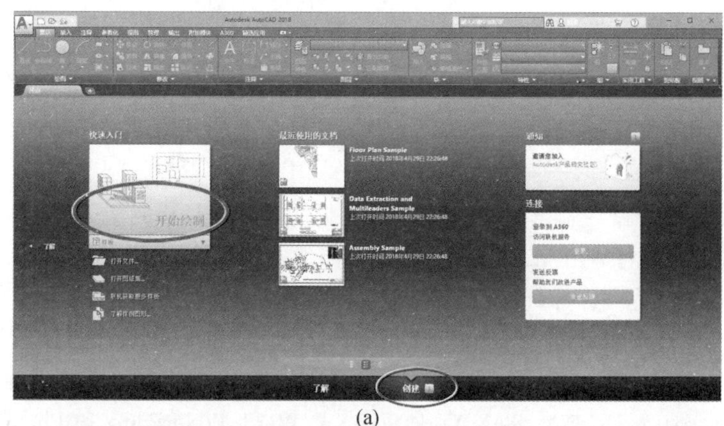

(a)

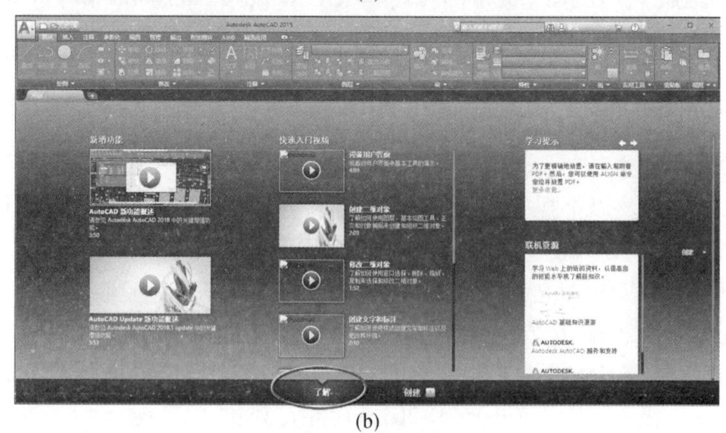

(b)

图 3 - 1　AutoCAD 2018 初始界面的【开始】选项卡

(a)【创建】页面;(b)【了解】页面

1.【创建】页面

【创建】页面是快速创建或打开图形文件的界面。单击【开始绘制】按钮或单击【开始】选项卡右侧的 按钮直接进入 AutoCAD 2018 二维绘图默认界面(即新建了一个图形文件),也可通过【开始绘制】按钮下方的【样板】下拉列表选择样板新建一个图形文件,还可通过【最近使用的文档】列表打开图形文件。

2.【了解】页面

在联网后,可在【了解】页面显示新增功能、快速入门视频、学习提示和联机资源。

3.2.2 AutoCAD 二维绘图界面

AutoCAD 2018 为用户提供【草图与注释】【三维基础】和【三维建模】工作空间(AutoCAD 2015 以后版本没有【AutoCAD 经典】工作空间),在状态栏上单击“切换工作空间”按钮 ,在显示菜单中选择工作空间,选择【将当前工作空间另存为...】选项可保存用户设置的界面。图 3-2 所示的 AutoCAD 二维绘图界面默认为【草图与注释】工作空间,主要包括标题栏、应用程序菜单按钮、【快速访问】工具栏、功能区、图形区、命令行窗口和状态栏。

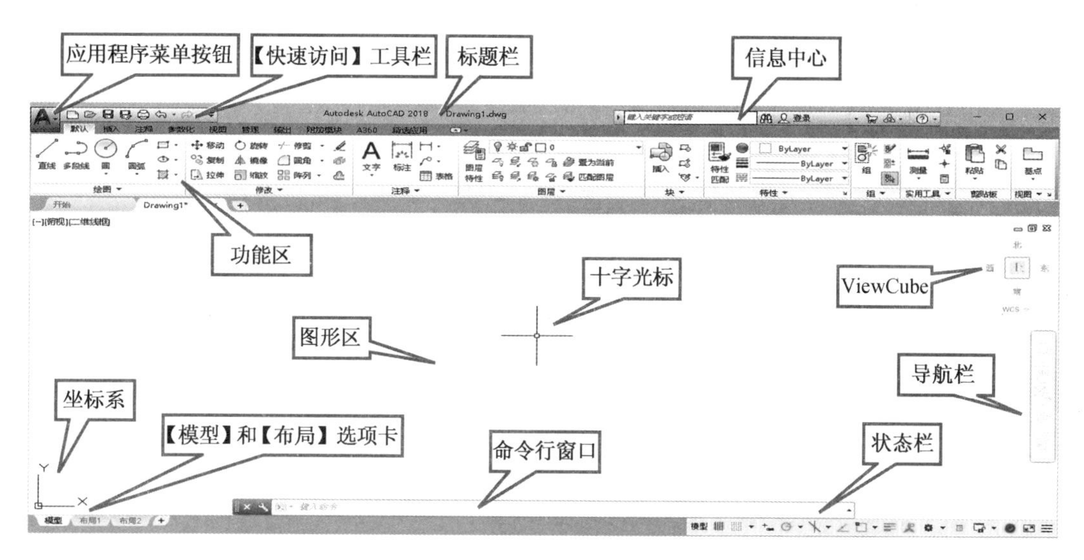

图 3-2 二维绘图界面

> **说明** 在二维绘图中,用户不需要显示 ViewCube(用于三维不同视角观察对象)。因此,选择功能区“【视图】→【视口工具】→【 ViewCube】”按钮隐藏 ViewCube。

1. 标题栏

标题栏是位于二维绘图界面最上边的条框,其中显示软件版本名称和图形文件名称。标题栏右端有“最小化”“最大化”和“关闭”按钮(或“最小化”“恢复窗口大小”和“关闭”按钮)。在非“最大化”时,可拖动其窗口位置。

2. 功能区

功能区是选项板之一,位于标题栏之下,其中包括【默认】【插入】【注释】【参数化】【视图】【管理】和【输出】等选项卡,如图3-2所示;各选项卡由若干面板组成。例如,【默认】选项卡由【绘图】【修改】【注释】【图层】【块】【特性】【组】【实用工具】【剪贴板】和【视图】面板组成。

(1)面板:各面板上有若干命令图标按钮,单击某一图标按钮将执行其按钮所代表的命令。例如,【绘图】面板上有“直线”和“圆”等绘图命令的图标按钮。

①滑出式面板:在面板标题的右侧有向下箭头按钮 ▾,表示可以展开其面板,即显示其面板的其他图标按钮。例如,【绘图】面板展开前后如图3-3(a)和图3-3(b)所示。单击滑出式面板上的 按钮,即可将图3-3(b)所示滑出式面板固定。

②单选按钮:在面板上可沿竖直或水平方向将多个单选按钮收拢为单个按钮,且在单个按钮下或右带有向下箭头按钮 ▾,单击 ▾ 按钮将以下拉方式显示所有相关选项按钮或命令按钮,以便切换,如图3-3(c)所示圆的单选按钮。

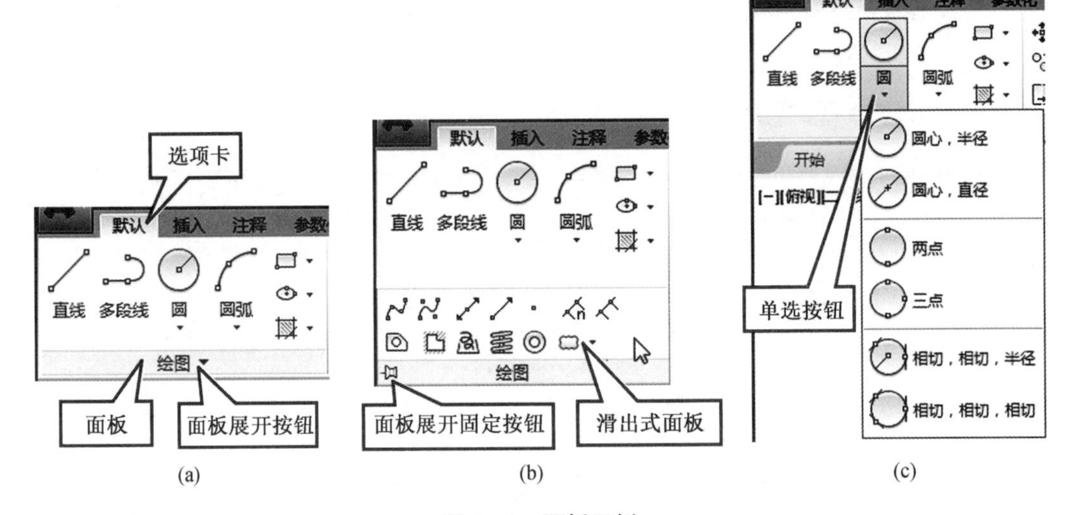

图3-3 面板示例

(a)【绘图】面板展开前;(b)【绘图】面板展开后;(c)【绘图】面板上单选按钮

③浮动面板:用户可将鼠标放在功能区的面板名称处,然后拖出面板使其处于浮动。浮动面板一直处于显示状态,直到将其拖回功能区(即使在切换了功能区选项卡的情况下其浮动面板也是处于显示状态)。

④“对话框启动器”按钮 ↘:在面板右侧单击 ↘ 按钮,将打开与其面板相关的对话框或选项板。例如,在【注释】选项卡的【文字】面板上单击 ↘ 按钮,将打开【文字样式】对话框;在【默认】选项卡的【特性】面板上单击 ↘ 按钮,将打开【特性】选项板。

(2)功能区快捷菜单:在功能区右击,弹出如图3-4所示快捷菜单,名称前有“✔”符号表示其对应的选项卡或面板已显示。

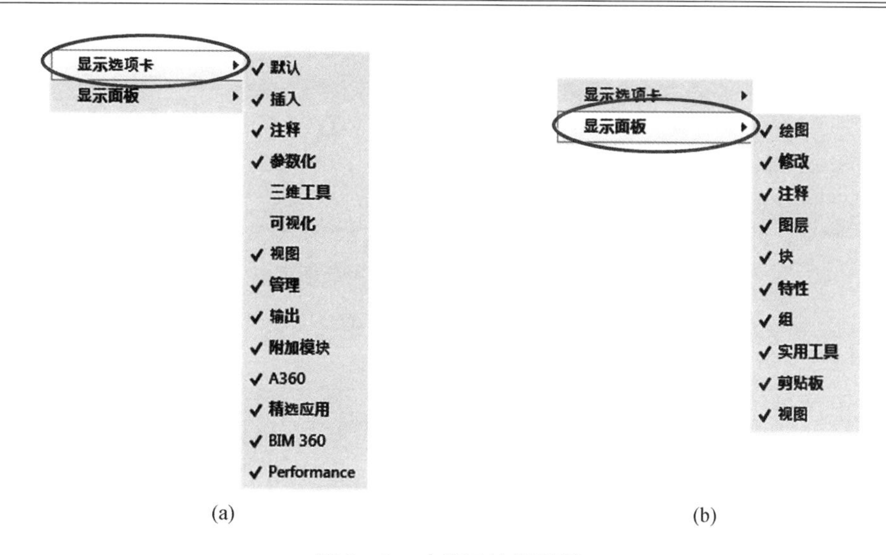

图3-4 功能区快捷菜单

(a)显示选项卡;(b)显示面板

(3)功能区上下文选项卡:在执行某些命令时,显示相应功能区上下文选项卡,结束其命令后将关闭,如图3-5所示。

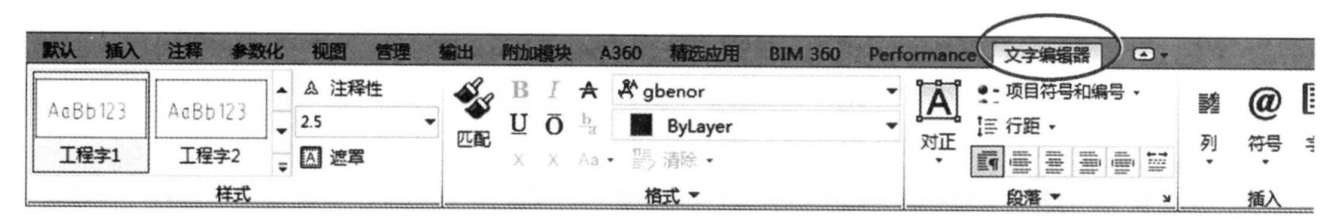

图3-5 功能区上下文选项卡

> **提示** 要关闭功能区上下文选项卡,一般可用如下方式之一。
>
> (1)在功能区上下文选项卡的【关闭】面板上,单击【关闭 * * *】按钮。
>
> (2)在图形区单击。
>
> (3)按Ctrl+Enter键。

(4)功能区最小化:在图3-6所示功能区选项卡标签行的最右处单击"最小化为选项卡(默认)/显示完整的功能区"切换按钮/,可实现"最小化为选项卡(默认)/显示完整的功能区"切换;单击按钮,弹出下拉菜单,选择【最小化为选项卡】【最小化为面板标题】或【最小化为面板按钮】选项可实现最小化选项切换;如果选择【循环浏览所有项】选项,则单击按钮可在【最小化为选项卡】【最小化为面板标题】【最小化为面板按钮】和默认的功能区之间切换。

(5)显示或隐藏功能区:【功能区】选项板默认水平位于窗口上部,选择菜单"【工具】→【选项板】→【功能区】"命令可显示或隐藏功能区;在任意选项卡处右击弹出快捷菜单,可选择【浮动】选项将其竖直显示,并可移动到所需位置。

图 3 -6　设置功能区最小化的选项菜单

3. 工具栏

工具栏由若干个图标按钮构成,单击工具栏上图标按钮将执行其按钮所代表的命令。

(1)【快速访问】工具栏:位于界面左侧顶部,放置常用命令的图标按钮(包括“新建”“打开”“保存”“另存为”“打印”“放弃”和“重做”按钮)。在【快速访问】工具栏上单击“自定义快速访问工具栏”按钮,弹出如图 3 -7 所示的自定义菜单,其中名称前有“✔”符号表示在【快速访问】工具栏上已显示其图标按钮。

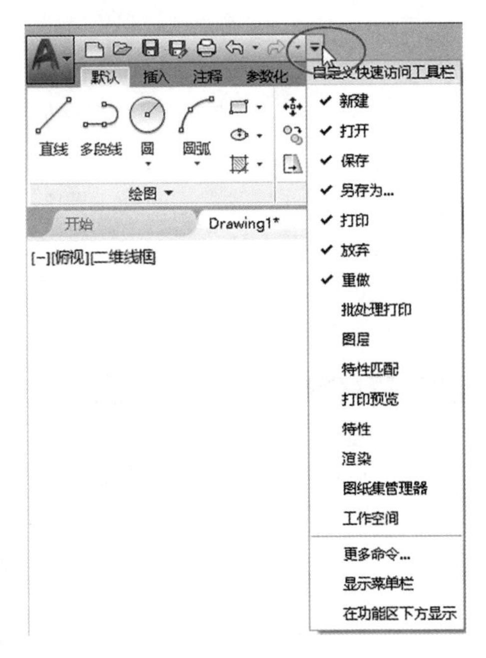

图 3 -7　自定义快速访问工具栏的菜单

(2)普通工具栏:AutoCAD 2018 提供了 52 个工具栏,其工具栏默认都处于隐藏状态,用户可根据需要显示所需工具栏。

下面以【对象捕捉】工具栏为例,介绍显示普通工具栏的方法,操作如下。

①显示菜单栏:在【快速访问】工具栏上单击按钮,弹出如图 3 -7 所示菜单,然后选择【显示菜单栏】选项,即显示经典的菜单栏。

②显示工具栏:选择菜单“【工具】→【工具栏】→【AutoCAD】→【对象捕捉】”命令,即可显示【对象捕捉】工具栏。

提示　在已显示工具栏的任一图标按钮处右击,将弹出工具栏快捷菜单,可控制显示/关闭其中的工具栏(工具栏名称前有“✔”符号表示显示其工具栏)。

4. 应用程序菜单和菜单栏

(1)应用程序菜单:在界面左上角单击“应用程序菜单”按钮,将打开应用程序下拉菜单,包括【新建】【打开】【保存】和【打印】等命令;还有【最近使用文档】【选项】和【退出 AutoCAD】按钮。

(2)菜单栏:AutoCAD 2018 菜单栏默认为隐藏状态,可显示菜单栏,包括【文件】【编辑】【视图】【插入】【格式】【工具】【绘图】【标注】【修改】【参数】【窗口】和【帮助】菜单项。

5. 图形区

图形区是绘制、编辑和显示图形对象的区域,相当于“图纸”。打开图形文件时,图形窗口都有其标题栏、图形区、【模型】和【布局】选项卡、坐标系图标和光标。

说明 在 AutoCAD 图形区中,未执行命令时,光标显示为十字线加小方框;执行绘图和标注命令时,光标显示为十字形状;执行修改命令时,光标呈现为小方框时表示正处于等待选择对象状态。

注意 AutoCAD 提供了模型空间和图纸空间两种环境。【模型】选项卡和【布局】选项卡分别对应“模型”窗口(默认模型空间)和“布局”窗口(图纸空间),如图 3-8 所示。通常,在模型空间中绘图、编辑、显示图形。

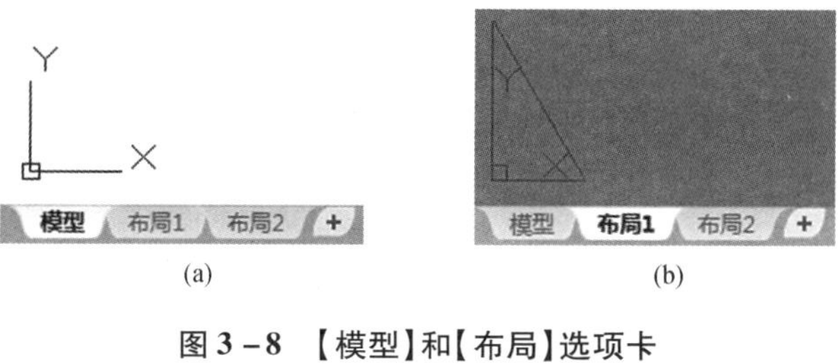

图 3-8 【模型】和【布局】选项卡

(a)模型空间;(b)图纸空间

6. 命令行窗口

命令行是输入命令和反馈命令参数及提示的区域,其中包括文本窗口。其默认位于图形窗口最下处,可拖动左侧黑边框将其放置到屏幕的任意位置。

要显示或隐藏命令行,操作如下。

命令方式:

◎ 功能区:【视图】→【选项板】→【 命令行】

◎ 菜单:【工具】→【命令行】

◎ 快捷键:Ctrl +9

通过键盘在命令行输入命令,还有通过功能区、菜单或工具栏等方式执行的命令,都将在命令行处显示命令的执行过程和下一步要如何操作的提示,如图 3-9 所示。

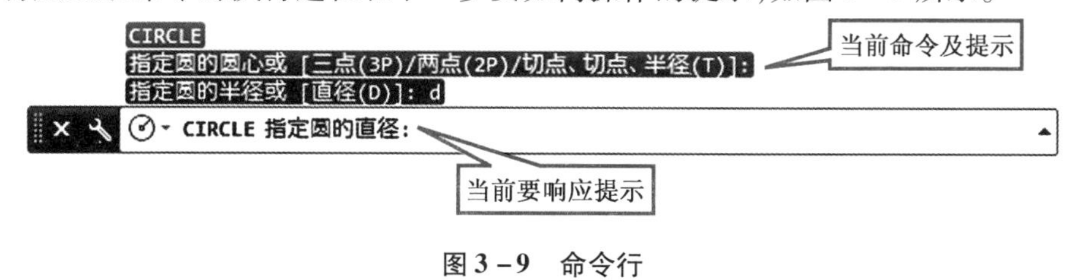

图 3-9 命令行

命令行的文本窗口是记录 AutoCAD 命令操作历史的窗口,其中含有与命令行相同的信息。默认文本窗口不显示,按 F2 键或单击命令行右侧按钮▲,可切换显示或隐藏文本窗口。

7. 状态栏

状态栏是位于操作界面最底部右侧的条框,包括“动态输入”“显示栅格”“捕捉栅格”“正交”“极轴追踪”“对象捕捉”“对象捕捉追踪”“显示线宽”和“快捷特性”等绘图辅助工具按钮,如图 3-2 所示。

3.3 AutoCAD 图形文件的基本设置和管理

要提高计算机绘图效率,首先要熟悉图形文件的基本设置和管理。

3.3.1 绘图基本设置流程

在 AutoCAD 中,创建图形文件并绘制二维图形,要做如下准备工作。

1. 新建文件

在如图 3 -1(a)所示 AutoCAD 2018 初始界面的【创建】页面单击【开始绘制】按钮,即可直接新建文件(默认 A3 图幅 420 ×297);也可在初始界面或二维绘图界面的【快速访问】工具栏上单击“新建”按钮,弹出【选择样板】对话框,选择“acadiso. dwt”公制样板文件,单击【打开】按钮完成新建文件。

2. 保存文件

在【快速访问】工具栏上,单击“保存”按钮或“另存为”按钮,保存图形文件(*. dwg)。

3. 设置图形界限

执行 LIMITS 命令设置图形界限,以便绘图和打印。例如,设置 A4 图幅,详见例 3 -1。

4. 设置绘图精度

执行 UNITS 命令,弹出【图形单位】对话框,在【长度】选项区的【精度】下拉列表中将默认四位小数设置为一位小数“0.0”或无小数“0”,详见图 3 -11。

5. 设置状态栏上精确定位绘图工具

通常,在状态栏上单击“显示栅格”按钮、“极轴追踪”按钮(“增量角”设置为 15)、“对象捕捉”按钮、“对象捕捉追踪”按钮和“显示线宽”按钮使其亮显,可基本满足绘图需求。另外,根据绘图需要,使“动态输入”按钮亮显,可方便、快捷绘图。

6. 显示图形界限

在命令行输入 SE,按 Enter 键,弹出【草图设置】对话框,取消勾选【显示超出界限的栅格】,详见图 3 -19 和表 3 -8;然后用“缩放”命令的如下两个选项之一可显示图形界限。

(1)显示全部:在命令行中输入 ZOOM(简写 Z),按 Enter 键,输入 A,再按 Enter 键,即执行 ZOOM 命令的“全部(A)”选项可显示图形界限。

(2)范围缩放:在图形区无任何对象时,单击图形区右侧“导航栏”上“范围缩放”按钮,即执行 ZOOM 命令的“范围(E)”选项可快速显示图形界限。

7. 设置图层

选择功能区“【默认】→【图层】→【图层特性】”按钮,打开【图层特性管理器】选项板,新建“1 粗实线”“2 细实线”“3 虚线”“4 点画线”“5 文字和尺寸”和“6 双点画线”图层,详见例 3 -6 和表 7 -1。

提示　用户要养成习惯:在绘图前,用 LIMITS 命令设置图形界限(即图纸幅面大小,默认 A3 图幅时不需执行此命令);然后在命令行输入 SE,按 Enter 键,弹出【草图设置】对话框,取消勾选【显示超出界限的栅格】(即栅格显示在图形界限之内);最后用 ZOOM 命令的“全部(A)”选项显示,以便在规定图纸幅面内(即栅格显示图形界限)绘制图形。

3.3.2　图形文件管理

AutoCAD 图形文件管理包括新建图形文件、打开已有图形文件、保存现有图形文件以及退出 AutoCAD 等操作。

1. 新建文件

启动 AutoCAD 2018 后,在其初始界面【新选项卡】上单击【开始绘制】按钮,默认新建一个名为“Drawing1. dwg”的图形文件,用户可直接在此图形文件上绘图;也可执行“新建”命令,新建图形文件。

命令方式:

◎ 命令:NEW 或 QNEW

◎ 菜单: 或【文件】→【新建】

◎ 工具栏:【快速访问】→

◎ 快捷键:Ctrl + N 或 Alt + 1

◎ “文件”选项卡:

操作:执行“新建”命令,弹出如图 3 - 10 所示【选择样板】对话框,选择其中已有图形样板文件,单击【打开】按钮,系统将打开一个基于图形样板的新文件。选择已有图形样板文件可快速创建新图形,创建图形样板文件的方法参见 7. 1 节所述。

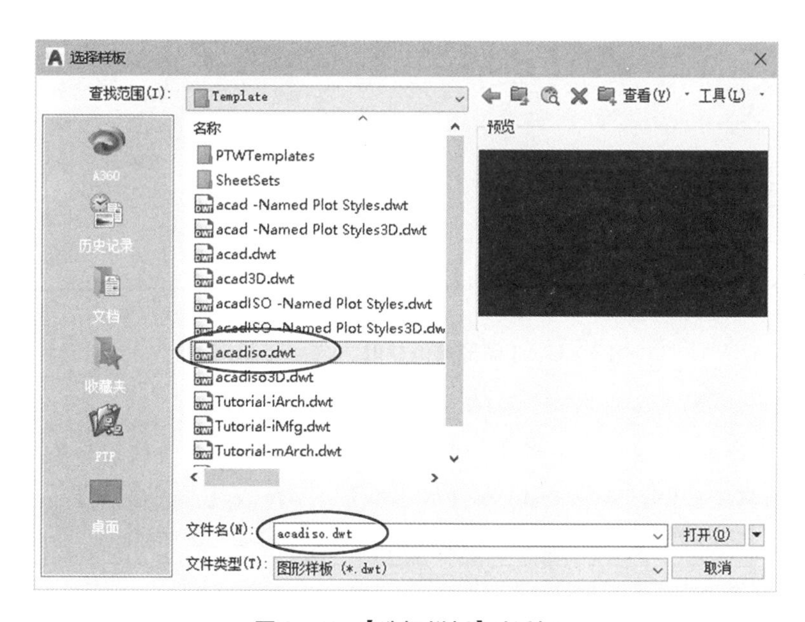

图 3 - 10　【选择样板】对话框

注意 在无特殊指定图形样板(例如,“A3 零件图的图形样板”)时,一般应默认选择图形样板文件“acadiso. dwt”(A3 图幅 420 ×297,单位为公制);而不要选择“acad. dwt”(图幅 12 ×9,单位为英制)。第一个新建的图形文件默认名称为“Drawing1. dwg”,再创建一个图形文件的默认名称为“Drawing2. dwg”。

说明 新建文件后,可用 LIMITS 命令重新设置图幅(A0、A1、A2、A3 或 A4);用 UNITS 命令可设置绘图精度。“图形界限”和“图形单位”的命令方式,见表 3 – 1。

表 3 – 1 “图形界限”和“图形单位”的命令方式

命令方式	图形界限	图形单位
	设置或改变图幅(输入矩形左下角和右上角坐标的方式)	设置长度和角度的单位及精度(测量值的显示精度),以及角度的测量方向,如图 3 – 11 所示
命令	LIMITS	UNITS(简写 UN)
菜单	【格式】→【图形界限】	A→【图形实用工具】→【单位】
		【格式】→【单位】

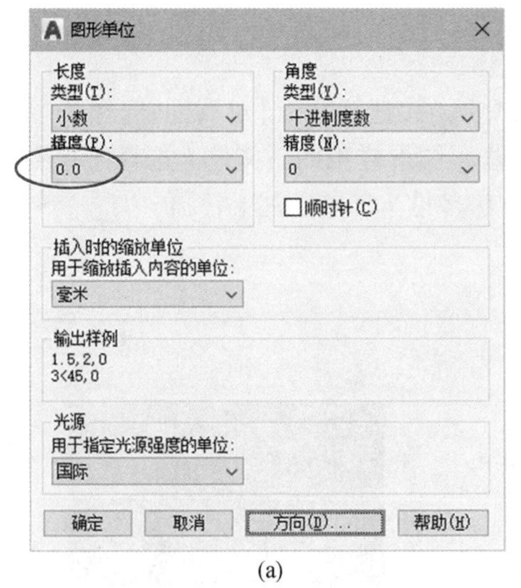

(a)

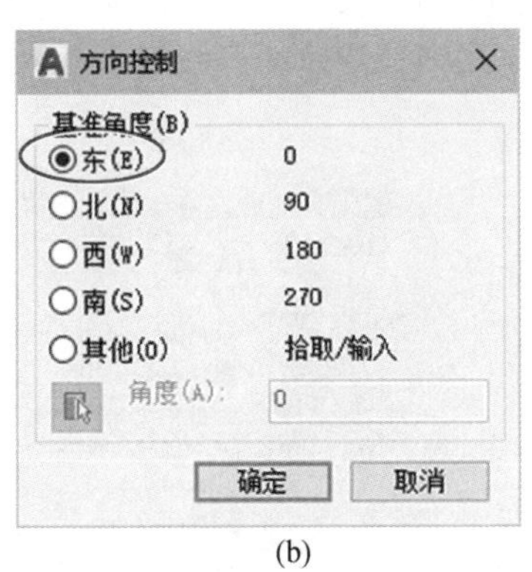

(b)

图 3 – 11 【图形单位】和【方向控制】对话框

说明 新建文件后,如图 3 – 11 所示【图形单位】对话框将显示默认图形长度单位为“毫米”且水平向右方向(即“东”方向)为角度基准 0°方向。在【图形单位】对话框中,一般只需在【精度】下拉列表中将默认四位小数设置为一位小数“0.0”。

例 3 – 1 设置国家标准规定中 A4 图幅(210 ×297)的图形界限。

命令:**LIMITS** ↙

重新设置模型空间界限:
指定左下角点或［开(ON)/关(OFF)］<0.0000,0.0000 >:↙　　　//默认左下角点坐标
指定右上角点 <420.0000, 297.0000 >:**210,297**↙　　　//A4 图幅竖放(x 值 210,y 值 297)

2. 打开文件

在绘制机械 CAD 工程图样时,经常需要打开已保存的图形文件。

命令方式:

◎ 命令:OPEN

◎ 菜单: 或【文件】→【打开】

◎ 工具栏:【快速访问】→

◎ 快捷键:Ctrl + O 或 Alt + 2

操作:执行“打开”命令后,弹出【选择文件】对话框,选择要打开的图形文件,在对话框右侧预览图形,单击【打开】按钮或双击其文件即可打开其图形文件,如图 3 – 12 所示;另外,可在其对话框中单击【工具】按钮,选择【查找】选项,打开所需文件。

图 3 – 12　【选择文件】对话框

说明　要一次打开多个图形文件,按住 Ctrl 键并依次单击要选择的文件;按住 Shift 键,单击一个图形文件,再单击另一个文件,则二者之间的文件将被选择,然后单击【打开】按钮即可打开所选多个图形文件(即多文档),详见 3.8.3 所述。

3. 保存文件

用户应养成随时保存图形文件的习惯,以防断电、误操作和其他意外情况发生而丢失图形数据。“保存”和“另存为”的命令方式,见表 3 – 2。

表 3－2　“保存”和“另存为”的命令方式

命令方式	保　　存	另存为	
	同名保存图形文件	另名保存图形文件	
		当前文件变为另名保存的图形文件	当前文件不变(常用于备份一个图形文件)
命令	QSAVE	SAVEAS	SAVE
菜单	A·或【文件】→【保存】	A·或【文件】→【另存为】	
工具栏	【快速访问】→	【快速访问】→	
快捷键	Ctrl＋S 或 Alt＋3	Ctrl＋Shift＋S 或 Alt＋4	

操作:第一次“保存”图形或“另存为”保存图形,将弹出如图 3－13 所示的【图形另存为】对话框,输入文件名和保存路径,在【文件类型】下拉列表中选择保存类型,然后单击【保存】按钮;如果当前文件已命名保存,则将修改保存到其命名文件。

图 3－13　【图形另存为】对话框

说明　AutoCAD 2018 默认保存【文件类型】为“AutoCAD 2018 图形(*.dwg)”。如果要保存为图形样板文件,则保存【文件类型】为“图形样板(*.dwt)”;如果要在 AutoCAD 其他版本软件中打开图形文件(*.dwg),则保存时需选择相应版本的文件类型。

4. 获取帮助和退出 AutoCAD

获取帮助和退出 AutoCAD 的命令方式,见表 3－3。

表 3－3　获取帮助和退出 AutoCAD 的命令方式

命令方式	获取帮助	退出 AutoCAD
	显示【Autodesk AutoCAD 2018－帮助】窗口,可搜索“视频”、快速参考“命令”等帮助	用户完成绘图工作后,退出 AutoCAD
命令	HELP	EXIT 或 QUIT
菜单	【帮助】→【帮助】	或【文件】→【退出】
		双击→
快捷键	F1	Ctrl＋Q 或 Alt＋F4
标题栏	【信息中心】→ 或在搜索框内输入内容	

提示　当鼠标在命令图标按钮上悬浮时,可显示其命令的简易帮助提示;再同时按 F1 键可直接在弹出的【Autodesk AutoCAD 2018－帮助】窗口中显示其命令的使用方法(如果没有连接 Internet,则【Autodesk AutoCAD 2018－帮助】窗口中不显示内容)。

3.4　AutoCAD 鼠标操作

在 AutoCAD 中,鼠标三键的动作响应见表 3－4。

表 3－4　AutoCAD 三键鼠标操作

鼠标功能键		操　作	功　能		说　明
左键		单击	选择对象		本书中简称“单击”
			拾取点位置		
中键	按键	按住移动	平移		
		双击	缩放到图形范围(图形最大)		
	滚轮	转动滚轮(向前)	快速缩放	放大	
		转动滚轮(向后)		缩小	
右键		单击	弹出快捷菜单		本书中简称“右击”
			选择对象后确认(相当于 Enter 键)		

3.5 AutoCAD 命令和坐标输入

在绘图时,用户可用鼠标或键盘输入命令和坐标。通常用键盘输入命令、坐标、文字内容、数值及各种参数;用鼠标定位和执行功能区、菜单或工具栏等命令方式的命令。

3.5.1 命令输入方式

AutoCAD 命令分为两类,即透明命令和非透明命令,见表 3 – 5。

表 3 – 5 透明命令和非透明命令

命令类型	功 能	示 例
透明命令	在执行命令过程中,可随时插入的一类命令,结束透明命令后系统继续执行原来命令	主要用于在绘图时启用绘图辅助工具,如"对象捕捉"模式、ZOOM 命令(显示缩放)和 HELP 命令(获取帮助)等
非透明命令	在执行某命令的过程中,执行非透明命令后将中断当前执行的命令,而执行其非透明命令	在执行某命令(如 CIRCLE 命令)过程中,执行非透明命令(如 LINE 命令)后将中断当前执行的命令(CIRCLE 命令),而执行非透明命令(LINE 命令)

用户可通过命令行、功能区、菜单、工具栏或快捷键等方式执行命令,按 Enter 键或空格键或选择快捷菜单的【确认】选项完成其命令。应多种命令方式交替使用,以提高绘图效率。

1. 命令格式

为简洁、清晰起见,本书通常采用以下格式介绍执行 AutoCAD 命令的方式。

命令方式:

◎ 命令:LINE(简写 L)

◎ 功能区:【默认】→【绘图】→【╱直线】

◎ 菜单:【绘图】→【直线】

◎ 工具栏:【绘图】→╱

说明 命令方式"功能区:【默认】→【绘图】→【╱直线】"表示含义:通过【功能区】选项板,选择【默认】选项卡的【绘图】面板上"直线"按钮╱,调用"直线"命令。

2. 命令提示和响应操作

执行命令后,用户都需要按命令行提示或动态输入工具提示(例如,指定坐标、选择对象、选择命令选项等)作出响应而完成命令。

命令: **circle**↙

指定圆的圆心或[三点(3P)/两点(2P)/切点、切点、半径(T)]: //启用"对象捕捉"

指定圆的半径或[直径(D)]<101.5>: **100**↙ //绘制 ϕ200 圆

> **说明**　本书在 AutoCAD 命令行提示后用“↙”表示按 Enter 键(或空格键)完成确认;“//”后的文字为说明内容;命令行的提示内容如下:
>
> (1)“[ ]”方括号:表示除默认选项外所包括的命令选项,直接单击其中选项可执行其命令选项。
>
> (2)“( )”圆括号:表示输入括号内的字母及数字,可执行其括号前的命令选项。
>
> (3)“< >”尖括号:表示其内为默认选项或默认值。

3. 取消命令

在执行命令时,可通过按 Esc 键或在快捷菜单中选择【取消】选项终止正在执行的命令。

4. 常用命令方式

AutoCAD 2018 提供了如下多种调用命令的方式。

(1)命令行方式:在如图 3-2 所示命令行提示为“键入命令”时,可通过键盘输入命令(大小写均可)。对于一些常用命令,AutoCAD 设置了简写形式(即别名)。例如,LINE 命令简写(即别名)为“L”。AutoCAD 2018 常用命令,参见附录 A。

(2)功能区方式:在【默认】【插入】【注释】【参数化】【视图】【管理】和【输出】等选项卡的面板上单击命令的相应图标按钮,如图 3-2 所示。例如,【默认】选项卡的【绘图】面板上的“直线”命令按钮。

(3)菜单方式:显示菜单栏后,在下拉菜单项上单击,可执行其相应命令。

(4)工具栏方式:在工具栏上单击某图标按钮,可执行其按钮的相应命令。

(5)快捷键方式:利用快捷键可快速实现 AutoCAD 的某些操作,参见附录 B。

(6)右键快捷菜单方式:单击鼠标右键,在弹出的快捷菜单中选择命令。

(7)重复命令方式:可用多种方式。

①按空格键或 Enter 键或 Ctrl + M 键或 Ctrl + J 键,将重复上一次执行的命令。

②在图形区右击,然后在快捷菜单中选择要重复的命令或选择【最近的输入】选项的下一级菜单中一个命令,即可重复执行其命令。

③在命令行右击,在快捷菜单上选择【最近使用的命令】选项的一个命令。

> **注意**　为提高绘图效率,应熟记命令简写(见附录 A)和快捷键(见附录 B),以便尽快使用键盘进行操作。

例 3-2　在执行 LINE 命令(非透明命令)过程中,执行 ZOOM 命令(透明命令)。

第 1 步　执行 LINE 命令,命令行提示“指定下一点”。

第 2 步　在如图 3-2 所示【导航栏】上单击【范围缩放】按钮,即执行 ZOOM 命令的“范围缩放”选项(全部图形以最大比例显示在屏幕上)。

第 3 步　完成 ZOOM 命令的“范围缩放”操作后,可继续执行 LINE 命令操作,命令行提示如下:

正在恢复执行 LINE 命令。

指定下一点或 [放弃(U)]:

3.5.2 坐标系和坐标输入

在 AutoCAD 中,坐标系是定点、绘图和编辑的基础。合理地利用和设置坐标系有助于正确、快速地作图。

1. 世界坐标系和用户坐标系

AutoCAD 提供了世界坐标系(WCS)和用户坐标系(UCS),默认 UCS 与 WCS 重合。WCS 是默认固定的坐标系,其坐标系原点(0,0,0)位于屏幕左下角;UCS 是用户创建的可移动坐标系,即用户可根据需要用 UCS 命令更改原点(0,0,0)位置、*XY* 平面和 *Z* 轴方向。由“右手定则”可确定坐标轴、方向和旋转正向。如图 3-14(a)所示,*X* 轴为水平轴,向右为正;*Y* 轴为垂直轴,向上为正;*Z* 轴为垂直于屏幕的轴,向外为正。如图 3-14(b)所示,右手大拇指所指方向为某轴正向,四指弯曲所指方向为其轴的正旋转方向。

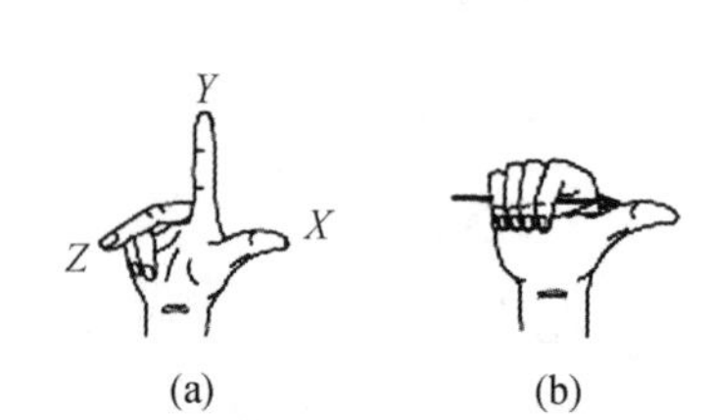

图 3-14 右手定则

设置用户坐标系,按命令行提示操作如下:

命令: **ucs** ↙
指定 UCS 的原点或 [面(F)/命名(NA)/对象(OB)/上一个(P)/视图(V)/世界(W)/X/Y/Z/Z 轴(ZA)] <世界>: **拾取新的坐标系原点**
指定 X 轴上的点或 <接受>: ↙

2. 坐标输入

在绘图过程中,通常用鼠标拾取点和键盘输入点坐标两种方式交替操作指定点坐标位置。

按坐标值参考点不同,输入坐标类型分为绝对坐标(相对于当前坐标系坐标原点的坐标)和相对坐标(相对于上一点的坐标为参考点,取其位移增量来确定位置);按坐标系不同,绝对坐标和相对坐标分为直角坐标和极坐标。

坐标输入示例,如图 3-15 所示;坐标及其输入的说明,见表 3-6。

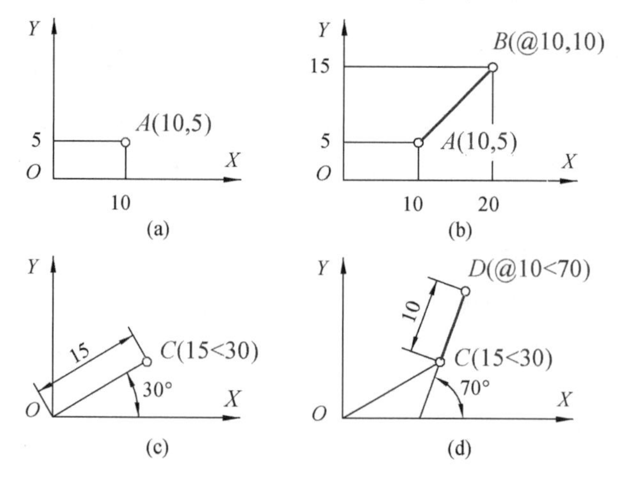

图 3-15 绝对坐标和相对坐标示例

(a)绝对直角坐标;(b)相对直角坐标;(c)绝对极坐标;(d)相对极坐标

表 3-6　坐标及其输入

坐标类型		输入形式	说　　明	示　　例	方式
绝对坐标	直角坐标	x,y	x 和 y 值分别为点相对原点(0,0)的坐标值	"10,5"表示其点的 x 值是 10,y 值是 5	命令行输入
		#x,y		"#10,5"表示指定下一点的 x 值是 10,y 值是 5	动态输入
	极坐标	距离 < 角度	"距离"为点到原点的距离;"角度"为其点和原点的连线与 X 轴的夹角(逆时针为正,顺时针为负)	"15 < 30"表示其点到原点距离为 15,与 X 轴的夹角为 30°	命令行输入
相对坐标	直角坐标	@ $\Delta x,\Delta y$	Δx 和 Δy 值分别为新点相对上一点的坐标差值	"@10, -12"表示新点与上一点在 X 轴正方向上相差 10 个单位,在 Y 轴负方向上相差 12 个单位	命令行输入
		$\Delta x,\Delta y$		"420,297"表示新点与上一点在 X 轴正方向上相差 420 个单位,在 Y 轴正方向上相差 297 个单位	动态输入
	极坐标	@距离 < 角度	"距离"为新点与上一点的距离;"角度"为新点和上一点连线与 X 轴的夹角	"@10 < 70"表示新点与上一点的距离为 10,同上一点的连线与 X 轴的夹角为 70°	命令行输入
		移动光标给下一点相对上一点的方向→输入距离	输入距离确定下一点坐标	要绘制长度为 20 的线段,首先指定一个点,然后移动光标给定下一点方向,最后输入长度 20	动态输入

例 3-3　用键盘输入坐标,绘制如图 3-15 所示直线 AB 和 CD。

(1)用直角坐标,绘制如图 3-15 所示直线 AB,按命令行提示操作如下:

命令:**L** ↙
指定第一点:**10,5** ↙　　　　//键盘输入点 A 的绝对直角坐标
指定下一点或[放弃(U)]:**@10,10** ↙　　　　//以点 A 为上一点,指定下一点 B 的相对直角坐标

(2)用极坐标,绘制如图 3-15 所示直线 CD,按命令行提示操作如下:

命令:↙　　　　//按 Enter 键重复上一个命令(LINE 命令)
指定第一点:**15 <30** ↙　　　　//键盘输入点 C 的绝对极坐标
指定下一点或[放弃(U)]:**@10 <70** ↙　　　　//以点 C 为上一点,绘制下一点 D 的相对极坐标

注意　输入坐标时,注意以下几点。

(1)必须用英文半角输入坐标。

(2)极坐标“@距离<角度”中“角度”是相对于 X 轴的,而不是相对于上一点。

(3)“动态输入”和“命令行输入”坐标,第一个点的坐标都是绝对坐标;而下一个点的坐标输入形式分别如下:

①“动态输入”默认是相对坐标(要输入绝对坐标,需在其值前加符号“#”);

②“命令行输入”默认是绝对坐标(要输入相对坐标,需在其值前加符号“@”)。

3.6　精确定位绘图工具

在 AutoCAD 中,为快速、准确定位绘图,可利用两种精确定位绘图工具:一是如图 3－16 所示状态栏(“显示栅格”“动态输入”“极轴追踪”“对象捕捉”“对象捕捉追踪”和“显示线宽”等);二是如图 3－17 所示【参数化】选项卡和【参数化】菜单(几何约束和尺寸约束)方式。

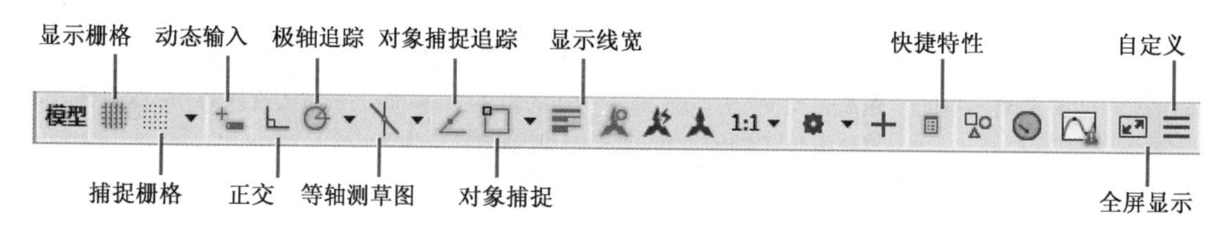

图 3－16　状态栏

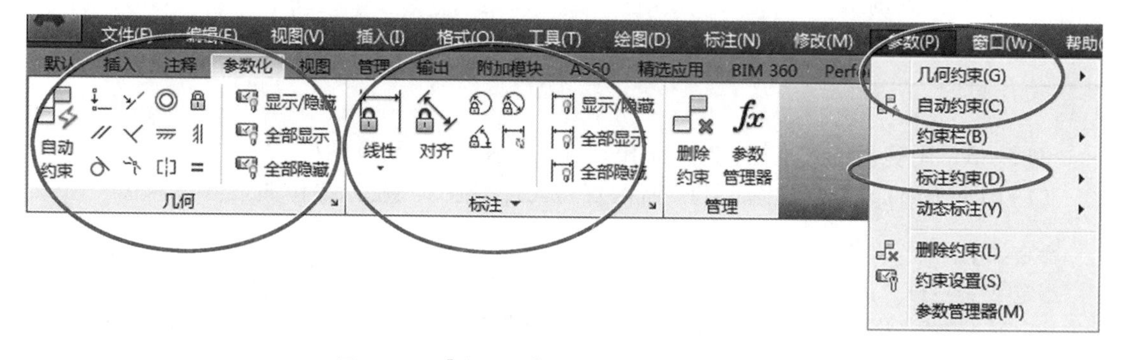

图 3－17　【参数化】选项卡和【参数化】菜单

下面主要介绍如图 3－16 所示状态栏上精确定位绘图工具。右击或单击如图 3－18 所示带▼的工具按钮,可显示快捷菜单。默认情况下,状态栏没有显示所有工具,用户可在状态栏上单击最右侧“自定义”按钮☰,然后在如图 3－18(f)所示菜单上选择所要显示的工具,名称前有“✔”符号表示其工具按钮已在状态栏上显示。

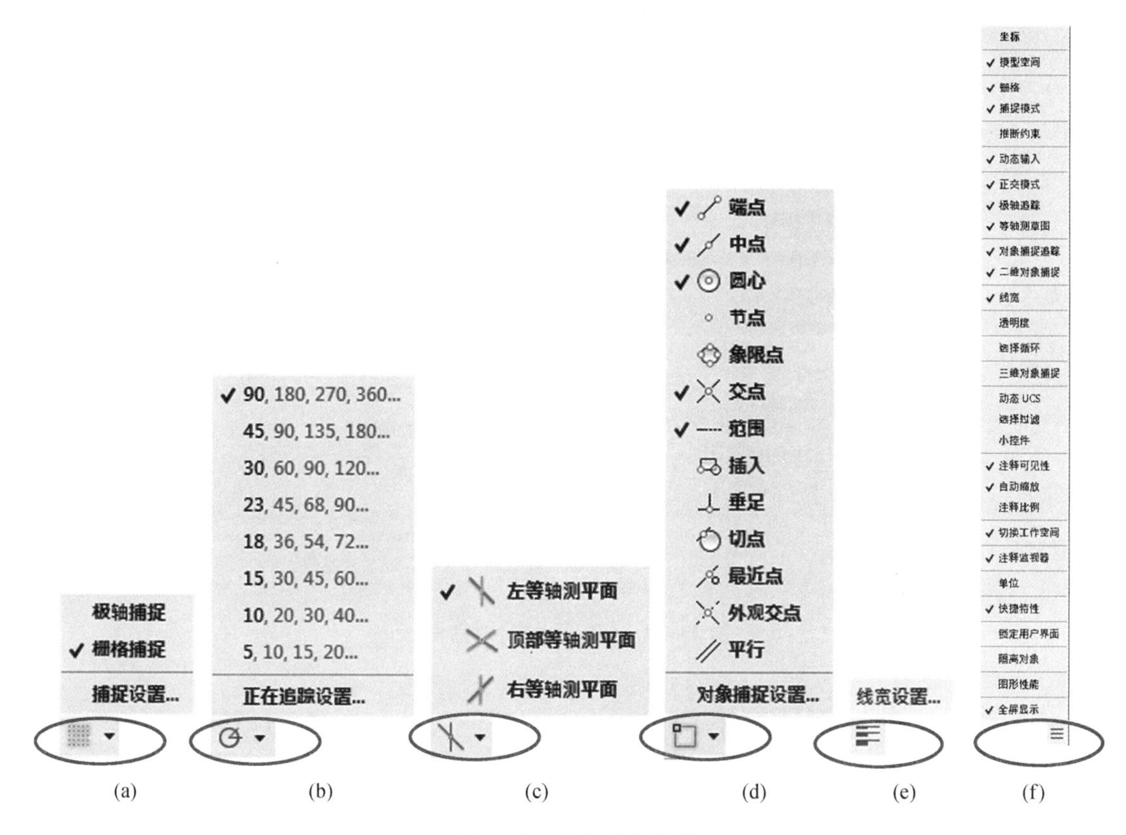

图 3-18　状态栏上菜单

(a)捕捉;(b)极轴追踪角度;(c)等轴测平面;(d)对象捕捉;(e)线宽;(f)自定义

通常,在状态栏上单击或用快捷方式使按钮亮显启用其按钮所对应的工具,见表 3-7。

表 3-7　状态栏上精确定位绘图工具启用方式

启用方式	显示栅格	捕捉栅格	动态输入	正　　交	极轴追踪	对象捕捉	对象捕捉追踪
按钮							
功能键	F7	F9	F12	F8	F10	F3	F11
组合键	Ctrl + G	Ctrl + B		Ctrl + L	Ctrl + U	Ctrl + F	Ctrl + W

“显示栅格”“捕捉栅格”“动态输入”“极轴追踪”“对象捕捉”和“快捷特性”工具,可通过如图 3-19 所示【草图设置】对话框进行设置,其命令方式如下。

命令方式:

◎ 命令:DSETTINGS(简写 DS 或 SE)

◎ 菜单:【工具】→【绘图设置】

◎ 快捷菜单:右击状态栏上“显示栅格”“捕捉栅格”“极轴追踪”“对象捕捉”“对象捕捉追踪”或“动态输入”按钮→选择其相应设置选项

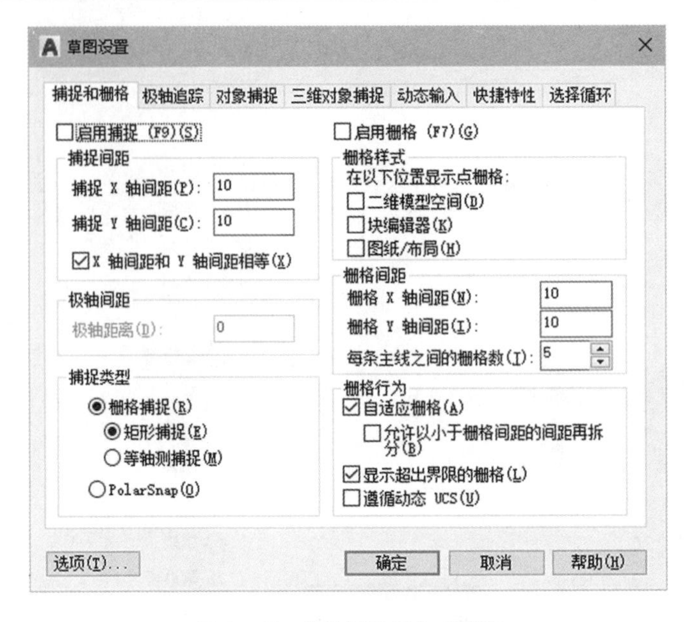

图 3－19　【草图设置】对话框

3.6.1　显示栅格和捕捉栅格

在 AutoCAD 2018 中,栅格是显示在图形区内的可见网格,类似于传统坐标纸上的坐标网格,但不是图形的组成部分。

在状态栏上右击“显示栅格”按钮,单击【网格设置】,弹出如图 3－19 所示【草图设置】对话框,可控制栅格显示在 LIMITS 设定的图形界限内和改变栅格样式,见表 3－8。

表 3－8　设置栅格显示的方式

<table>
<tr><th>设置方式</th><th colspan="2">栅格显示范围</th><th colspan="2">栅格显示样式</th></tr>
<tr><td rowspan="3">如图 3－19 所示【草图设置】对话框</td><td colspan="4">【捕捉和栅格】选项卡</td></tr>
<tr><td colspan="2">【栅格行为】选项区中【显示超出界限的栅格】复选框</td><td colspan="2">【栅格样式】选项区中【二维模型空间】复选框</td></tr>
<tr><td>取消勾选时,只在图形界限内显示栅格</td><td>默认勾选时,全屏显示栅格</td><td>默认取消勾选时,栅格样式为网格</td><td>勾选时,栅格样式为老版本点栅格</td></tr>
<tr><td rowspan="2">命令行中输入系统变量</td><td colspan="2">GRIDDISPLAY</td><td colspan="2">GRIDSTYLE</td></tr>
<tr><td>设置值为 0</td><td>默认值为 3</td><td>默认值为 0</td><td>设置值为 1</td></tr>
</table>

在如图 3－19 所示【草图设置】对话框的【捕捉和栅格】选项卡中,可设置“显示栅格”和“捕捉栅格”。“捕捉栅格”用于控制光标按用户定义的间距移动,还可捕捉到栅格矩形角点,以便绘图。在不需要“捕捉栅格”时,应及时将其关闭,以免影响拾取对象。

提示　绘制正等轴测图，在如图 3－19 所示【草图设置】对话框的【捕捉和栅格】选项卡中将【捕捉类型】选项区的【栅格捕捉】模式由默认选择【矩形捕捉】选项切换为【等轴测捕捉】选项，详见 7.4 节所述。

3.6.2　动态输入

在绘图时，动态输入工具使得响应命令更直接（例如，可快捷绘制各角度或长度直线）。在光标附近显示动态输入工具提示，以便使用工具提示为命令指定选项，并为距离和角度指定值，而不必在命令行中输入，其光标旁边显示的提示信息随着光标移动而动态更新，如图 3－20 所示。在执行命令后，屏幕上出现跟随的提示窗口，可在小窗口中直接输入数值或参数，也可在“指定下一点或”提示时按键盘的向下光标键“↓”，弹出快捷菜单后选择选项。

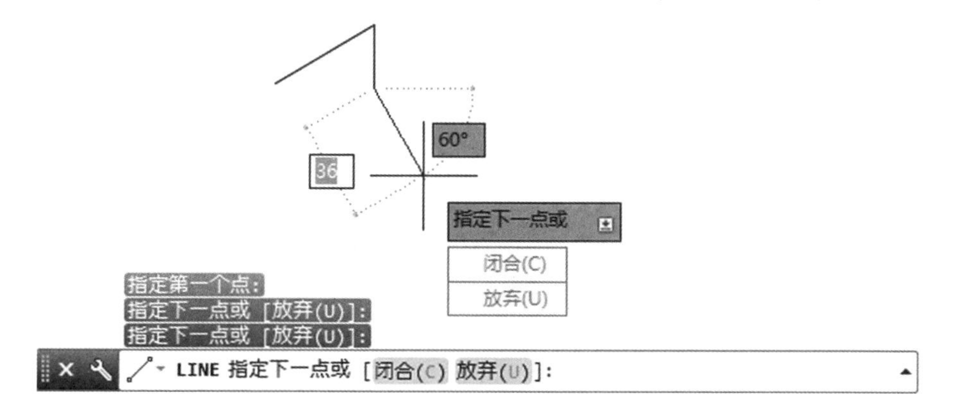

图 3－20　动态输入和命令行提示

默认“动态输入”功能处于打开状态，但状态栏不显示“动态输入”按钮。用户可在状态栏上单击“自定义”按钮，然后在如图 3－18(f) 所示菜单上选择【动态输入】选项，且按下按钮使其处于启用状态。

3.6.3　正交

在“正交”模式下，正交限制光标，可绘制与当前坐标系 X 轴或 Y 轴平行的直线。执行 UCS 命令可将坐标系绕 Z 轴旋转一定角度；执行 UCS 命令，按 Enter 键可返回世界坐标系。

3.6.4　对象捕捉

在执行绘图命令过程中，用对象捕捉工具可将光标捕捉定位到已有图形对象的特征点（例如，端点、中点、圆心和圆的象限点等），从而快速绘图。

对象捕捉方式有临时对象捕捉和自动对象捕捉两种方式，二者各有优势，通常交替使用。

1. 临时对象捕捉

临时对象捕捉仅对一次捕捉有效,即每捕捉一个特征点都要先选择捕捉模式。在图形中特征点较多而不易自动捕捉时,应采用临时对象捕捉,即用【对象捕捉】工具栏和如图3-21所示“对象捕捉”快捷菜单。

命令方式:

◎ 命令:在执行某绘图命令中提示指定点时键入对象捕捉的关键字(表3-9)

◎ 菜单:【工具】→【工具栏】→【AutoCAD】→【对象捕捉】→选择捕捉按钮

◎ 工具栏:【对象捕捉】→选择捕捉按钮

◎ 快捷菜单:“Shift(或Ctrl)+右击”→选择捕捉选项(图3-21)

◎ 快捷菜单:【捕捉替代】→选择捕捉选项(图3-21)

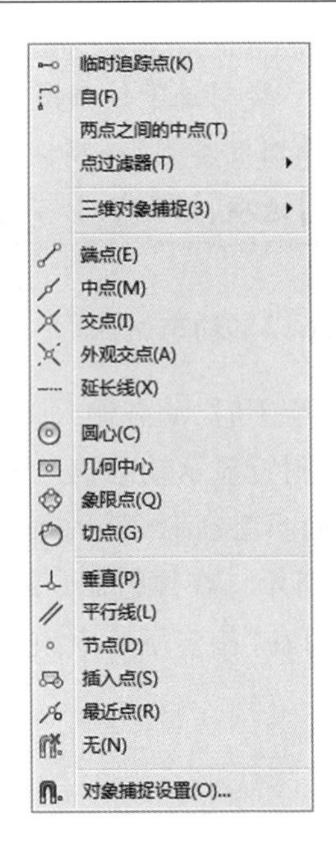

图3-21 “对象捕捉”快捷菜单

表3-9 常用对象捕捉模式

按钮	捕捉名称	关键字	功能
	捕捉自	FROM	以已有一点为基点指定相对坐标点
	捕捉到端点	END	捕捉线段和圆弧等对象的端点
	捕捉到中点	MID	捕捉线段和圆弧等对象的中点
	捕捉到圆心	CEN	捕捉圆、圆弧、椭圆和椭圆弧的圆心
	捕捉到切点	TAN	捕捉切点

提示 “捕捉自”是非常有用的“对象捕捉”模式,用于以已有点为基点而给出相对坐标确定另一点的坐标。操作如下:执行一个绘图命令(如LINE命令),直接在命令行输入FROM(如表3-9所示“捕捉自”的关键字),按Enter键,捕捉拾取已有点作为“基点”,再以“@ Δx,Δy”或“@距离<角度”形式在命令行输入作为“偏移量”,即可完成操作。

2. 自动对象捕捉

自动对象捕捉是预先将频繁需要捕捉的特征点设置为一直处于启用状态,在光标移动到对象特征点的捕捉范围时,AutoCAD将自动显示捕捉标记,单击即可自动捕捉到其特征点。如图3-18(d)所示“对象捕捉”快捷菜单和如图3-19所示【草图设置】对话框的【对象捕捉】选项卡,二者同步等效。

要设置自动捕捉特征点,可用如下两种操作方式:

方式 1:在状态栏上右击“对象捕捉”按钮,弹出如图 3 - 18(d)所示“对象捕捉”快捷菜单,直接选择自动捕捉特征点(带符号)。

方式 2:执行 OSNAP(简写 OS)命令,或在状态栏上右击“对象捕捉”按钮,弹出如图 3 - 18(d)所示“对象捕捉”快捷菜单,并选择【对象捕捉设置】选项,将弹出如图 3 - 19 所示【草图设置】对话框的【对象捕捉】选项卡,然后在【对象捕捉模式】选项区勾选自动捕捉特征点。

例 3 - 4　应用对象捕捉工具,绘制如图 3 - 22(c)所示的图形(不标注尺寸)。

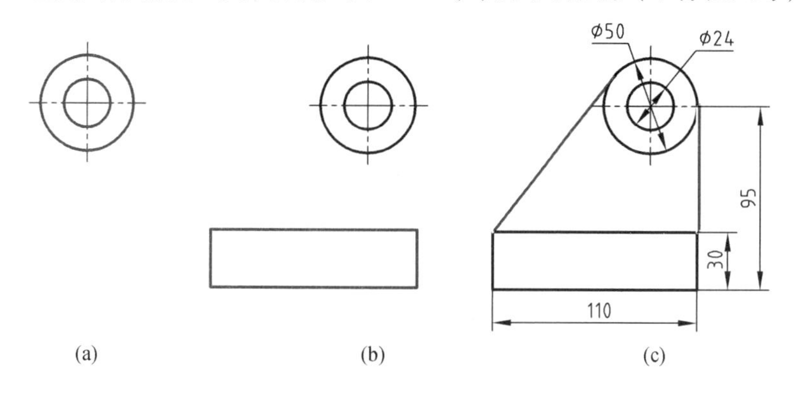

图 3 - 22　“对象捕捉”应用示例

第 1 步　绘制点画线:将“4 点画线”层置为当前,选择功能区“【默认】→【绘图】→【直线】”按钮,绘制如图 3 - 22(a)所示水平点画线和竖直点画线。

第 2 步　绘制圆:将“1 粗实线”层置为当前,选择功能区“【默认】→【绘图】→【圆】”按钮,绘制如图 3 - 22(a)所示 ϕ24 和 ϕ50 圆,按命令行提示操作:

指定圆的圆心或 [三点(3P)/两点(2P)/相切、相切、半径(T)]: **捕捉两点画线的交点**
指定圆的半径或[直径(D)] <28>: **12**↙　　//绘制 ϕ24 圆
命令:↙　　//重复 CIRCLE 命令
指定圆的圆心或[三点(3P)/两点(2P)/相切、相切、半径(T)]:**捕捉 ϕ24 圆的圆心**
指定圆的半径或[直径(D)] <12>:**25**↙　　//完成绘制 ϕ50 圆

第 3 步　绘制矩形:选择功能区“【默认】→【绘图】→【矩形】”按钮,绘制如图 3 - 22(b)所示矩形,按命令行提示操作:

指定第一个角点或 [倒角(C)/标高(E)/圆角(F)/厚度(T)/宽度(W)]: **from**↙　//“捕捉自”模式
基点: **捕捉 ϕ50 圆右侧象限点**
基点: _qua 于 <偏移>: **@0, -95**↙　　//输入矩形右下角点相对 ϕ50 圆右象限点的距离
指定另一个角点或 [尺寸(D)]: **@ -110,30**↙　　//矩形左上角点

第 4 步　选择功能区“【默认】→【绘图】→【直线】”按钮绘制切线和竖直线,按命令行提示操作:

指定第一点：**捕捉矩形左上角点**

指定下一点或［放弃(U)］：**在 φ50 圆捕捉切点**　　//单击按钮,光标捕捉出现“切点”标记时单击,绘制如图 3 - 22(c)所示倾斜直线

指定下一点或［放弃(U)］：↙　　//结束 LINE 命令

命令：↙　　//重复 LINE 命令

命令：- line 指定第一点：**捕捉矩形右上角点**

指定下一点或［放弃(U)］：**捕捉 φ50 圆右象限点**　　//绘制如图 3 - 22(c)所示右侧直线

3.6.5 极轴追踪

极轴追踪(即角度追踪)是按指定角度增量限制光标。绘图时,先确定一点,按提示可沿参考虚线追踪到与上一点呈一定角度的新点。

要设置极轴追踪角度,在状态栏上右击“极轴追踪”按钮,弹出如图 3 - 18(b)所示“极轴追踪”快捷菜单,然后操作如下:

(1)直接勾选所需的增量角(例如,15°)。

(2)选择【正在追踪设置】选项,弹出如图 3 - 23 所示【草图设置】对话框,在【极轴追踪】选项卡的【极轴角设置】选项区设置极轴追踪的增量角,即在【增量角】下拉列表中选择系统预设置的角度。如果【增量角】下拉列表中无所需角度(例如,3°),则勾选【附加角】复选框,然后单击【新建】按钮,即可在【附加角】列表框中增加新角度(例如,3°)。

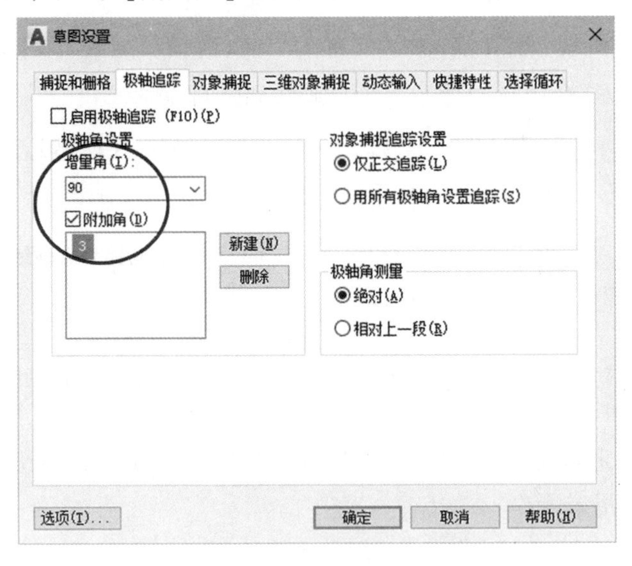

图 3 - 23　设置极轴追踪的【附加角】

3.6.6 对象捕捉追踪

对象捕捉追踪是自动追踪预先设置的角度和特征点,且显示捕捉追踪的参考虚线,帮助用户确定点的位置。要启用“对象捕捉追踪”功能,需同时启用“极轴追踪”和“对象捕捉”模式。

例 3－5　结合“对象捕捉追踪”绘制线段，使其线段第一点位于如图 3－24 所示端点 A 沿垂直矢量方向和圆心 O 沿水平矢量方向的交叉点。

第 1 步　在状态栏上启用“极轴追踪”“对象捕捉”和“对象捕捉追踪”，且“对象捕捉”有“端点”和“圆心”模式，如图 3－18(d)所示。

第 2 步　①执行 LINE 命令，命令行提示“指定第一个点”；②光标在如图 3－24 所示 A 处自动捕捉而浮出“端点”捕捉标记，然后光标在圆心 O 处自动捕捉浮出的“圆心”捕捉标记；拖动光标会从标记追踪点处引出追踪参考虚线，在两个追踪参考虚线交叉处单击，即得如图 3－24 所示线段的起点 A。

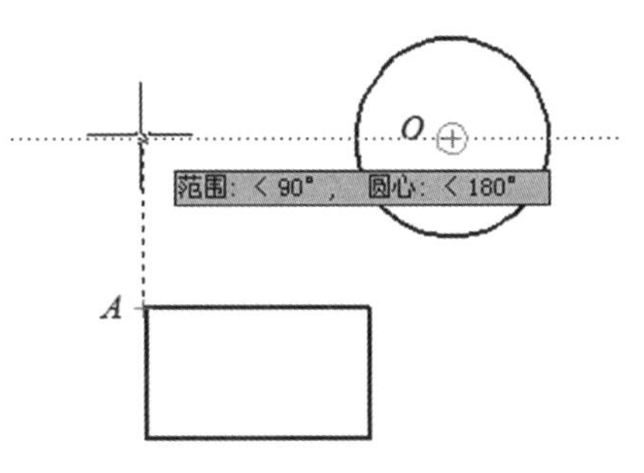

图 3－24　对象捕捉追踪

3.6.7　全屏显示

利用全屏显示命令，可以使屏幕上只显示菜单栏、【快速访问】工具栏、状态栏和命令窗口，从而尽可能扩大绘图窗口。

命令方式：

◎ 快捷键：Ctrl＋0

◎ 状态栏：

3.7　图层、线型、线宽和颜色

在 AutoCAD 中，每个对象都有其基本特性和几何特性。基本特性是指对象的图层、颜色、线型、线型比例和线宽等特性；几何特性主要是指对象的位置、大小和样式等方面信息。

图层是分类管理图形文件中对象的 CAD 工具，可假想 CAD 电子图纸是由若干张无厚度透明胶片(图层)叠合而成，如图 3－25 所示。

通过如图 3－26(a)所示【图层】面板和如图 3－26(b)所示【特性】面板，用户可设置当前图层对象特性。

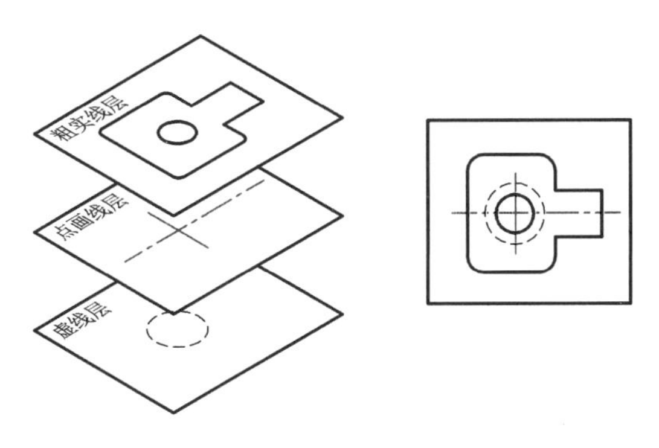

图 3－25　“图层”示意图

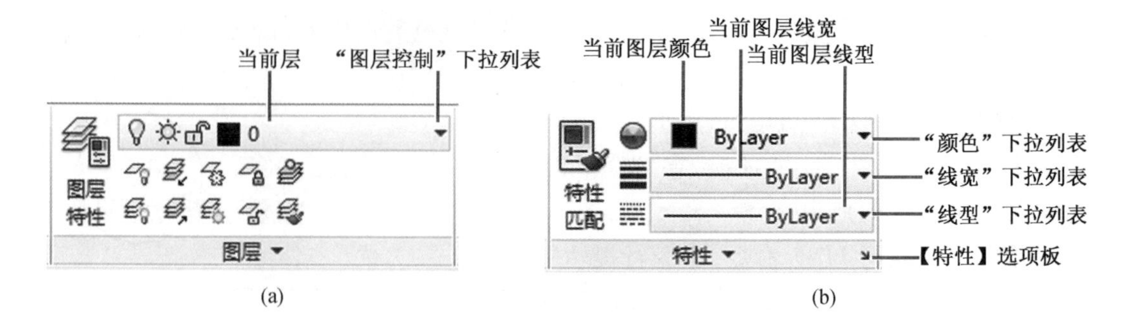

图 3－26　对象特性相关面板

(a)【图层】面板;(b)【特性】面板

3.7.1　设置图层

通过【图层特性管理器】选项板,用户可新建图层、删除图层、修改图层特性、重命名图层和合并图层等操作,如图 3－27 所示。

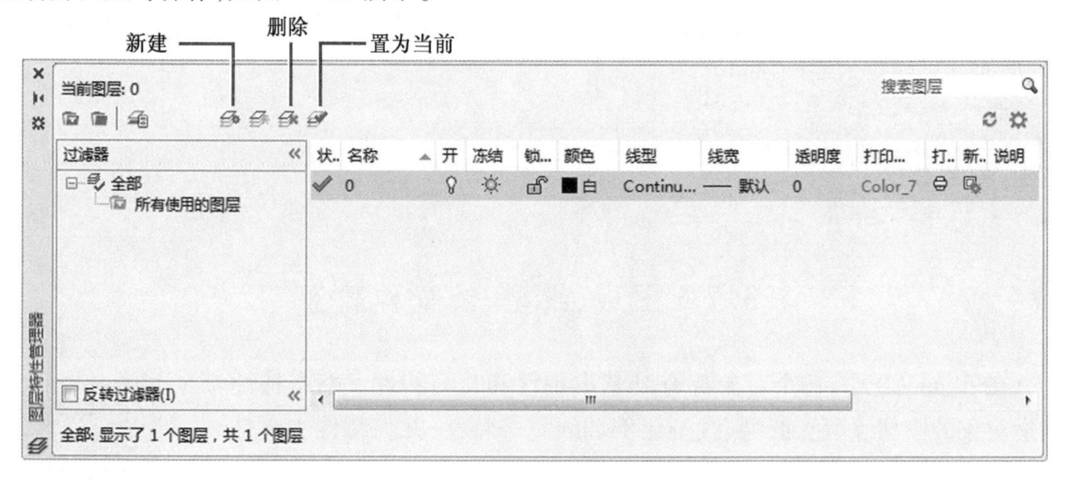

图 3－27　【图层特性管理器】选项板

参见表 7－1 新建图层,设置图层名称、颜色、线型和线宽特性,然后将图形对象(如粗实线、细实线、虚线、点画线、文字和尺寸等)分别绘制在不同的图层,以便绘制、修改和输出图形以及控制各图层可见性和可操作性。

命令方式:

◎ 命令:LAYER(简写 LA)

◎ 功能区:【默认】→【图层】→【图层特性】

◎ 菜单:【格式】→【图层】

◎ 工具栏:【图层】→

操作:执行“图层”命令,打开如图 3－27 所示【图层特性管理器】选项板。AutoCAD 默认创建一个名称为“0”的图层,其线型为“Continuous”(连续线),颜色为“白色”。

(1)常用的 3 个按钮如下:

①“新建”按钮 :自动新建名为“图层 n”的图层(其中 n 为起始于 1 的数字),用户可

修改其名称。

②“删除”按钮 :删除选定图层(不能删除 0 层、当前层或包含对象的层)。

③“置为当前”按钮 :将选定图层设置为当前图层;或双击【图层特性管理器】选项板的图层名称快速将该图层置为当前,在当前层完成绘制和修改操作。

注意　新建图层的颜色、线型和线宽将默认与上一个图层相同。因此,绘制工程图样之前,应先预计所需图层数 n,然后 n 次单击 按钮新建 n 个图层,再设置各图层。

(2)在【图层特性管理器】选项板中,左侧窗格为树状图,其顶层节点“全部”显示当前图形文件中所有图层;右侧窗格为列表,其中显示树状图中所选图层过滤器的图层特性。

①状态:显示和设置已有图层。带浅灰色图标为空图层、带✔图标为当前图层。

②颜色、线型和线宽:分别显示和设置已有图层颜色、线型和线宽。

③图层控制:图层控制状态对图层中对象的影响,见表 3-10。

表 3-10　图层控制

图层控制状态	标记	图层的可见性和可操作性
关		不可见;不可打印;参加重生成、消隐和渲染
冻结		不可见;不可打印;不参加重生成、消隐和渲染
锁定		可见;可打印;可绘图和查询,但不能修改(起保护作用)

提示　对非当前图层,可合并图层。操作如下:在【图层特性管理器】选项板中,右击要被合并的图层,在右键快捷菜单上选择【将选定图层合并到...】选项,弹出【合并到图层】对话框,然后选择要合并到的图层,单击【确定】按钮。

例 3-6　在图形文件中,新建并设置“1 粗实线”“2 细实线”“3 虚线”和“4 点画线”图层。

在【快速访问】工具栏上单击“新建”按钮 ,弹出【选择样板】对话框,默认选择图形样板文件“acadiso. dwt”,单击【打开】按钮,即新建一个 A3 图幅的图形文件。

第 1 步　打开【图层特性管理器】选项板:选择功能区“【默认】→【图层】→【 图层特性】”按钮,弹出如图 3-27 所示【图层特性管理器】选项板。

第 2 步　新建图层:在【图层特性管理器】选项板上 4 次单击 按钮,新建 4 个图层(与上一图层特性相同)。

第 3 步　设置图层:按表 3-11 所示,可分别在各层【名称】的对应文本框中输入“1 粗实线”“2 细实线”“3 虚线”和“4 点画线”,设置结果如图 3-28 所示。

表 3-11　设置图层、颜色和线型

<table>
<tr><th>标识号</th><th>描　述</th><th>颜　色</th><th>线　型</th><th>线　宽</th></tr>
<tr><td>1</td><td>粗实线</td><td>白色</td><td>Continuous</td><td>0.50</td></tr>
<tr><td>2</td><td>细实线</td><td>绿色</td><td>Continuous</td><td rowspan="3">0.25(默认)</td></tr>
<tr><td>3</td><td>虚线</td><td>黄色</td><td>HIDDEN</td></tr>
<tr><td>4</td><td>点画线</td><td>红色</td><td>CENTER2</td></tr>
</table>

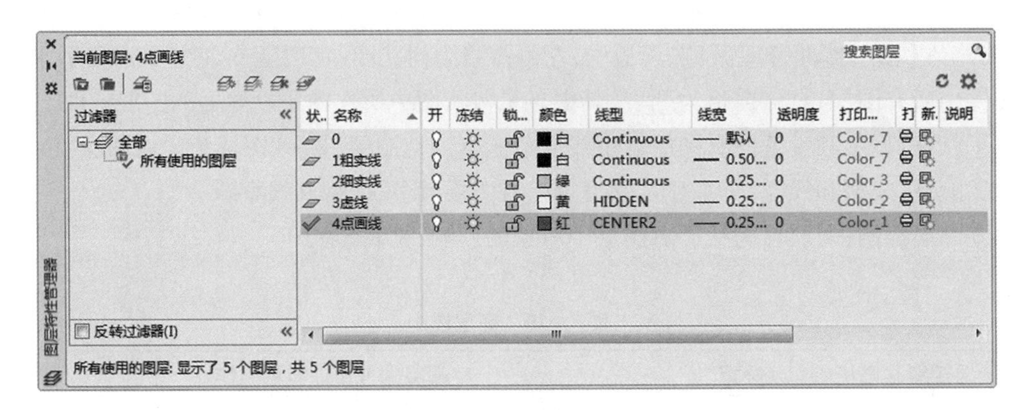

图 3-28　设置图层示例

注意　在如图 3-28 所示【图层特性管理器】选项板中，各图层的上下位置是按数字、字母或汉语拼音顺序排列，在“粗实线”和“细实线”等图层名称前加标识号，即可按数字排列。为了简化绘图设置，本书没有列出 GB/T 14665—2012《机械工程 CAD 制图规则》规定的全部图层，且对常用图层的标识号和颜色略有调整，详见表 7-1 和图 7-1 所示。

①设置颜色：选定图层，再单击【颜色】列的颜色方块“□”，弹出如图 3-29 所示【选择颜色】对话框，各层索引颜色号依次设置为 7(白或黑)、3(绿)、2(黄)和 1(红)。

②设置线宽：选择“1 粗实线”层，在【线宽】列的【——默认】处单击(默认线宽为 0.25 mm)，弹出如图 3-30 所示【线宽】对话框，在【线宽】列表框中选择 0.5 mm；“2 细实线”“3 虚线”和“4 点画线”的线宽为 0.25 mm(默认值)。

注意　在不同计算机中，AutoCAD 默认线宽可设置为不同值。因此，必要时各图层的线宽都应设置为一定值，以免线宽随所用计算机默认线宽的变化而改变。

③设置线型：选择“4 点画线”层，在【线型】列的“Continuous”处单击，①弹出如图 3-31(a)所示【选择线型】对话框，在【已加载的线型】列表框中显示当前图形文件中已有线型，单击【加载】按钮；②弹出如图 3-31(b)所示【加载或重载线型】对话框，直接在【可用线型】列表框中选择需要加载的线型“CENTER2”，即选择接近国家标准的线型，单击【确定】按钮；③返回【选择线型】对话框，在【已加载的线型】列表框中选择“CENTER2”线型，单击【确定】按钮。同样方法，设置“3 虚线”层。

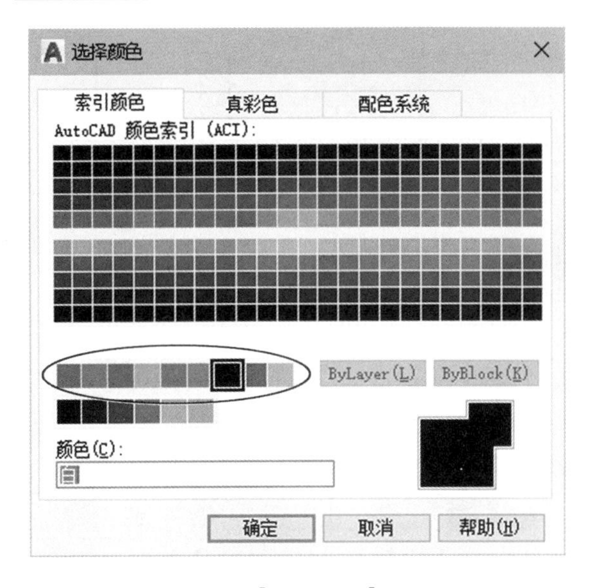

图 3 – 29　【选择颜色】对话框

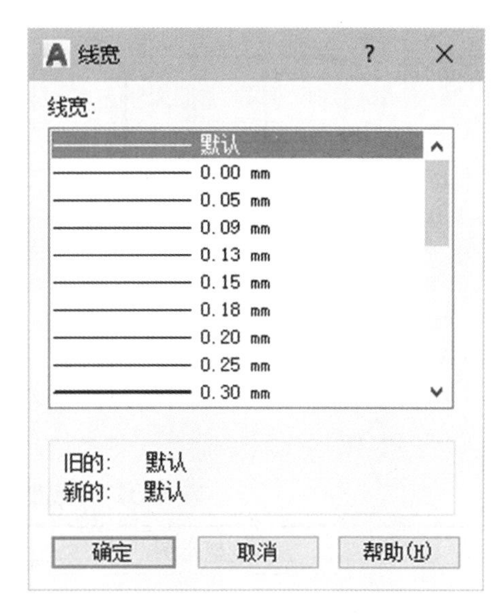

图 3 – 30　【线宽】对话框

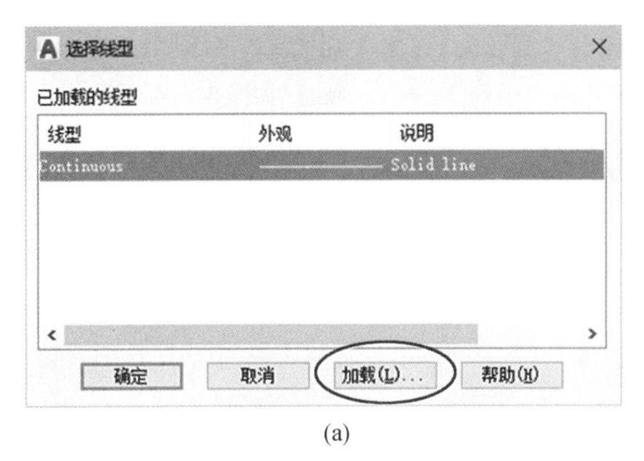

(a)

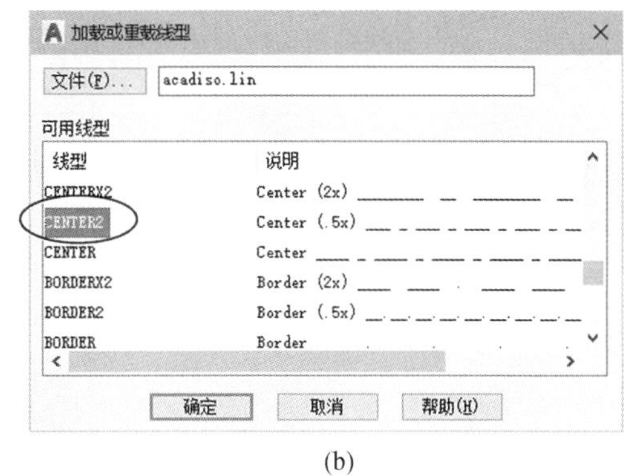

(b)

图 3 – 31　选择线型

④完成设置图层：返回【图层特性管理器】选项板，关闭【图层特性管理器】选项板。

注意　在绘制完某对象后，选中其对象，通过【图层】面板的"图层控制"下拉列表或【特性】面板的"图层特性"下拉列表可改变其对象的图层、颜色、线型和线宽，其中"ByLayer"选项表示所绘制对象的特性（如颜色、线型或线宽）与其所在图层设置的特性一致。

3.7.2　调整线型比例

调整线型比例的目的是调整点画线或虚线等非连续线型的线段长度及间距，使点画线或虚线符合国家标准规定，且可解决看不出点画线和虚线等问题。图 3 – 32 所示线型比例分别为 0.5、1 和 1.5 的绘图效果。

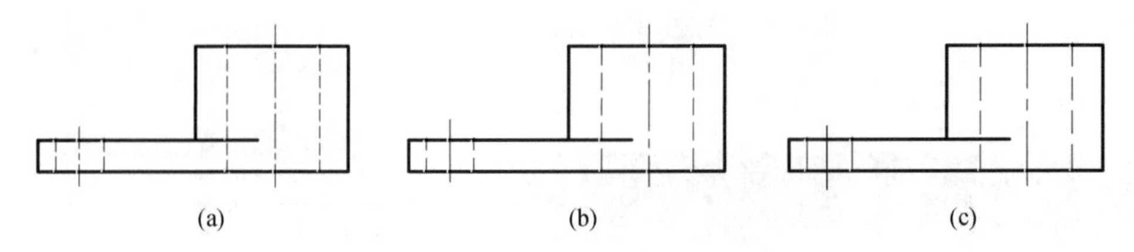

图 3 – 32　不同线型比例绘图的效果对比

(a)0.5;(b)1;(c)1.5

“线型比例”“线型”和“特性”的命令方式,见表 3 – 12。

表 3 – 12　“线型比例”“线型”和“特性”的命令方式

	线型比例	线　型	特　性
命令方式	直接按命令行提示输入线型的【全局比例因子】(可调整所有非连续线的线型比例)	打开【线型管理器】对话框,加载、设置和修改线型,其中【全局比例因子】可调整所有非连续线的线型比例,如图 3 – 33 所示。	打开【特性】选项板,显示和改变当前对象的特性,包括图层、颜色、线型、线型比例和线宽等基本特性及其几何特征,如图 3 – 34 所示
命令	LTSCALE(简写 LTS)	LINETYPE(简写 LT 或 LTYPE)	PROPERTIES(简写 CH、MO 或 PR)
功能区		【默认】→【特性】→【 线型】→【其他】	【视图】→【选项板】→【特性】 【默认】→【特性】→【 对话框启动器】
菜单		【格式】→【线型】	【工具】→【选项板】→【特性】 【修改】→【特性】
工具栏		【特性】→【 线型】→【其他】	【标准】→
快捷键			Ctrl + 1
快捷菜单			选择对象后右击

执行“线型”命令,弹出【线型管理器】对话框,单击【显示细节】按钮(其按钮变为【隐藏细节】按钮),显示如图 3 – 33 所示【详细信息】选项区,其中【全局比例因子】影响全部“已绘制的”和“要新绘制的”非连续线型的图线;【当前对象缩放比例】影响已设置非连续线型的“要新绘制的”图线(一般按默认取 1),而不影响以后新设置非连续线型的“要新绘制的”绘制图线。

执行“特性”命令,弹出如图 3 – 34 所示【特性】选项板,可选择对象的特性并修改,关闭其选项板为确认,按 Esc 键去除夹点。【特性】选项板中【线型比例】的值默认同【线型管理器】对话框中【当前对象缩放比例】的值；单独选择任意非连续线型的图线后，在【特性】选项板中输入【线型比例】的新值，可改变其所选非连续线型的图线的最终线型比例。

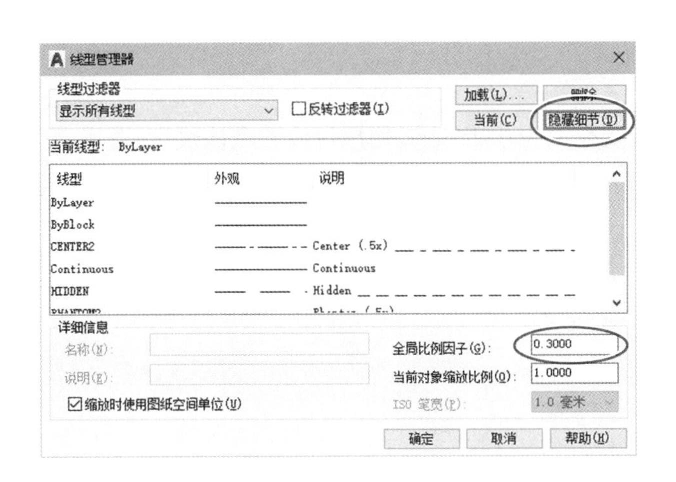

图 3 – 33　【线型管理器】对话框

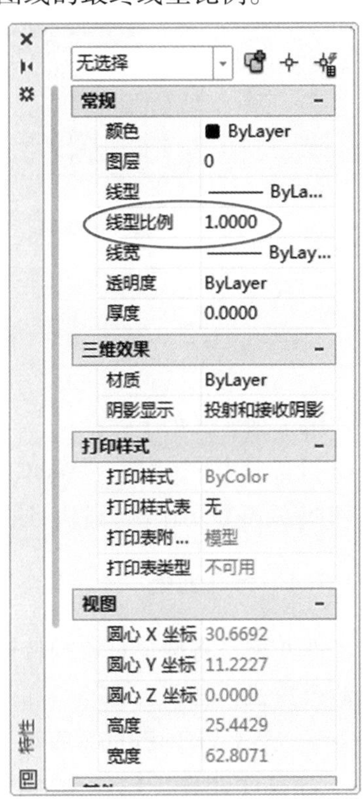

图 3 – 34　【特性】选项板

提示　如果在【线型管理器】对话框中设置非连续线型的【全局比例因子】为 A 和【当前对象缩放比例】为 B，则最终线型比例 $C = A \cdot B$（如图 3 – 33 所示 A 为 0.3，B 为 1，则 C 为 0.3）；如果非连续线型的【全局比例因子】A 为 0.3，选择非连续线型的图线（例如，虚线），然后打开【特性】选项板（【线型比例】默认同 B 为 1），再输入【线型比例】的新值为 1.67，则其虚线的最终线型比例 $C = A \cdot B = 0.3 \times 1.67$，即约为 0.5。

3.7.3　控制显示线宽

在【图层特性管理器】选项板中设置图层的线宽；为了提高图形的可读性，在状态栏上启用显示线宽；用如图 3 – 35 所示【线宽设置】对话框调整线宽的显示比例和设置默认线宽。

命令方式：

◎ 命令：LWEIGHT（简写 LW）

◎ 功能区：【默认】→【特性】→【 ▾ 线宽】

◎ 菜单：【格式】→【线宽】

◎ 快捷菜单：右击状态栏上“线宽”按钮→【设置线宽】

操作：执行“线宽”命令后，弹出【线宽设置】对话框。

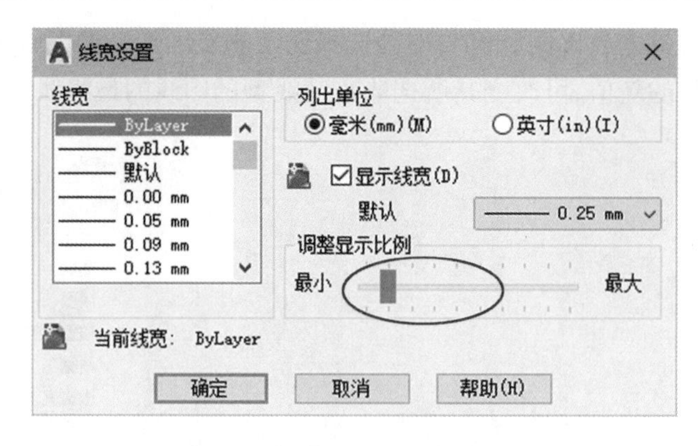

图 3 – 35　【线宽设置】对话框

常用选项含义如下:

(1)【默认】下拉列表: AutoCAD 默认线宽为 0.25 mm,用户可设置默认线宽。

(2)【调整显示比例】滑块:通过调整滑块所处位置,设置显示线宽。

3.7.4　特性匹配

特性匹配是将选定对象的特性应用到其他对象(同 Word 软件中的“格式刷”功能)。

命令方式:

◎ 命令:MATCHPROP(简写 MA)

◎ 功能区:【默认】→【特性】→【特性匹配】

◎ 菜单:【修改】→【特性匹配】

◎ 工具栏:【标准】→

例 3 – 7　将如图 3 – 36(a)所示图形的对称中心线由粗实线改为点画线,结果如图 3 – 36(c)所示。

命令: **'_matchprop**　　//选择功能区“【默认】→【特性】→【特性匹配】”按钮

选择源对象: **选择水平点画线**　　//如图 3 – 36(a)所示

选择目标对象或 [设置(S)]: **选择竖直对称中心线↙**　　//如图 3 – 36(b)所示

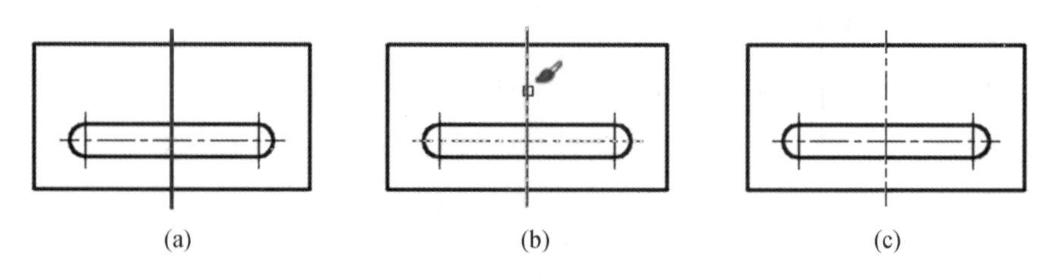

图 3 – 36　【特性】选项板

(a)特性匹配前;(b)特性匹配状态;(c)特性匹配后

3.8　AutoCAD 显示控制

AutoCAD 提供了各种显示控制的方法，利用缩放、平移、重画、重生成、“选项”设置和多文档设计环境等显示控制方法帮助用户准确、快捷地观察图形和绘制图形。

3.8.1　缩放和平移

在绘制与编辑图形的过程中，通过如图 3－37 所示“缩放”和“平移”命令方式控制图形显示，用户可灵活地观察图形的整体效果或局部细节。为快速控制图形显示，常用如图 3－37 所示“导航栏”上的“范围缩放”按钮、“平移”按钮和鼠标滚轮联用完成操作。

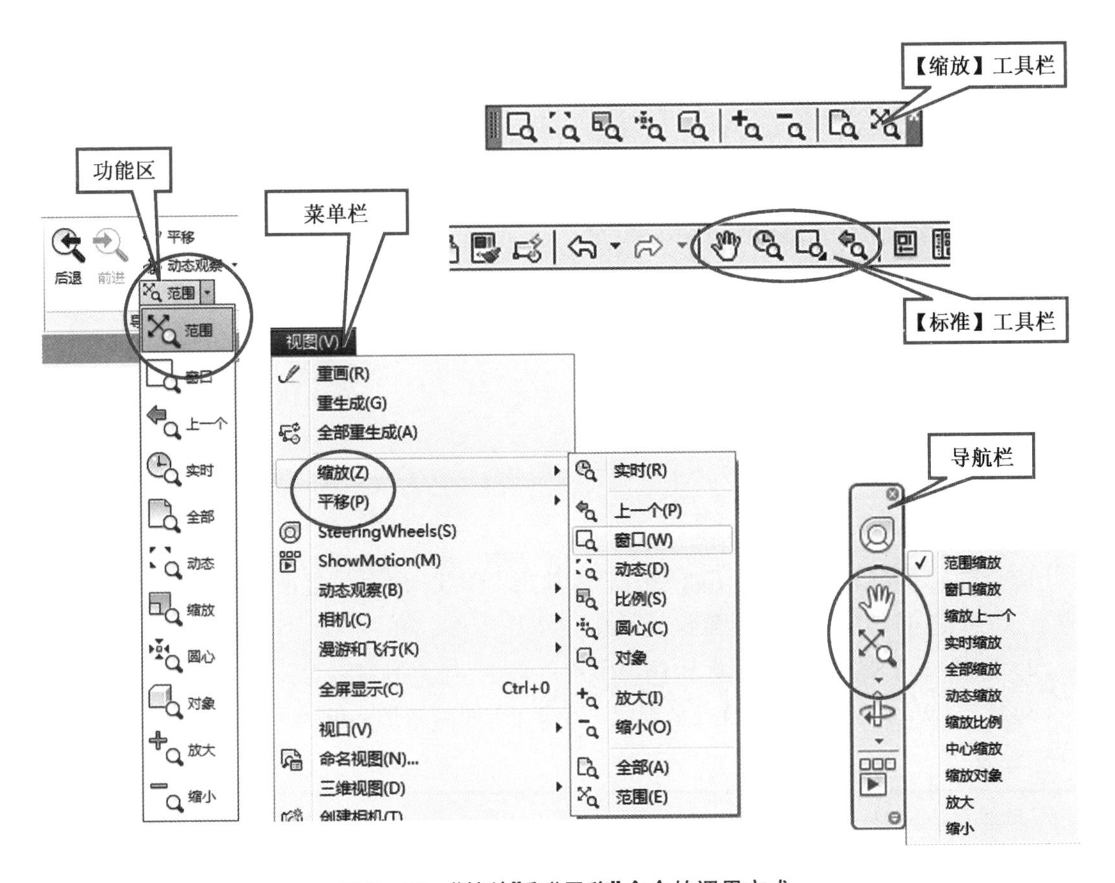

图 3－37　“缩放”和“平移”命令的调用方式

1. 缩放

缩放是放大或缩小屏幕上图形的显示效果，其 ZOOM 命令（显示缩放）与 SCALE 命令（比例缩放）有着本质区别，ZOOM 命令改变视觉效果而不改变图形对象的真实尺寸，其作用类似于相机的变焦镜头，如图 3－38 所示。

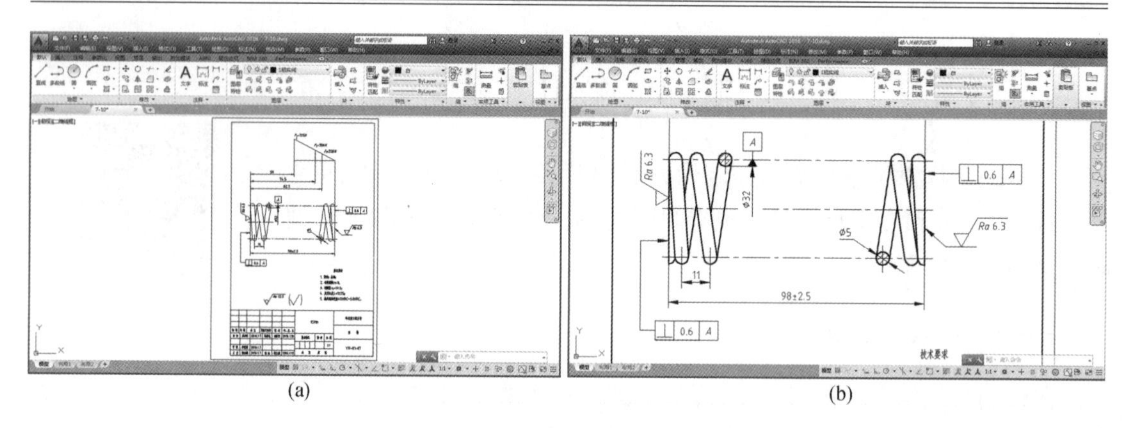

图 3-38 “缩放”命令控制图形显示

(a)“范围缩放”选项;(b)“窗口缩放”选项或转动鼠标滚轮放大后

命令方式:

◎ 命令:ZOOM(简写 Z)

◎ 功能区:【视图】→【导航】→【 范围 ▾】(如图 3-37 所示各选项)

◎ 菜单:【视图】→【缩放】(在如图 3-37 所示子菜单中选择)

◎ 工具栏:【缩放】和【标准】(图 3-37)

◎ 导航栏:(如图 3-37 所示各选项)

◎ 鼠标:转动滚轮

操作:执行 ZOOM 命令后,命令行提示:

指定窗口的角点,输入比例因子(nX 或 nXP),或者

[全部(A)/中心(C)/动态(D)/范围(E)/上一个(P)/比例(S)/窗口(W)/对象(O)] <实时>:

“缩放”命令的常用选项如下:

(1)全部(A):显示全部图形(如果图形未超出 LIMITS 命令设置的图形界限,则按图形界限显示;否则,将超出界限的对象也显示在屏幕上)。

(2)范围(E):全部图形以最大比例显示在屏幕上,与图形界限无关。

(3)窗口(W):通过两个对角点来确定一个矩形,使其矩形内的图形放大。

2. 平移

平移是使当前图形相对于窗口移动(相当于手移动图纸,而不改变图形在图纸上的位置)。

命令方式:

◎ 命令:PAN(简写 P)

◎ 功能区:【视图】→【导航】→【 平移】

◎ 菜单:【视图】→【平移】(在其子菜单中选择)

◎ 工具栏:【标准】→

◎ 导航栏:

◎ 快捷菜单:在图形窗口右击(不选任何对象)→【平移】

◎ 鼠标:按住中键移动

操作:执行 PAN 命令后,光标变为手形 。此时,可通过拖动鼠标来移动整个图形。要退出“平移”模式,可按 Esc 键或 Enter 键,或在右击快捷菜单选择【退出】选项。

3.8.2 AutoCAD“选项”设置

为提高绘图效率和界面效果,执行 OPTIONS 命令,弹出如图 3-39(a)所示【选项】对话框(包括【文件】【显示】【打开和保存】【打印和发布】【系统】【用户系统配置】【绘图】【三维建模】【选择集】【配置】和【联机】共 11 个选项卡),可对 AutoCAD 2018 系统环境进行设置,其中【显示】选项卡用于设置如图 3-39(b)所示显示属性,包括窗口元素(如配色方案和界面背景颜色)、布局元素、十字光标大小、显示精度和显示性能等。

命令方式:

◎ 命令:OPTIONS(简写 OP)

◎ 功能区:【视图】→【界面】→【 对话框启动器】

◎ 菜单: 或【工具】→【选项】

◎ 快捷菜单:在图形区右击→【选项】

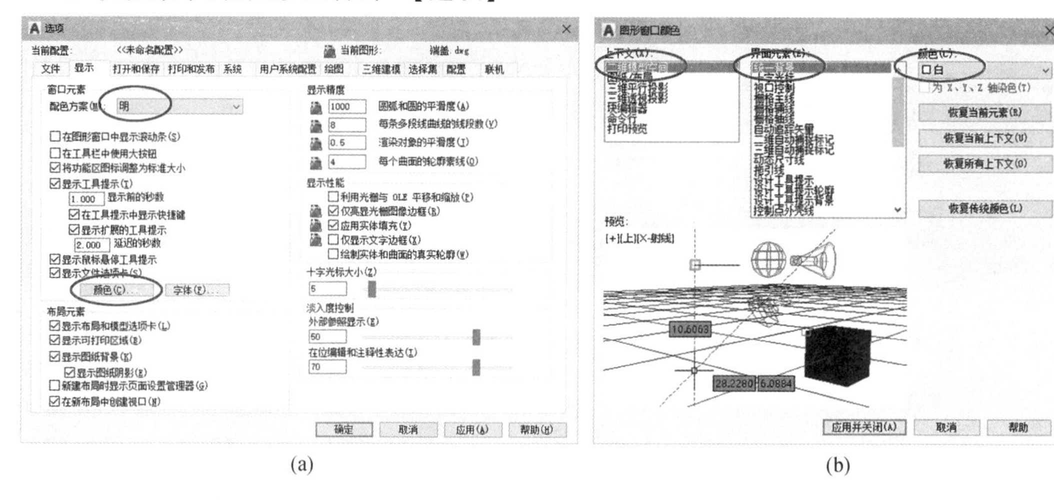

(a)　　(b)

图 3-39　“选项”命令对话框

(a)【选项】对话框;(b)【图形窗口颜色】对话框

例 3-8　改变界面显示颜色,要求:①界面配色方案设置为“明”(默认为“暗”);②图形窗口的背景颜色设置为“白”色(默认颜色为“33,40,48”)。

第 1 步　打开【选项】对话框:在图形区右击,弹出快捷菜单,选择【选项】选项执行 OPTIONS 命令,弹出如图 3-39(a)所示【选项】对话框。

第 2 步　设置界面配色方案:在如图 3-39(a)所示【选项】对话框中,①选择【显示】选项卡;②在【窗口元素】选项区的【配色方案】下拉列表中选择选项为“明”。

第 3 步　设置图形窗口的背景颜色:在【选项】对话框中,单击【颜色】按钮,弹出如图 3-39(b)所示【图形窗口颜色】对话框,①在【上下文】列表框中默认为【二维模型空间】选项,【界面元素】列表框中默认为【统一背景】选项,在【颜色】列表框中单击右侧 ▾ 按钮,选择“白”选项;②单击【应用并关闭】按钮。

第4步 返回【选项】对话框,单击【确定】按钮(如果还有其他设置,则单击【应用】按钮后单击【确定】按钮)。

> **提示** 当 AutoCAD 工作界面的工具栏或功能区选项板等不显示时,可用如下两种方式将 AutoCAD 工作界面恢复为如图 3-2 所示 AutoCAD 默认工作界面。
>
> 方式1:执行 OPTIONS 命令,弹出如图 3-39(a)所示【选项】对话框,切换为【配置】选项卡,单击【重置】按钮。
>
> 方式2:在命令行输入 MENU 命令,弹出【选择自定义文件】对话框,默认选择“acad. CUIX”文件,然后双击其文件或单击【打开】按钮。

3.8.3　多文档设计环境

多文档设计环境是以“水平平铺”“垂直平铺”或“层叠”方式同时显示已打开的多个图形文件,如图 3-40 所示。

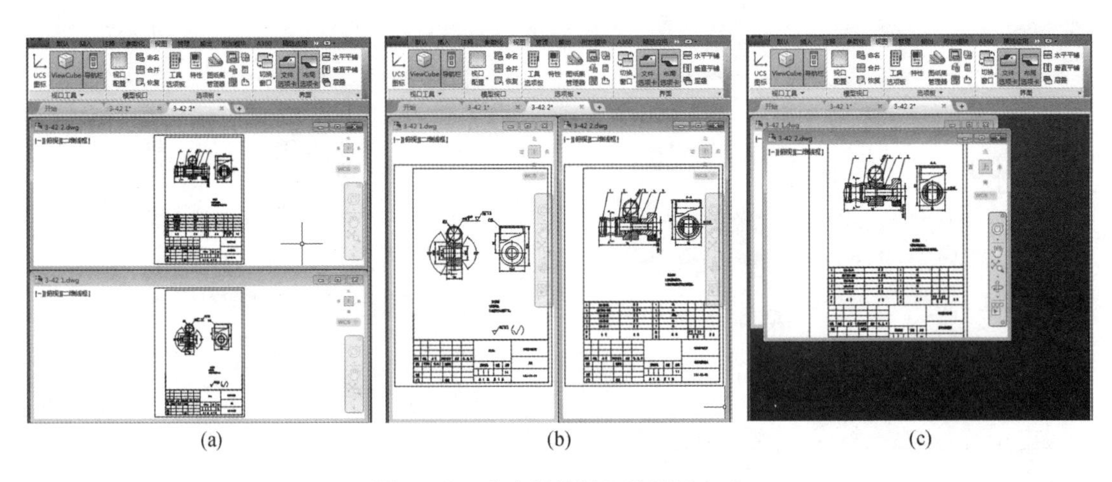

(a)　　(b)　　(c)

图 3-40　多文档设计环境显示方式

(a)水平平铺;(b)垂直平铺;(c)层叠

多文档设计环境的功能如下:

(1)同时显示多个图形文件,便于并行工作,可快速在多个图形文件之间切换;

(2)在多个图形文件之间,用剪贴板剪切、复制和粘贴对象,也可用拖拽方式复制或移动对象;

(3)在不同的图形文件之间,单击【特性匹配】按钮将一个图形文件中某些对象的特性(图层、颜色和线型)传递到另一个图形文件对象中。

多文档设计环境的显示方式和窗口切换的命令方式,见表 3-13。

表 3-13　“显示方式”和“窗口切换”的命令方式

命令方式	显示方式	窗口切换
	控制“水平平铺”“垂直平铺”或“层叠”，其中选项卡亮显的图形文件为当前图形文件	控制当前图形文件，通常单击图形窗口的文件选项卡快速切换
功能区	【视图】→【界面】→【水平平铺】【垂直平铺】或【层叠】	【视图】→【界面】→【切换窗口】
菜单	【窗口】→【水平平铺】【垂直平铺】或【层叠】	【窗口】→选择文件
快捷键		Ctrl + F6 或 Ctrl + Tab

注意　最小化的图形文件不参加多文档设计环境显示。因此，如果要使某图形不参加其“水平平铺”“垂直平铺”或“层叠”显示，则将其图形最小化。

上机指导和练习

【目的】

1. 熟悉 AutoCAD 2018 的操作界面、命令输入和坐标输入。
2. 掌握绘图环境基本设置和图形文件管理，熟练应用多文档设计环境。
3. 熟练使用“显示栅格”“动态输入”“极轴追踪”“对象捕捉”“对象捕捉追踪”和“显示线宽”等精确定位绘图辅助工具；了解参数化几何约束和尺寸约束。
4. 熟练掌握图层的新建、设置和使用。
5. 掌握 ZOOM 命令（缩放）和 PAN 命令（平移）的显示操作。
6. 学会用【选项】对话框设置图形窗口的背景和命令行等颜色。

【练习】

1. 新建图形文件，按例 3-3 绘制直线 *AB* 和 *CD*，并保存文件为“坐标输入练习. dwg”。
2. 绘制如图 3-41 所示图形。

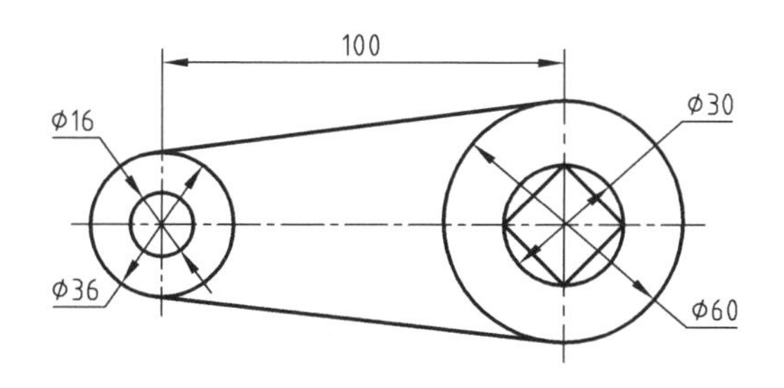

图 3-41　基本练习图形

提示 操作如下:

第1步 新建图形文件:

①设置A4图幅,参见例3-1;

②创建“1粗实线”和“4点画线”图层,参见例3-6;

③用【线型管理器】对话框调整点画线线型比例为0.3。

第2步 绘制点画线:

①将“4点画线”层置为当前;

②执行“直线”命令,绘制水平点画线和左侧竖直点画线;

③选择功能区“【默认】→【修改】→【偏移】”按钮,绘制右侧竖直点画线(两条平行线的偏移距离为100)。

第3步 绘制各圆:

①将“1粗实线”置为当前;

②状态栏上按钮处于亮显,即显示线宽;

③执行“圆”命令,捕捉水平点画线与竖直点画线的交点为圆心,绘制4个圆(ϕ16、ϕ36、ϕ30和ϕ60)。

第4步 绘制切线:执行“直线”命令,在【对象捕捉】右键快捷菜单上选择【捕捉到切点】选项,在ϕ36圆上捕捉切点单击,再选择【捕捉到切点】选项,在ϕ60圆左上部拾取一点。

第5步 绘制正方形:执行“直线”命令,结合自动捕捉“交点”模式绘制4条直线。

3. 打开两个图形文件,选择功能区“【视图】→【界面】→【垂直平铺】”按钮,将两个图形文件以“垂直平铺”方式显示在屏幕上。

第 4 章　二维绘图和图形编辑

在机械工程图样中，二维图形是用由二维绘图命令和图形编辑方法完成的。本章主要介绍常用的二维绘图命令、图形编辑方法和绘制二维图形综合实例。

4.1　常用二维绘图命令

二维绘图有多种调用命令的方式，常用的 4 种调用命令方式如图 4-1 所示。

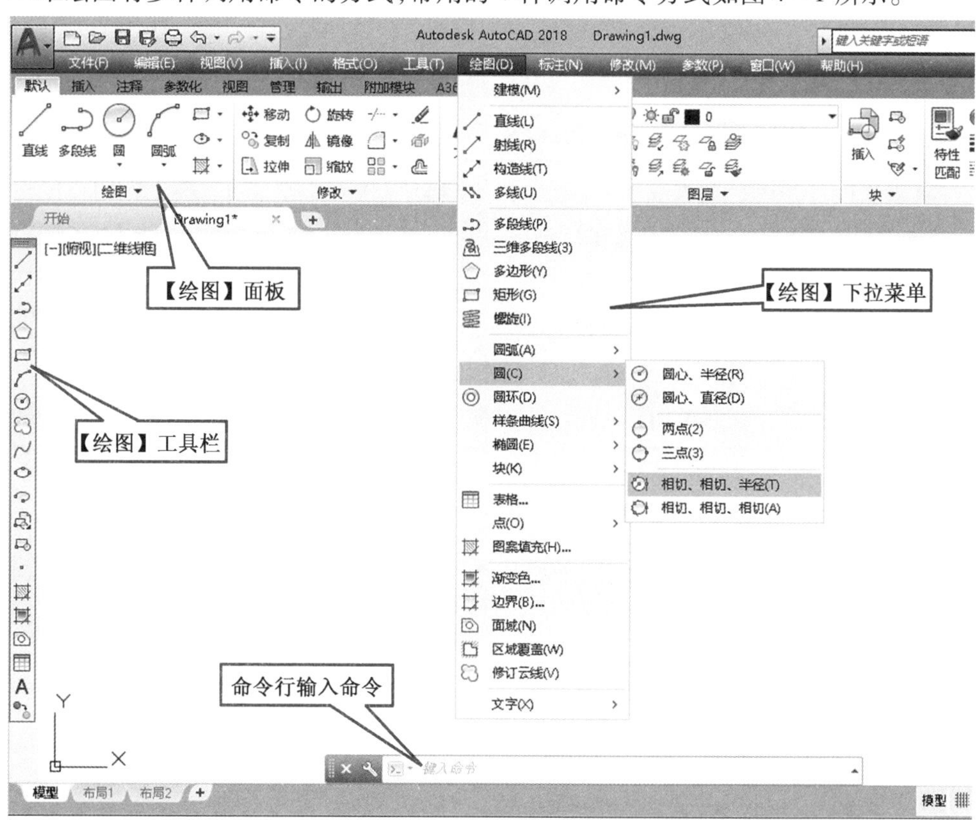

图 4-1　常用二维绘图命令方式

命令方式：

◎ 命令：在命令行直接输入相应命令（例如，绘制直线时输入 LINE 或 L）

◎ 功能区：【默认】→【绘图】→选择绘图命令的图标按钮

◎ 菜单：【绘图】→选择绘图命令

◎ 工具栏：【绘图】→选择绘图命令的图标按钮

4.1.1　绘制基本图元

绘制基本图元是绘制图形对象的基础,如直线、圆、矩形和正多边形等。

1. 直线、构造线、多段线和样条曲线

“直线”“构造线”“多段线”和“样条曲线”的命令方式,见表 4 – 1。

表 4 – 1　“直线”“构造线”“多段线”和“样条曲线”的命令方式

	直　　线	构造线	多段线	样条曲线
命令方式	绘制直线段,如图 4 – 2 所示	绘制两端无限延伸的辅助直线(构造线),常用于绘制辅助平行线和角分线,如图 4 – 3 所示	绘制多段直线段或弧段组成的图元,每段有其起点宽和终点宽,可绘制斜视图上旋转符号,如图 4 – 4 所示和例 4 – 37	创建通过或接近指定点的光滑曲线,常用于绘制波浪线,如图 4 – 5 所示
命令	LINE(简写 L)	XLINE(简写 XL)	PLINE(简写 PL)	SPLINE(简写 SPL)
功能区	【默认】→【绘图】→【 直线】	【默认】→【绘图】→【 构造线】	【默认】→【绘图】→【 多段线】	【默认】→【绘图】→【 样条曲线拟合】
菜单	【绘图】→【直线】	【绘图】→【构造线】	【绘图】→【多段线】	【绘图】→【样条曲线】→【拟合点】
工具栏	【绘图】→	【绘图】→	【绘图】→	【绘图】→

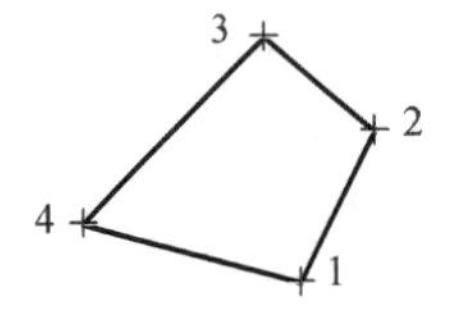

图 4 – 2　绘制直线

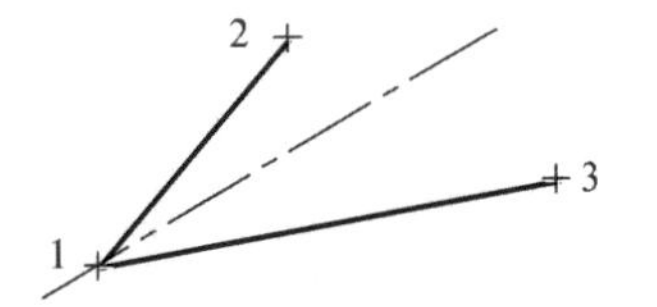

图 4 – 3　绘制角分线

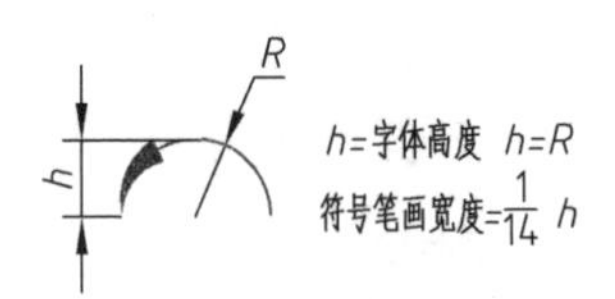

图 4 – 4　旋转符号

图 4 – 5　绘制样条曲线

例 4 – 1　绘制如图 4 – 2 所示一组直线段。

命令:**L**↙
指定第一点:**140,180**↙　　　　//键盘输入起点 1 的坐标指定下一点或［放弃(U)］:**160,220** ↙　　//键盘输入或鼠标指定点 2 绘制一条线段（输入 U 将放弃最近一次绘制的线段）
指定下一点或［放弃(U)］:**@ -30,25** ↙　　//以点 2 为上一点，绘制下一点 3
指定下一点或［闭合(C)/放弃(U)］:**@70 <225** ↙　　//以点 3 为上一点，绘制下一点 4
指定下一点或［闭合(C)/放弃(U)］:**c** ↙　　//在点 4 和点 1 之间绘制线段使折线闭合，并退出 LINE 命令；也可捕捉点 1，按 Enter 键结束命令

例 4 -2　绘制如图 4 -3 所示角分线。

命令：**_xline**　　//选择功能区"【默认】→【绘图】→【构造线】"按钮
指定点或［水平(H)/垂直(V)/角度(A)/二等分(B)/偏移(O)］：**b** ↙
指定角的顶点：**捕捉点 1**
指定角的起点：**捕捉点 2**
指定角的端点：**捕捉点 3** ↙

例 4 -3　绘制如图 4 -5 所示细波浪线(样条曲线)。

命令：**_SPLINE**　　//选择功能区"【默认】→【绘图】→【样条曲线拟合】"按钮
指定第一个点或［方式(M)/节点(K)/对象(O)］：**拾取一点**　　//按默认指定第一个点
输入下一个点或［起点切向(T)/公差(L)］：**拾取一点**　　//继续按提示输入控制点
输入下一个点或［端点相切(T)/公差(L)/放弃(U)］：**拾取一点**　　//继续按提示输入控制点
输入下一个点或［端点相切(T)/公差(L)/放弃(U)/闭合(C)］:↙　　//或按空格键结束输入控制点

2. 圆

CIRCLE 命令用于绘制圆，如图 4 -6 所示。

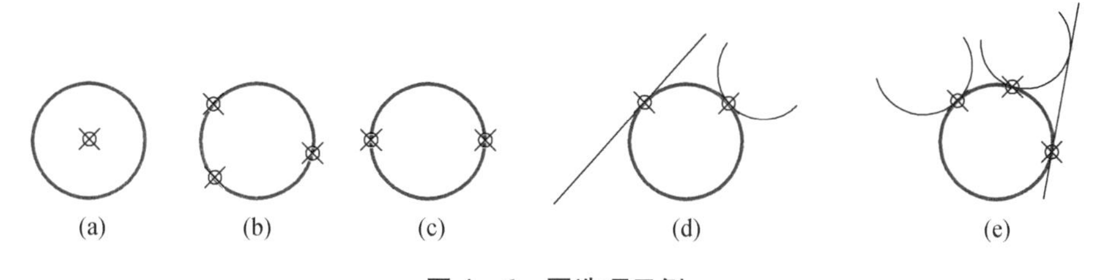

图 4 -6　圆选项示例

(a)圆心;(b)3P;(c)2P;(d)T;(e)A

命令方式：

◎ 命令:CIRCLE(简写 C)
◎ 功能区:【默认】→【绘图】→【圆 ▾】(6 个选项，如图 3 -3 所示)
◎ 菜单:【绘图】→【圆】(6 个选项)
◎ 工具栏:【绘图】→

操作：执行 CIRCLE 命令后，命令行提示：

指定圆的圆心或［三点(3P)/两点(2P)/切点、切点、半径(T)］:**拾取一点**
指定圆的半径或［直径(D)］：　　//默认输入半径；或输入 D 后输入直径

“圆”命令的6个选项如下:

(1)圆心、半径:圆心、半径画圆模式,如图4-6(a)所示。

(2)圆心、直径:圆心、直径画圆模式,如图4-6(a)所示。

(3)三点(3P):三点画圆模式,如图4-6(b)所示。

(4)两点(2P):两点画圆(以两点间距为直径)模式,如图4-6(c)所示。

(5)相切、相切、半径(T):即命令行提示“切点、切点、半径(T)”选项,两个切点和半径画圆模式,如图4-6(d)所示。

(6)相切、相切、相切(A):选择功能区“【默认】→【绘图】→【相切、相切、相切】”按钮,可绘制与3个对象相切的圆,如图4-6(e)所示大圆。

> **注意** 选择“相切、相切、半径(T)”或“相切、相切、相切(A)”选项绘制圆时,要在实际切点的附近拾取点。另外,当圆显示为多边形时,选择菜单“【视图】→【重生成】”命令或命令行输入REGEN命令(简写RE),即显示为光滑圆。

3. 圆环和椭圆

“圆环”和“椭圆”的命令方式,见表4-2。

表4-2 “圆环”和“椭圆”的命令方式

命令方式	圆　环	椭　圆
	绘制圆环,如图4-7所示	绘制椭圆,如图4-8所示
命令	DONUT(简写DO)	ELLIPSE(简写EL)
功能区	【默认】→【绘图】→【圆环】	【默认】→【绘图】→【椭圆】
菜单	【绘图】→【圆环】	【绘图】→【椭圆】
工具栏		【绘图】→

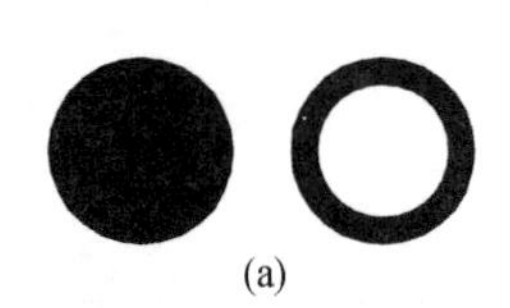

(a)

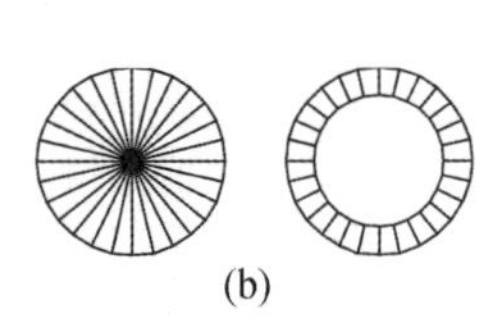

(b)

图4-7 圆环示例

(a)FILL输入模式“ON”状态;(b)FILL输入模式“OFF”状态

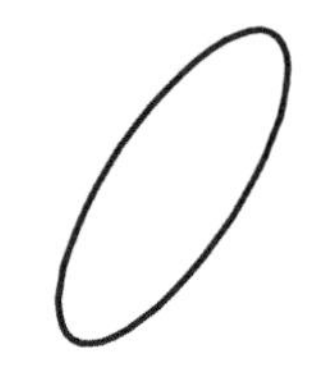

图4-8 椭圆示例

例4-4 绘制如图4-7所示圆环。

第1步 确定填充模式:FILL输入模式默认处于“开”状态,将绘制如图4-7(a)所示填充的圆环;反之,FILL输入模式处于“关”状态,将绘制如图4-7(b)所示不填充圆环(注意:绘制不填充圆环后,需将FILL输入模式恢复为默认的“ON”状态)。

命令:**FILL**↙

输入模式[开(ON)/关(OFF)]<开>: //填充状态,可绘制如图4-7(a)所示填充圆环

第 2 步　绘制圆环。

命令:**DONUT**↙
指定圆环的内径 <当前值>:**10**↙
指定圆环的外径 <当前值>:**15**↙
指定圆环的中心点或 <退出>:**拾取一点**↙　　　//绘制如图 4-7(a)所示空心填充圆环

例 4-5　绘制如图 4-8 所示椭圆。

命令: **_ellipse**　　　//选择功能区"【默认】→【绘图】→【椭圆】"按钮
指定椭圆的轴端点或[圆弧(A)/中心点(C)]:**40,110**↙
指定轴的另一个端点:**130,50**↙
指定另一条半轴长度或[旋转(R)]:**150**↙

4. 矩形和正多边形

"矩形"和"正多边形"的命令方式,见表 4-3。

表 4-3　"矩形"和"正多边形"的命令方式

	矩　形	正多边形
命令方式	利用对角线上的两个点绘制矩形,可带倒角或圆角和改变线宽,如图 4-9 所示	绘制边数为 3 至 1 024 的正多边形,如图 4-10 所示
命令	RECTANG(简写 REC)	POLYGON(简写 POL)
功能区	【默认】→【绘图】→【矩形】	【默认】→【绘图】→【多边形】
菜单	【绘图】→【矩形】	【绘图】→【多边形】
工具栏	【绘图】→	【绘图】→

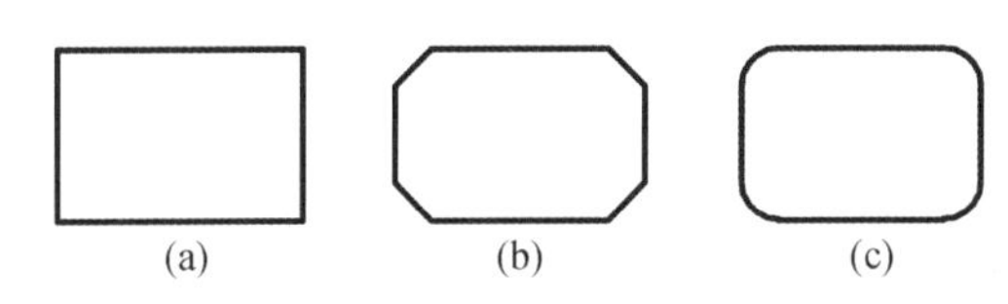

图 4-9　矩形示例
(a)默认直角;(b)倒角(C);(c)圆角(F)

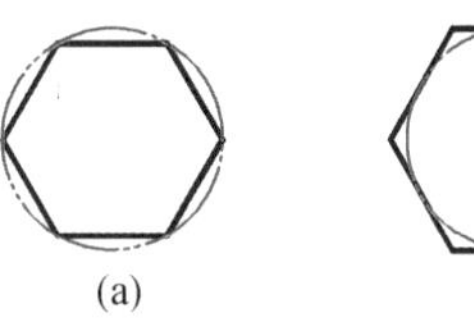

图 4-10　绘制多边形
(a)内接于圆(I);(b)外切于圆(C)

例 4-6　绘制如图 4-9 所示矩形。

(1)绘制如图 4-9(a)所示矩形。

命令: **_rectang**　　　//选择功能区"【默认】→【绘图】→【矩形】"按钮
指定第一个角点或[倒角(C)/标高(E)/圆角(F)/厚度(T)/宽度(W)]: **拾取左下角点**
指定另一个角点或[面积(A)/尺寸(D)/旋转(R)]: **@60,40**↙　　　//如图 4-9(a)所示

(2)绘制如图 4 –9(b)所示带倒角矩形。

命令: ↙　　//重复 RECTANG 命令
指定第一个角点或[倒角(C)/标高(E)/圆角(F)/厚度(T)/宽度(W)]: **c**↙
指定矩形的第一个倒角距离 <0>: **10**↙　　//“<0>”为当前默认值
指定矩形的第二个倒角距离 <10>: ↙　　//“<10>”为当前默认值

指定第一个角点或[倒角(C)/标高(E)/圆角(F)/厚度(T)/宽度(W)]: **拾取左下角点**
指定另一个角点或[面积(A)/尺寸(D)/旋转(R)]: **拾取右上角点**　　//如图 4 –9(b)所示矩形

(3)绘制如图 4 –9(c)所示带圆角矩形。

命令:　　//按空格键重复 RECTANG 命令
指定第一个角点或[倒角(C)/标高(E)/圆角(F)/厚度(T)/宽度(W)]: **f**↙
指定矩形的圆角半径 <10.0000>: **5**↙
指定第一个角点或[倒角(C)/标高(E)/圆角(F)/厚度(T)/宽度(W)]: **拾取左下角点**
指定另一个角点或[面积(A)/尺寸(D)/旋转(R)]: **拾取右上角点**　　//如图 4 –9(c)所示矩形

注意　如果要绘制如图 4 –9(a)所示矩形,且上次执行 RECTANG 命令绘制的是带倒角矩形,则要在“指定第一个角点或[倒角(C)/标高(E)/圆角(F)/厚度(T)/宽度(W)]:”提示下选择“倒角(C)”选项将倒角设置为 0,然后指定两个角点绘制矩形。

例 4 –7　绘制如图 4 –10 所示正六边形。

(1)绘制如图 4 –10(a)所示内接于圆的正六边形。

命令: **_polygon**　　//选择功能区“【默认】→【绘图】→【 多边形】”按钮
输入边的数目 <4>: **6**↙
指定正多边形的中心点或[边(E)]: **拾取一点**
输入选项[内接于圆(I)/外切于圆(C)] <I>: ↙　　//默认选择内接于圆
指定圆的半径: **30**↙　　//结果如图 4 –10(a)所示

(2)绘制如图 4 –10(b)所示外切于圆的正六边形。

命令: ↙　　//重复 POLYGON 命令
输入边的数目 <6>: ↙
指定正多边形的中心点或[边(E)]: **拾取一点**
输入选项[内接于圆(I)/外切于圆(C)] <I>: **c**↙
指定圆的半径: **30**↙　　//结果如图 4 –10(b)所示

5. 点

在绘制点之前,先执行“点样式”命令,弹出如图 4 –11 所示【点样式】对话框,设置点的样式(形状和大小);然后执行绘制点的命令。AutoCAD 可绘制 4 种点,即单点、多点、定数等分点和定距等分点,设置点样式和绘制点的命令方式,见表 4 –4。

表 4-4　设置点样式和绘制点的命令方式

	点样式	单　点	多　点	定数等分	定距等分
命令方式	置点样式，以便按所选点样式绘制和显示点，如图 4-11 所示	执行一次命令只画一个点后，结束命令	执行一次命令可连续画多个点，直至按 Esc 键结束命令	按指定等分数将对象等分，并绘制点或插入块，如图 4-12(a)所示	按指定的长度测量某一对象，并绘制点或插入块，如图 4-12(b)所示
命令	PTYPE	POINT(简写 PO)		DIVIDE（简写 DIV）	MEASURE（简写 ME）
功能区	【默认】→【实用工具】→【点样式】		【默认】→【绘图】→【多点】	【默认】→【绘图】→【定数等分】	【默认】→【绘图】→【定距离等分】
菜单	【格式】→【点样式】	【绘图】→【点】→【单点】	【绘图】→【点】→【多点】	【绘图】→【点】→【定数等分】	【绘图】→【点】→【定距等分】
工具栏			【绘图】→		

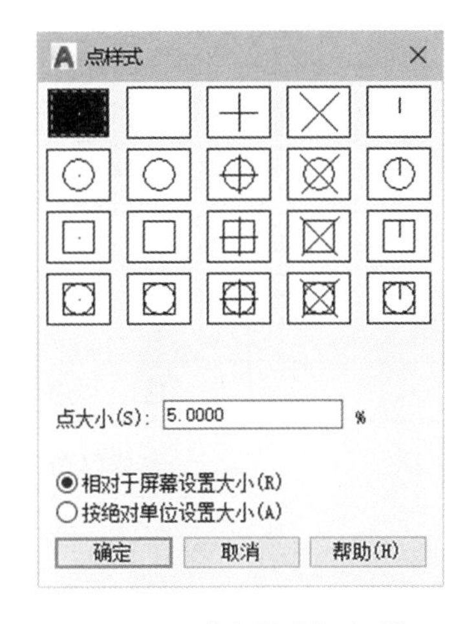

图 4-11　【点样式】对话框

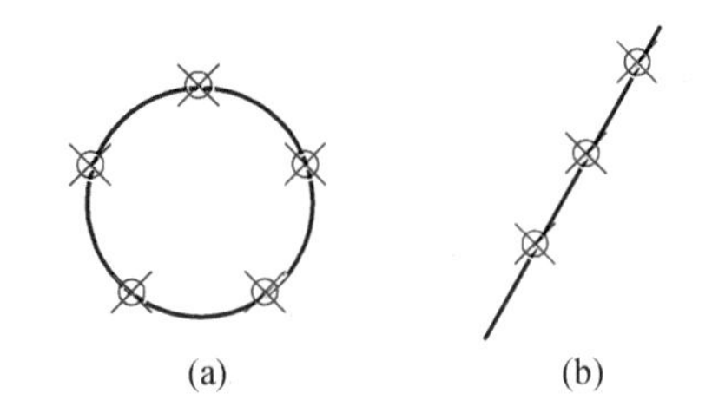

图 4-12　绘制定数等分点和定距等分点
(a)定数等分点；(b)定距等分点

例 4-8　在圆和直线上分别绘制定数等分点和定距等分点，如图 4-12 所示。

(1)选择功能区"【默认】→【绘图】→【定数等分】"按钮，绘制定数等分点，如图 4-12(a)所示。

选择要定数等分的对象：**拾取大圆**
输入线段数目或［块(B)］：**5**↙

(2)选择功能区"【默认】→【绘图】→【定距离等分】"按钮，绘制定距等分点，如图 4-12(b)所示。

选择要定距等分的对象：**拾取直线**
指定线段长度或［块(B)］：**16**↙

4.1.2　图案填充

在机械工程 CAD 制图中,在剖视图和断面图上绘制剖面符号为图案填充。下面介绍创建图案填充和编辑图案填充的方法。

1. 创建图案填充

HATCH 命令用于在指定的封闭区域内创建图案填充,可选择图案、角度和比例。

命令方式:

◎ 命令:HATCH(简写 H 或 BH)

◎ 功能区:【默认】→【绘图】→【图案填充】

◎ 菜单:【绘图】→【图案填充】

◎ 工具栏:【绘图】→

操作:执行“图案填充”命令,出现【图案填充创建】上下文选项卡,如图 4－13 所示。

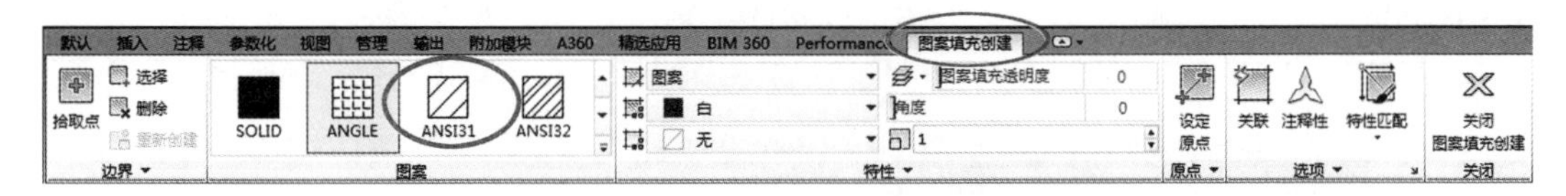

图 4－13　【图案填充创建】上下文选项卡

(1)【图案】面板:常用填充图案,见表 4－5。

表 4－5　常用填充图案

剖面符号	【图案】面板上名称	应　　用
	ANSI31	金属材料
	ANSI37	橡胶、塑料和毛毡
	SOLID	薄件或小直径件

(2)【特性】面板:图案填充有“角度”和“比例”控制项。绘制剖面线时,将“2 细实线”层置为当前,剖面线角度一般设置为 0°或 90°(即与 X 轴的夹角为 45°或 135°);比例可调整剖面线的间距。另外,“图案填充类型”可由“实体”设置为“渐变色”等填充。

(3)【边界】面板:确定填充区域常用如下两种方式。

①拾取点(默认选项):单击“拾取点”按钮,然后在要填充区域内任意拾取一点。

②选择对象:单击“选择”按钮,然后选择封闭对象。

注意　如果所选择填充边界封闭,则亮显其边界;如果填充边界不封闭,则会给出一个错误信息。当多个封闭线框嵌套时,在如图 4－13 所示【图案填充创建】上下文选项卡的【选项】面板上选择“普通孤岛检测”等选项可确定封闭线框填充区域方式。

2. 编辑图案填充

编辑图案填充,常用如下 3 种方式:

(1)单击要编辑的填充图案,出现【图案填充创建】上下文选项卡,如图 4－13 所示。

(2)双击要编辑的填充图案,弹出【快捷特性】选项板,如图 4－14 所示。

(3)执行 HATCHEDIT 命令,弹出【图案填充编辑】对话框(类似于不显示功能区时执行 HATCH 命令所弹出的【图案填充和渐变色】对话框内容),可对已填充图案进行修改。

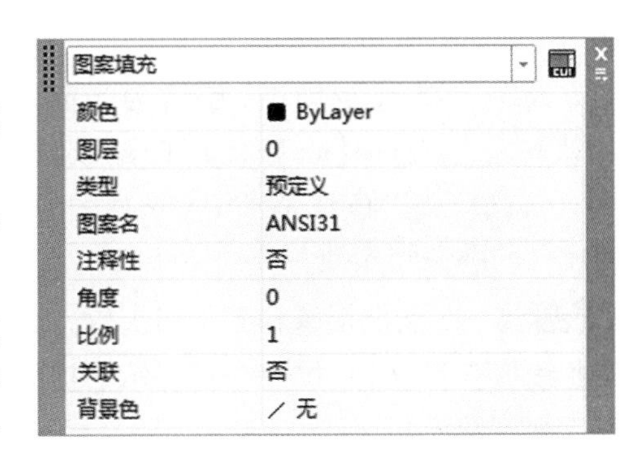

图 4－14　【快捷特性】选项板(图案填充)

> **说明**　如果选择菜单“【工具】→【选项板】→【功能区】”命令隐藏功能区,则在执行 HATCH 命令时将弹出【图案填充和渐变色】对话框。

3. 图案填充的可见性控制

图案填充的可见性,可用如下两种方式控制。

方式 1:FILL 命令控制。通过 FILL 命令的填充模式(“开”或“关”)控制图案填充是否显示,参见例 4－4。

方式 2:图层控制。将图案填充单独放在一个图层,当不需要显示该图案填充时,将其层关闭或冻结。

> **注意**　在图案填充后而不显示时,可从三方面解决:一是检查图案填充区域是否封闭;二是用 FILL 命令检查填充输入模式是否为“开(ON)”状态;三是检查图案填充所在的图层是否处于打开和解冻状态。

例 4－9　绘制如图 4－15 所示图形,并编辑图案填充间距。

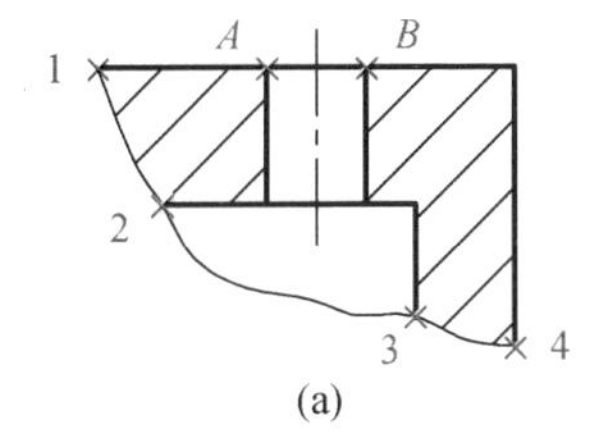

(a)

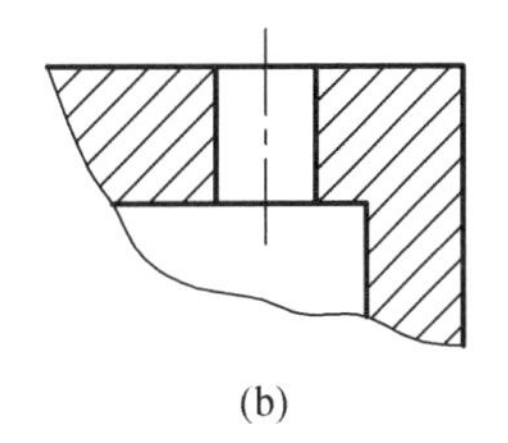

(b)

图 4－15　综合绘图示例

(a)图案填充(比例值 3);(b)图案填充(比例值 1.5)

第 1 步　绘制粗实线:在如图 3－26(a)所示【图层】面板上选择“图层控制”下拉列表中选择“1 粗实线”层将“1 粗实线”层置为当前,绘制外轮廓线,然后绘制孔的两条粗实线。

第 2 步　绘制孔的点画线:将“4 点画线”层置为当前,可用如下三种方式之一完成。

方式 1:选择功能区“【注释】→【中心线】→【 中心线】”按钮,然后选择孔的两条粗实线即可直接完成绘制点画线。

方式 2:选择功能区“【默认】→【修改】→【 打断于点】”按钮(参见表 4－14),将孔的上表面粗实线打断为单独一条线 AB;然后结合“捕捉到中点”和“对象捕捉追踪”绘制点画线。

方式 3:先将“4 点画线”层置为当前,用“直线”命令绘制其点画线;然后选择功能区“【默认】→【修改】→【偏移】”按钮,绘制与其点画线平行的两条点画线(参见表 4 -9 和例 4 -14);最后用“修剪”命令(参见表 4 -13 和例 4 -23)和“特性匹配”命令(参见例 3 -7)编辑完成孔的两条粗实线。

第 3 步 绘制波浪线:将“2 细实线”层置为当前,选择功能区“【默认】→【绘图】→【样条曲线拟合】”按钮,按命令行提示捕捉如图 4 -15(a)所示点 1、点 2、点 3 和点 4,按 Enter 键完成细波浪线。

第 4 步 绘制剖面线:选择功能区“【默认】→【绘图】→【图案填充】”按钮,出现【图案填充创建】上下文选项卡,在【图案】面板上选择图案名称为 ANSI31,按命令行提示在要填充剖面线的两个封闭区域内单击,按空格键,完成图案填充如图 4 -15(a)所示。

第 5 步 编辑剖面线:要调整剖面线间距,双击已填充图案,弹出如图 4 -14 所示【快捷特性】选项板,可将【比例】文本框中数值由 3 修改为 1.5,结果如图 4 -15(b)所示。

4.1.3 查询

查询是重要的辅助工具,可查询点坐标、两点距离、圆或圆弧半径、两直线角度和封闭图形面积等。查询“点坐标”“距离”和“面积”的命令方式见表 4 -6。

表 4 -6 “点坐标”和“距离”的命令方式

命令方式	点坐标	距　离	面　积
	查询任意一点的坐标(X,Y,Z)	查询图形中任意两点之间的距离,如图 4 -16 所示	计算任意一个封闭区域的面积和周长
命令	ID	DIST(简写 DI)	AREA(简写 AA)
功能区	【默认】→【实用工具】→【点坐标】	【默认】→【实用工具】→【距离】	【默认】→【实用工具】→【面积】
菜单	【工具】→【查询】→【点坐标】	【工具】→【查询】→【距离】	【工具】→【查询】→【面积】
工具栏	【查询】→	【查询】→	【查询】→

例 4 -10 查询如图 4 -16 所示连杆图形点 A 的坐标值、两圆心点 A 与点 B 之间的距离。

(1)查询点 A 的坐标值:选择功能区“【默认】→【实用工具】→【点坐标】”按钮,捕捉拾取点 A,即可显示点 A 的坐标值结果。

(2)查询两圆心点 A 与点 B 之间的距离:选择功能区“【默认】→【实用工具】→【距离】”按钮,捕捉拾取点 A,再捕捉拾取点 B,点 A 与点 B 的距离结果如图 4 -16 所示。

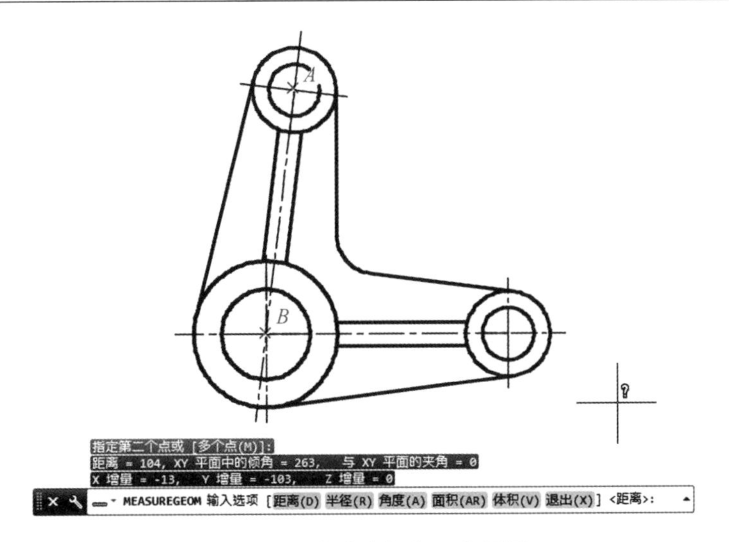

图4-16　查询坐标和距离示例

4.2　图形编辑方法

计算机快速绘图的关键之一在于编辑工作,常用的编辑方法包括删除、复制、镜像、偏移、阵列、移动、旋转、缩放、拉伸、修剪、延伸、打断、倒角、圆角、分解和合并等。

二维图形编辑可用命令行、功能区、菜单、工具栏、快捷菜单、双击图形对象(【快捷特性】选项板)和夹点等方式调用编辑命令,常用4种调用命令方式如图4-17所示。

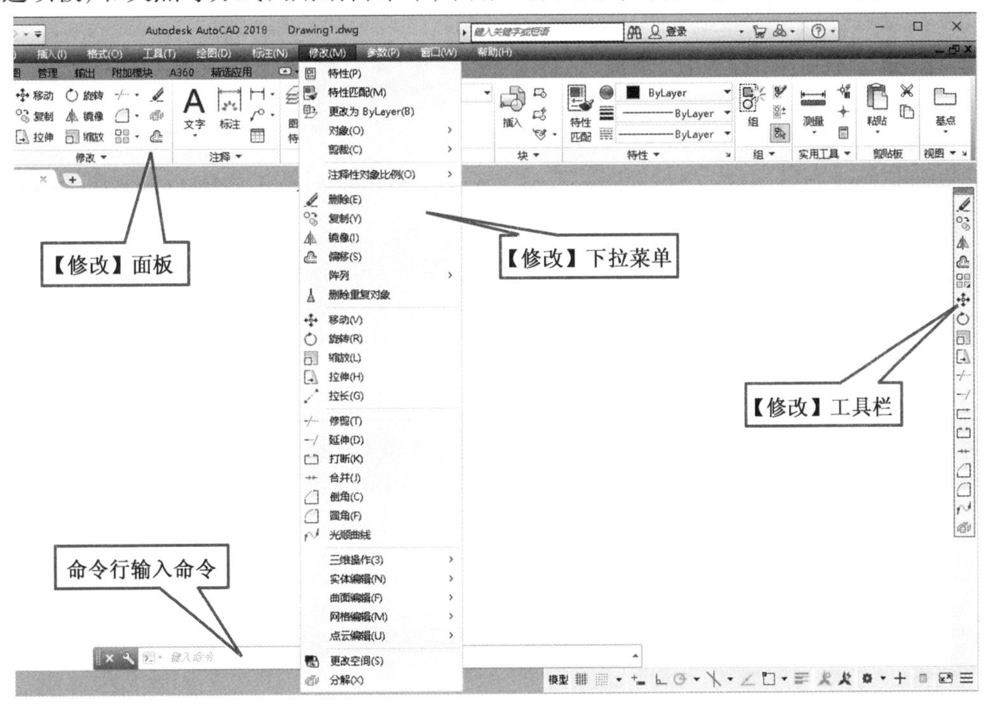

图4-17　常用的图形编辑命令方式

命令方式:

◎ 命令:在命令行直接输入相应命令

◎ 功能区:【默认】→【修改】→选择编辑命令的图标按钮

◎ 菜单:【修改】→选择编辑命令

◎ 工具栏:【绘图】→选择编辑命令的图标按钮

4.2.1　选择对象的方式

AutoCAD 编辑操作包括选择对象和编辑对象,其编辑操作顺序有如下两种情况。

(1)先输入编辑命令后选择要编辑对象:选择对象后,被选择图线变粗(其图线周边增加蓝色边)而无夹点,如图4-18(a)所示。

(2)先选择要编辑对象后输入编辑命令:选择对象后,被选择图线变粗(其图线周边增加蓝色边)且有蓝色控制点(即夹点),如图4-18(b)所示。

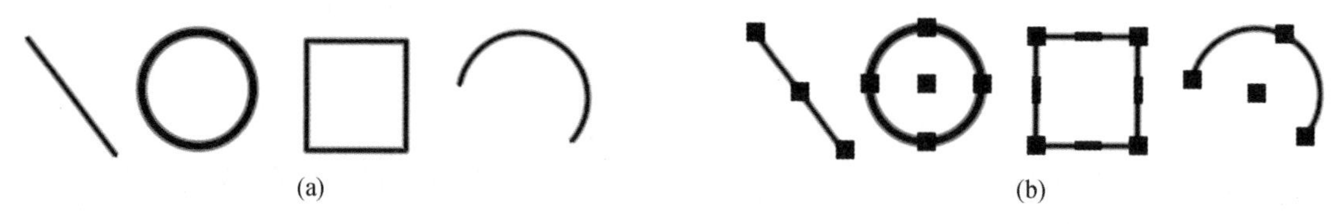

图4-18　选择对象后的显示变化

(a)先输入命令后选择对象;(b)先选择对象后输入命令

> **提示**　根据个人的习惯和命令要求,灵活选择编辑操作顺序。

1. “点选”方式

在“命令:”提示下,图形区的光标形状为十字形状时,将拾取框移到被选择对象上并单击,则其对象被选择,用其点选方式可连续选择多个对象。

2. “矩形框选择”方式和“套索选择”方式

通过矩形框选择方式和套索选择方式,可同时选择多个对象,选择对象的方式及步骤见表4-7。

> **说明**　在图形区右击,在弹出的快捷菜单上选择【选项】选项,弹出【选项】对话框,切换为如图4-19所示【选择集】选项卡,在【选择集模式】选项区取消勾选【允许按住并拖动套索】复选框可由“套索选择方式”设置为“矩形框选择方式”;如果在【预览】选项区默认勾选【命令预览】复选框将显示预览编辑效果,则在执行“删除”“修剪”“延伸”“偏移”和“圆角”等编辑命令选择对象时将以浅灰色细线显示预览效果。

表 4－7　“矩形框选择”方式和“套索选择”方式

步骤	矩形框选择		套索选择	
	“窗口”选择	“窗交”选择	“窗口”选择	“窗交”选择
1	将光标移动到要选择对象的左侧	将光标移动到要选择对象的右侧	将光标移动到要选择对象的左侧	将光标移动到要选择对象的右侧
2	单击指定第一个角点		按住鼠标左键	
3	鼠标“从左向右”拖动出一个“浅蓝色”细实线矩形框（窗口内的对象选中变粗）	鼠标“从右向左”拖动出一个“浅绿色”虚线矩形框（窗口内和窗交到的对象选中变粗）	鼠标“顺时针”拖动出一条曲线轨迹，其曲线轨迹与起点和终点的连线形成“浅蓝色”实线框（窗口内的对象选中变粗）	鼠标“逆时针”拖动出一条曲线轨迹，其曲线轨迹与起点和终点的连线形成“浅绿色”虚线框（窗口内和窗交到的对象选中变粗）
	1　2	1　2	1　2	1　2
4	单击指定第二个角点		释放鼠标左键	

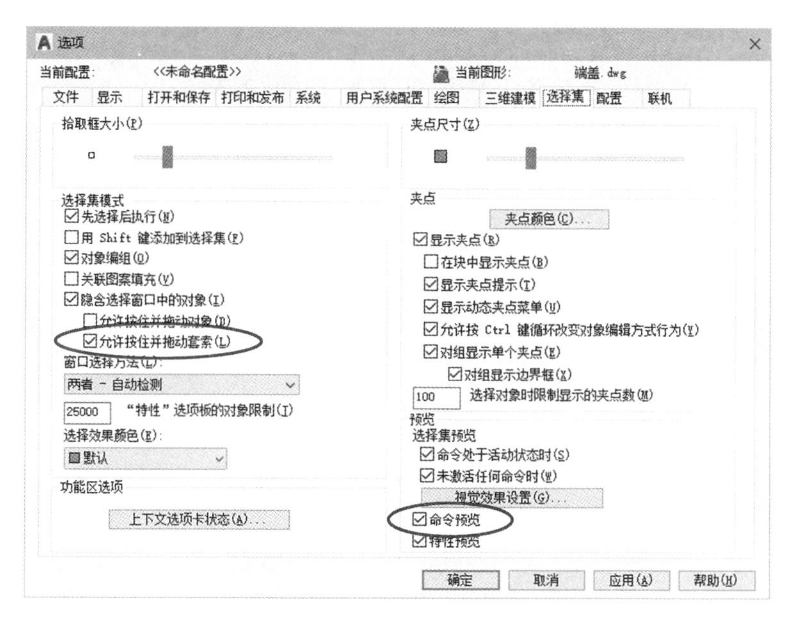

图 4－19　套索选择方式和预览设置

3. 快速选择

通过如图4－20所示【快速选择】对话框可将符合条件的对象添加到当前选择集。

命令方式:

◎ 命令:QSELECT(简写QSE)

◎ 功能区:【默认】→【实用工具】→【快速选择】

◎ 菜单:【工具】→【快速选择】

例4－11 在当前图形文件中,选择所有粗实线。

第1步 打开【快速选择】对话框:选择功能区"【默认】→【实用工具】→【快速选择】"按钮,弹出如图4－20所示【快速选择】对话框。

第2步 设置快速选择对象:①在【应用到】和【对象类型】下拉列表中默认选择内容;②在【特性】列表框中列出所选对象类型的有效属性,选择"图层"对象类型;③在【运算符】和【值】下拉列表中,分别选择"＝等于"和"1粗实线"选项;④单击【确定】按钮。

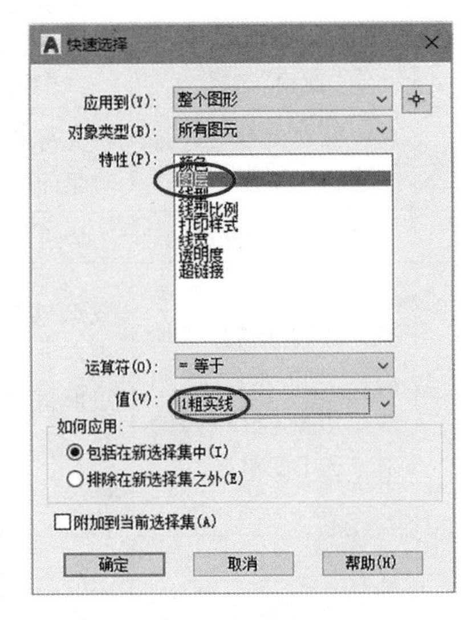

图4－20 【快速选择】对话框

4.2.2 删除和恢复

"删除"和"恢复"的命令方式,见表4－8。

表4－8 "删除"和"恢复"的命令方式

命令方式	删除	恢复	
		放弃	重做
	从图形中删除对象	几乎恢复所有误操作,二者是一对相反的命令	
命令	ERASE(简写E)	UNDO	REDO
功能区	【默认】→【修改】→【删除】		
菜单	【修改】→【删除】	【编辑】→【放弃】	【编辑】→【重做】
工具栏	【修改】→	【快速访问】→ 【标准】→	【快速访问】→ 【标准】→
快捷键	Delete	Ctrl＋Z或Alt＋6	Ctrl＋Y或Alt＋7

4.2.3 复制和改变对象位置

复制、镜像、偏移和阵列的方法都可增加对象;移动和旋转的方法都可改变对象位置。

1. 复制、镜像和偏移

“复制”“镜像”和“偏移”的命令方式，见表 4－9。

表 4－9　“复制”“镜像”和“偏移”的命令方式

	复　制	镜　像	偏　移
命令方式	将一个或多个对象复制到指定位置，如图 4－21 所示	按指定对称中心线对选定对象作镜像复制，可删掉源图形，也可保留源图形，如图 4－22 所示	创建与所选图线的形状和特性相同，并指定偏距的平行线或同心圆，如图 4－23 所示
命令	COPY（简写 CO 或 CP）	MIRROR（简写 MI）	OFFSET（简写 O）
功能区	【默认】→【修改】→【复制】	【默认】→【修改】→【镜像】	【默认】→【修改】→【偏移】
菜单	【修改】→【复制】	【修改】→【镜像】	【修改】→【偏移】
工具栏	【修改】→	【修改】→	【修改】→

例 4－12　将如图 4－21（a）所示点 *A* 处六边形复制到点 *B*、*C* 和 *D* 处，如图 4－21（b）所示。

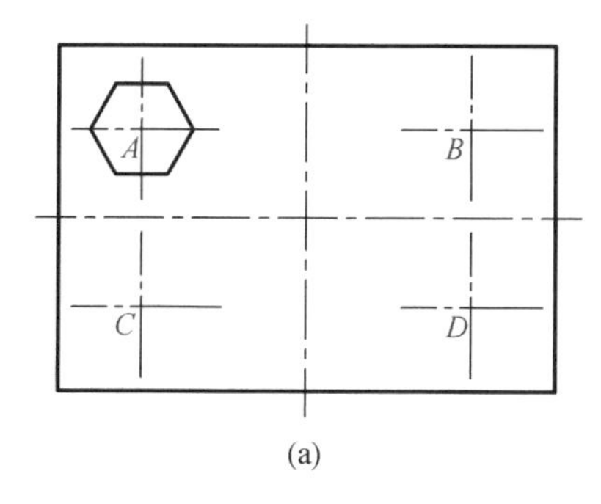

(a)

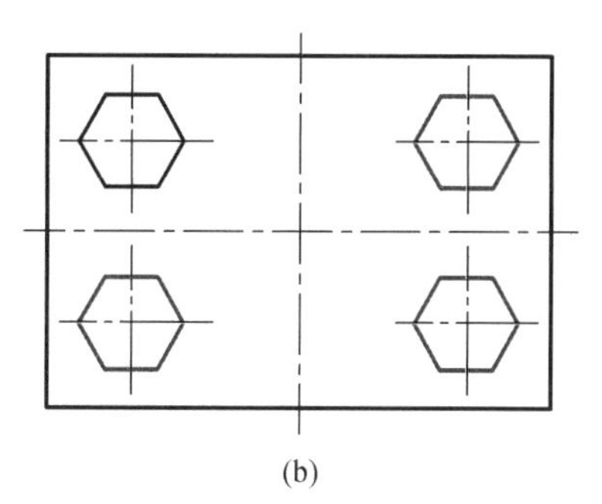
(b)

图 4－21　复制示例

命令：**copy**↙
选择对象：**选择点 A 处的六边形**↙
指定基点或［位移(D)/模式(O)］＜位移＞：**捕捉点 A**
指定第二个点或［阵列(A)］＜使用第一个点作为位移＞：**捕捉点 B**
指定第二个点或［阵列(A)/退出(E)/放弃(U)］＜退出＞：**捕捉点 C**
指定第二个点或［阵列(A)/退出(E)/放弃(U)］＜退出＞：**捕捉点 D**
指定第二个点或［阵列(A)/退出(E)/放弃(U)］＜退出＞：↙　　//结果如图 4－21(b)所示

例 4－13　镜像复制如图 4－22（a）所示图形，结果如图 4－22（b）所示。

命令：**mi**↙　　//执行 MIRROR 命令
选择对象：**选择图形**↙　　//如图 4－22(a)所示
指定镜像线的第一点：**捕捉点 A**
指定镜像线的第二点：**捕捉点 B**

要删除源对象吗?［是(Y)/否(N)］<否>: ↙　　//结果如图4-22(b)所示

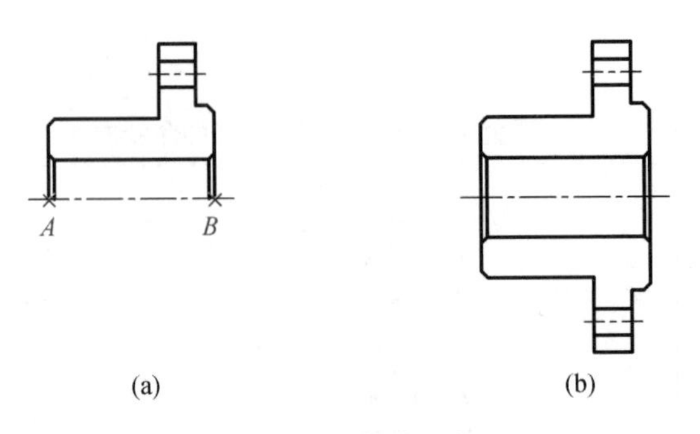

图4-22　镜像示例

例4-14　已知如图4-23(a)所示图形,要求:先绘制通过点 *A* 向内偏移的圆弧,然后绘制向外偏移3 mm的圆弧,结果如图4-23(c)所示。

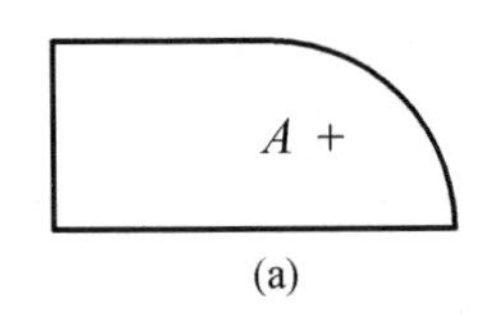

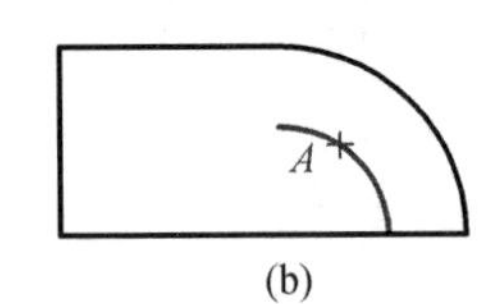

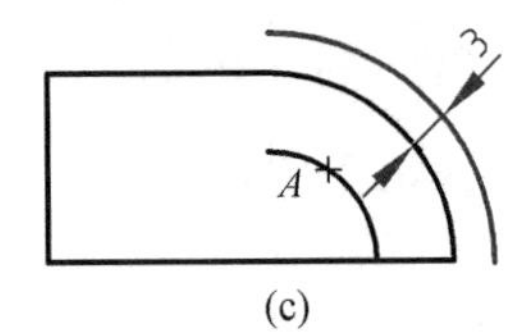

图4-23　偏移示例

(a)偏移前;(b)通过点 *A* 偏移圆弧;(c)指定距离3 mm偏移圆弧

(1)绘制通过点 *A* 向内偏移的圆弧

命令: **_offset**　　//选择功能区"【默认】→【修改】→【偏移】"按钮
指定偏移距离或［通过(T)/删除(E)/图层(L)］<通过>: ↙
选择要偏移的对象,或［退出(E)/放弃(U)］<退出>: **拾取圆弧**　　//如图4-23(a)所示
指定通过点或［退出(E)/多个(M)/放弃(U)］<退出>: **捕捉点A**
选择要偏移的对象,或［退出(E)/放弃(U)］<退出>: ↙　　//结果如图4-23(b)所示

(2)绘制向外偏移3 mm的圆弧

命令: ↙　　//或按空格键重复OFFSET命令
指定偏移距离或［通过(T)/删除(E)/图层(L)］<通过>: **3**↙
选择要偏移的对象,或［退出(E)/放弃(U)］<退出>: **拾取圆弧**　　//如图4-23(a)所示
指定要偏移的那一侧上的点,或［退出(E)/多个(M)/放弃(U)］<退出>: **在图形外侧单击**
选择要偏移的对象,或［退出(E)/放弃(U)］<退出>: ↙　　//结果如图4-23(c)所示

2. 阵列

AutoCAD 2018提供了"矩形阵列""环形阵列"和"路径阵列"方式对选择的对象作多重复制。"矩形阵列"和"环形阵列"的命令方式,见表4-10。

表 4 – 10 “矩形阵列”和“环形阵列”的命令方式

	矩形阵列	环形阵列
命令方式	按行和列均匀分布对象副本，如图 4 – 24 所示	绕某中心点均匀分布对象副本，如图 4 – 25 所示
命令	ARRAYRECT 或 ARRAY(简写 AR)	ARRAYPOLAR 或 ARRAY(简写 AR)
功能区	【默认】→【修改】→【矩形阵列】	【默认】→【修改】→【环形阵列】
菜单	【修改】→【阵列】→【矩形阵列】	【修改】→【阵列】→【环形阵列】
工具栏	【修改】→	【修改】→

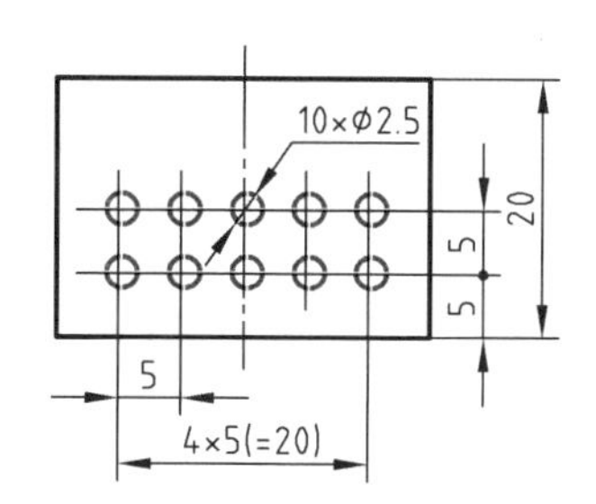

图 4 – 24 矩形阵列示例

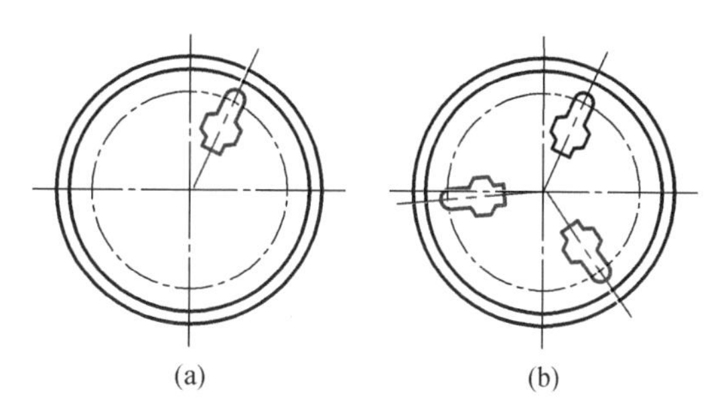

图 4 – 25 环形阵列示例

例 4 – 15 完成如图 4 – 24 所示矩形阵列图形。

第 1 步 执行“矩形阵列”命令：选择功能区“【默认】→【修改】→【矩形阵列】”按钮，按命令行提示选择对象而拾取 ϕ2.5 圆。

第 2 步 设置“矩形阵列”参数：出现如图 4 – 26 所示阵列类型为“矩形”的【阵列创建】上下文选项卡：①在【列】面板上【列数】和【介于】文本框中分别输入 5；②在【行】面板上【行数】和【介于】文本框中分别输入 2 和 5；③在【特性】面板上取消亮显【关联】按钮，使其阵列后各圆为单独对象（如果亮显【关联】按钮，则阵列后所有圆为一个对象，需用“分解”命令分解各圆为单独对象）；④在【特性】面板上单击【基点】按钮，按提示指定基点为如图 4 – 24 所示左下角 ϕ2.5 圆的圆心；⑤在【关闭】面板上单击【关闭阵列】按钮或按 Enter 键，即完成如图 4 – 24 所示矩形阵列。

图 4 – 26 【阵列创建】上下文选项卡(矩形阵列)

注意 如果【列】或【行】面板上【介于】文本框中的值为正数，则阵列沿 Y 轴或 X 轴正向阵列(即分别向上或向右排列)。

例 4－16　将如图 4－25(a)所示小槽孔环形阵列,结果如图 4－25(b)所示。

第 1 步　执行“环形阵列”命令:选择功能区“【默认】→【修改】→【环形阵列】”按钮,命令行提示:

选择对象:**拾取小槽孔和点画线**↙　　//选择要环形阵列的对象,如图 4－25(a)所示
指定阵列的中心点或［基点(B)/旋转轴(A)］:**捕捉拾取同心圆的圆心**　//显示预览阵列

第 2 步　设置“环形阵列”参数:出现如图 4－27 所示阵列类型为“极轴”(环形)的【阵列创建】上下文选项卡:①在【项目】面板上【项目数】【介于】和【填充】文本框中分别输入 3,120 和 360(默认值);②在【特性】面板上默认选择亮显【旋转项目】按钮而阵列复制的对象将旋转;③在【特性】面板上默认选择亮显【方向】按钮沿逆时针方向阵列;④单击【关闭阵列】按钮或按 Enter 键,即完成如图 4－25(b)所示环形阵列。

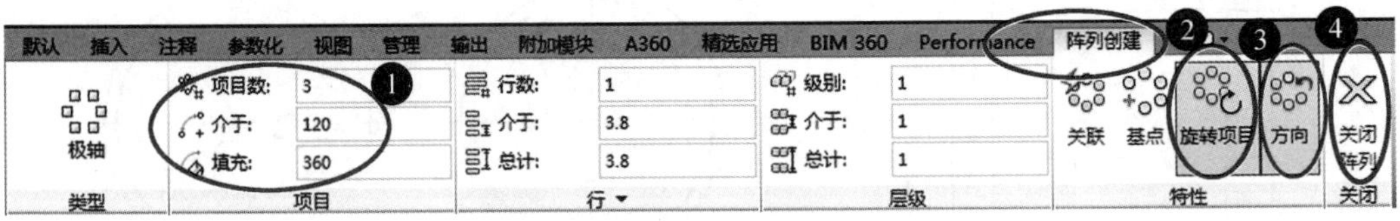

图 4－27　【阵列创建】上下文选项卡(环形阵列)

3. 移动和旋转

“移动”和“旋转”的命令方式,见表 4－11。

表 4－11　“移动”和“旋转”的命令方式

	移　　动	旋　　转
命令方式	将一个或多个对象在指定方向上从当前位置移到一个新位置	将对象绕指定基点旋转指定角度;也可将其对象旋转复制;还可以参考角度方式指定旋转角度,如图 4－28 和图 4－29 所示
命令	MOVE(简写 M)	ROTATE(简写 RO)
功能区	【默认】→【修改】→【移动】	【默认】→【修改】→【旋转】
菜单	【修改】→【移动】	【修改】→【旋转】
工具栏	【修改】→	【修改】→

例 4－17　移动图形。

选择功能区“【默认】→【修改】→【移动】”按钮,按命令行提示操作:

选择对象:**选择要移动的对象**↙
指定基点或［位移(D)］<位移>:**拾取一点**
指定第二个点或 <使用第一个点作为位移>:**拾取另一点**　　//结合“动态输入”可由基点移动光标确定方向,然后直接输入距离

例 4－18　将如图 4－28(a)所示圆内小槽孔旋转 25°,结果如图 4－28(b)所示。

命令:**ro**↙　　//执行 ROTATE 命令
选择对象:**选择小槽孔**↙
指定基点:**<对象捕捉 开>　拾取圆心**
指定旋转角度,或[复制(C)/参照(R)]<0>:**-25**↙　　//结果如图 4-28(b)所示

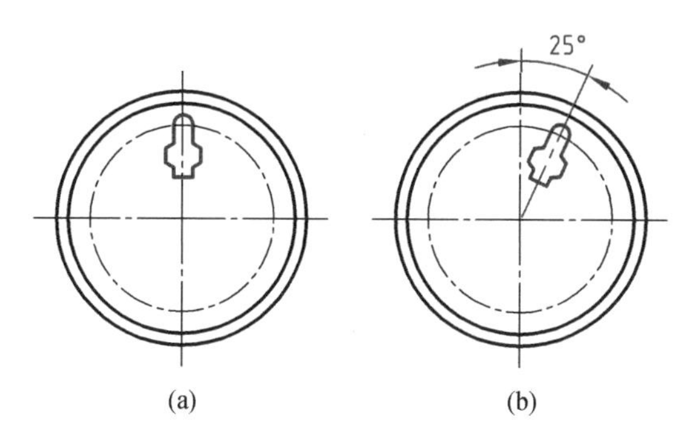

图 4-28　旋转示例(按角度)

例 4-19　将如图 4-29(a)所示图形旋转,结果如图 4-29(c)所示。

命令:**ro**↙　　//执行 ROTATE 命令
选择对象:**选择要旋转的图形**↙　　//如图 4-29(a)所示
指定基点:**<对象捕捉 开>　拾取点画线交点 A**
指定旋转角度,或[复制(C)/[参照(R)]:**r**↙　　//以参考角度方式指定旋转角度
指定参照角<0>:**拾取点 A**　　//拾取点 A 和点 B 确定参考角度
指定第二点:**拾取点** B
指定新角度或[点(P)]<0>:**拾取点 C**　　//输入新角度,或拾取一点即以点 C 与基点 A 连线的角度作为新角度,如图 4-29(b)和图 4-29(c)所示

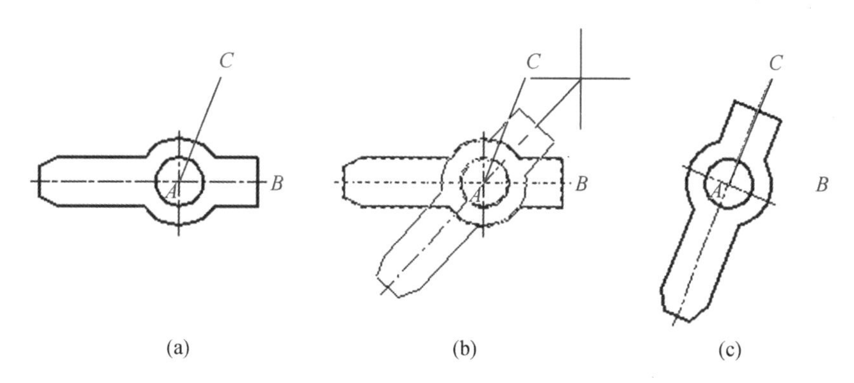

图 4-29　旋转示例(按直线位置)

4.2.4　改变对象大小和形状

改变对象大小和形状的方法,包括比例缩放、拉伸、拉长、修剪、延伸和打断等。

1. 比例缩放、拉伸和拉长

“比例缩放”“拉伸”和“拉长”的命令方式,见表 4-12。

表4－12 “比例缩放”“拉伸”和“拉长”的命令方式

	比例缩放	拉　伸	拉　长
命令方式	按指定的比例因子,相对于基点放大或缩小选定对象,如图4－30所示	通过窗交选择方式,将所选对象按指定的方向移动和拉伸,如图4－31所示	调整直线或圆弧的长度,如图4－32所示
命令	SCALE(简写SC)	STRETCH(简写S)	LENGTHEN(简写LEN)
功能区	【默认】→【修改】→【缩放】	【默认】→【修改】→【拉伸】	【默认】→【修改】→【拉长】
菜单	【修改】→【缩放】	【修改】→【拉伸】	【修改】→【拉长】
工具栏	【修改】→	【修改】→	

例4－20 放大如图4－30(a)所示螺母,结果如图4－30(b)所示。

命令:**sc**↙ //执行SCALE命令

选择对象:**选择螺母**↙ //如图4－30(a)所示

指定基点:**捕捉圆心点A** //点A为基点

指定比例因子或[复制(C)/参照(R)]:**r**↙ //拾取两点间距作为参照长度;默认选项为“指定比例因子”,直接输入数值即可(例如,2)

指定参照长度 <1>:**拾取点A** //拾取参照长度AB的第一个点A

指定第二点:**拾取点B** //拾取参照长度AB的第二个点B

指定新的长度或[点(P)] <1>:**拾取点C** //以点C与基点A的间距AC作为新长度

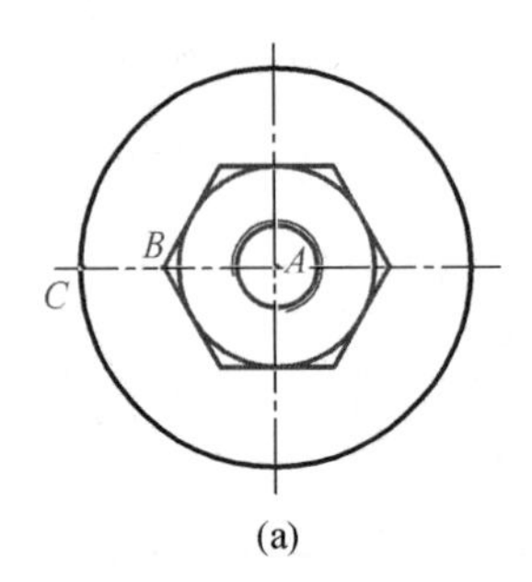

(a)

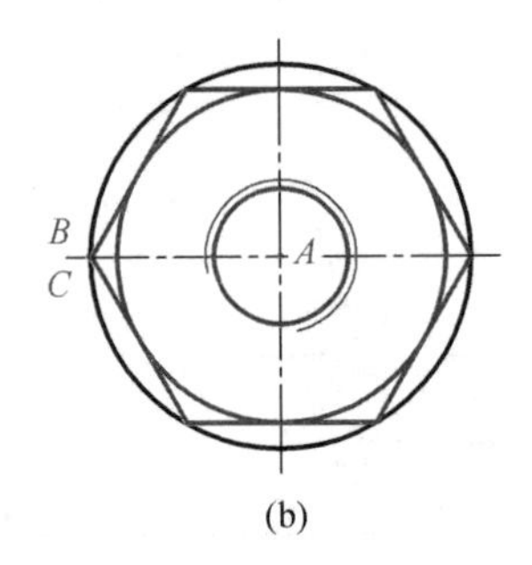

(b)

图4－30 比例缩放示例

例4－21 以点A为基点拉伸如图4－31(a)所示右侧图形,结果如图4－31(d)所示。

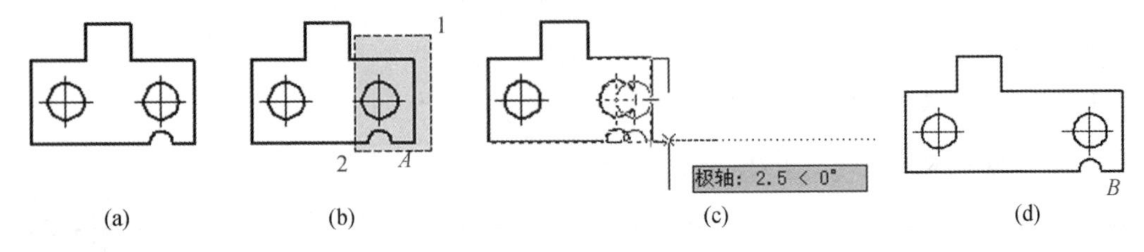

(a)　(b)　(c)　(d)

图4－31 拉伸示例

(a)拉伸前;(b)窗交方式选择对象;(c)拉伸状态;(d)拉伸结果

命令:**s**↙　　　　　　　　　　　　　　　　　//执行 STRETCH 命令
以交叉窗口或交叉多边形选择要拉伸的对象...
选择对象:　　　　　　　　　　　　　　　　　//必须"窗交"方式选择对象,如图 4－31(b)所示
指定基点或位移(D):**拾取点 A**　　　　　//如图 4－31(b)所示,然后按如图 4－31(c)所示拖动光标
指定位移的第二个点或 <用第一个点作位移>:**拾取点 B**　　//结果如图 4－31(d)所示

例 4－22　调整如图 4－32(a)所示点画线,结果如图 4－32(b)所示。

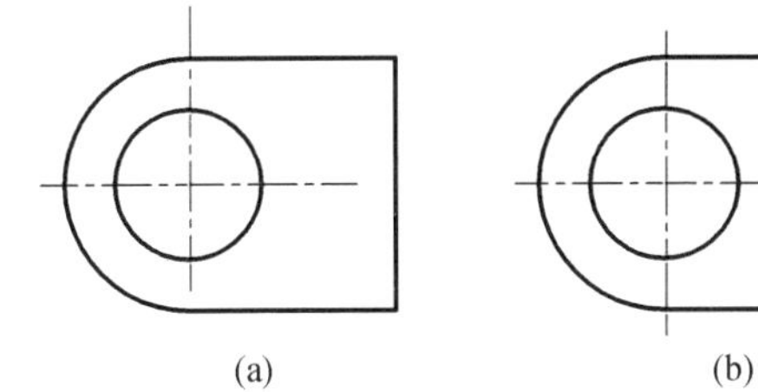
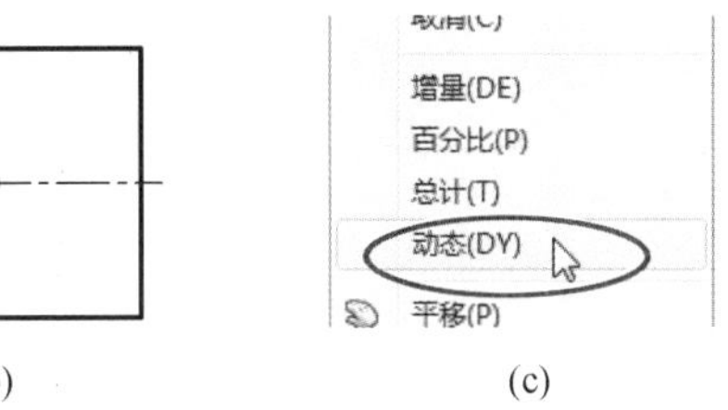

(a)　　(b)　　(c)

图 4－32　拉长示例

(a)待调点画线;(b)点画线结果;(c)"拉长"命令快捷菜单

第 1 步　执行"拉长"命令,按命令提示操作:

命令:**len**↙　　　　　　　　　　　　　　　//执行 LENGTHEN 命令
选择要测量的对象或[增量(DE)/百分比(P)/总计(T)/动态(DY)] <总计(T)>:

第 2 步　在图形区空白处右击,弹出如图 4－32(c)所示快捷菜单,选择【动态】选项,拾取各点画线端部拖动,按 Enter 键结束。

2. 修剪和延伸

"修剪"和"延伸"是一对相反的命令,其命令的操作方法类似,见表 4－13。

表 4－13　"修剪"和"延伸"的命令方式

	修　剪	延　伸
命令方式	以一对象为边界修剪其他对象(直线和圆等),如图 4－33 所示	延长指定对象到其他指定对象,如图 4－34 所示
命令	TRIM(简写 TR)	EXTEND(简写 EX)
功能区	【默认】→【修改】→【 -/-- 修剪】	【默认】→【修改】→【 --/ 延伸】
菜单	【修改】→【修剪】	【修改】→【延伸】
工具栏	【修改】→ -/--	【修改】→ --/

例 4－23　修剪如图 4－33(a)所示图形的图线,结果如图 4－33(c)所示。

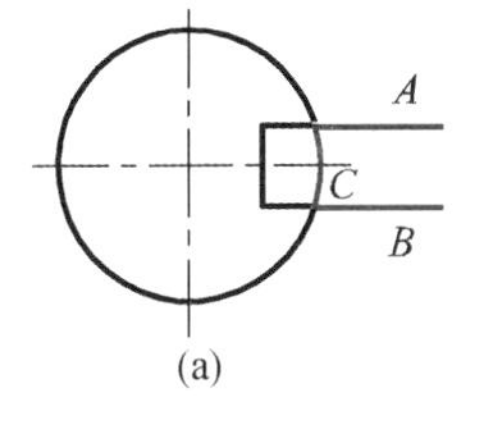

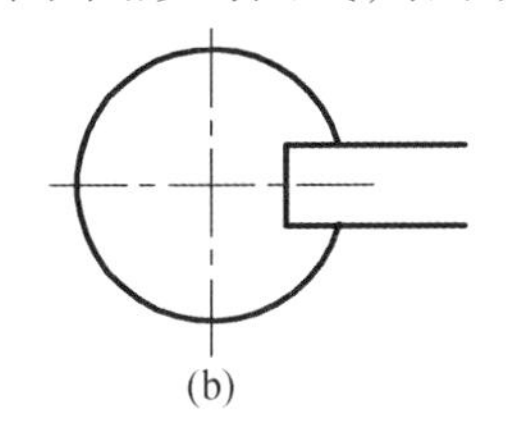
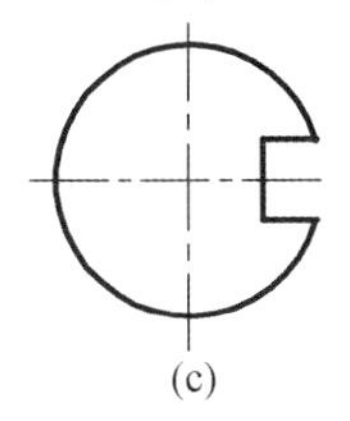

(a)　　(b)　　(c)

图 4－33　修剪示例

命令:**tr**↙　　//执行 TRIM 命令
选择对象或 <全部选择>:↙　　//或在图形区空白处右击,可修剪全部选择的对象
选择要修剪的对象,或按住 Shift 键选择要延伸的对象,或
[栏选(F)/窗交(C)/投影(P)/边(E)/删除(R)/放弃(U)]:**拾取多余图线**↙

例 4－24　延伸如图 4－34(a)所示直线 *A*,结果如图 4－34(b)所示。

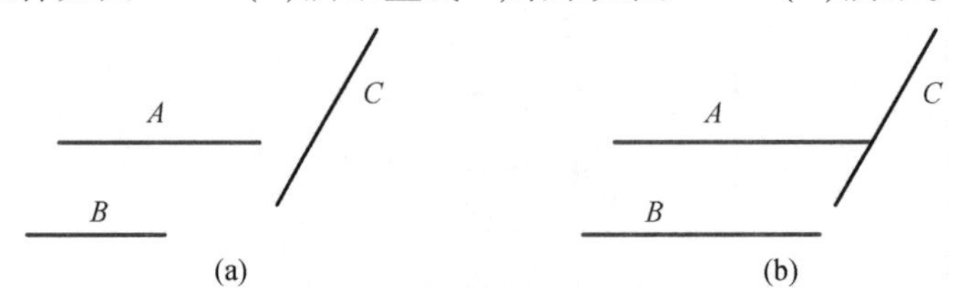

图 4－34　延伸示例

命令:**ex**↙　　//执行 EXTEND 命令
选择对象或 <全部选择>:↙　　//或在图形区空白处右击,可延伸全部选择的对象
选择要延伸的对象,或按住 Shift 键选择要修剪的对象,或
[栏选(F)/窗交(C)/投影(P)/边(E)/放弃(U)]:**拾取直线 A 右端**　　//如图 4－34(a)所示

3. 打断和合并

"打断"和"合并"是一对相反的命令,其命令方式,见表 4－14。

表 4－14　"打断"和"合并"的命令方式

命令方式	打　断	合　并
	部分删除对象(或把对象打断成两部分),如图 4－35 所示和图 4－36 所示	合并相似对象形成一个完整对象,如图 4－37 所示
命令	BREAK(简写 BR)	JOIN(简写 J)
功能区	【默认】→【修改】→【打断】(或【打断于点】)	【默认】→【修改】→【合并】
菜单	【修改】→【打断】	【修改】→【合并】
工具栏	【修改】→(或)	【修改】→

注意　用 BREAK 命令打断圆或圆弧时,将按"逆时针"方向删除第一个打断点到第二个打断点之间的圆弧部分,如图 4－35 所示。

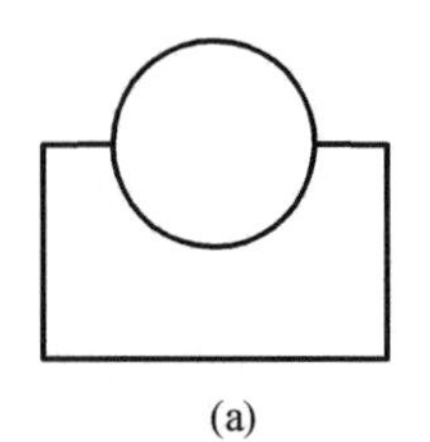
(a)

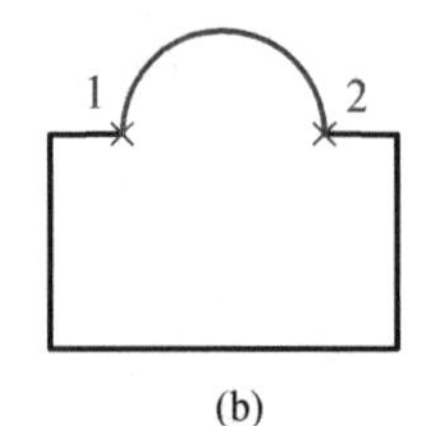

(b)

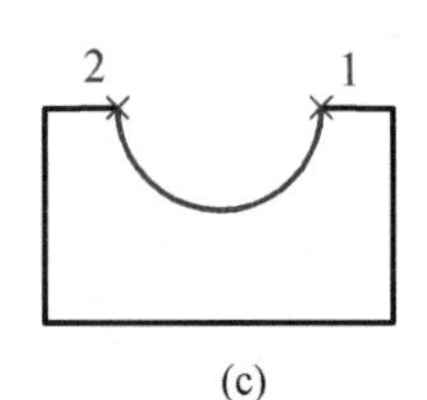

(c)

图 4－35　打断对象的顺序

(a)打断前;(b)打断后情况(一);(c)打断后情况(二)

例4-25　打断如图4-36(a)所示图形的点画线,结果如图4-36(b)所示。

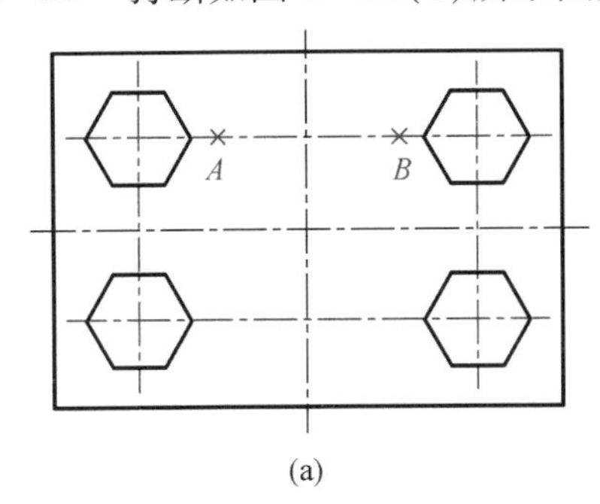

(a)

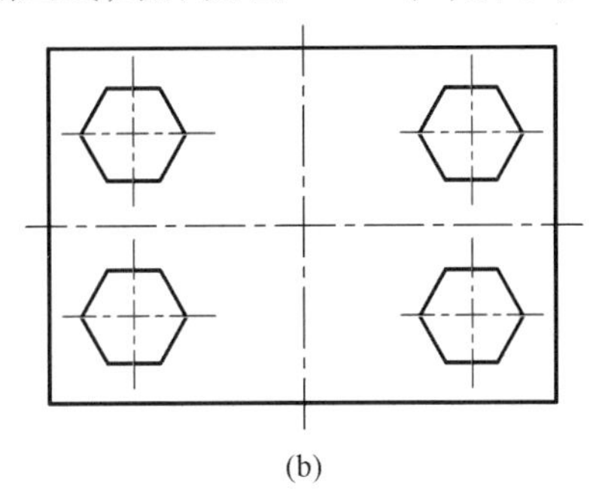

(b)

图4-36　打断图线示例

(a)打断前;(b)打断后

命令: **_break**　　//选择功能区“【默认】→【修改】→【打断】”按钮
选择对象: **拾取点A和点B所在的点画线上一点**　　//如图4-36(a)所示
指定第二个打断点或[第一点(F)]: **f**↙　　//为精确指定两个断点,输入f重新确定第一断点
指定第一个打断点: **在点画线上拾取点A**
指定第二个打断点: **在点画线上拾取点B**　　//点A和点B之间的点画线被删除

按空格键或Enter键重复BREAK命令,将如图4-36(a)所示图形的其他3条点画线打断删除部分点画线,结果如图4-36(b)所示。

例4-26　合并两直线为一条直线,如图4-37所示。

命令: **_join**　　//选择功能区“【默认】→【修改】→【合并】”按钮
选择源对象或要一次合并的多个对象: **选择2条直线**↙　　//如图4-37(a)所示
2条直线已合并为1条直线　　//结果如图4-37(b)所示

(a)　　(b)

图4-37　合并图线示例

(a)合并前;(b)合并后

4. 倒角和圆角

“倒角”和“圆角”命令的操作方法类似,其命令方式见表4-15。

表4-15　“倒角”和“圆角”的命令方式

	倒　角	圆　角
命令方式	在两段线之间按指定距离或角度构造倒角,如图4-38和图4-39所示	在两段线之间按指定半径构造圆角,如图4-40所示
命令	CHAMFER(简写CHA)	FILLET(简写F)
功能区	【默认】→【修改】→【倒角】	【默认】→【修改】→【圆角】
菜单	【修改】→【倒角】	【修改】→【圆角】
工具栏	【修改】→	【修改】→

例4－27　在如图4－38(a)所示轴上创建倒角,结果如图4－38(b)和图4－38(c)所示。

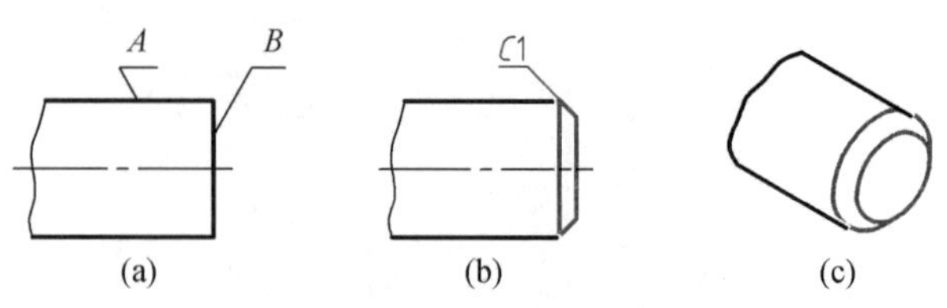

图4－38　倒角示例(一)

(a)倒角前;(b)倒角后视图;(c)倒角后轴测图

第1步　选择功能区"【默认】→【修改】→【倒角】"按钮,按命令行提示操作:

选择第一条直线或[放弃(U)/多段线(P)/距离(D)/角度(A)/修剪(T)/方式(E)/多个(M)]:**d**↙
指定第一个倒角距离 <0.0000>:**1**↙
指定第二个倒角距离 <1.0000>:↙
选择第一条直线:**拾取直线A**　　　　//如图4－38(a)所示
选择第二条直线:**拾取直线B**

第2步　执行LINE命令,补画倒角竖直线,结果如图4－38(b)所示。

例4－28　创建如图4－39所示倒角。

选择功能区"【默认】→【修改】→【倒角】"按钮,命令行提示:

选择第一条直线或[放弃(U)/多段线(P)/距离(D)/角度(A)/修剪(T)/方式(E)/多个(M)]:

(1)输入d↙,创建如图4－39(a)所示倒角。

指定第一个倒角距离 <0>:**3**↙
指定第二个倒角距离 <3>:**6**↙
选择第一条直线:**拾取直线A**
选择第二条直线:**拾取直线B**

(2)输入a↙,创建如图4－39(b)所示倒角。

指定第一条直线的倒角长度 <0.0000>:**1.5**↙
指定第一条直线的倒角角度 <0>:**30**↙
选择第一条直线:**拾取直线E**
选择第二条直线:**拾取直线F**

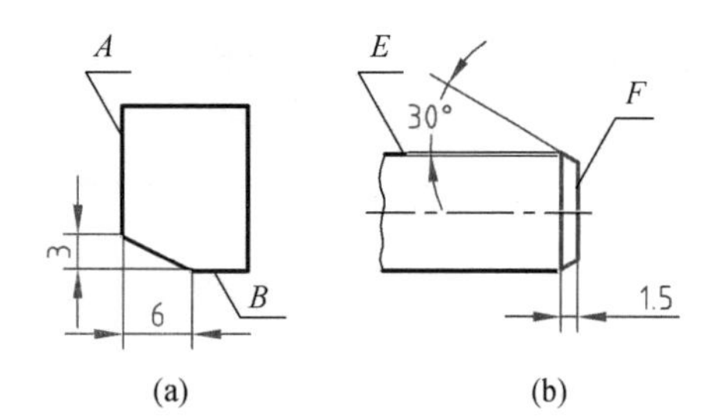

图4－39　倒角示例(二)

(a)按距离(D);(b)按角度(A)

例4－29　在如图4－40(a)所示图形上创建圆角,结果如图4－40(b)所示。

命令:**_fillet**　　　　//选择功能区"【默认】→【修改】→【圆角】"按钮
选择第一个对象或[放弃(U)/多段线(P)/半径(R)/修剪(T)/多个(M)]:**r**↙
指定圆角半径 <0>:**20**↙
选择第一个对象或[放弃(U)/多段线(P)/半径(R)/修剪(T)/多个(M)]:**拾取第一条直线**
选择第二个对象,或按住Shift键选择要应用角点的对象:**拾取第二条直线**

注意　在执行“倒角”或“圆角”命令过程中，“修剪(T)”选项用于设置修剪模式或不修剪模式。修剪模式(默认)如图 4-40(b)所示；不修剪模式如图 4-41(b)所示。输入“修剪(T)”选项，命令行提示：

输入修剪模式选项[修剪(T)/不修剪(N)]<修剪>:

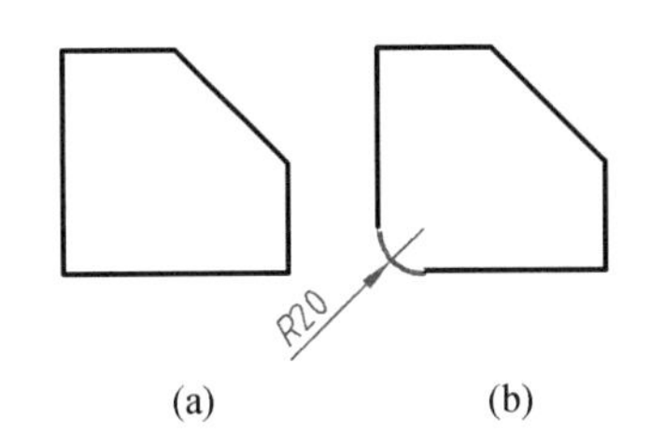

图 4-40　圆角示例

(a)创建圆角前；(b)创建圆角后

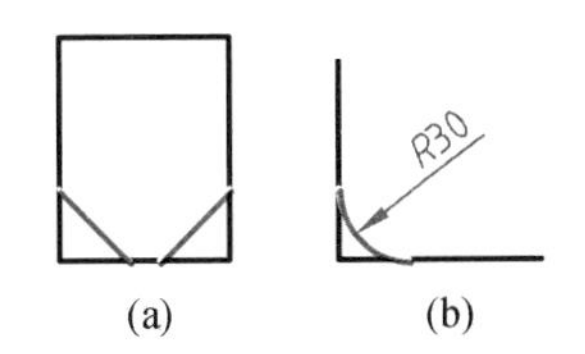

图 4-41　倒角和圆角的不修剪模式示例

(a)倒角不修剪模式；(b)圆角不修剪模式

5. 分解

“分解”命令用于将复杂对象或组合对象分解为下一个层次的组成对象。例如，分解块、尺寸标注、多行文字、图案填充、多段线、矩形和多边形等，分解对象后图形外观一般无明显变化，但有多段线的宽度信息将消失，如图 4-42 所示。

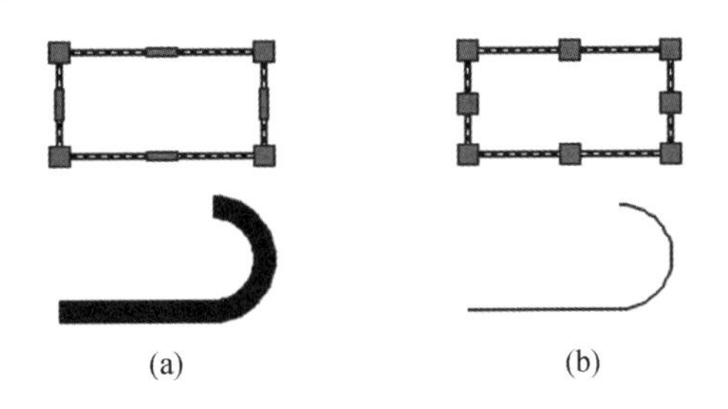

图 4-42　分解示例

(a)分解前；(b)分解后

命令方式：

◎ 命令：EXPLODE(简写 X)

◎ 功能区：【默认】→【修改】→【分解】

◎ 菜单：【修改】→【分解】

◎ 工具栏：【修改】→

操作：执行命令，按命令行提示操作：

选择对象：**选择要分解的对象**↙　　//结束选择

不同对象的分解结果，见表 4-16。

表 4－16　分解对象说明

序号	组合对象	分解转成对象
1	图块	多个成员对象(带属性块,将恢复原始属性定义)
2	尺寸标注	直线、文字和箭头
3	多行文字	单行文字
4	图案填充	直线段(层、颜色和线型保持原来的设置)

4.2.5　用夹点编辑对象

结合“动态输入”“极轴追踪”“对象捕捉”和“对象捕捉追踪”,夹点编辑通常应用如下:完成调整点画线长度、波浪线(样条曲线)形状;移动图形对象;将图案填充调整至新的边界,还可将尺寸标注的尺寸界线调整至新的位置。

夹点有冷态(未被激活)和热态(被激活)两种状态。选择对象(未执行命令)后,对象上将出现若干个蓝色方框(冷态夹点);如果将光标移到一个夹点上方悬停,将显示具有特定于图形对象(或特定于夹点)的编辑选项菜单;选中蓝色夹点或选择编辑选项菜单的选项后颜色变成红色(热态夹点),可编辑图形对象(默认为“拉伸”)。

夹点编辑操作示例,见表 4－17。

表 4－17　夹点编辑操作示例

调整应用	调整前	调整操作	结　　果
直线长度	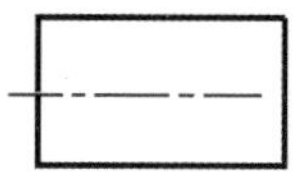	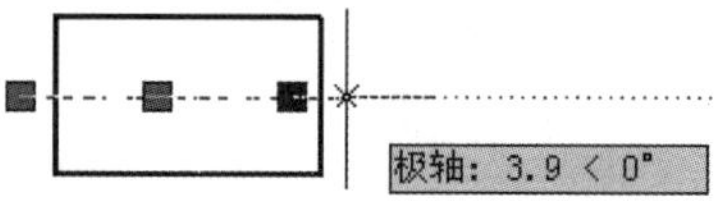 极轴: 3.9 < 0°	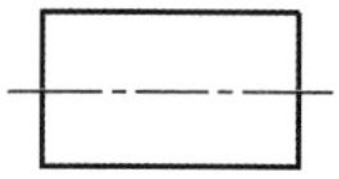
直线长度和方向	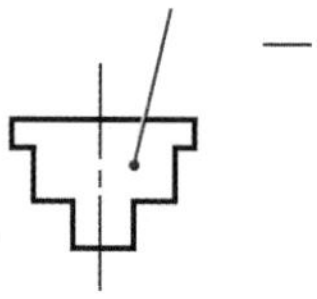	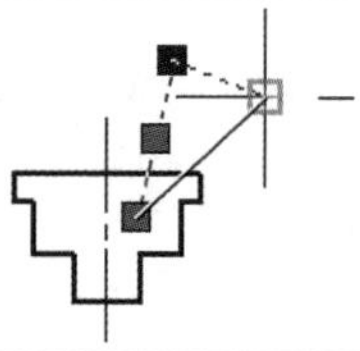	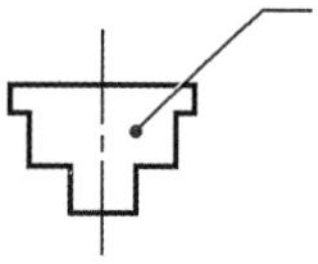
波浪线形状		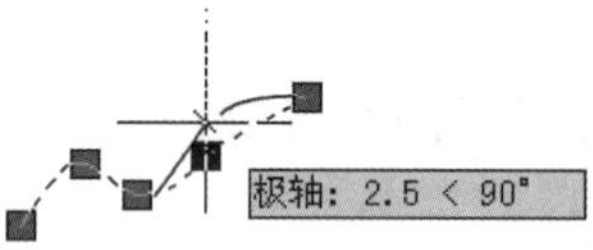 极轴: 2.5 < 90°	
编辑矩形		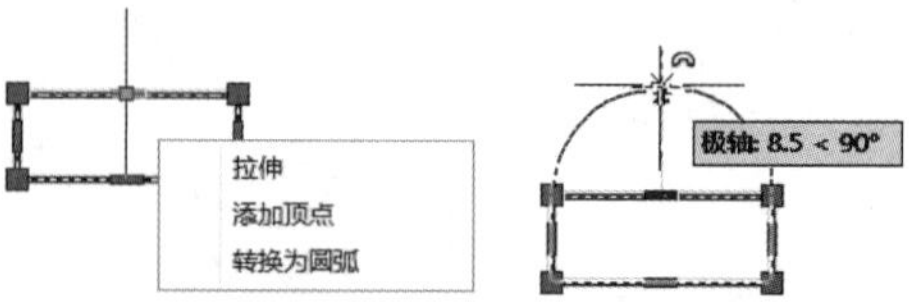 拉伸 添加顶点 转换为圆弧 极轴: 8.5 < 90°	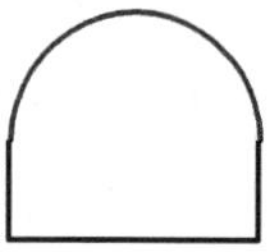

注意　在执行操作时,要取消夹点,需按 Esc 键。

提示　调整点画线的长度，可用如下多种方式之一：

(1)选择点画线，显示夹点后拾取一端夹点并拖动可改变点画线长度。

(2)选择功能区“【默认】→【修改】→【打断】”按钮，拾取点画线打断点，然后在点画线端部外侧单击，点画线即可变短。

(3)选择功能区“【默认】→【修改】→【拉长】”按钮，在图形区空白处右击，然后在快捷菜单中选择【动态】选项，再拖动光标使其点画线达到所需长度。

(4)先绘制辅助直线为边界线，然后选择功能区“【默认】→【修改】→【修剪】”按钮或“【默认】→【修改】→【延伸】”按钮调整点画线的长度。

4.2.6　用剪贴板剪切、复制和粘贴

AutoCAD 支持 Windows 剪贴板功能，用户可以方便地将对象放到剪贴板上，再将其粘贴到指定位置，从而实现图形内部或图形之间对象的移动和复制。

采用剪贴板完成剪切、复制和粘贴的操作，见表4－18。

表4－18　剪切、复制和粘贴操作的常用命令方式

命令方式	剪　切	复　制	带基点复制	粘　贴
命令	CUTCLIP	COPYCLIP	COPYBASE	PASTECLIP
功能区	【默认】→【剪贴板】→【剪切】	【默认】→【剪贴板】→【复制】		【默认】→【剪贴板】→【粘贴】
菜单	【编辑】→【剪切】	【编辑】→【复制】	【编辑】→【带基点复制】	【编辑】→【粘贴】
工具栏	【标准】→	【标准】→		【标准】→
快捷键	Ctrl + X	Ctrl + C	Ctrl + Shift + C	Ctrl + V
快捷菜单	结束所有活动命令，在图形区右击，在快捷菜单选择【剪贴板】的相应选项			

注意　在同一图形文件中，用 COPY 命令能准确按基点复制对象；在两个图形文件之间，可用剪贴板复制对象，其中 COPYBASE 命令(带基点复制)能实现通过剪贴板将一个图形文件的基点和对象复制到另一个图形文件中。在由零件图拼画装配图中，用 COPYBASE 命令完成复制操作比较方便，详见7.2节和7.3节所述。

例4－30　用“带基点复制”命令，将标题栏复制到零件图中。

第1步　带基点复制：打开或切换到带有标题栏的图形文件，在图形区右击，弹出快捷菜单，选择【剪贴板】的【带基点复制】选项，按命令行提示操作：

指定基点：**捕捉右下角点** //其点将为粘贴时的插入点
选择对象：**选择标题栏↙** //选择后结束带基点复制操作

第 2 步 粘贴：打开或切换到零件图的图形文件，按 Ctrl + V 键，按命令行提示操作：

指定插入点：**捕捉一点** //结束粘贴操作

提示 用 PrintScreen 键可将整屏界面及图形复制到剪贴板上；用组合键 Alt + PrintScreen 可将 AutoCAD 的对话框和软件整个界面窗口复制到剪贴板上。

4.3 绘制二维图形综合实例

为巩固前面所学二维绘图和编辑命令及精确绘图工具的知识，本章以实例介绍 AutoCAD 绘制圆弧连接平面图形、视图、剖视图、断面图和局部放大图的方法及步骤。

4.3.1 AutoCAD 绘制平面图形

为快速、准确地绘图，在绘图前应对平面图形进行分析，然后按 3.3.1 所述完成绘图基本设置，最后按合理的步骤绘图。

例 4 – 31 绘制如图 4 – 43 所示手柄平面图形。

第 1 步 绘制基准线：

① 将"1 粗实线"层置为当前，选择功能区"【默认】→【绘图】→【矩形】"按钮，按命令行提示绘制手柄左侧矩形，如图 4 – 44(a)所示。

指定第一个角点或［倒角(C)/标高(E)/圆角(F)/厚度(T)/宽度(W)］：**拾取矩形左下角点**
指定另一个角点或［面积(A)/尺寸(D)/旋转(R)］：**@15,20↙** //矩形右上角点

② 将"4 点画线"层置为当前，捕捉追踪矩形左侧中点绘制水平点画线，如图 4 – 44(a)所示。

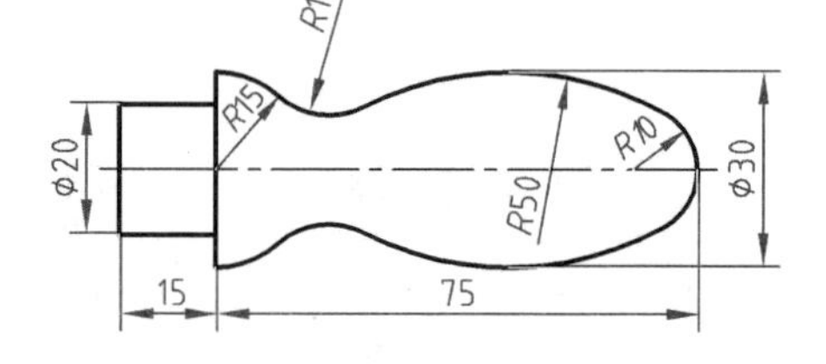

图 4 – 43 手柄平面图形

第 2 步 将"1 粗实线"层置为当前，绘制 *R*15 和 *R*10 的圆弧(已知线段)，如图 4 – 44(b)所示。

① 绘制半径为 *R*15 和 *R*10 的圆：

命令：**c↙** //CIRCLE 命令
指定圆的圆心或［三点(3P)/两点(2P)/相切、相切、半径(T)］：**捕捉两基准线的交点**
指定圆的半径或［直径(D)］：**15↙** //绘制半径为 15 的圆
命令：↙ //重复 CIRCLE 命令
指定圆的圆心或［三点(3P)/两点(2P)/相切、相切、半径(T)］：**from↙** //"捕捉自"模式
基点：**捕捉两基准线的交点**
基点：<偏移>：**@65,0** //确定右侧半径为 10 的圆心
指定圆的半径或［直径(D)］<15.0>：**10↙** //绘制半径为 10 的圆

②选择功能区"【默认】→【修改】→【分解】"按钮分解矩形；单击【延伸】按钮延伸粗实线基准线；单击【修剪】按钮将半径为 *R*15 的圆修剪为圆弧。

第 3 步　绘制 $R50$ 圆弧(中间线段),如图 4 -44(c)所示。

①选择功能区“【默认】→【修改】→【偏移】”按钮,绘制平行的辅助线(点画线):

指定偏移距离或[通过(T)/删除(E)/图层(L)] <通过>:**15**↙
选择要偏移的对象,或[退出(E)/放弃(U)] <退出>: **拾取水平基准线(点画线)**
指定要偏移的那一侧上的点,或[退出(E)/多个(M)/放弃(U)] <退出>:**在点画线上方单击**
选择要偏移的对象,或[退出(E)/放弃(U)] <退出>: ↙

②绘制半径为 $R50$ 的圆:

命令:**c**↙
指定圆的圆心或[三点(3P)/两点(2P)/切点、切点、半径(T)]: **T**↙
指定对象与圆的第一个切点: **拾取半径为 10 的圆**
指定对象与圆的第二个切点: **拾取平行的辅助线(点画线)**
指定圆的半径 <10.0>:**50**↙

第 4 步　选择功能区“【默认】→【修改】→【圆角】”按钮,创建圆角 $R12$(连接线段),如图 4 -44(d)所示。

选择第一个对象或[放弃(U)/多段线(P)/半径(R)/修剪(T)/多个(M)]:**R**↙
指定圆角半径 <0.0>:**12**↙
选择第一个对象:**拾取 R15 圆弧**
选择第二个对象:**拾取 R50 圆**

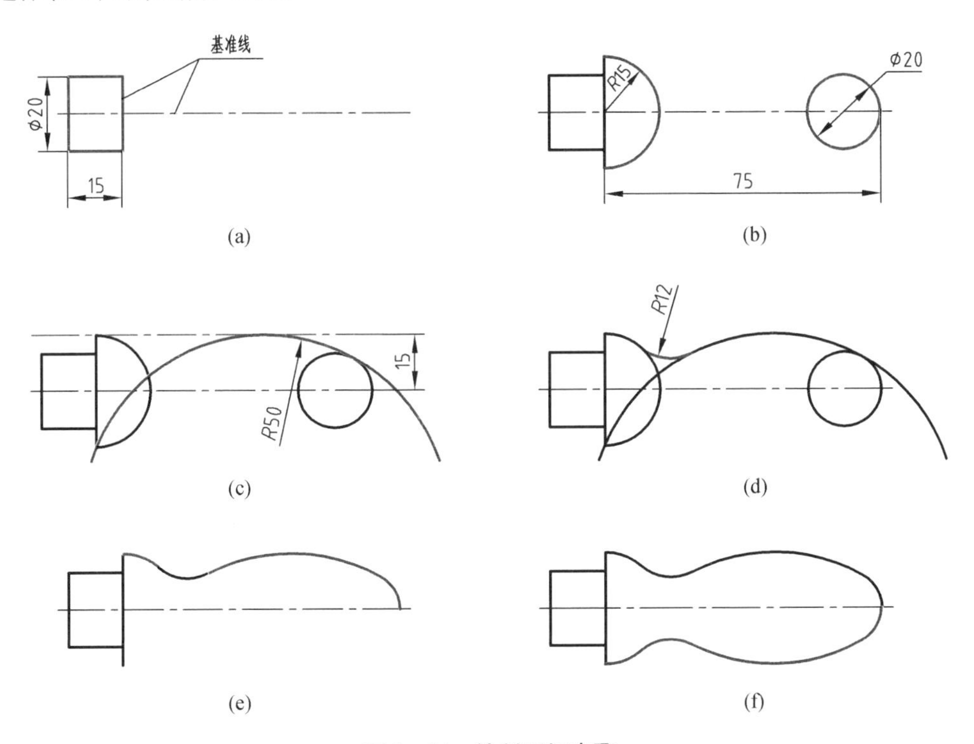

图 4 -44　绘制手柄步骤

(a)绘制基准线;(b)绘制已知圆弧;(c)绘制中间圆弧;
(d)绘制连接圆弧;(e)修剪多余图线;(f)镜像完成手柄图形

第5步 选择功能区"【默认】→【修改】→【 修剪】"按钮,修剪多余图线,结果如图4-44(e)所示。

第6步 选择功能区"【默认】→【修改】→【 镜像】"按钮,镜像复制圆弧部分,结果如图4-44(f)所示。

选择对象:**拾取所有圆弧**↙　　//如图4-44(e)所示
指定镜像线的第一点:**捕捉点画线上一点**
指定镜像线的第二点:**捕捉点画线另一点**
要删除源对象吗?[是(Y)/否(N)] <否>:↙

第7步 调整点画线的线型比例:命令行输入LTS,输入新线性比例因子0.3,调整点画线。

第8步 调整点画线的长度。

例4-32 绘制如图4-45所示平面图形。

第1步 绘制点画线:①将"4点画线"层置为当前;②结合"对象捕捉追踪"绘制过$\phi24$圆心的水平和竖直点画线(基准线);③绘制30°方向的倾斜点画线;④选择功能区"【默认】→【修改】→【 偏移】"按钮,绘制与水平基准点画线偏移距离为50的平行线;⑤绘制半径为$R70$的点画线圆且选择功能区"【默认】→【修改】→【 打断】"按钮将$R70$点画线圆打断为圆弧,如图4-46(a)所示。

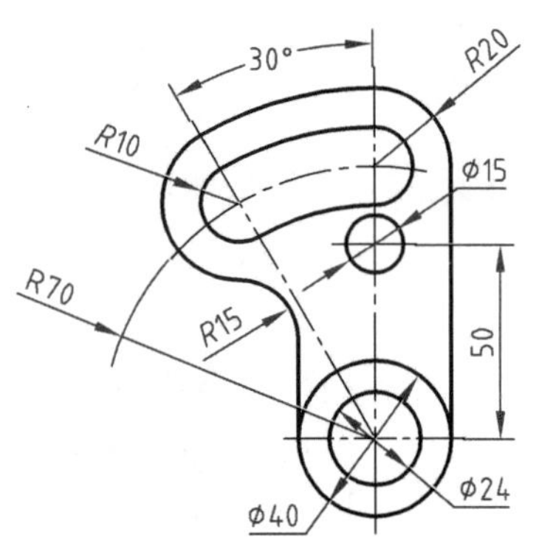

图4-45　平面图形

第2步 绘制圆:将"1粗实线"层置为当前,绘制$\phi24$、$\phi40$和$\phi15$圆;为$R10$和$R20$圆弧绘制圆,如图4-46(b)所示。

第3步 绘制外轮廓线:①选择功能区"【默认】→【修改】→【 偏移】"按钮,通过交点绘制与$R70$点画线圆弧偏移距离为10和20的圆弧;②结合"捕捉到象限点"绘制与下方$\phi40$圆相切的两侧竖直粗实线;③选择功能区"【默认】→【修改】→【 圆角】"按钮,创建圆角$R15$,如图4-46(c)所示。

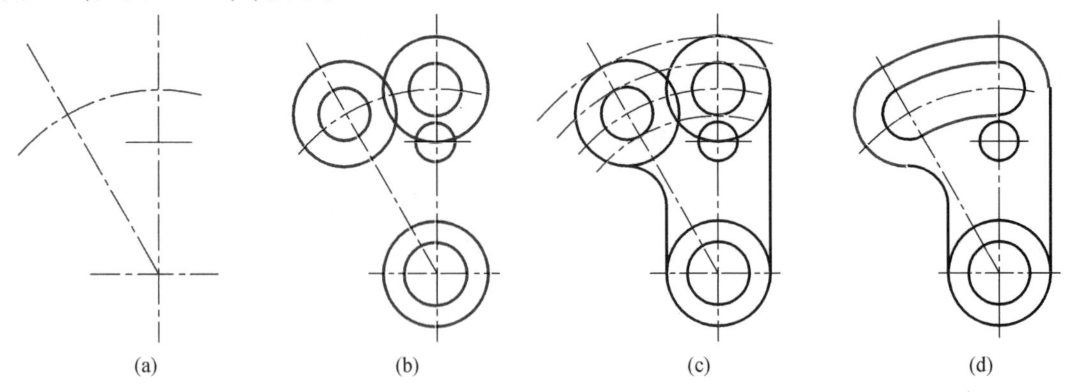

图4-46　平面图形绘图步骤

第 4 步　调整:①选择功能区“【默认】→【修改】→【 修剪】”按钮,修剪多余图线;②选择功能区“【默认】→【特性】→【 特性匹配】”按钮,修改图线线型;③命令行输入 LT,弹出【线型管理器】对话框,单击其中【显示细节】按钮显示【详细信息】选项区,在【全局比例因子】文本框中输入新值 0.3,调整所有点画线的线型比例为 0.3,结果如图 4 -46(d)所示。

4.3.2　AutoCAD 表达机件

为绘制零件图和装配图,下面介绍 AutoCAD 表达机件的方法。

(1)为满足“长对正、高平齐、宽相等”的投影关系,主要采用如下方法:

①对象捕捉追踪法:启用“对象捕捉追踪”,绘制两视图后,将一个视图复制、旋转并移动,然后利用“对象捕捉追踪”完成第三个视图。例如,将俯视图复制、旋转到左视图上方或下方,再结合“对象捕捉追踪”绘制左视图(与主视图“高平齐”、与俯视图“宽相等”),详见例 4 -34。

②辅助线法:用“偏移”命令绘制平行的辅助线,再经过修剪或删除等修改操作完成视图,详见例 4 -33。

③镜像修改法:绘制方向相反的两个基本视图(例如,左视图和右视图),用 MIRROR 命令镜像复制,然后改变线型为粗实线或虚线,详见例 4 -35。

(2)绘制剖视图和断面图,剖面符号用“图案填充”命令绘制;局部视图和局部剖视图的断裂边界线用“样条曲线”命令绘制。

例 4 -33　绘制如图 4 -47 所示支架三视图。

分析:用“形体分析法”分析,“叠加式”采用“叠加法”绘制,即“先分后合”;“切割式”采用“切割法”绘制,即“先整后切”,其绘图步骤如图 4 -48 所示。

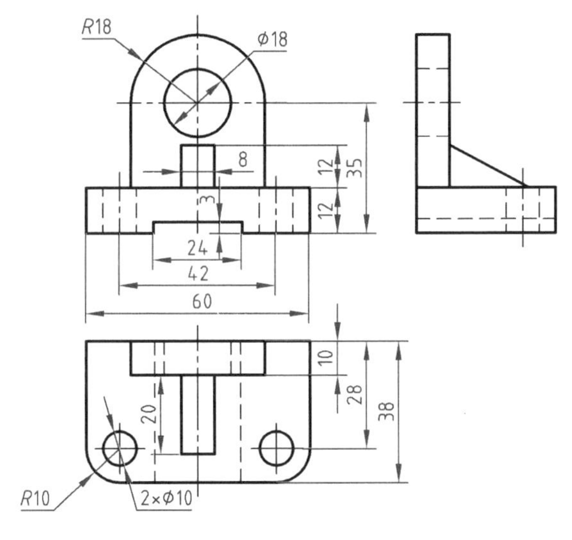

图 4 -47　支架三视图

第 1 步　绘制基准线:切换“1 粗实线”层和“4 点画线”层,结合“对象捕捉追踪”绘制基准线,如图 4 -48(a)所示。

第 2 步　绘制如图 4 -48(b)所示底板和点画线:

①选择功能区“【默认】→【修改】→【 偏移】”按钮,绘制平行线。

②用 LINE 命令在主视图和左视图上绘制底板竖直线。

③选择功能区“【默认】→【特性】→【特性匹配】”按钮,修改线型。

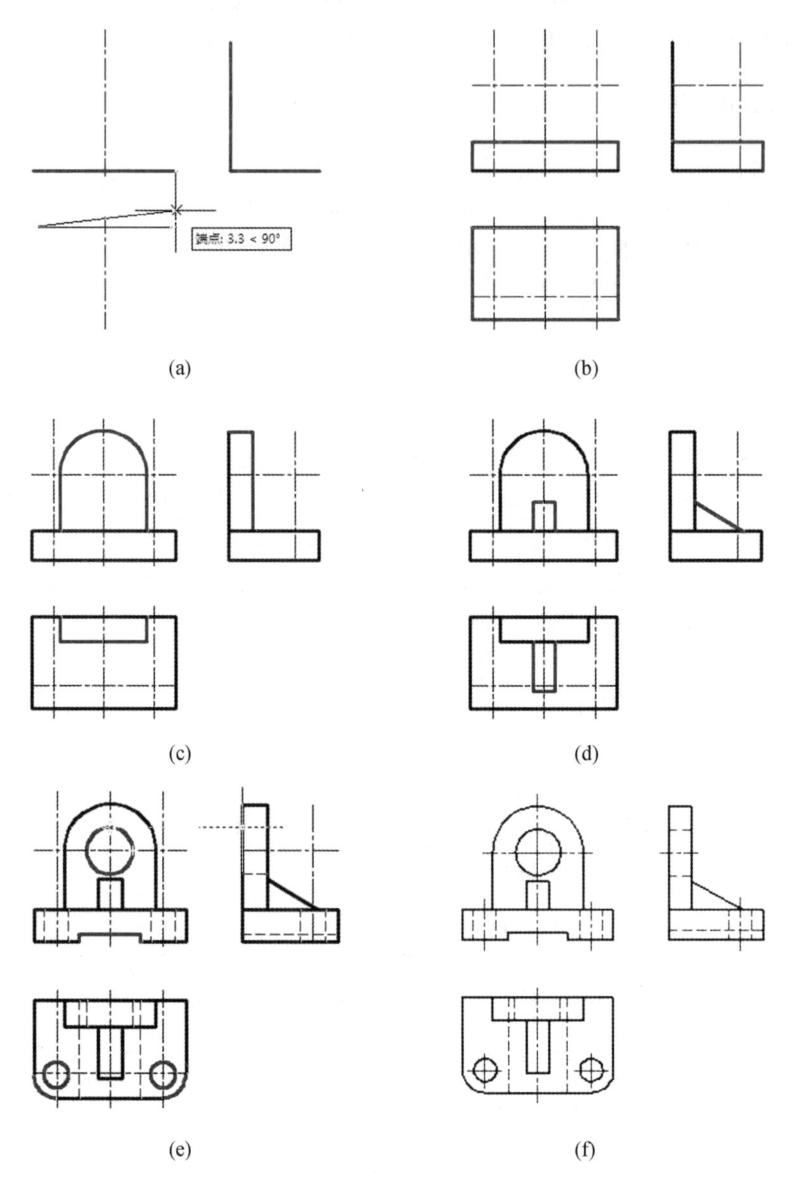

图 4-48　支架三视图的绘图步骤

第3步　绘制如图 4-48(c)所示立板:

①将“1 粗实线”层置为当前,绘制半径为 *R*18 的圆,再捕捉圆上左右象限点绘制两侧切线,然后选择功能区“【默认】→【修改】→【修剪】”按钮将圆修剪为 *R*18 圆弧。

②单击【偏移】按钮,在左视图和俯视图上分别绘制与基准粗实线平行的直线。

③用 LINE 命令结合“对象捕捉追踪”在俯视图和左视图上绘制立板直线。

④单击【修剪】按钮,修剪俯视图多余图线。

第4步　绘制肋板：用 OFFSET 命令、LINE 命令和 TRIM 命令绘制和编辑，结合“对象捕捉追踪”绘制保证“三等”关系的肋板，如图 4－48(d)所示。

第5步　绘制圆孔、圆角和切槽：先画出 3 个粗实线圆和俯视图中 $R10$ 圆角；将“3 虚线”层置为当前，结合“对象捕捉追踪”绘制虚线部分，如图 4－48(e)所示。

第6步　调整图线：①调整点画线的长度；②选择菜单“【格式】→【线型】”命令，调整当前图形文件的所有虚线和点画线的线型比例为 0.3；③选择虚线，按 Ctrl＋1 键打开【特性】选项板，再输入【线型比例】的新值为 1.67，结果如图 4－48(f)所示。

例 4－34　根据如图 4－49 所示机件的两个视图，用剖视的方法改画主视图，并补画采用适当剖视的左视图。

分析：对如图 4－49 所示机件大体采用“叠加法”绘制，对其中圆孔和圆角采用“切割法”绘制；主视图采用局部剖视图；左视图对称，且内外都需表达，应采用半剖视图。

第1步　绘制基准线：依次将“4 点画线”和“1 粗实线”层置为当前，结合“极轴追踪”“对象捕捉”和“对象捕捉追踪”绘制保证“长对正、高平齐、宽相等”投影关系的基准线，如图 4－50(a)所示。

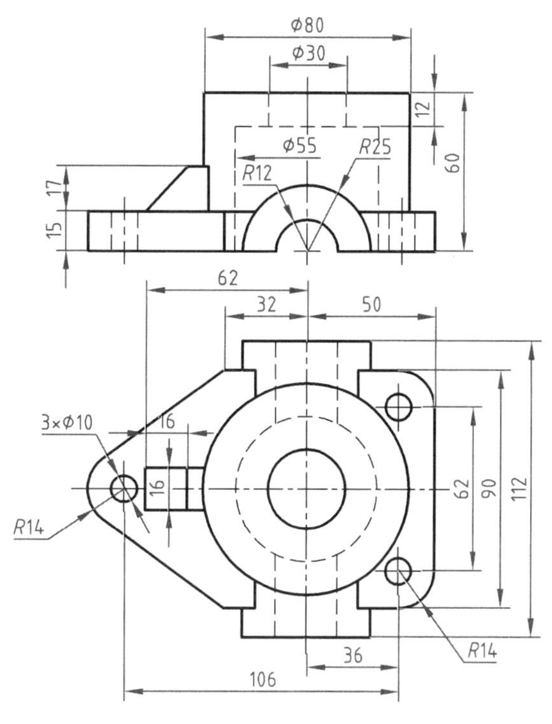

图 4－49　机件的两视图

第2步　绘制主视图和俯视图，如图 4－50(b)所示。将“1 粗实线”层置为当前，绘制粗实线；将“2 细实线”层置为当前，用“样条曲线拟合”命令结合“捕捉到最近点”绘制波浪线；将“3 虚线”层置为当前，绘制“虚线”；用“修剪”命令修剪掉多余图线。

第3步　补画半剖的左视图轮廓线，如图 4－50(c)所示。

①将俯视图复制到左视图正下方，且旋转(绘制左视图的辅助图形)。

②采用“叠加法”，结合“对象捕捉追踪”利用辅助图形绘制半剖左视图的点画线和粗实线，保证左视图与其他两视图“高平齐”和“宽相等”。

③删掉左视图下方的辅助图形。

第4步　绘制剖面线：将“2 细实线”层置为当前，选择功能区“【默认】→【绘图】→【图案填充】”按钮，填充图案 ANSI31，在主视图和左视图上各填充区域内拾取点，完成填充剖面线，双击剖面线后调整剖面线，要保证主视图和左视图上的剖面线方向和间距都一致；标注剖切符号和字母 A，结果如图 4－50(d)所示。

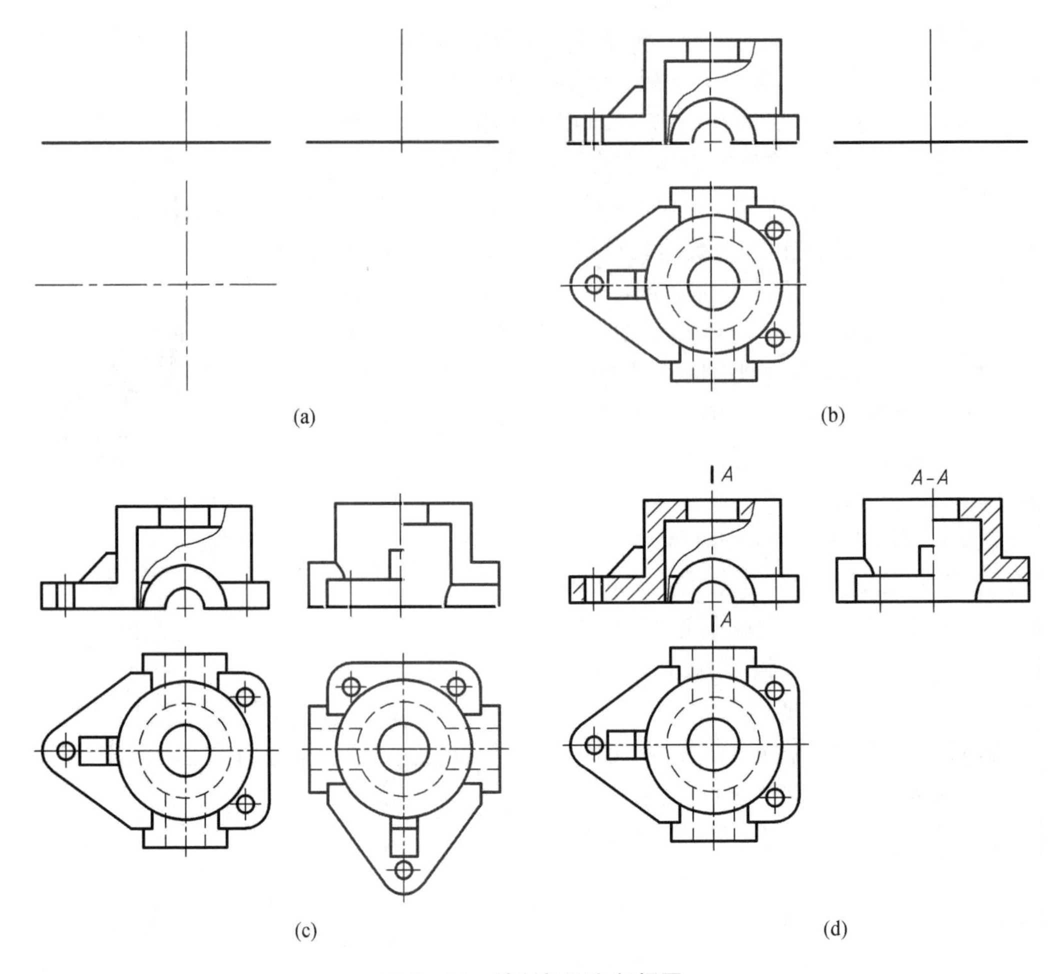

(a)　(b)

(c)　(d)

图 4 – 50　绘制视图和剖视图

例 4 – 35　已知如图 4 – 51(a)所示三视图,将其修改为如图 4 – 51(b)所示视图表达方案。

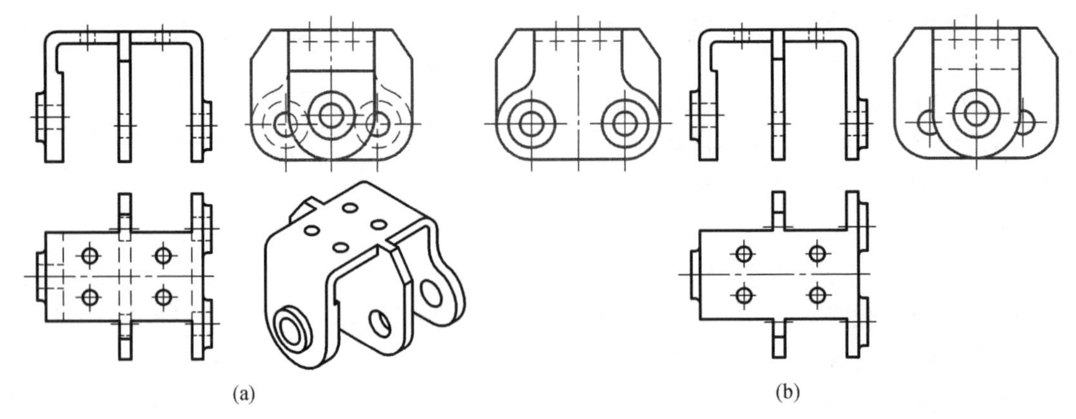

(a)　(b)

图 4 – 51　绘制视图

(a)不适宜的表达方案;(b)清晰的表达方案

第 1 步　镜像图形:选择功能区“【默认】→【修改】→【镜像】”按钮,将如图 4 – 51(a)所示左视图复制到右视图位置。

第 2 步　修改右视图:选择功能区“【默认】→【特性】→【特性匹配】”按钮,将右视图上虚线圆和圆弧改为粗实线;对于其他视图中已表达清楚的结构,一般不画虚线,删掉右视图内凸台的虚线和左侧外形的粗实线。

第 3 步　修改左视图和俯视图:删掉不必要的虚线,结果如图 4 – 51(b)所示。

例 4 – 36　绘制如图 4 – 52 所示轴的移出断面图和局部放大图。

(1)绘制移出断面图,如图 4 – 53(f)所示。

第 1 步　将“4 点画线”层置为当前,绘制点画线,如图 4 – 53(a)所示。

第 2 步　绘制圆:将“1 粗实线”层置为当前,绘制 $\phi25$ 圆,如图 4 – 53(b)所示。

第 3 步　绘制平行线:选择功能区“【默认】→【修改】→【偏移】”按钮绘制平行线(键槽宽),如图 4 – 53(c)所示。

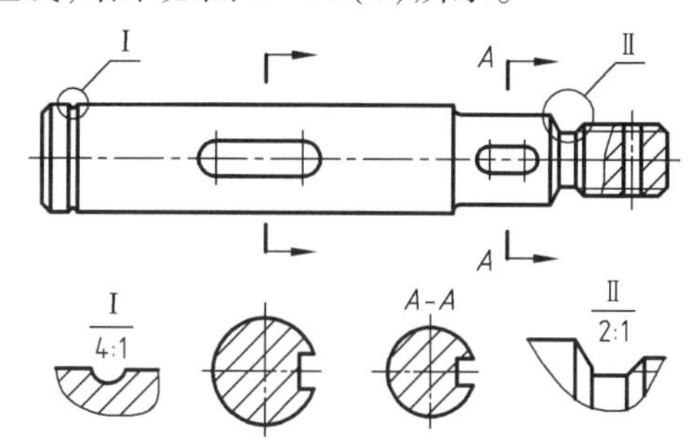

图 4 – 52　移出断面图和局部放大图示例

第 4 步　修剪图线:选择功能区“【默认】→【修改】→【修剪】”按钮,将多余线修剪掉,如图 4 – 53(d)所示。

第 5 步　改变线型:选择功能区“【默认】→【特性】→【特性匹配】”按钮,将键槽的点画线改为粗实线,如图 4 – 53(e)所示。

第 6 步　绘制剖面线:将“2 细实线”层置为当前,选择功能区“【默认】→【绘图】→【图案填充】”按钮,填充图案 ANSI31,选择要填充区域内点,完成填充剖面线,双击剖面线可调整修改剖面线,结果如图 4 – 53(f)所示。

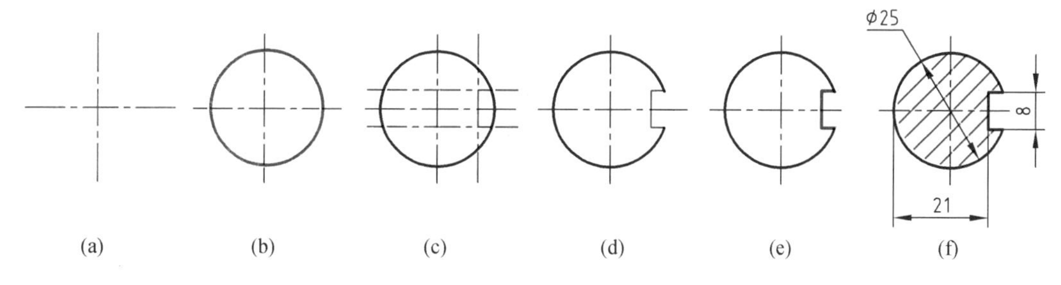

图 4 – 53　绘制移出断面图

(2)绘制局部放大图,如图 4 – 54(f)所示。

第 1 步　执行 COPY 命令,复制放大部分的图线和细实线圆,如图 4 – 54(a)所示。

第 2 步　执行 TRIM 命令,将放大部分细实线圆外的图线修剪掉,如图 4 – 54(b)所示。

第 3 步　执行 SCALE 命令,将放大部分放大一倍,如图 4 – 54(c)所示。

第 4 步　执行 ERASE 命令或按 Delete 键删掉细实线圆,如图 4 – 54(d)所示。

第 5 步　调整轮廓线的长度,如图 4 – 54(e)所示。

第 6 步　用 SPLINE 命令捕捉各线端点绘制波浪线,如图 4 – 54(f)所示。

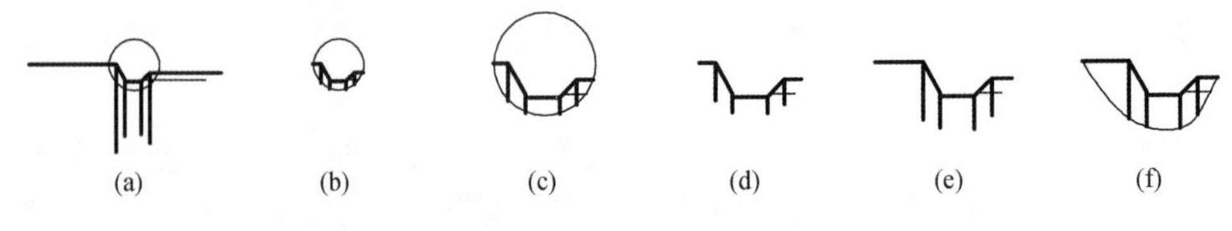

图 4－54　绘制局部放大图

例 4－37　绘制如图 4－55 所示主视图、斜视图和局部视图(尺寸按图量取)。

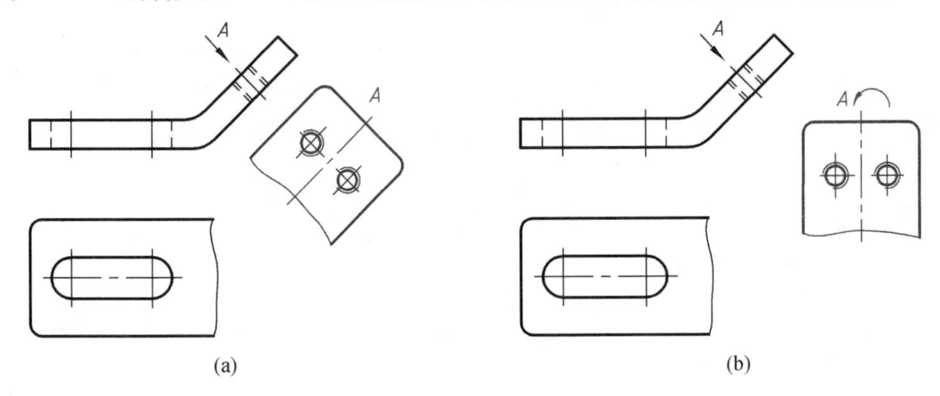

图 4－55　机件视图表达

(a)方案 1;(b)方案 2

第 1 步　确定主视图和俯视图(局部视图)的基准线。

第 2 步　绘制主视图:用 LINE 命令结合“极轴追踪”,绘制如图 4－54 所示主视图的轮廓线;单击【圆角】按钮,创建圆角;单击【偏移】按钮,绘制平行线。

第 3 步　绘制局部视图和斜视图:

①用 OFFSET 命令结合“对象捕捉追踪”绘制局部视图和斜视图,如图 4－55(a)所示。

②执行 FILLET 命令,创建局部视图和斜视图上圆角。

③对局部视图上的长圆孔,先用 CIRCLE 命令绘制圆,再用 LINE 命令画两条切线,然后用 TRIM 命令修剪掉内侧两个半圆。

④用 CIRCLE 命令绘制斜视图上的螺纹孔,并用 BREAK 命令将细实线圆打断为 3/4 细实线圆。

⑤执行 SPLINE 命令,绘制局部视图和斜视图上的波浪线。

第 4 步　绘制主视图上箭头:通过分解一个尺寸可直接获得箭头;选择功能区“【默认】→【修改】→【旋转】”按钮,旋转箭头垂直于主视图倾斜板;用 MOVE 命令移动箭头。

第 5 步　标注字母:用 TEXT 命令,标注字母 *A*。

第 6 步　调整点画线:调整点画线的线型比例和长度。

第 7 步　旋转斜视图:选择功能区“【默认】→【修改】→【旋转】”按钮,选择基点旋转 45°,然后用“移动”命令移动调整斜视图位置,结果如图 4－55(b)所示。

第 8 步　绘制旋转符号:按国家标准规定绘制如图 4－4 所示旋转符号,绘制过程如图 4－56 所示。

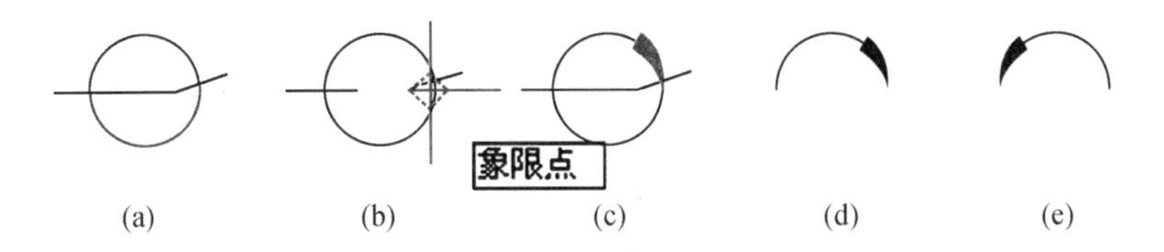

图 4－56　绘制斜视图旋转符号

①绘制圆:选择功能区"【默认】→【绘图】→【圆】"按钮,绘制半径为 R3.5 的圆(在 A2、A3 和 A4 图幅的零件图中,字高和旋转符号半径为 3.5)。

②用 LINE 命令绘制辅助斜线,以便修剪圆弧,以免箭头尖端与圆弧重叠而打印箭头不够尖,如图 4－56(a)所示。

③选择功能区"【默认】→【绘图】→【多段线】"按钮,绘制圆弧形箭头,按命令行提示操作如下:

指定起点:**捕捉圆的右象限点**　　//如图 4－56(b)所示
指定下一个点或[圆弧(A)/半宽(H)/长度(L)/放弃(U)/宽度(W)]:**w**↙
指定起点宽度 <0.0000>:↙
指定端点宽度 <0.0000>:**1**↙　　//箭头的宽度取 1
指定下一个点或[圆弧(A)/半宽(H)/长度(L)/放弃(U)/宽度(W)]:**a**↙　　//绘制圆弧
指定圆弧的端点或[角度(A)/圆心(CE)/方向(D)/半宽(H)/直线(L)/半径(R)/第二个点(S)/放弃(U)/宽度(W)]:**ce**↙
指定圆弧的圆心:
指定圆弧的端点或[角度(A)/长度(L)]:**L**↙　　//以弦长确定圆弧形箭头大小
指定弦长:**3.36**↙　　//若箭头为 3.5,则弦长可取 3.36
指定圆弧的端点或[角度(A)/圆心(CE)/闭合(CL)/方向(D)/半宽(H)/直线(L)/半径(R)/第二个点(S)/放弃(U)/宽度(W)]:↙　　//结束 PLINE 命令,绘出如图 4－56(c)所示圆弧形箭头

④修剪圆弧:以辅助直线为边界修剪圆弧,删除辅助直线,结果如图 4－56(d)所示。

⑤改变箭头方向:用"镜像"命令镜像复制,结果如图 4－56(e)所示。

第 9 步　移动字母放置在旋转符号一侧:用"移动"命令,将字母 A 移动到靠近旋转符号的箭头端,结果如图 4－55(b)所示。

4.3.3　AutoCAD 绘制标准件和常用件

对于标准件不需画出其零件图,只需标记代号,查阅有关标准可查出各部分尺寸。在装配图中,要按国家标准规定绘制标准件和常用件。螺纹紧固件画法和简化标记,见表2－10。

下面以实例介绍 AutoCAD 绘制标准件和常用件的过程。

提示　绘制标准件或常用件后,可创建图块,最后按尺寸编辑。

例 4－38　绘制"螺母 GB/T 6170　M10"视图。

第 1 步　将"4 点画线"层置为当前,在命令行输入 L 绘制点画线(基准线);将"1 粗实线"层置为当前,按空格键绘制水平粗实线(基准线),如图 4－57(a)所示。

第 2 步　选择功能区“【默认】→【绘图】→【多边形】”按钮,按命令行提示输入边的数目为 6,选择“内接于圆(I)”选项输入 I,指定圆的半径为 10,绘制俯视图的正六边形;单击【偏移】按钮,在主视图上绘制与水平粗实线偏移距离为 8(即 0.8D)的平行线和通过俯视图六边形顶点与竖直点画线平行的 4 条直线,如图 4-57(b)所示。

第 3 步　单击【修剪】按钮修剪直线;单击【特性匹配】按钮将 4 条点画线修改为粗实线;调整点画线长度;单击【圆】按钮捕捉主视图上两基准线交点为圆心,捕捉如图 4-57(c)所示主视图上交点(即指定圆半径),绘制直径为 D 的细实线圆。

第 4 步　将直径为 D 的细实线圆移动到俯视图;在命令行输入 c,绘制 $\phi8.5$ 粗实线圆(即 0.85D),如图 4-57(d)所示。

第 5 步　单击【打断】按钮,结合“捕捉到最近点”将如图 4-57(d)所示细实线圆打断为 3/4 细实线圆弧,如图 4-57(e)所示。

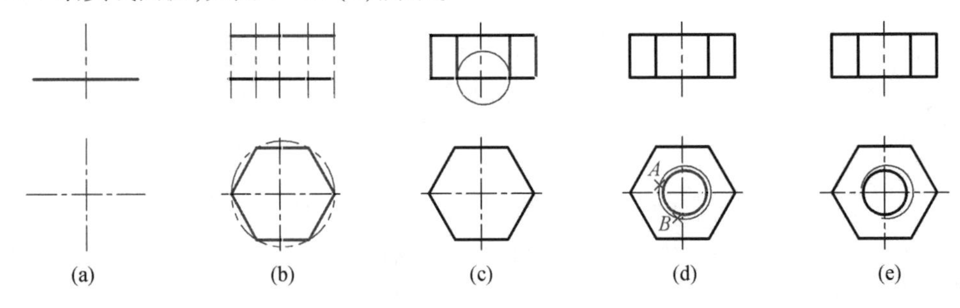

图 4-57　绘制螺母

例 4-39　绘制“垫圈 GB/T 93　10”图形。

第 1 步　将“4 点画线”层置为当前,绘制竖直点画线(基准线);然后将“1 粗实线”层置为当前,按空格键重复 LINE 命令,绘制水平粗实线(基准线),如图 4-58(a)所示。

第 2 步　单击【偏移】按钮,绘制与水平粗实线偏移距离为 2.5(即 0.25d)的一条平行线,以及与竖直点画线偏移距离为 7.5(即 1.5d/2)的两条平行线,如图 4-58(b)所示。

第 3 步　单击【修剪】按钮修剪直线;用 LINE 命令结合“极轴追踪”和“对象捕捉”,捕捉点 A 绘制弹簧垫圈的开口斜线,如图 4-58(c)所示。

第 4 步　单击【偏移】按钮,通过点 B 绘制与开口斜线平行线,如图 4-58(d)所示。

第 5 步　调整点画线的长度,结果如图 4-58(e)所示。

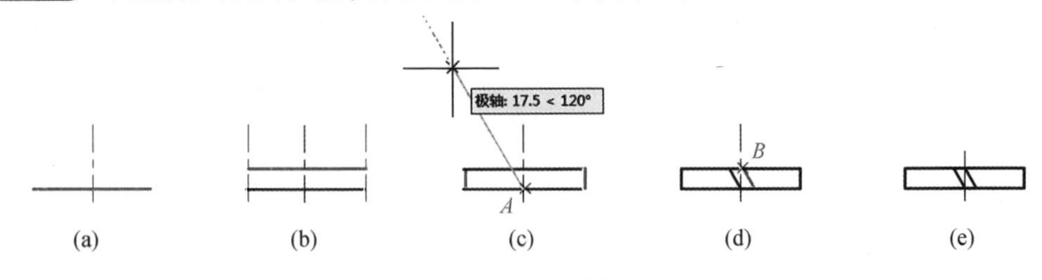

图 4-58　绘制垫圈

例 4-40　根据如图 4-59 所示普通圆柱螺旋压缩弹簧画法,绘制如图 4-59(a)所示视图,其参数如下:材料直径 $d=\phi4$,弹簧中径 $D=\phi40$,节距 $t=12$,有效圈数 $n=6$,总圈数

$n_1=8.5$，支承圈数 $n_2=2.5$，右旋。

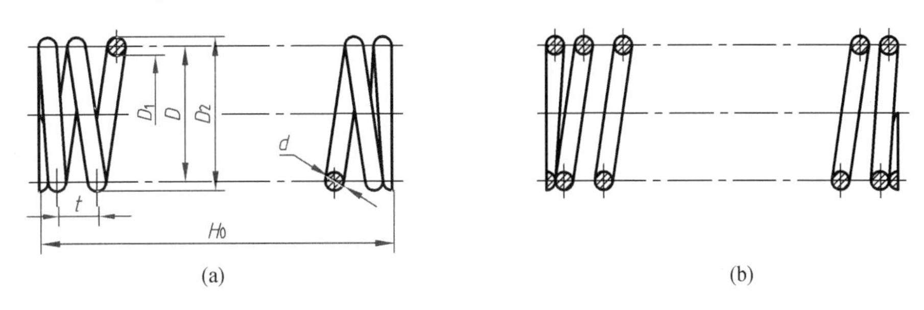

图 4－59　螺旋压缩弹簧画法

(a)弹簧视图；(b)弹簧剖视图

第 1 步　绘制如图 4－60(a)所示矩形框：按弹簧中径 D 和自由长度 H_0，其中

$$H_0=nt+(n_2-0.5)d=6\times12+(2.5-0.5)\times4=72+8=80$$

①将“4 点画线”层置为当前，绘制水平点画线(即高度方向基准线)；单击【偏移】按钮绘制与水平点画线偏移距离为 $D/2$ 的两条平行线。

②将“1 粗实线”层置为当前，绘制左侧粗实线(即长度方向基准线)，单击【偏移】按钮绘制与其偏移距离为 H_0 的平行线。

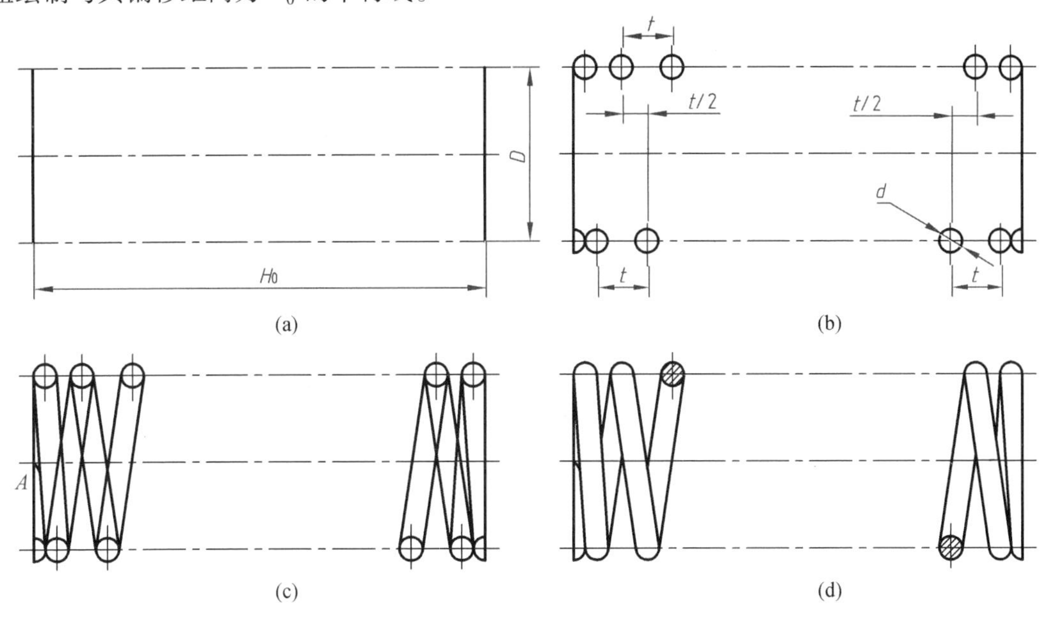

图 4－60　绘制弹簧

第 2 步　绘制圆和圆弧：根据 d，t 和 $t/2$，绘制有效圈和支承圈，如图 4－60(b)所示。

① 单击【偏移】按钮，绘制与两端粗实线偏移距离为 d 的中心线以及两中心线相距为 t 的平行线；单击【特性匹配】按钮将其粗实线修改为点画线；用 LINE 命令绘制修剪边界辅助线，单击【修剪】按钮将其竖直点画线修剪为适当长度。

② 将“1 粗实线”层置为当前，绘制直径为 d 的粗实线圆。

第 3 步　绘制直线及圆弧：按住 Shift 或 Ctrl 键右击选择捕捉“切点”选项，按右旋绘制弹簧的公切线;单击【圆角】按钮在如图 4 －60(c)所示 A 处绘制弹簧左端部的圆弧。

第 4 步　绘制剖面线和修剪图线:将“2 细实线”层置为当前,单击【图案填充】按钮,绘制剖面线;单击【修剪】按钮,修剪掉多余半圆和切线,如图 4 －60(d)所示。

例 4 －41　根据如图 4 －61 所示规定画法,在装配图中绘制“滚动轴承 6204 GB/T 276—2013”视图。

分析:查国家标准可知,“滚动轴承 6204 GB/T 276—2013”的内径 $d = 20$,外径 $D = 47$,宽度 $B = 14$;计算内外圈半径差 $A = (D - d)/2 = 13.5$,钢球直径 $d_{球} = A/2 = 6.75$。

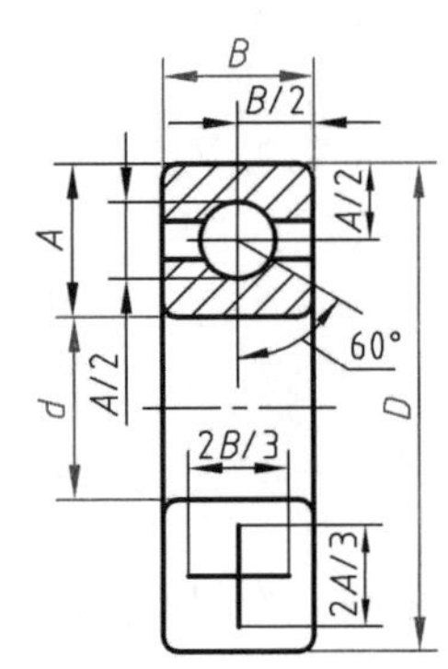

图 4 －61　滚动轴承规定画法

第 1 步　将“4 点画线”层置为当前,绘制点画线,如图 4 －62(a)所示。

第 2 步　单击【偏移】按钮,绘制两条与竖直点画线偏移距离为 7 的平行线,再绘制与水平点画线偏移距离分别为 10,23.5 和 16.75 的 6 条平行线,如图 4 －62(b)所示。

第 3 步　单击【修剪】按钮,修剪多余图线,结果如图 4 －62(c)所示。

第 4 步　选择点画线,将“4 点画线” 层改为“1 粗实线”层,即可将其点画线改为粗实线,如图 4 －62(d)所示。

第 5 步　将“1 粗实线”层置为当前,绘制与水平线成 －30°的倾斜粗实线;绘制 $\phi6.75$ 的粗实线圆;过倾斜粗实线与圆的交点绘制水平粗实线,如图 4 －62(e)所示。

第 6 步　删除倾斜粗实线;选择功能区“【默认】→【修改】→【镜像】”按钮,选择与圆相交的水平粗实线,完成镜像;单击【打断】按钮,将点画线打断删除,如图 4 －62(f)所示。

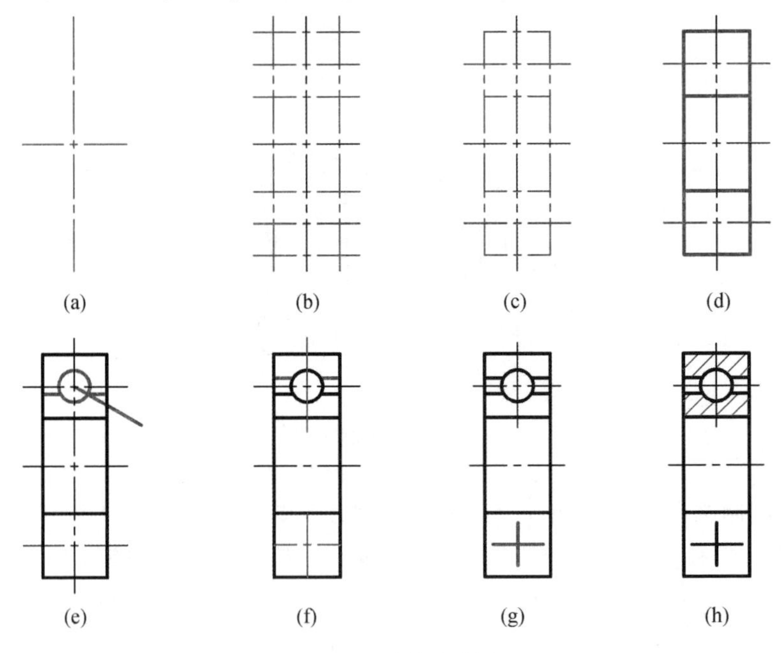

图 4 －62　绘制滚动轴承

第 7 步　单击【特性匹配】按钮,将下方相交的点画线修改为粗实线;选择功能区

“【默认】→【修改】→【缩放】”按钮，选择相交两条粗实线，并以两粗实线的交点为基点和比例因子为 2/3，将相交两条粗实线缩放为通用画法的十字形符号；调整点画线长度和线型比例，结果如图 4－62(g)所示。

第 8 步　将“2 细实线”层置为当前，绘制剖面线，结果如图 4－62(h)所示。

上机指导和练习

【目的】

1. 掌握常用的绘图和编辑命令。
2. 熟练绘制平面图形、视图、剖视图、断面图和局部放大图。
3. 了解绘制螺纹连接件、弹簧和滚动轴承的方法。

【练习】

1. 绘制如图 4－63 所示杠杆平面图形。

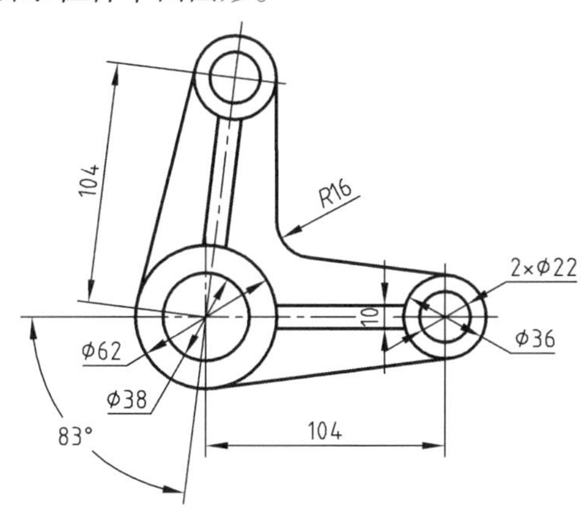

图 4－63　杠杆平面图形

提示　杠杆绘图操作如下：

第 1 步　绘制如图 4－64(a)所示图形：①将“3 点画线”层置为当前，绘制点画线；②将“1 粗实线”层置为当前，绘制 4 个圆；③结合捕捉“切点”绘制两条切线；④单击【偏移】按钮绘制与水平点画线平行的肋板；单击【特性匹配】按钮将其两条点画线改为粗实线；单击【修剪】按钮修剪多余图线。

第 2 步　单击【旋转】按钮将如图 4－64(a)所示图形旋转复制为如图 4－64(b)所示图形，按命令行提示操作：

选择对象：**选择右侧图形**↙　//“窗交”选择方式
指定基点：<对象捕捉 开> **捕捉 φ62 圆心**
指定旋转角度，或［复制(C)/参照(R)］<0>：**c**↙　//复制并旋转图形
指定旋转角度，或［复制(C)/参照(R)］<0>：**83**↙　//结果如图 4－64(b)所示

第3步　创建圆角和修剪图线等编辑操作,结果如图4-64(c)所示。

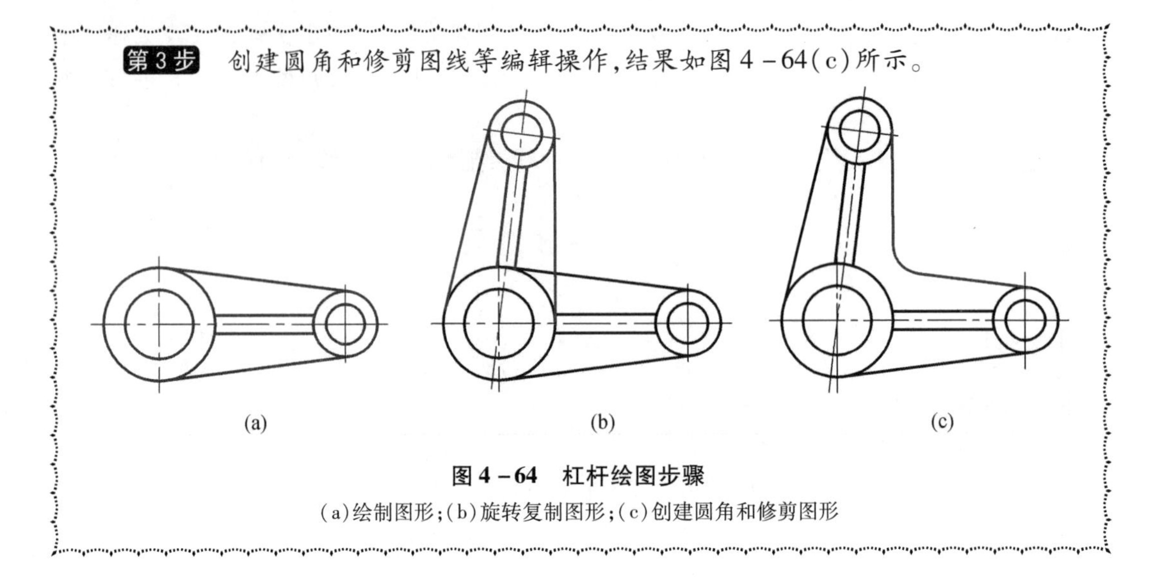

图4-64　杠杆绘图步骤

(a)绘制图形;(b)旋转复制图形;(c)创建圆角和修剪图形

2. 绘制如图4-65所示立板平面图形。

3. 绘制如图4-66所示垫块三视图。

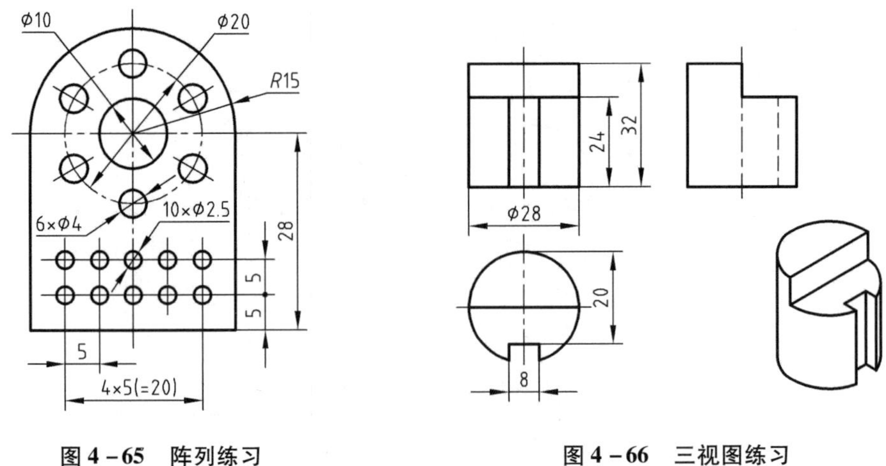

图4-65　阵列练习　　　　**图4-66　三视图练习**

4. 绘制如图4-67所示圆弧连接平面图形。

提示　绘制如图4-67(b)所示图形时,利用"动态输入"或设置极轴追踪"增量角"为5°,绘制5°和20°倾斜的点画线;绘制*R*20圆弧时,执行CIRCLE命令结合对象捕捉"捕捉自"确定其圆心位置绘制圆。

5. 按例4-9绘制图形。

6. 绘制如图4-68所示两视图且补画其半剖的左视图,参见图9-19。

7. 绘制如图4-69所示图形,并查询图形信息。

(1)查询点*A*坐标值,如图4-69(a)所示。

(2)查询点*A*与点*B*之间的距离,如图4-69(a)所示。

(3)查询如图4-69(b)所示图形的面积。

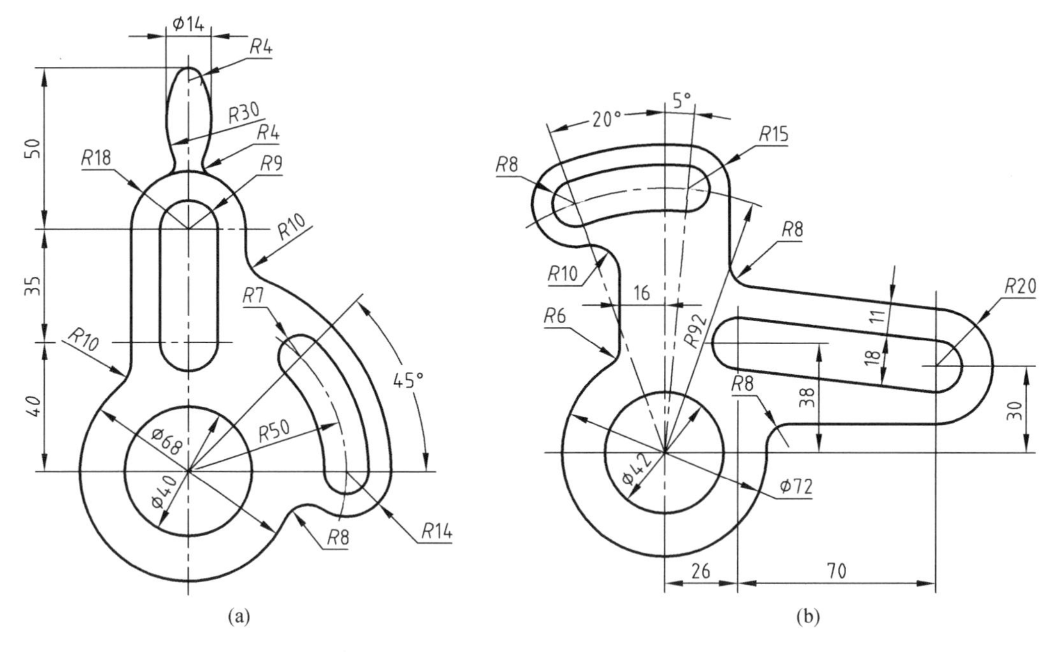

图 4－67　圆弧连接练习

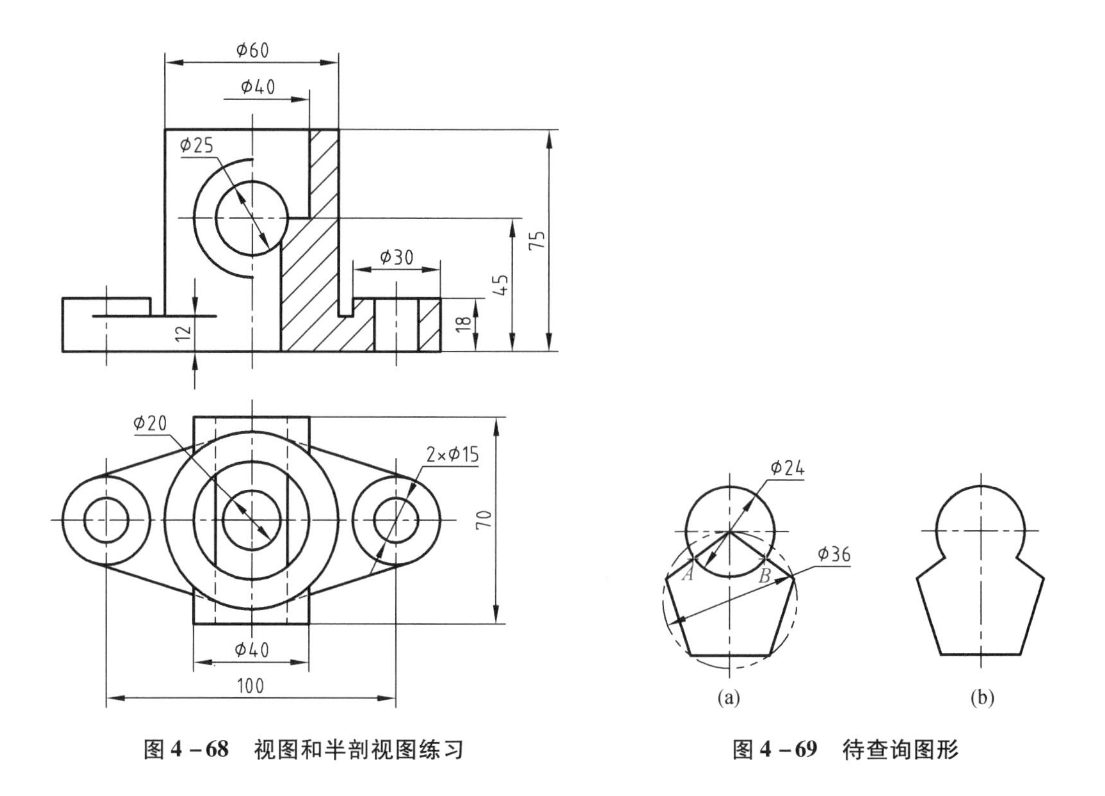

图 4－68　视图和半剖视图练习

图 4－69　待查询图形

提示　计算封闭区域面积,操作如下:选择功能区“【默认】→【绘图】→【面域】”按钮或在命令行输入 REGEN 命令(简写 RE),将待查询面积的图形生成一个面域;然后执行 AREA 命令(简写 AA),查询面积。

第5章　文字和尺寸标注

文字和尺寸是机械图样中的重要组成部分。在绘制图样时,不仅要绘出图形表示零件的结构形状,还要有尺寸表示零件的大小和位置,并用文字说明技术要求、文字注释、标题栏和明细栏等信息。本章介绍 AutoCAD 的文字标注和尺寸标注。

5.1　文字标注

在进行文字标注和尺寸标注之前,应设置文字样式,然后按其样式标注文字和尺寸。

5.1.1　设置文字样式

设置文字样式的内容包括文字的字体、高度、宽度因子(即宽高比例)和倾斜角度等。根据不同文字样式需求,可设置多个文字样式。要修改文字格式时,只要对其文字的样式进行修改,即可改变用其样式标注的所有文字。

命令方式:

◎ 命令:STYLE(简写 ST)

◎ 功能区:【默认】→【注释】→【 文字样式】

◎ 功能区:【注释】→【文字】→【 对话框启动器】

◎ 菜单:【格式】→【文字样式】

◎ 工具栏:【样式】或【文字】→

操作:执行 STYLE 命令后,弹出如图 5 - 1 所示【文字样式】对话框,用户可设置和修改文字样式。

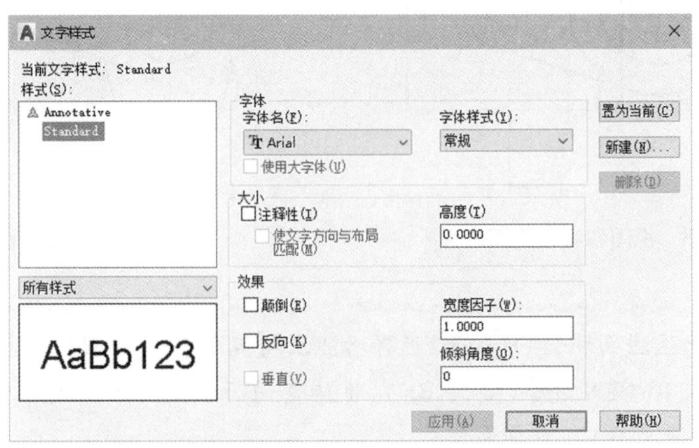

图 5 - 1　【文字样式】对话框

各选项含义：

（1）【样式】选项区：显示图形文件中的样式列表（默认文字样式为“Standard”）。

注意　在【样式】选项区的样式列表框中右击某样式名，将弹出快捷菜单，可选择【置为当前】【重命名】或【删除】选项。对默认“Standard”样式不能重命名和删除，对当前文字样式也不能删除。

（2）【新建】按钮：用于弹出【新建文字样式】对话框。

（3）【字体】选项区：用于设置文字样式的字体名、是否使用大字体及字体样式。【字体名】下拉列表中有 SHX 字体和 True Type 字体的字体名。SHX 字体是 AutoCAD 本身编译存在 AutoCAD 的“Fonts”文件夹中的专用字体；True Type 字体是 Windows 系统字体。

（4）【高度】文本框：用于输入字体高度。为使所设置文字样式可用于表 2－3 不同文字高度，其文字【高度】应设置为 0（默认值）。

（5）【效果】选项区：用于设置文字的显示效果，包括【宽度因子】【倾斜角度】【颠倒】【反向】和【垂直】选项。绘制机械图样时，一般按默认设置而不需改变效果。

①【宽度因子】文本框：用于设置文字的宽度与高度之比。当【宽度因子】为 1 时，按系统定义的宽高比例注写文字；小于 1，字符会变窄；大于 1，字符会变宽。

②【倾斜角度】文本框：用于设置文字的倾斜角度。角度为 0°时，不倾斜；角度为正值时，向右倾斜；为负值时，向左倾斜。

（6）【预览】选项区：用于显示所设置的文字样式效果。

说明　如 2.3 节所述国家标准规定：除表示变量的字母外，长仿宋体汉字、字母和数字一般为正体。AutoCAD 为中国用户提供了符合国家制图标准的字母、数字和汉字的字体，其中包括西文正体字“gbenor. shx”、斜体西文字“gbeitc. shx”和长仿宋体汉字“gbcbig. shx”。因此，设置用于零件图和装配图的“工程字 1”和“工程字 2”样式，如表 5－1 和图 5－2 所示。一般用“工程字 1”，通过文字编辑将表示变量的字母编辑为斜体字。

表 5－1　“工程字 1”和“工程字 2”文字样式设置

<table>
<tr><th rowspan="2">样式设置</th><th>工程字 1</th><th>工程字 2</th></tr>
<tr><td>一般情况（正体），如图 5－2(a)所示</td><td>变量的字母（斜体），如图 5－2(b)所示</td></tr>
<tr><td>字母</td><td rowspan="2">gbenor. shx（正体）</td><td rowspan="2">gbeitc. shx（斜体）</td></tr>
<tr><td>数字</td></tr>
<tr><td rowspan="2">汉字</td><td colspan="2">勾选【使用大字体】</td></tr>
<tr><td colspan="2">gbcbig. shx（长仿宋体）</td></tr>
<tr><td>宽度因子</td><td colspan="2">1（默认符合国家标准）</td></tr>
<tr><td>倾斜角度</td><td colspan="2">0（默认）</td></tr>
</table>

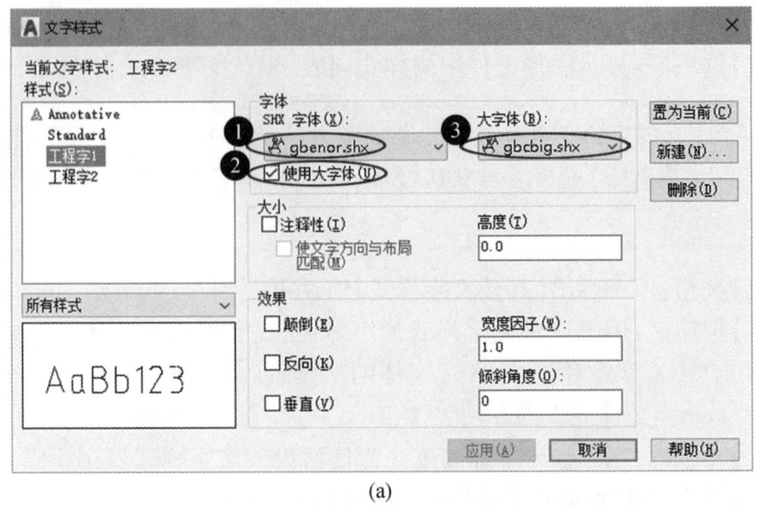

(a)

(b)

图 5 -2　设置工程字的文字样式

(a)工程字 1;(b)工程字 2

提示　在如图 5 -2 所示对话框中需要选择 gbenor. shx,gbeitc. shx 或 gbcbig. shx 时,通过键盘输入 gb,可快速定位到所需的 gbenor. shx,gbeitc. shx 或 gbcbig. shx 字体。

例 5 -1　设置符合国家标准的“工程字 1”文字样式。

第 1 步　执行“文字样式”命令:选择功能区“【默认】→【注释】→【文字样式】”按钮,弹出如图 5 -1 所示【文字样式】对话框。

第 2 步　新建“工程字 1”:单击【新建】按钮,弹出【新建文字样式】对话框;在【样式名】文本框中输入“工程字 1”;单击【确定】按钮,如图 5 -3 所示。

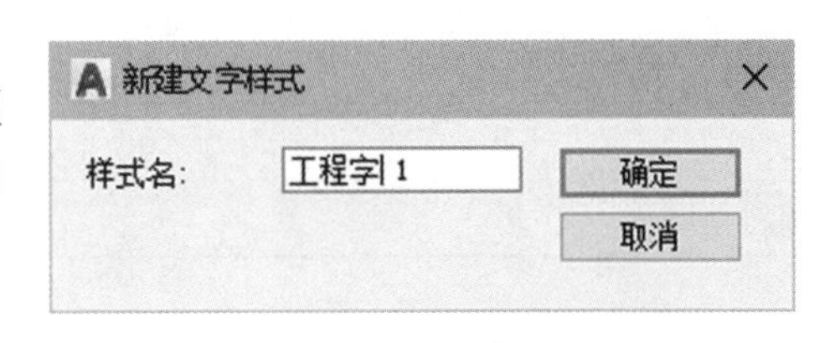

图 5 -3　【新建文字样式】对话框

第 3 步　设置“工程字 1”:返回【文字样式】对话框,在【样式】列表框中显示“工程字 1”样式：①在【字体】选项区的【字体名】下拉列表中选择“gbenor. shx”；②【使用大字体】复选框将亮显，勾选【使用大字体】复选框；③【字体样式】下拉列表变为【大字体】下拉列表（其中包括汉字等亚洲文字），从中选择汉字大字体“gbcbig. shx”，文字【宽度因子】文本框中默认值为1已符合国家标准，【高度】文本框中默认值为0，在左下角预览框中可预览文字样式的标注效果；④单击【应用】按钮，如图5－2(a)所示；⑤【取消】按钮变为【关闭】按钮，单击【关闭】按钮。

5.1.2　文字标注

文字标注有两种输入方式，即单行文字和多行文字，见表5－2。

表5－2　“单行文字”和“多行文字”的命令方式

	单行文字	多行文字
命令方式	创建一行或多行文字，其中每行文字都是独立的对象，可对文字进行改变位置等编辑操作	创建和修改多行文字及单行文字，便于输入各种文字和修改文字样式、高度、对正方式、倾斜角度等，还可粘贴其他文件中的文字
命令	TEXT（简写DT）	MTEXT（简写T或MT）
功能区	【默认】→【注释】→【A 单行文字】	【默认】→【注释】→【A 多行文字】
	【注释】→【文字】→【A 单行文字】	【注释】→【文字】→【A 多行文字】
菜单	【绘图】→【文字】→【单行文字】	【绘图】→【文字】→【多行文字】
工具栏	【文字】→A	【绘图】或【文字】→A

注意　在文字输入时，经常需要使用“ϕ”“°(度)”和“±”等特殊符号，其特殊符号不能从键盘上直接输入，AutoCAD提供了替代形式的控制码，见表5－3。

表5－3　AutoCAD常用控制码

控制码	标注符号	输入示例	输出结果
%%c	“直径”(ϕ)	%%c 50	ϕ50
%%d	“度”(°)	45%%d	45°
%%p	“正负”(±)	30%%p0.4	30±0.4

1. 单行文字输入

(1)创建单行文字：选择功能区“【默认】→【注释】→【A 单行文字】”按钮，命令行提示：

指定文字的起点 或［对正(J)/样式(S)］:**拾取一点**　　　　//默认选择“指定文字的起点”

如果选择“对正(J)”选项，则显示命令行提示（或“动态输入”菜单提示）：

输入选项［左(L)/居中(C)/右(R)/对齐(A)/中间(M)/布满(F)/左上(TL)/中上(TC)/右上(TR)/左中(ML)/正中(MC)/右中(MR)/左下(BL)/中下(BC)/右下(BR)］:

文字对正方式的含义,如图5－4和表5－4所示。

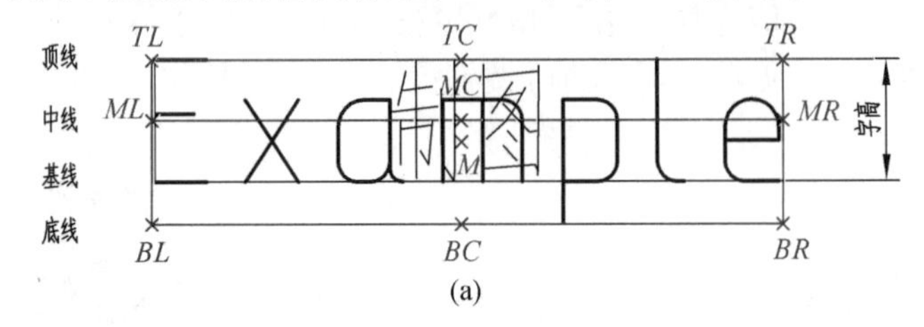

(a)

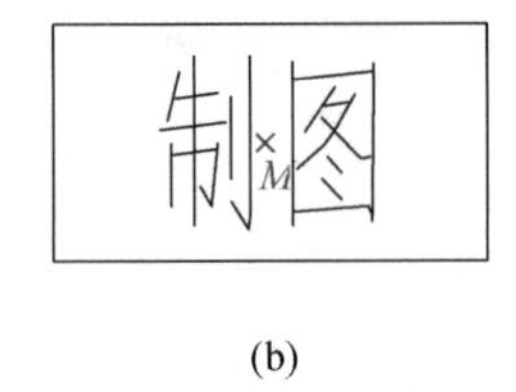

(b)

图5－4　单行文字的对正方式

(a)参考线和对正方式;(b)"中间M"对正方式

表5－4　文字的对正方式

选项	文字对正输出效果		选项	文字对正输出效果		选项	文字对正输出效果	
左上(TL)	顶线的	左端点	中上(TC)	顶线的	中点	右上(TR)	顶线的	右端点
左中(ML)	中线的		正中(MC)	中线的		右中(MR)	中线的	
左(L)	基线的		居中(C)	基线的		右(R)	基线的	
左下(BL)	底线的		中下(BC)	底线的		右下(BR)	底线的	
对齐(A)	在基线的两端点之间,字高改变,而文字的宽高比例不变		中间(M)	上下和左右的中点		布满(F)	在基线的两端点之间,字高不变,而文字的宽高比例改变	

(2)指定文字高度:当在屏幕上指定一点后,命令行提示:

指定高度<2.5>:**3.5**↙　　　　//此提示只有当前所采用的文字样式中文字高度为0时才显示
指定文字的旋转角度<0>:↙

(3)输入文字:在单行文字输入框中输入文字。
(4)结束"单行文字"命令:按两次Enter键。

2. 多行文字输入

(1)创建多行文字:选择功能区"【默认】→【注释】→【A多行文字】"按钮,命令行提示:

指定第一角点:**拾取一点**　　　//显示如图5－5所示随鼠标移动矩形框(定义多行文字对象的宽度)
指定对角点或[高度(H)/对正(J)/行距(L)/旋转(R)/样式(S)/宽度(W)/栏(C)]:**拾取一点**

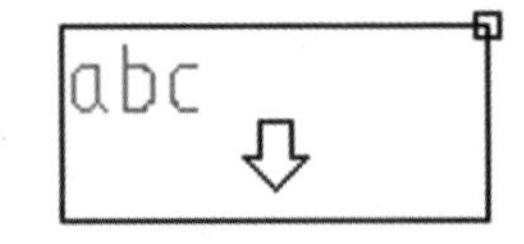

图5－5　文字范围框

(2)输入和编辑文字:功能区处于活动状态时,出现如图5－6所示【文字编辑器】上下文选项卡。

①"文字样式"下拉列表:选择当前文字样式为"工程字1"。
②"选择字高"下拉列表框:选择其中字高;如果"选择字高"下拉列表框中没有所需字

高(例如,字高 3.5),则输入字高 3.5 且按 Enter 键,则将在“选择字高”下拉列表中显示其所需字高(例如,字高 3.5)。如果用 UNITS 命令设置精度为“0”,则将不能输入字高 3.5,而需设置精度为“0.0”。

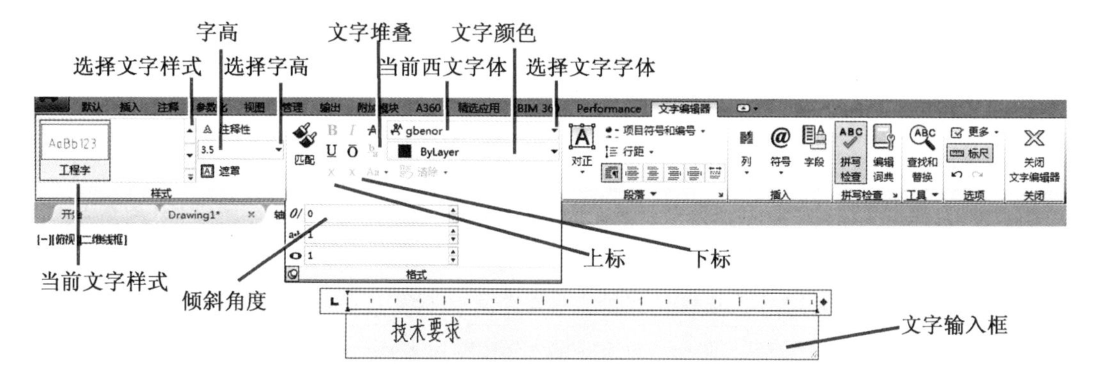

图 5-6　【文字编辑器】上下文选项卡

③【对正】按钮:选择如图 5-7 所示文字对正方式,默认【左上 TL】选项。

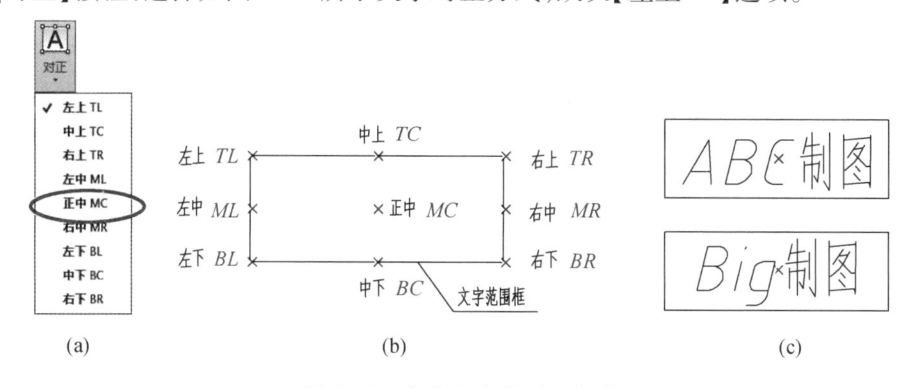

图 5-7　多行文字的对正方式

(a)“对正”下拉菜单;(b)参考线;(c)“正中 MC”对正方式效果

④【0/ 倾斜角度】文本框:用于设置文字倾斜角度,其默认值为 0。例如,当文字有正体和斜体混用时,选择正体文字在其文本框输入 15,其正体字将变为向右倾斜的斜体字。

⑤【@ 符号】按钮:用于输入特殊字符。单击其按钮在其下拉菜单选择【其他】选项或在文字输入框的右键快捷菜单中依次选择“【符号】→【其他】”选项,输入符号。

提示　要输入“α”等字符,可通过“软键盘”输入,操作如下:在 Windows 系统状态栏上显示中文输入法的语言栏,右击中文输入法语言栏的“软键盘”图标,在弹出快捷菜单上选择【希腊字母】选项,单击“α”按钮;然后在【文字编辑器】上下文选项卡的【格式】面板上单击“匹配”按钮或选择功能区“【默认】→【特性】→【特性匹配】”按钮,使“α”等字符为“工程字 1”文字样式。

⑥【堆叠】按钮:“文字堆叠”功能常用于如表 5-5 所示 $\phi30^{+0.040}_{+0.021}$(参见例 5-10)和 $\phi30\dfrac{H7}{f6}$等尺寸标注。

表 5-5　机械图样中常用的文字“堆叠”操作

<table>
<tr><th rowspan="2">步骤</th><th colspan="2">文字“堆叠”操作示例</th></tr>
<tr><th>$\phi 30^{+0.040}_{+0.021}$</th><th>$\phi 30\frac{H7}{f6}$</th></tr>
<tr><td>1</td><td>选择功能区“【默认】→【注释】→【线性】”按钮,按命令行提示指定尺寸的两个尺寸界线原点,单击“多行文字(M)”选项(或命令行中输入 M,按 Enter 键)</td><td>选择功能区“【默认】→【注释】→【A 多行文字】”按钮,按命令行提示指定两个对角点</td></tr>
<tr><td>2</td><td colspan="2">出现【文字编辑器】上下文选项卡,选择文字样式为“工程字 1”,字高 3.5(以 A3 图幅为例)</td></tr>
<tr><td rowspan="2">3</td><td colspan="2">在文字输入框中输入文字</td></tr>
<tr><td>%%c30　+0.040^+0.021</td><td>%%c30H7/f6</td></tr>
<tr><td rowspan="3">4</td><td colspan="2">选择待堆叠文字(堆叠后字高将比堆叠前变小一号)</td></tr>
<tr><td rowspan="2">Ø30 +0.040^+0.021</td><td>Ø30 H7/f6</td></tr>
<tr><td>选择待堆叠文字,选择字高 5</td></tr>
<tr><td>5</td><td colspan="2">单击【堆叠】按钮</td></tr>
</table>

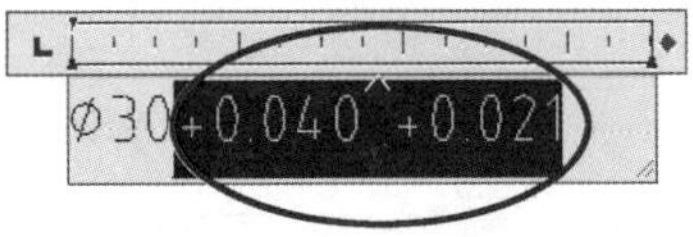

注意　要修改堆叠后的文字,操作如下:双击图形区中文字,在文字输入框中选择堆叠后的文字,再单击【堆叠】按钮取消其堆叠,然后按表 5-5 所示步骤重新堆叠。

(3)结束“多行文字”命令:在功能区【文字编辑器】上下文选项卡的【关闭】面板上单击【关闭文字编辑器】按钮,或在图形区单击,如图 5-6 所示。

例 5-2　输入如图 5-8 所示技术要求的文字。

第 1 步　将“5 文字和尺寸”层置为当前。

第 2 步　将文字样式“工程字 1”置为当前。

第 3 步　在命令行输入 T 执行“多行文字”命令,按命令行提示指定两个对角点,出现【文字编辑器】上下文选项卡。

第 4 步　输入全部文字:按字高 3.5 输入技术要求的所有文字。

技术要求

1. 止口部分不允许有砂眼与机座接触,平面允许有不超过1mm^{2}的气孔;
2. 尖角处倒圆R0.3;
3. 非配合的外表面涂铬黄底漆及氨基酸烘漆。

图 5-8　输入多行文字

第 5 步　编辑文字:

①将“技术要求”4 个字的字高改为 5,参见表 2-3;

②将半径符号改为斜体“R”:选择“R”,然后在【格式】面板的【0/ 倾斜角度】文本框中输入 15,在图形区单击;

③将“mm2”改为“mm^2”:选择“2”,然后在【格式】面板上单击“上标”按钮 X^2;

④在图形区单击(或单击【关闭文字编辑器】按钮),结果如图 5-8 所示。

提示 通过【文字编辑器】上下文选项卡,可将文本文件中文字直接输入,操作如下:在文字输入框右击,在弹出快捷菜单上选择【输入文字】选项,弹出【选择文件】对话框,选择(＊.txt)或(＊.rtf)文件,单击【打开】按钮;也可使用 Windows 系统剪贴板"复制"和"粘贴"操作完成。

例5-3 用多行文字【文字编辑器】选项卡输入沉孔尺寸的文字,如图5-9所示。

第1步 将"5 文字和尺寸"层置为当前。

第2步 将"工程字1"文字样式置为当前。

第3步 选择功能区"【默认】→【注释】→【A多行文字】"按钮并按提示指定两个对角点(或尺寸标注时选择"多行文字(M)"选项),出现如图5-6所示【文字编辑器】上下文选项卡。

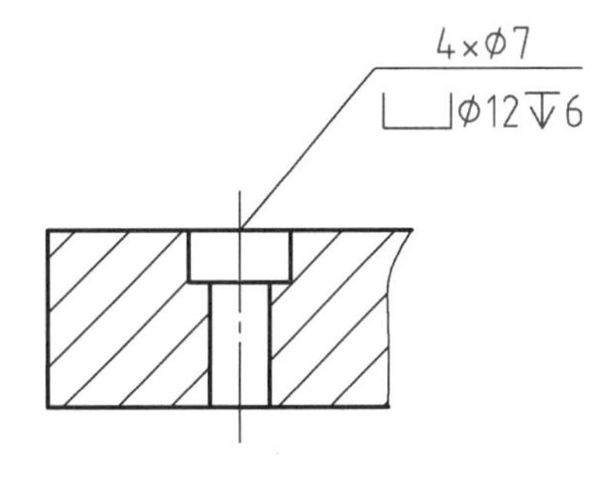

图5-9 输入沉孔尺寸文字

第4步 输入两行文字:

①在【插入】面板上单击【@符号】按钮,在如图5-10所示下拉列表中选择【其他】选项。

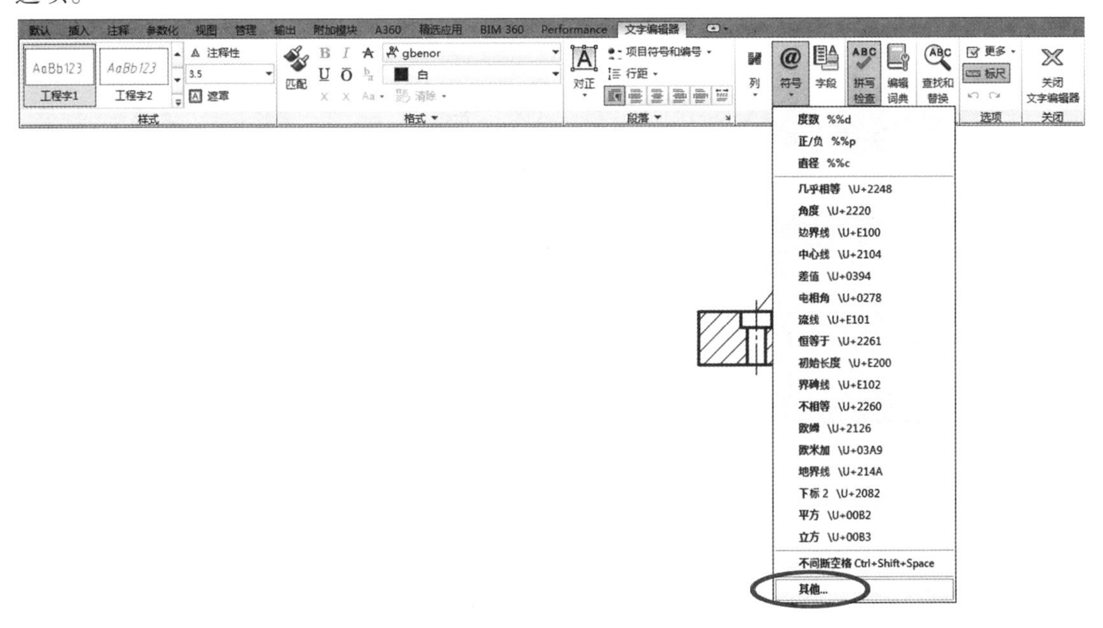

图5-10 【@符号】下拉列表

②弹出【字符映射表】对话框,选择如图5-11(a)所示有"⌴"或"↧"符号的"GDT"字体,然后选择如图5-11(b)所示所需符号,单击【选择】按钮,将在【复制字符】文本框显示所选字符,单击【复制】按钮,如图5-11(b)所示。

③在文字输入框中按 Ctrl + V 键粘贴"⌴"或"↧"符号,如图5-12(a)所示。

第5步 编辑沉孔尺寸文字:

①在"选择字高"下拉列表框中选择字高3.5,在文字输入框中选择"4×ϕ7""ϕ12"和

“6”文字,设置如图5-12(a)所示。

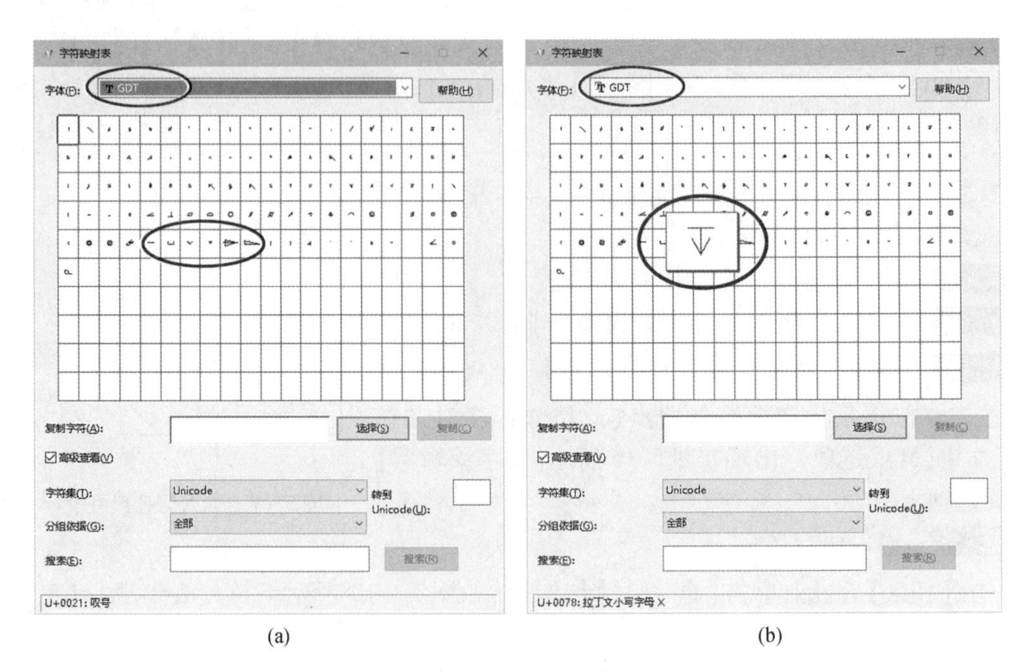

(a)　　(b)

图5-11　【字符映射表】对话框

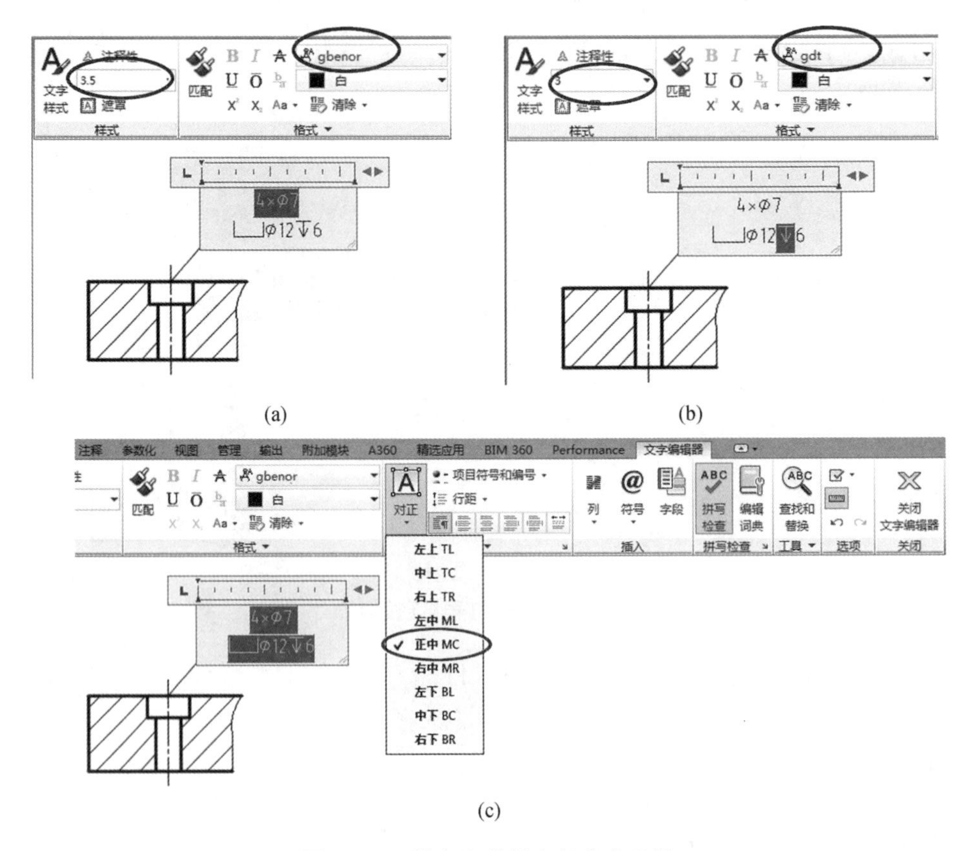

(a)　　(b)

(c)

图5-12　输入和编辑多行文字示例

②在文字输入框中选择“└┘”和“▽”字符，在“选择字高”下拉列表框中输入 3（将显示其与文字“ϕ12”的字高相同），按 Enter 键，如图 5 - 12（b）所示。

③选择两行文字，单击【A对正】按钮，选择【正中 MC】选项，如图 5 - 12（c）所示。

第 6 步　在图形区单击，完成如图 5 - 9 所示沉孔尺寸的多行文字。

5.1.3　文字编辑

在 AutoCAD 中，有多种修改文字的方式，常用如下两种方式修改文字。

1. 双击文字方式

通常，采用双击文字方式编辑文字，选择单行文字和多行文字的响应分别如下。

（1）如果选择单行文字，则执行 TEXTEDIT 命令，弹出单行文字的文字输入框，只能编辑文字的内容，不能编辑文字的其他属性。

（2）如果选择多行文字，则执行 MTEDIT 命令，弹出如图 5 - 6 所示【文字编辑器】上下文选项卡，不仅可编辑多行文字的内容，还可对字高、倾斜角度和文字样式等属性进行修改。

2.【快捷特性】选项板方式

在状态栏上单击“快捷特性”按钮 使其处于亮显；选择文字，将弹出【快捷特性】选项板，即可编辑单行文字或多行文字，参见例 5 - 17。

5.2　尺寸标注

在 AutoCAD 2018 中，可快速、方便地标注尺寸和参数化约束尺寸（参见图 3 - 17）。机械图样中常用的尺寸标注如图 2 - 7 和图 5 - 13 所示。

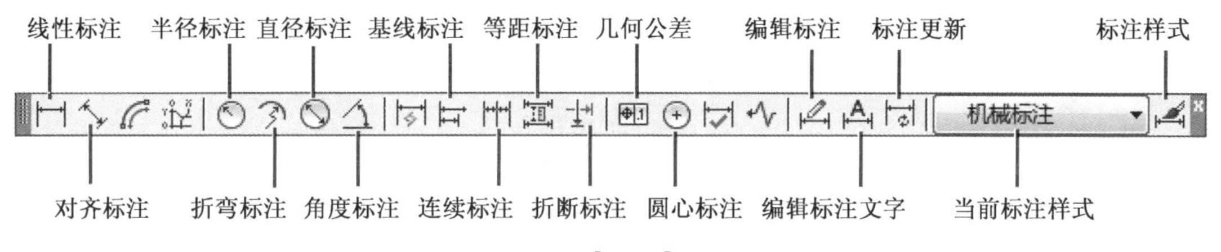

图 5 - 13　【标注】工具栏

5.2.1　设置尺寸标注样式

在尺寸标注之前，要用如图 5 - 14 所示【标注样式管理器】对话框设置尺寸标注样式，并可修改其样式。

命令方式：

◎ 命令：DIMSTYLE（简写 D 或 DST）

◎ 功能区：【默认】→【注释】→【 标注样式】

◎ 功能区：【注释】→【标注】→【 对话框启动器】

◎ 菜单：【格式】或【标注】→【标注样式】

◎ 工具栏：【样式】或【标注】→

例 5 - 4 根据机械 CAD 工程制图国家标准规定,一般采用正体的字母、数字和汉字(长仿宋体);角度数字一律水平书写;一般直径尺寸的箭头和尺寸数字标注在尺寸界线内,设置"机械标注"的尺寸标注样式。

分析:选择功能区"【默认】→【注释】→【 标注样式】"按钮,弹出如图 5 - 14(a)所示【标注样式管理器】对话框,需要在"机械标注"(父样式)基础上创建 3 个子样式,如图 5 - 14(b)和表 5 - 6 所示。

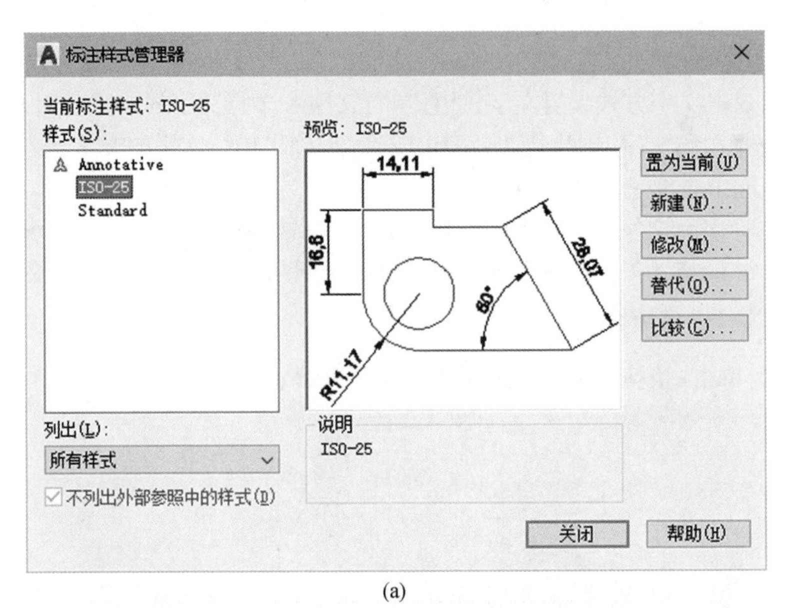

(a)

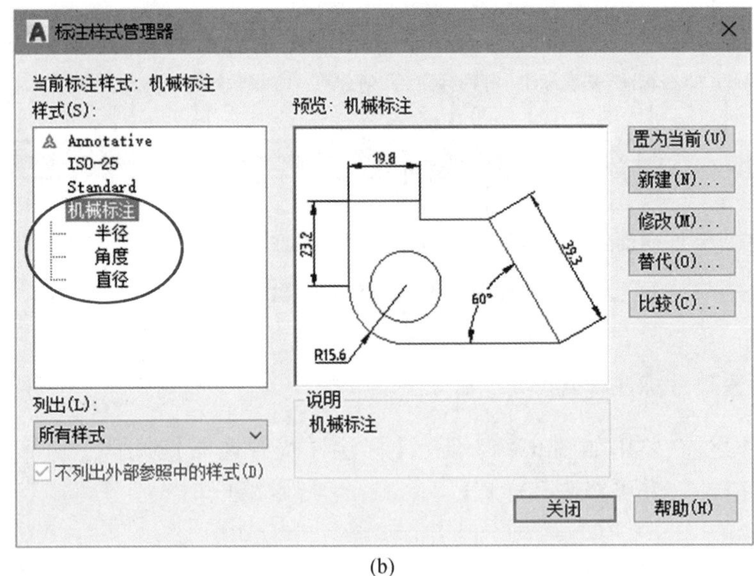

(b)

图 5 - 14 【标注样式管理器】对话框

(a)设置前;(b)"机械标注"样式

表5－6　设置尺寸标注样式

分类	名称	用途	选项卡					
			线	符号和箭头	文字	调整	主单位	公差
父样式	机械标注	用于所有尺寸标注的一般标注	【起点偏移量】设置为0,如图5－15(a)所示	【箭头大小】设置为3.5,如图5－15(b)所示	【文字样式】为“工程字1”;【文字高度】为3.5;【文字对齐】为【与尺寸线对齐】,如图5－15(c)所示		小数【精度】设置为0.0;【小数分隔符】为“.”(句点),如图5－15(d)所示	
子样式	角度	用于角度标注(角度数字水平书写)			【文字对齐】为【水平】,如图5－16所示			
	半径	用于半径标注(尺寸数字在圆弧外时水平书写)			【文字对齐】为【ISO标准】,如图5－17所示			
	直径	用于直径标注(尺寸数字在圆或圆弧外时水平书写,且箭头一般在尺寸界线内)			【文字对齐】为【ISO标准】,如图5－18(a)所示	【调整选项】为【文字】,如图5－18(b)所示		
	<样式替代>	用于带公差尺寸标注(在标注带公差尺寸之前,设置的临时样式)						设置极限偏差等,如图5－19所示

提示　在机械图样的尺寸标注中,文字高度与图幅有关。本例为A3图幅,尺寸标注的文字高度为3.5,参见表2－3。

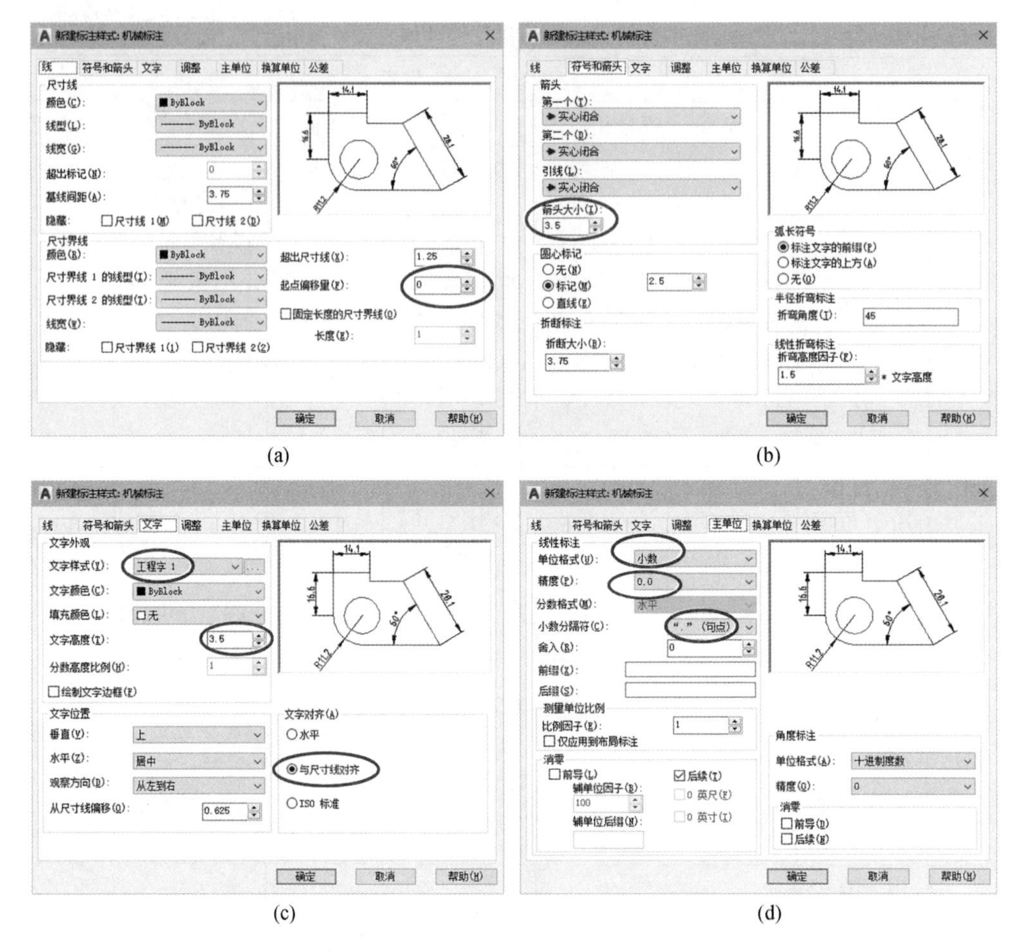

图 5－15　设置一般标注父样式“机械标注”

(a)【线】选项卡;(b)【符号和箭头】选项卡;(c)【文字】选项卡;(d)【主单位】选项卡

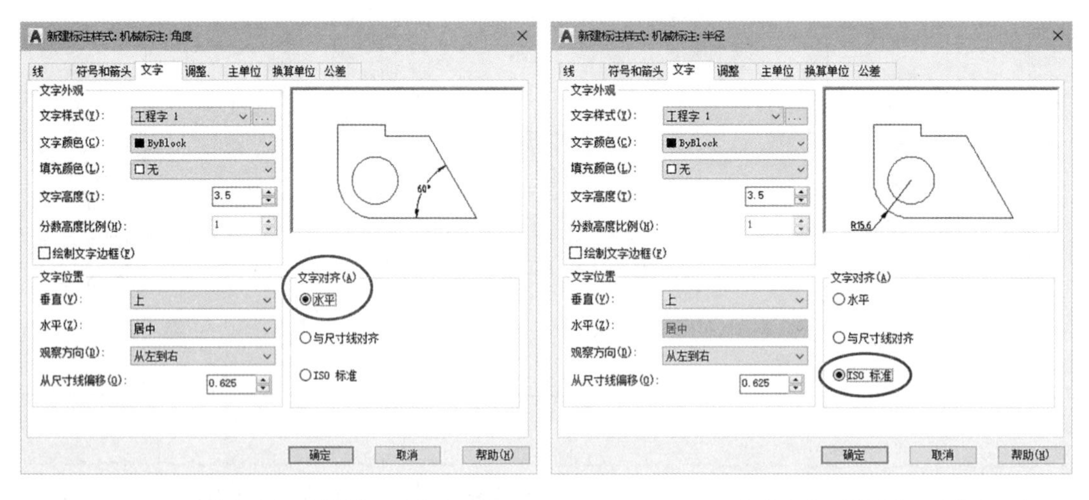

图 5－16　设置“角度标注”的【文字】选项卡

图 5－17　设置“半径标注”的【文字】选项卡

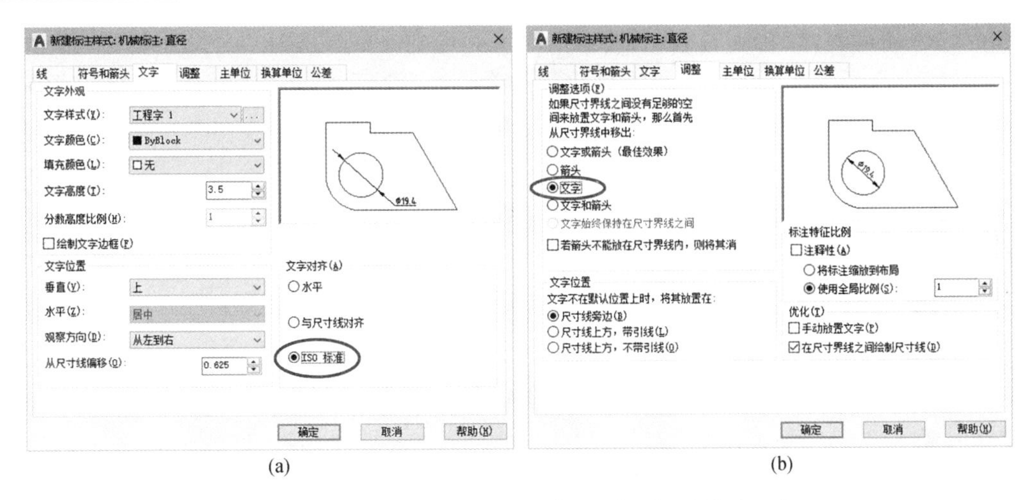

图 5-18　设置“直径标注”的【文字】和【调整】选项卡

(a)【文字】选项卡；(b)【调整】选项卡

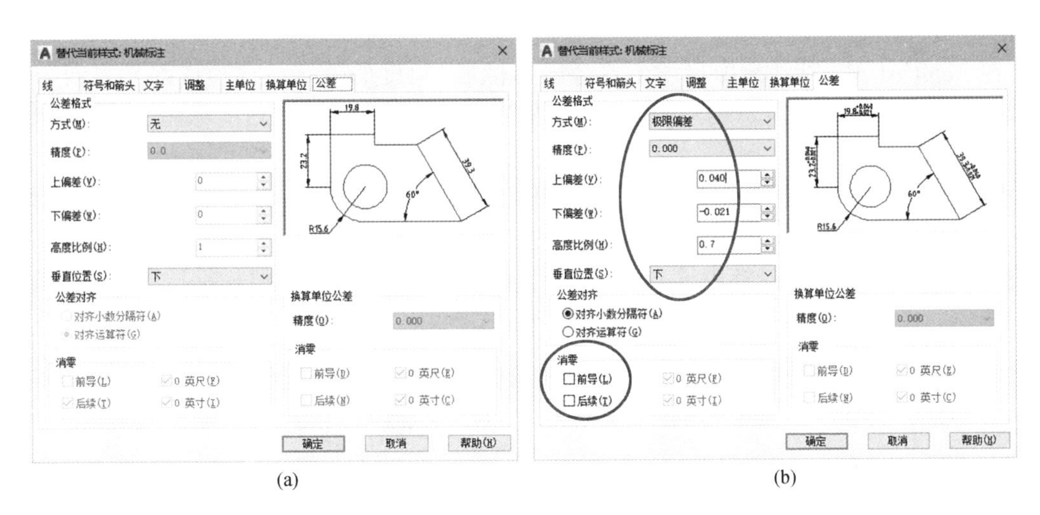

图 5-19　设置“样式替代”的【公差】选项卡

(a)无公差；(b)带公差

1. 设置一般标注父样式“机械标注”

要设置用于所有标注的一般标注父样式“机械标注”，操作如下：

第 1 步　执行“标注样式”命令：选择功能区“【默认】→【注释】→【标注样式】”按钮，弹出如图 5-14(a)所示【标注样式管理器】对话框。

第 2 步　新建“机械标注”样式：单击【新建】按钮，弹出如图 5-20 所示【创建新标注样式】对话框，①在【新样式名】文本框中输入新的标注样式名称为“机械标注”；②【基础样式】默认选择“ISO-25”（以此修改为新样式）；③【用于】下拉列表默认选择“所有标注”；④单击【继续】按钮。

第 3 步　设置“机械标注”样式：弹出如图 5-15 所示【新建标注样式：机械标注】对话框，其中包括 7 个选项卡，按表 5-6 设置“机械标注”（父样式）的【线】【符号和箭头】【文字】和【主单位】选项卡，单击【确认】按钮；返回如图 5-21 所示【标注样式管理器】对话框，显示新建的“机械标注”样式及其预览,单击【关闭】按钮。

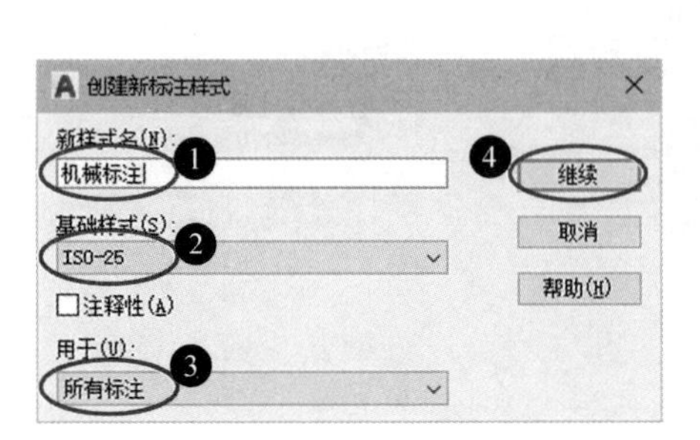

图5-20　【创建新标注样式】对话框

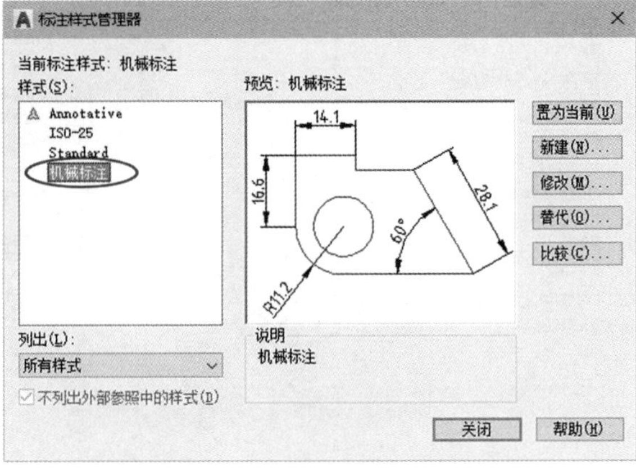

图5-21　一般标注父样式“机械标注”

2. 设置子样式“机械标注:角度”

在 AutoCAD 中,默认角度尺寸不符合国家标准“角度的数字一律写成水平方向”的要求,因此,在如图5-21所示新建的“机械标注”样式中,设置用于“角度标注”的子样式,操作如下。

第1步　新建子样式“机械标注:角度”:①在如图5-21所示【标注样式管理器】对话框中,选择“机械标注”样式,单击【置为当前】按钮,单击【新建】按钮;②在弹出如图5-22所示【创建新标注样式】对话框中,【基础样式】下拉列表自动选择为“机械标注”,在【用于】下拉列表中选择“角度标注”选项,单击【继续】按钮。

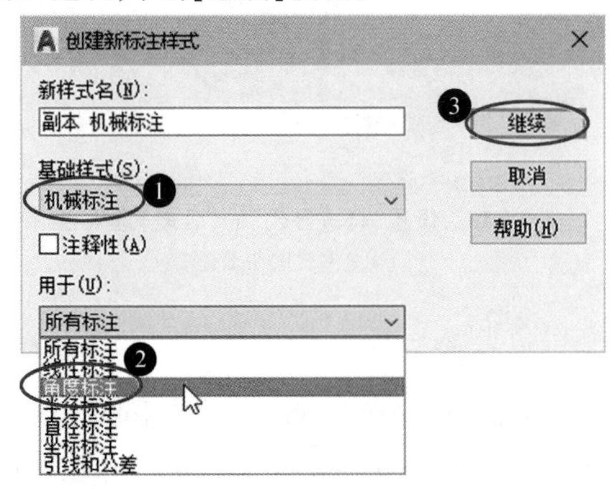

图5-22　创建子样式“角度标注”

第2步　设置子样式“机械标注:角度”:在弹出如图5-16所示【新建标注样式:机械标注:角度】对话框中,只需按表5-6设置“角度”(子样式)的【文字】选项卡,单击【确认】按钮,返回【标注样式管理器】对话框,在如图5-14(b)所示【样式】列表框中“机械标注”的下面引出了标记为“角度”的子样式,单击【关闭】按钮。

3. 设置子样式“机械标注:半径”

如果需要半径尺寸数字在圆弧外时水平书写,则以“机械标注”样式为父样式设置用于

“半径标注”的子样式,操作如下。

第 1 步　新建子样式“机械标注:半径”:①在如图 5 – 21 所示【标注样式管理器】对话框中,选择“机械标注”样式,单击【置为当前】按钮;单击【新建】按钮;②在弹出如图 5 – 22 所示【创建新标注样式】对话框中,【基础样式】自动选择为“机械标注”,在【用于】下拉列表中选择“半径标注”选项,单击【继续】按钮。

第 2 步　设置子样式“机械标注:半径”:在弹出如图 5 – 17 所示【新建标注式:机械标注:半径】对话框中,只需按表 5 – 6 设置“半径”(子样式)的【文字】选项卡,单击【确定】按钮,返回【标注样式管理器】对话框,在如图 5 – 14(b)所示【样式】列表框中“机械标注”的下面引出了标记为“半径”的子样式,单击【关闭】按钮。

4. 设置子样式“机械标注:直径”

在 AutoCAD 中,默认所标注直径尺寸的箭头都在圆或圆弧外,不完全符合国家标准规定。如果需要直径尺寸数字在圆或圆弧外时水平书写,则以如图 5 – 21 所示“机械标注”样式为父样式设置用于“直径标注”的子样式,操作如下。

第 1 步　新建子样式“机械标注:直径”:①在如图 5 – 21 所示【标注样式管理器】对话框中,选择“机械标注”样式,单击【置为当前】按钮,单击【新建】按钮;②弹出如图 5 – 22 所示【创建新标注样式】对话框中,【基础样式】自动选择为“机械标注”,在【用于】下拉列表中选择“直径标注”选项,单击【继续】按钮。

第 2 步　设置子样式“机械标注:直径”:在弹出如图 5 – 18 所示【新建标注样式:机械标注:直径】对话框中,按表 5 – 6 设置“直径”(子样式)的【文字】和【调整】两个选项卡,单击【确定】按钮,返回【标注样式管理器】对话框,在如图 5 – 14(b)所示【样式】列表框中“机械标注”的下面引出了标记为“直径”的子样式,单击【关闭】按钮。

5. 设置临时样式“样式替代”

设置如图 5 – 23 所示“机械标注”的临时样式“样式替代”后,可标注带极限偏差尺寸(例如,尺寸 $\phi30^{+0.040}_{+0.021}$),操作如下。

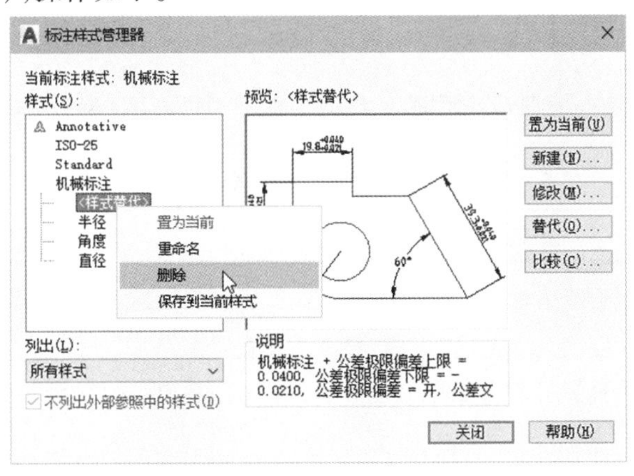

图 5 – 23　“样式替代”样式

第 1 步　新建“样式替代”:在如图 5 – 14(b)所示【标注样式管理器】对话框中,①选择“机械标注”样式,单击【置为当前】按钮;②单击【替代】按钮。

第 2 步　设置“样式替代”:在弹出如图 5 – 19(a)所示【替代当前样式:机械标注】对话

框中,如图5-19所示【公差】选项卡可用于设置带公差的临时“替代”尺寸标注样式,①在【公差格式】选项区,选择【方式】为“极限偏差”(默认为“无”)、选择【精度】为0.000(即3位小数)、“上偏差”和“下偏差”分别输入为0.040和-0.021、【高度比例】输入为0.7、【垂直位置】选择为“下”;②在【消零】选项区,取消勾选【前导】和【后续】;③单击【确定】按钮,返回如图5-23所示【标注样式管理器】对话框,在其【样式】列表框的“机械标注”下面引出了标记为“<样式替代>”的子样式。

注意 在AutoCAD中,“上偏差”(上极限偏差)的默认值为正或0;“下偏差”(下极限偏差)的默认值为负或0。标注时,系统自动加上“+”或“-”符号。如果下极限偏差是正值,则在下极限偏差数值前要输入“-”符号。

提示 用如图5-23所示“样式替代”标注带公差的尺寸后,右击其“<样式替代>”,在快捷菜单中选择【删除】选项,即可删除其“<样式替代>”子样式。

5.2.2 标注尺寸

在AutoCAD中,可快捷、方便地标注各种类型尺寸,如图5-13所示。

1. 线性标注和对齐标注

“线性标注”和“对齐标注”示例,分别如图5-24和图5-25所示。“线性标注”和“对齐标注”的命令方式,见表5-7。

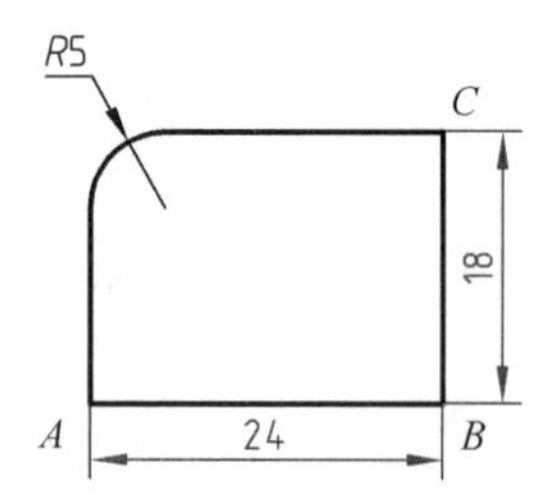

图5-24 线性标注示例

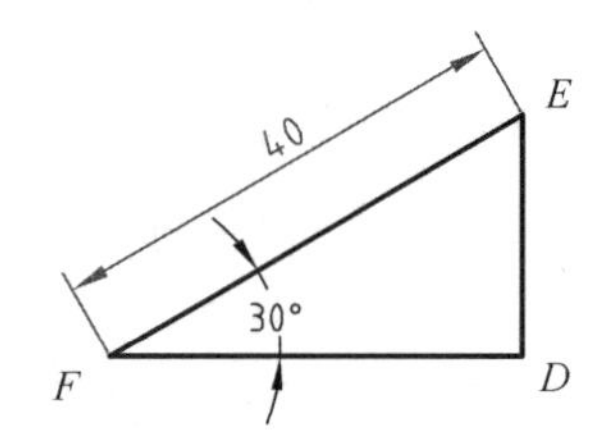

图5-25 对齐标注示例

表5-7 “线性标注”和“对齐标注”的命令方式

命令方式	线性标注	对齐标注
	标注水平和垂直方向的线性尺寸	标注尺寸线与轮廓线平行的线性尺寸
命令	DIMLINEAR(简写DLI)	DIMALIGNED(简写DAL)
功能区	【默认】→【注释】→【线性】	【默认】→【注释】→【对齐】
	【注释】→【标注】→【线性】	【注释】→【标注】→【对齐】
菜单	【标注】→【线性】	【标注】→【对齐】
工具栏	【标注】→	【标注】→

例5-5　标注如图5-24所示图形的尺寸24和18。

选择功能区"【默认】→【注释】→【⊢⊣线性】"按钮,按命令行提示操作:

指定第一条尺寸界线原点或 <选择对象>:**捕捉点A**
指定第二条尺寸界线原点:**捕捉点B**
指定尺寸线位置或[多行文字(M)/文字(T)/角度(A)/水平(H)/垂直(V)/旋转(R)]:**拾取一点**
//系统按测量值标注AB尺寸24

同样方法,标注出*BC*尺寸18,结果如图5-24所示。

说明　在标注尺寸时,选择"多行文字(M)"选项,出现【文字编辑器】上下文选项卡,可输入指定的尺寸数字内容;选择"文字(T)"选项,输入简单的标注尺寸数值文字。在标注直径或半径尺寸时,必须在输入的尺寸数字前加注"%%*c*"或"*R*",使标注的尺寸前有"ϕ"(直径)或"*R*"(半径)符号。

例5-6　标注如图5-25所示直角三角形的尺寸40。

选择功能区"【默认】→【注释】→【对齐】"按钮,按命令行提示操作:

指定第一条尺寸界线原点或<选择对象>: **捕捉点F**
指定第二条尺寸界线原点: **捕捉点E**
指定尺寸线位置或[多行文字(M)/文字(T)/角度(A)/水平(H)/垂直(V)/旋转(R)]:**m**↙
//出现【文字编辑器】上下文选项卡,可在文字输入框中删除自动测量尺寸,并键入新的斜边尺寸为40

2. 半径标注和直径标注

"半径标注"和"直径标注"的命令方式,见表5-8。

表5-8　"半径标注"和"直径标注"的命令方式

	半径标注	直径标注
命令方式	标注圆弧的半径尺寸,并自动加注半径符号"*R*"	标注圆或圆弧的直径尺寸,并自动加注直径符号"ϕ"
命令	DIMRADIUS(简写DRA)	DIMALIGNED(简写DAL)
功能区	【默认】→【注释】→【半径】	【默认】→【注释】→【直径】
	【注释】→【标注】→【半径】	【注释】→【标注】→【直径】
菜单	【标注】→【半径】	【标注】→【直径】
工具栏	【标注】→	【标注】→

操作:执行"半径标注"或"直径标注"命令后,按命令行提示操作:

选择圆弧或圆:
指定尺寸线位置或[多行文字(M)/文字(T)/角度(A)]:　//默认拖动鼠标确定尺寸线位置,系统按测量值标注出圆弧或圆的半径

3. 角度标注

“角度标注”命令用于标注角度尺寸,如图5－26所示。

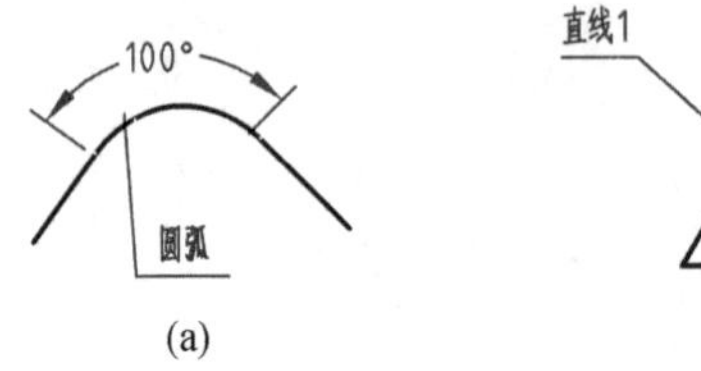

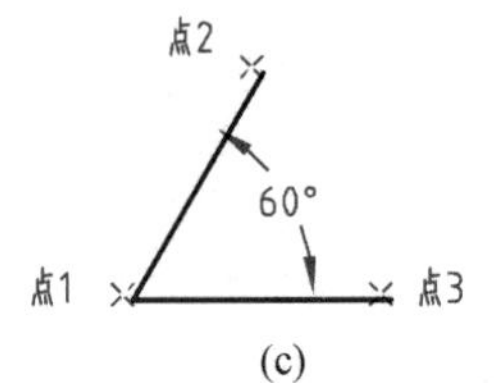

(a)　(b)　(c)

图5－26　角度标注示例

命令方式:

◎ 命令:DIMANGULAR(简写DAN)

◎ 功能区:【默认】→【注释】→【角度】

◎ 功能区:【注释】→【标注】→【角度】

◎ 菜单:【标注】→【角度】

◎ 工具栏:【标注】→

操作:执行“角度标注”命令后,命令行提示:

选择圆弧、圆、直线或 <指定顶点>:　　//可标注如图5－26所示夹角

> **注意**　在标注角度时,如果要用“多行文字(M)”或“文字(T)”选项来重新确定角度值,则必须在输入的角度值后加注“%%d”,使标注的角度具有“°”符号。

4. 基线标注和连续标注

“基线标注”和“连续标注”的命令方式,见表5－9;“基线标注”和“连续标注”示例,如图5－27所示。

表5－9　“基线标注”和“连续标注”的命令方式

命令方式	基线标注	连续标注
	具有公共的第一条尺寸界线的一组线性尺寸或角度尺寸,如图5－27(a)所示	尺寸线成链状的线性尺寸和角度尺寸,如图5－27(b)所示
命令	DIMBASELINE(简写DBA)	DIMCONTINUE(简写DCO)
功能区	【注释】→【标注】→【基线】	【注释】→【标注】→【连续】
菜单	【标注】→【基线】	【标注】→【连续】
工具栏	【标注】→	【标注】→

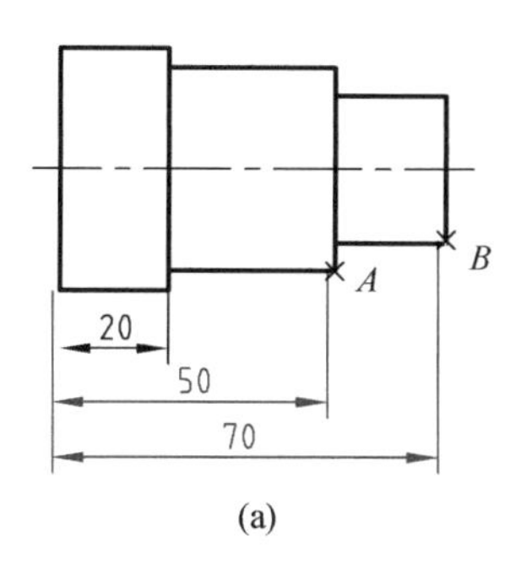

(a)

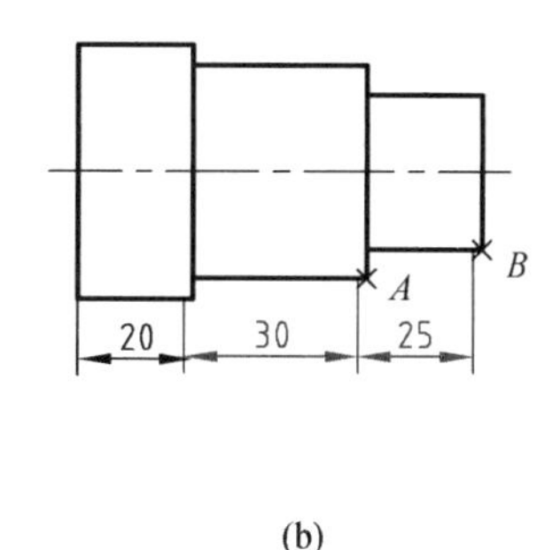

(b)

图 5－27　基线标注和连续标注示例

(a)基线标注;(b)连续标注

> **注意**　在用“基线标注”或“连续标注”命令之前,必须先用“线性标注”“对齐标注”或“角度标注”命令标注出第一个尺寸。

例 5－7　标注阶梯轴的轴向长度尺寸,如图 5－27 所示。

(1)基线标注,如图 5－27(a)所示。

第 1 步　选择功能区“【默认】→【注释】→【线性】”按钮,标注尺寸 20。

第 2 步　选择功能区“【注释】→【标注】→【基线】”按钮,命令行提示:

指定第二条延伸线原点或［放弃(U)/选择(S)］<选择>: **捕捉点 A**　　//标注尺寸 50
指定第二条延伸线原点或［放弃(U)/选择(S)］<选择>: **捕捉点 B**　　//标注尺寸 70
指定第二条延伸线原点或［放弃(U)/选择(S)］<选择>: **按 Esc 键**　　//结果如图 5－27(a)所示

(2)连续标注,如图 5－27(b)所示。

第 1 步　选择功能区“【默认】→【注释】→【线性】”按钮,标注尺寸 20。

第 2 步　选择功能区“【注释】→【标注】→【连续】”按钮,命令行提示:

指定第二条延伸线原点或［放弃(U)/选择(S)］<选择>: **捕捉点 A**　　//标注尺寸 30
指定第二条延伸线原点或［放弃(U)/选择(S)］<选择>: **捕捉点 B**　　//标注尺寸 25
指定第二条延伸线原点或［放弃(U)/选择(S)］<选择>: **按 Esc 键**　　//结果如图 5－27(b)所示

5. 标注

“标注”命令是在同一命令会话中可连续创建多种类型的尺寸标注。将光标悬停在对象上,可自动预览将标注的合适类型(线性标注和对齐标注等)。

命令方式:

◎ 命令:DIM

◎ 功能区:【默认】→【注释】→【标注】

◎ 功能区:【注释】→【标注】→【标注】

6. 多重引线标注

在机械图样中,通常引线有一水平线和另一倾斜直线,其引线一端带箭头或无箭头,另一端带有多行文字或块。在 AutoCAD 中,应先按表 5－10 和表 5－11 设置多重引线标注样式,然后按表 5 – 10 创建多重引线标注。

表 5 – 10　常用引线标注样式设置

<table>
<tr><td rowspan="2">步骤</td><td>带箭头</td><td>无箭头</td><td>小点</td><td>几何公差框格</td><td>基准符号</td></tr>
<tr><td></td><td></td><td></td><td></td><td></td></tr>
<tr><td>1</td><td colspan="5">设置图层:将“5 文字和尺寸”层置为当前</td></tr>
<tr><td>2</td><td colspan="5">执行“多重引线样式”命令:选择功能区“【默认】→【注释】→【 多重引线样式】”按钮,弹出如图 5 – 28 所示【多重引线样式管理器】对话框</td></tr>
<tr><td>3</td><td colspan="5">新建多重引线样式:单击【新建】按钮,弹出如图 5 – 29 所示【创建新多重引线样式】对话框,输入新样式名(“带箭头”“无箭头”“小点”“几何公差框格”或“基准符号”)</td></tr>
<tr><td rowspan="11">4</td><td colspan="5">设置多重引线样式:单击【继续】按钮,弹出【修改多重引线样式:(新样式名)】对话框</td></tr>
<tr><td colspan="5">①设置【引线格式】选项卡,包括【箭头】的【符号】和【大小】</td></tr>
<tr><td>【符号】为“实心闭合”;【大小】为 3.5,如图 5 – 30(a)所示</td><td>【符号】为“无”</td><td>【符号】为“小点”</td><td>【符号】为“实心闭合”;【大小】为 3.5;如图 5 – 32(a)所示</td><td>【符号】为“实心基准三角形”;【大小】为 3.5,如图 5 – 33(a)所示</td></tr>
<tr><td colspan="5">②设置【引线结构】选项卡的【最大引线点数】,且取消勾选【自动包含基线】),如图 5 – 30(b)所示</td></tr>
<tr><td colspan="3">2</td><td>3</td><td>2</td></tr>
<tr><td colspan="5">③设置【内容】选项卡的【多重引线类型】</td></tr>
<tr><td colspan="3" rowspan="2">【多重引线类型】为“多行文字”(文字样式为“工程字 1”);【引线连接】位置默认选择【水平连接】复选框,其【连接位置—左】和【连接位置—右】及【基线间隙】设置,如图 5 – 30(c)所示</td><td colspan="2">【多重引线类型】为“块”(设置时的文字样式“工程字 1”或“工程字 2”置为当前);【源块】为“方框”;【比例】为 7/8</td></tr>
<tr><td>【附着】为“中心范围”,如图 5 – 32(b)所示</td><td>【附着】为“插入点”,如图 5 – 33(b)所示</td></tr>
<tr><td colspan="5">④单击【确定】按钮,返回【多重引线样式管理器】对话框,在如图 5 – 31 所示【样式】列表框中显示新建的引线样式(“带箭头”“无箭头”“小点”“几何公差框格”或“基准符号”);单击【关闭】按钮</td></tr>
</table>

提示　设置“基准符号”引线样式时,在如图 5 – 33(b)所示【附着】下拉列表中有两个选项。

(1)选择“插入点”选项时,标注“基准符号”后分解,其连线端点将在方框中心,需编辑。

(2)对于水平放置的“基准符号”,选择“中心范围”选项,标注后分解,不需编辑。

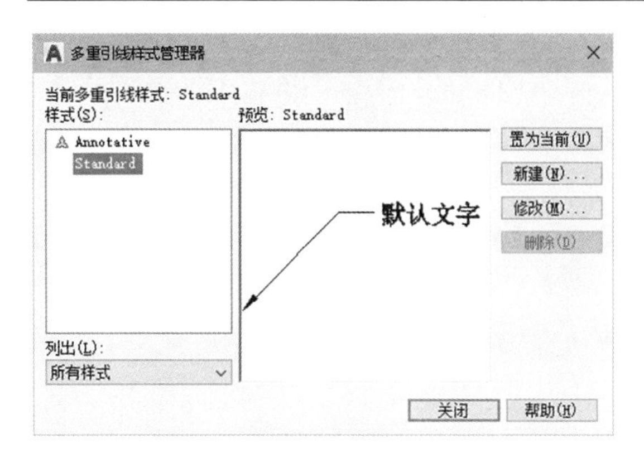

图5－28　【多重引线样式管理器】对话框

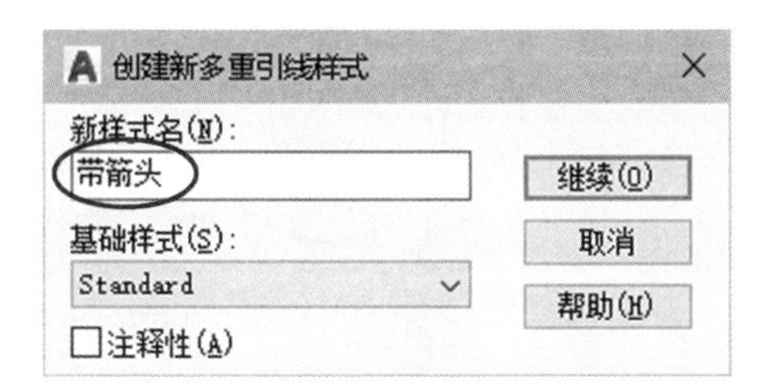

图5－29　【创建新多重引线样式】对话框

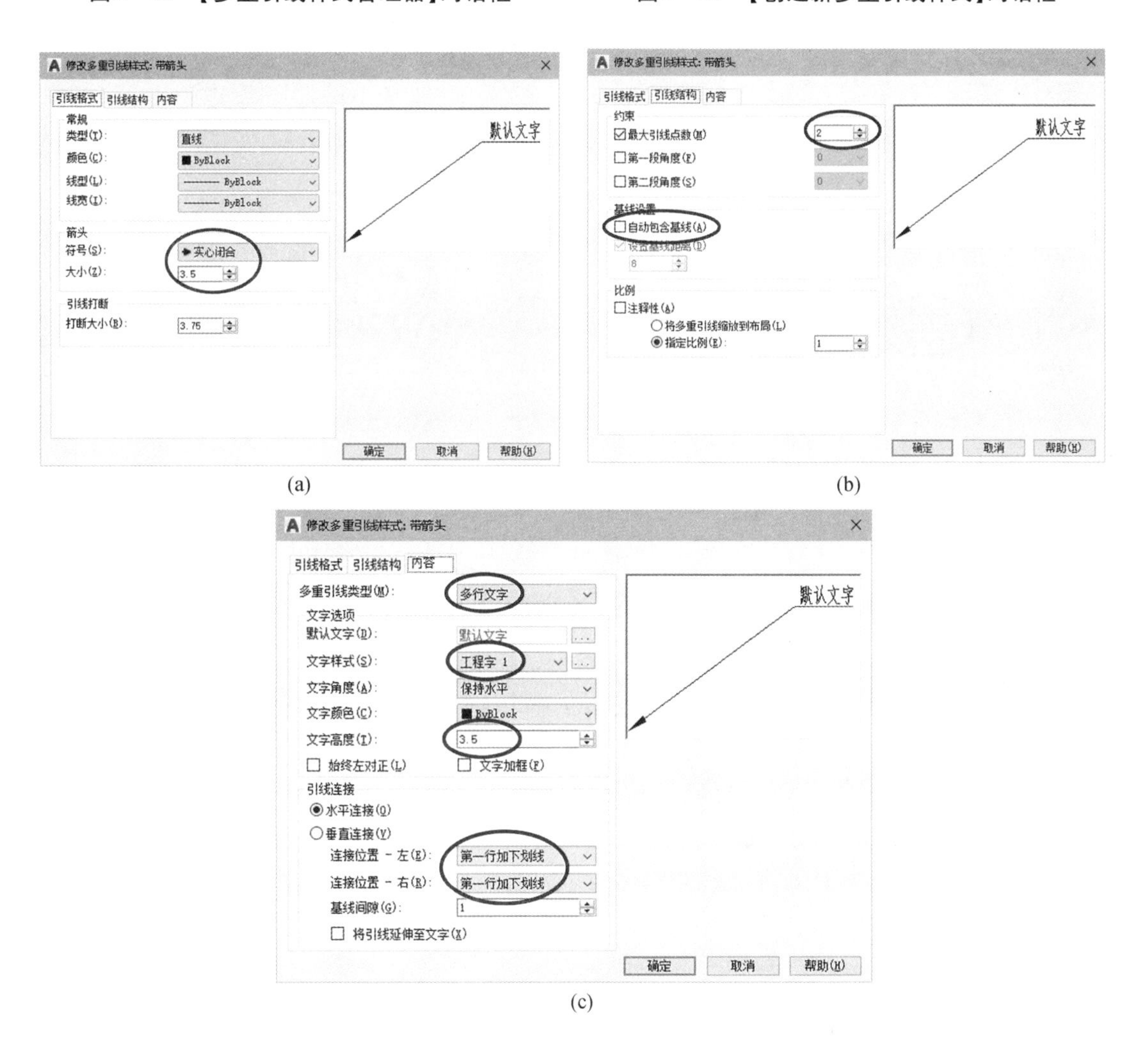

图5－30　设置“带箭头”引线样式

注意　如果字高为3.5，则几何公差框格和基准符号方框的高度为7。

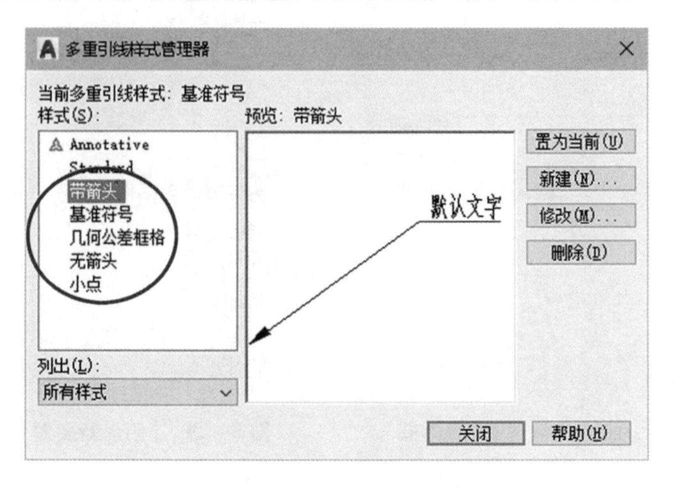

图5-31　设置常用的引线样式

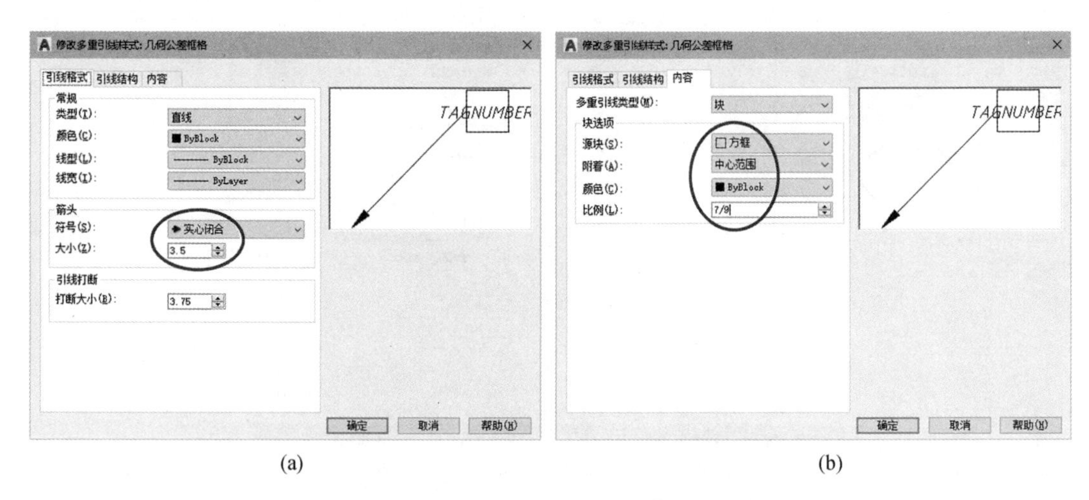

(a)　　(b)

图5-32　设置"几何公差框格"引线样式

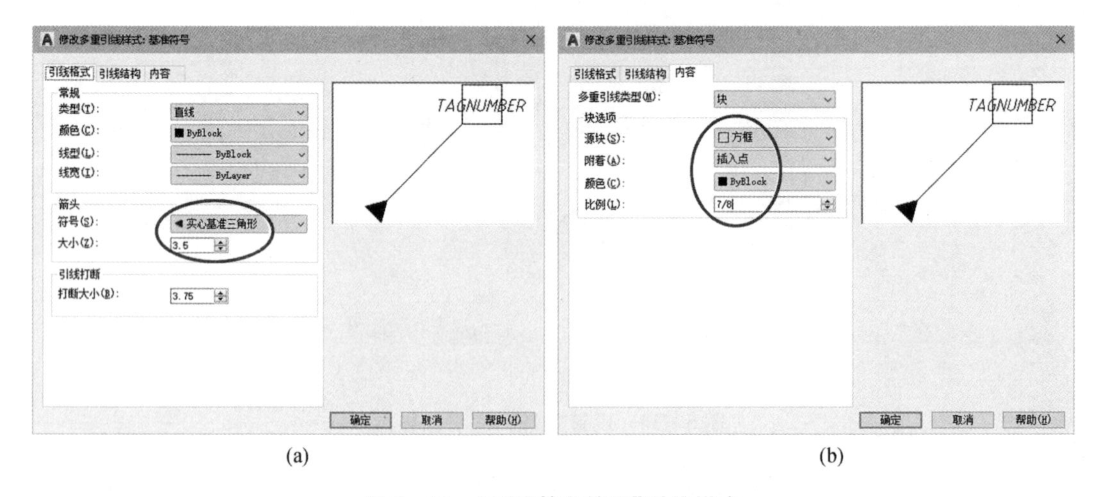

(a)　　(b)

图5-33　设置"基准符号"引线样式

表 5 - 11　“设置多重引线标注样式”和“创建多重引线标注”命令方式

命令方式	设置多重引线标注样式	创建多重引线标注
命令	MLEADERSTYLE(简写 MLS)	MLEADER(简写 MLD)
功能区	【默认】→【注释】→【多重引线样式】	【默认】→【注释】→【引线】
	【注释】→【引线】→【对话框启动器】	【注释】→【引线】→【引线】
菜单	【格式】→【多重引线样式】	【标注】→【多重引线】
工具栏	【多重引线】或【样式】→	【多重引线】→

例 5 - 8　创建如图 5 - 34 所示引线标注。

第 1 步　按表 5 - 10 设置“无箭头”引线样式,将其置为当前。

第 2 步　选择功能区“【默认】→【注释】→【引线】”按钮,命令行提示如下:

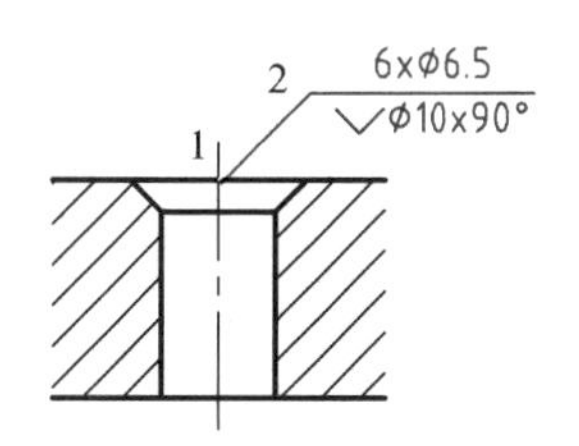

图 5 - 34　引线标注示例

指定引线箭头的位置或[引线基线优先(L)/内容优先(C)/选项(O)]<选项>:**捕捉交点 1**

指定引线基线的位置:**拾取点 2**　　　　//极轴追踪 45°线

第 3 步　出现【文字编辑器】上下文选项卡,按如图 5 - 34 所示尺寸输入两行文字,选择两行文字,单击【A对正】按钮,选择【正中 MC】选项,在图形区单击左键,结果如图 5 - 34 所示。

7. 圆心标记和折弯标注

“圆心标记”和“折弯标注”的命令方式,见表 5 - 12。

表 5 - 12　“圆心标记”和“折弯标注”的命令方式

命令方式	圆心标记	折弯标注
	创建圆和圆弧的圆心标记(图 5 - 35)或小尺寸圆和圆弧的中心线	用于为大圆弧创建折弯标注,如图 5 - 36 所示
命令	DIMCENTER(DCE)	DIMJOGGED
功能区		【默认】→【注释】→【折弯】
菜单	【标注】→【圆心标记】	【标注】→【折弯】
工具栏	【标注】→	【标注】→

例 5 - 9　创建如图 5 - 36 所示折弯标注。

命令:**_dimjogged**　　　　//选择功能区“【默认】→【注释】→【折弯】”按钮

选择圆弧或圆:**拾取圆弧**

指定图示中心位置：**在点画线上拾取一点**
标注文字 = 80　　　　　　　　　　　　//自动提示大圆弧的半径
指定尺寸线位置或 [多行文字(M)/文字(T)/角度(A)]：**在 R80 处拾取一点**　//确定尺寸线位置
指定折弯位置：**在圆弧和圆心的中点拾取一点**

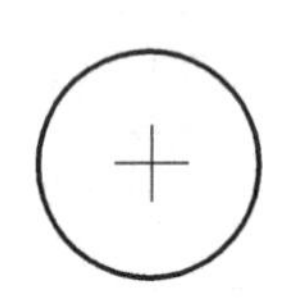

图 5 - 35　圆心标记示例

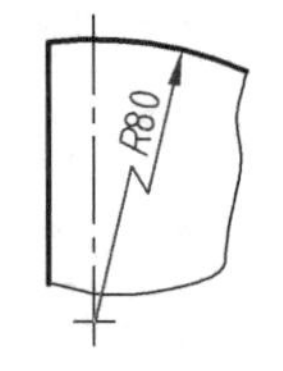

图 5 - 36　折弯标注示例

5.2.3　标注尺寸公差和几何公差

尺寸公差和几何公差是机械零件图中很重要的两项内容，下面介绍标注尺寸公差和几何公差的方法和步骤。

1. 标注尺寸公差

在 AutoCAD 中，常用如下两种方法标注尺寸公差：一是直接用文字“堆叠”标注方法(常用)，参见表 5 - 5；二是“样式替代”标注方法。

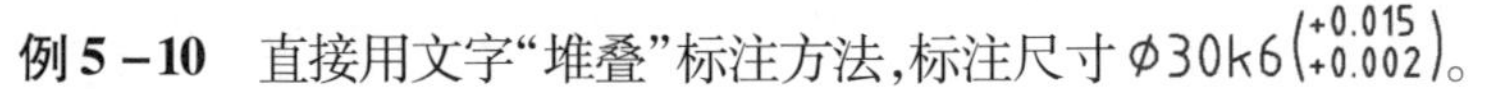

例 5 - 10　直接用文字“堆叠”标注方法，标注尺寸 $\phi30k6\left(^{+0.015}_{+0.002}\right)$。

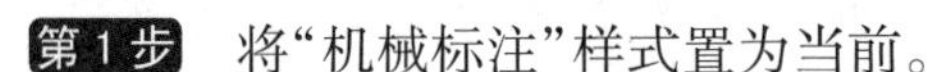

第 1 步　将“机械标注”样式置为当前。

第 2 步　选择功能区“【默认】→【注释】→【线性】”按钮，按命令行提示操作：

命令：**_dimlinear**
指定第一条尺寸界线原点或 <选择对象>：**拾取第一条尺寸界线的起点**
指定第二条尺寸界线原点：**拾取第二条尺寸界线的起点**
指定尺寸线位置或[多行文字(M)/文字(T)/角度(A)/水平(H)/垂直(V)/旋转(R)]：**m**↙

第 3 步　出现【文字编辑器】上下文选项卡：①在文字输入框中显示自动测量的尺寸数值，删掉其值而输入新尺寸为“%%c30k6(+0.015^+0.002)”；②选择“ +0.015^+0.002”，然后单击【堆叠】按钮标注；③选择括号“(”，在“文字高度”列表框中输入 5 且按 Enter 键；④选择括号“)”，选择字高为 5；⑤在图形区单击，在尺寸适当位置拾取一点。

例 5 - 11　用临时“样式替代”标注方法，标注尺寸 $\phi30^{+0.040}_{+0.021}$。

第 1 步　设置“样式替代”：按如图 5 - 19(b)所示设置“样式替代”的【公差】选项卡。

第 2 步　“样式替代”置为当前：选择如图 5 - 23 所示“ <样式替代>”样式，单击【置为当前】按钮，单击【关闭】按钮。

第 3 步　标注带公差的尺寸：选择功能区“【默认】→【注释】→【线性】”按钮标注尺寸，按命令行提示操作：

命令：**_dimlinear**
指定第一条尺寸界线原点或 <选择对象>：//指定第一条尺寸界线的起点
指定第二条尺寸界线原点：　　　　　　　//指定第二条尺寸界线的起点

指定尺寸线位置或[多行文字(M)/文字(T)/角度(A)/水平(H)/垂直(V)/旋转(R)]:**t**↙
输入标注文字 <30>:**%%C < >**↙　　//"< >"表示自动测量值,"%%C"为前缀

注意　要在非圆视图上标注带公差的直径尺寸,设置临时"样式替代"时需在【主单位】选项卡的【前缀】文本框中输入"%%c",标注后将自动在尺寸前注写"ϕ"符号。

2. 标注几何公差

参见 2.8 节所述,几何公差的标注包括带引线的几何公差框格和基准符号,如图 5－37 所示。

在 AutoCAD 中,标注几何公差方式如下:

(1)标注几何公差框格

①方式 1(推荐):用表 5－10 设置的"几何公差框格"引线样式,选择功能区"【默认】→【注释】→【引线】"按钮,标注几何公差框格第一格;然后编辑完成几何公差框格,其中"垂直度"等几何特征符号可用多行文字输入如图 5－11(a)所示字符。

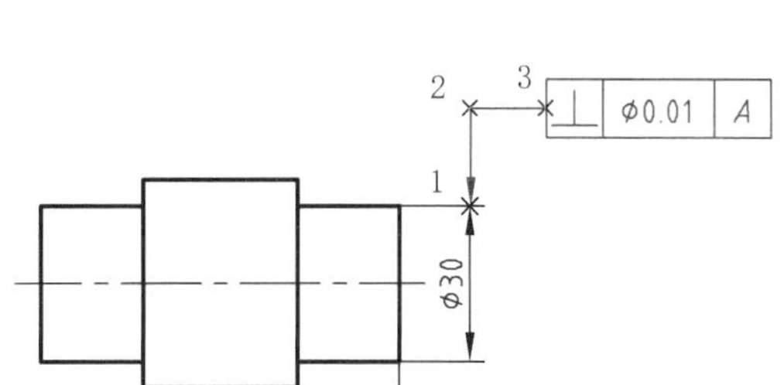

图 5－37　几何公差标注示例

②方式 2(结果不规范):AutoCAD 提供表 5－13 中 QLEADER 命令或 TOLERANCE 命令可标注几何公差框格,但存在如下 3 个问题:一是框格第一格不是正方形;二是不能编辑为"工程字 1"和"工程字 2"两种字体;三是框格内"ϕ"等符号与"工程字 1"字体不一致。

表 5－13　标注几何公差的命令方式

命令方式	带引线标注	不带引线标注
	标注带引线的几何公差框格	标注不带引线的几何公差框格
命令	QLEADER(简写 LE)	TOLERANCE(简写 TOL)
功能区		【注释】→【标注】→【公差】
菜单		【标注】→【公差】
工具栏		【标注】→

用方式 2 中的 QLEADER 命令标注几何公差框格,操作如下:

命令:**LE**↙　　//执行 QLEADER 命令
指定第一个引线点或[设置(S)]<设置>:↙　　//弹出【引线设置】对话框,将【注释】选项卡的【注释类型】设置为【公差】,如图 5－38(a)所示;【引线和箭头】选项卡为默认设置,如图 5－38(b)所示;单击【确定】按钮,返回命令行提示
指定第一个引线点或[设置(S)]<设置>:**捕捉点 1**　　//如图 5－37 所示
指定下一点:**捕捉点 2**

指定下一点:**拾取点 3** //弹出如图 5－39(a)所示【形位公差】对话框,单击【符号】选项下的小黑框;弹出如图 5－39(b)所示【特征符号】对话框,在【公差 1】文本框中输入公差值,单击其文本框前小黑框可插入“ϕ”符号,在【基准 1】文本框中输入字母 A;单击【确定】按钮

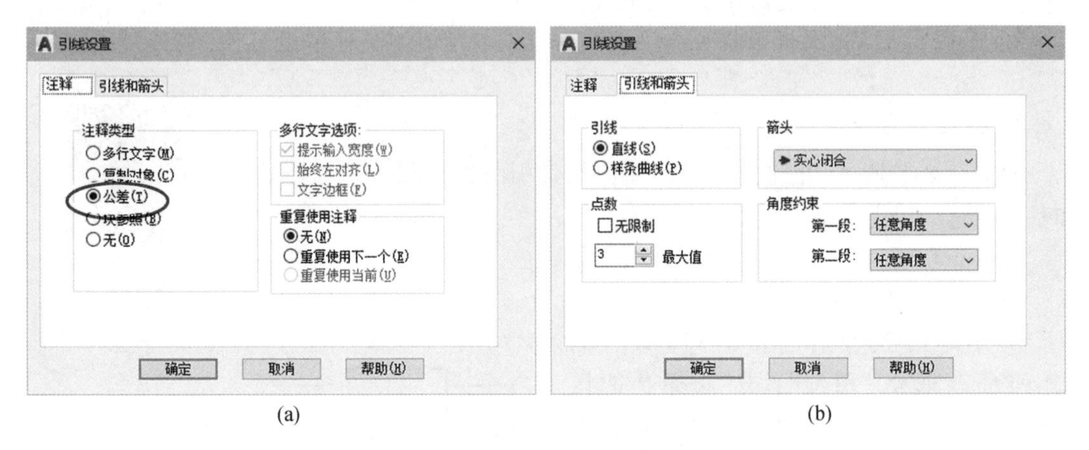

(a) (b)

图 5－38 【引线设置】对话框

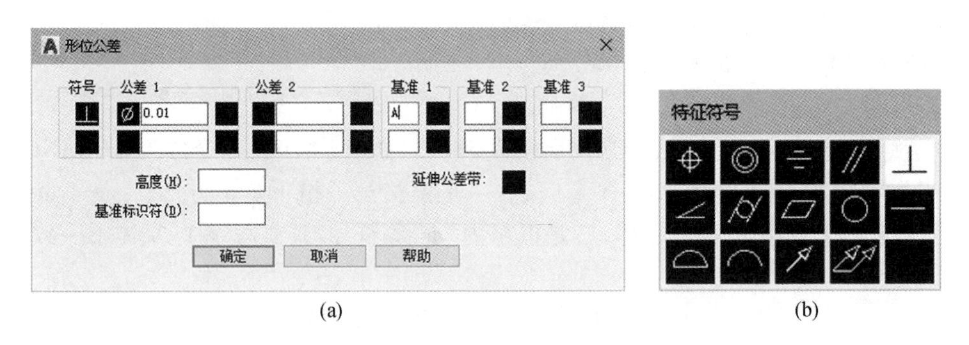

(a) (b)

图 5－39 【形位公差】对话框

注意 QLEADER(简写 LE)命令,可标注各种端部的引线(无箭头、带箭头或小点)。

(2)标注基准符号

①方式 1:用表 5－10 设置的“基准符号”引线样式,选择功能区“【默认】→【注释】→【引线】”按钮标注,然后用 MOVE 命令移动其正方形,完成如图 5－37 所示基准符号。

②方式 2:创建“基准符号”块,然后插入图块,详见例 6－2。

例 5－12 在如图 5－37 所示图形中标注几何公差。

第 1 步 设置文字样式和尺寸标注样式:将“5 文字和尺寸”层置为当前;将“机械标注”尺寸标注样式置为当前。

第 2 步 标注几何公差框格:①将表 5－10 和图 5－31 所示“几何公差框格”引线样式置为当前;②选择功能区“【默认】→【注释】→【引线】”按钮,指定点 1、点 2 和点 3,弹出【编辑属性】对话框,单击【确定】按钮,标注几何公差框格第一格,如图 5－40(a)所示;③分解已标注的块;④用复制、夹点编辑等操作完成框格,如图 5－40(b)所示;⑤双击编辑字母 *A*

的字高为3.5(斜体“工程字2”文字样式);⑥执行“多行文字”命令,标注文字 ϕ0.01 和图5-11(a)所示“垂直度”符号(正体“工程字1”文字样式),结果如图5-40(c)和图5-37所示。

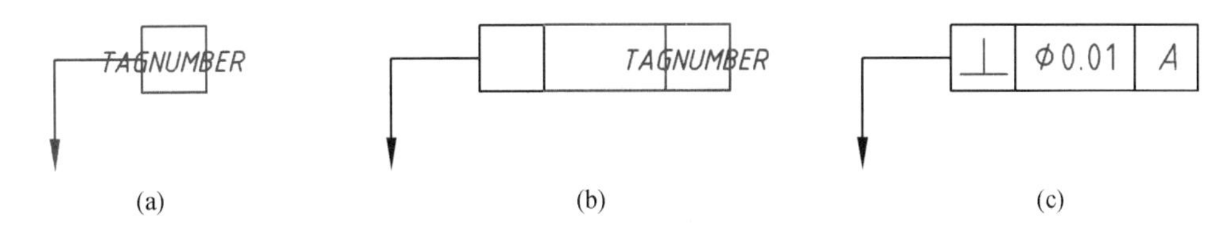

图5-40　标注几何公差框格

(a)引线标注;(b)编辑框格;(c)标注字符和文字

第3步　标注基准符号:①将表5-10和图5-31所示“基准符号”引线样式置为当前;②选择功能区“【默认】→【注释】→【引线】”按钮,标注基准符号;③分解已标注的块;④编辑字母 *A* 的字高为3.5(斜体“工程字2”文字样式)。

5.2.4　修改尺寸和公差

尺寸标注后,可根据需要编辑修改尺寸和公差。例如,调整尺寸文字内容、尺寸文字位置、尺寸线位置、翻转箭头和重新选择标注样式等。

1. 双击修改尺寸的文字内容

双击尺寸(即执行 TEXTEDIT 命令),出现【文字编辑器】上下文选项卡,在文字输入框中输入新的尺寸,在图形区单击,完成修改尺寸标注的文字。

例5-13　将如图5-41(a)所示 ϕ30 和 ϕ40 修改为如图5-41(b)所示带尺寸公差的尺寸。

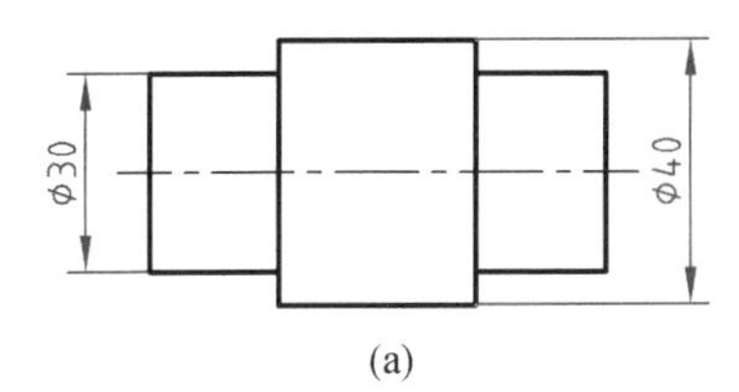

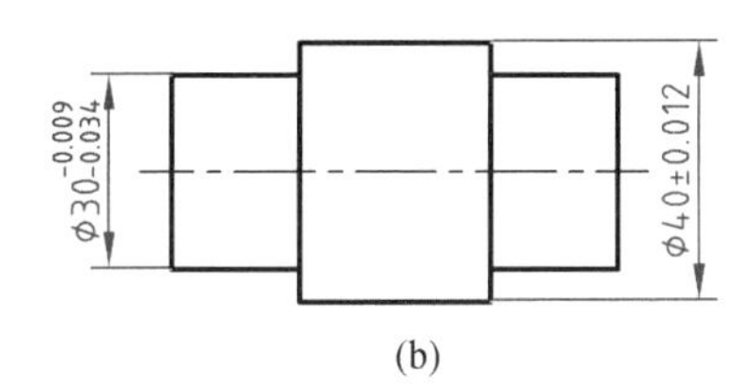

图5-41　修改标注尺寸的文字内容

(a)修改前;(b)修改后

(1)修改尺寸 ϕ30(参见表5-5),操作如下:

第1步　双击如图5-41(a)所示尺寸 ϕ30。

第2步　出现【文字编辑器】上下文选项卡,在文字输入框中输入“%%c30 -0.009^-0.034”,再选择“ -0.009^-0.034”,然后单击【堆叠】按钮,在图形区单击,结果如图5-41(b)所示。

(2)修改尺寸 ϕ40,操作如下:

第1步　双击如图5-41(a)所示尺寸 ϕ40。

第2步　出现【文字编辑器】上下文选项卡,在文字输入框中默认尺寸后输入“%%p 0.012”,然后单击【堆叠】按钮,在图形区单击,结果如图5-41(b)所示。

2. 编辑标注和编辑标注文字

“编辑标注”和“编辑标注文字”的命令方式,见表 5－14。

表 5－14　“编辑标注”和“编辑标注文字”命令方式

命令方式	编辑标注	编辑标注文字
	编辑标注文字内容和尺寸界线(图 5－42)	移动、旋转标注文字,调整尺寸位置(图 5－43)
命令	DIMEDIT(简写 DED)	DIMTEDIT(简写 DIMTED)
功能区	【注释】→【标注】→【倾斜】	【注释】→【标注】→【居中对正】/【左对正】/【右对正】/【文字角度】
菜单	【标注】→【倾斜】	【标注】→【对齐文字】→【居中】/【左】/【右】/【角度】
工具栏	【标注】→	【标注】→

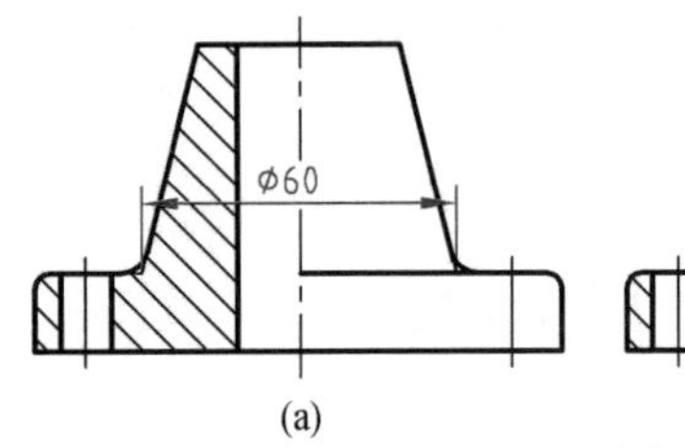

(a)

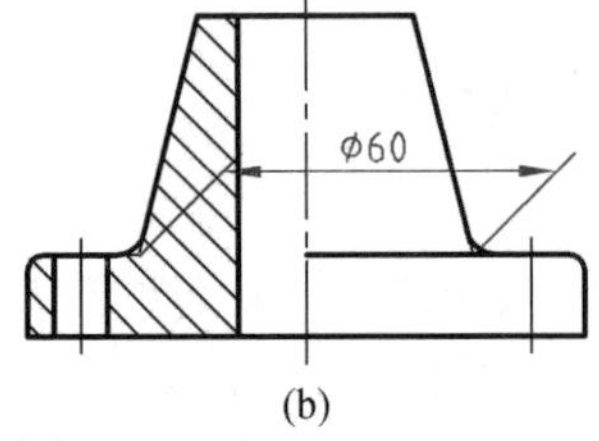

(b)

图 5－42　“编辑标注”命令修改标注尺寸的尺寸界线

(a)修改前;(b)修改后

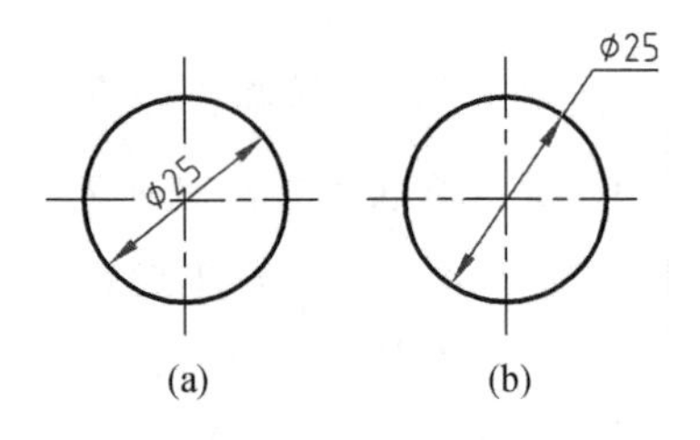

(a)　(b)

图 5－43　调整尺寸位置

(a)调整前;(b)调整后

例 5－14　将如图 5－42(a)所示尺寸 ϕ60 编辑为倾斜标注,结果如图 5－42(b)所示。

命令: **_dimedit**　　//选择功能区“【注释】→【标注】→【倾斜】”按钮

选择对象: **拾取尺寸 ϕ60** ↙　　//如图 5－42(a)所示

输入倾斜角度(按 ENTER 表示无):**45** ↙　　//结果如图 5－42(b)所示

例 5－15　将如图 5－43(a)所示尺寸 ϕ25 编辑为引出标注,结果如图 5－43(b)所示。

第 1 步　选择如图 5－43(a)所示尺寸 ϕ25。

第 2 步　拾取尺寸数字夹点且拖动至圆外,即可调整尺寸 ϕ25 如图 5－43(b)所示位置。

3. 用夹点编辑尺寸

选择已标注尺寸,用夹点编辑菜单,可快速编辑尺寸,如图 5－44 所示。光标在其尺寸文字处悬停,夹点菜单如图 5－44(a)所示;光标在其尺寸箭头处悬停,夹点菜单如图 5－44(b)所示(菜单项与所选对象有关)。例如,用【翻转箭头】选项可将靠近所选择点一侧的尺寸箭头翻转。

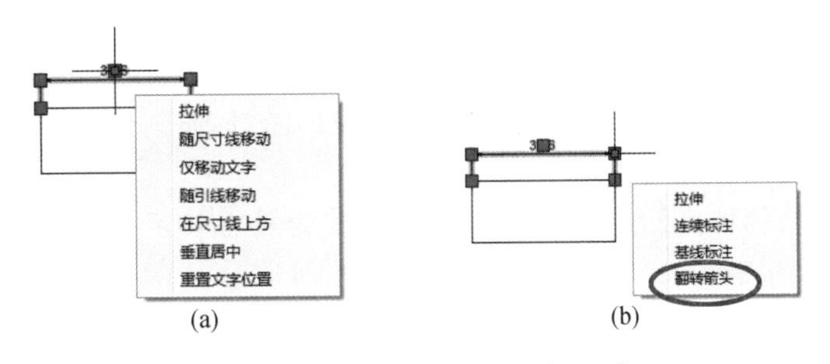

(a)　(b)

图 5 – 44　夹点编辑菜单编辑尺寸

(a)尺寸文字处夹点菜单;(b)尺寸线箭头处夹点菜单

4. 用【特性】选项板修改尺寸

通过【特性】选项板,可查看和修改尺寸的所有特性内容,如图 5 – 45 所示。

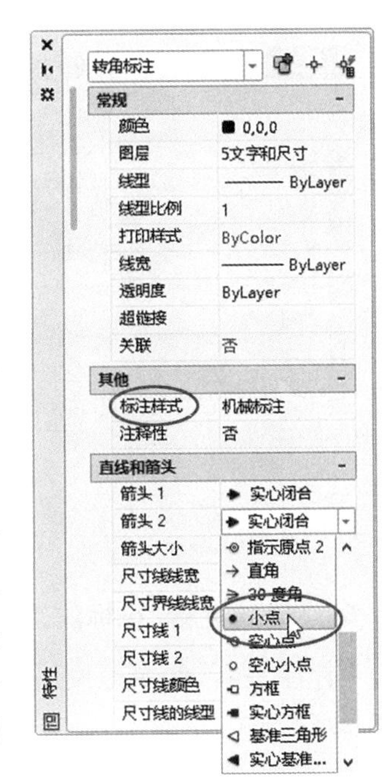

图 5 – 45　改变尺寸箭头形式

例 5 – 16　对如图 5 – 46(a)所示图形标注小尺寸,结果如图 5 – 46(c)所示。

第 1 步　标注尺寸:①选择功能区"【默认】→【注释】→【线性】"按钮,标注线性尺寸 5;②选择功能区"【注释】→【标注】→【连续】"按钮,连续标注尺寸 3 和 4,如图 5 – 46(b)所示。

第 2 步　改变尺寸的箭头形式:选择功能区"【视图】→【选项板】→【特性】"按钮,弹出如图 5 – 45 所示【特性】选项板,①选择尺寸 3,分别在【箭头 1】和【箭头 2】的下拉列表中改变箭头形式为"小点",按 Esc 键;②选择尺寸 5,在【箭头 2】的下拉列表中改变箭头形式为"无",按 Esc 键(尺寸 5 左侧箭头自动翻转在尺寸界线内,还需翻转箭头);③选择尺寸 4,在【箭头 1】的下拉列表中改变箭头形式为"无",按 Esc 键(尺寸 4 右侧箭头自动翻转在尺寸界线内,还需翻转箭头)。

第 3 步　将两侧箭头翻转在尺寸界线外:①选择尺寸 5;②将光标悬停在要翻转箭头处夹点;③弹出如图 5 – 46(c)所示编辑选项菜单,选择【翻转箭头】选项,尺寸 5 左侧箭头向外翻转。同样方法,再将尺寸 4 右侧箭头翻转。

第 4 步　调整尺寸数字为居中:选择功能区"【注释】→【标注】→【居中对正】"按钮,调整尺寸数字的位置,结果如图 5 – 46(c)所示。

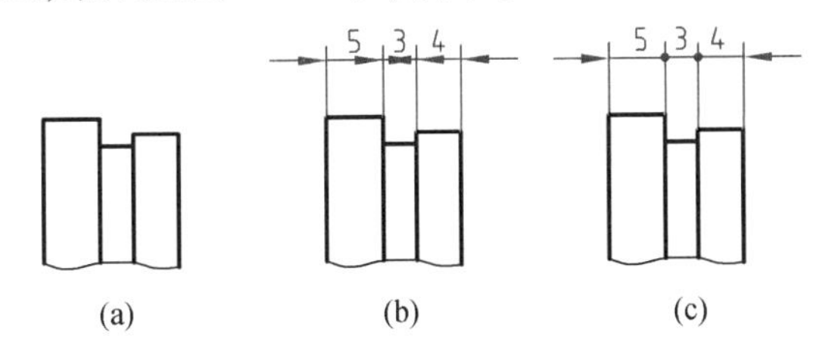

图 5 – 46　小尺寸标注

(a)标注前;(b)标注编辑前;(c)标注编辑后

5. 用【快捷特性】选项板修改尺寸

用【快捷特性】选项板可以显示和修改所选对象的特性,常用于快速修改文字内容、字高、尺寸标注样式和尺寸文字等。

例5-17　用【快捷特性】选项板,将尺寸90修改为尺寸40。

第1步　选择尺寸90。

第2步　在状态栏上单击"快捷特性"按钮,弹出如图5-47(a)所示【快捷特性】选项板。

第3步　在【快捷特性】选项板的【文字替代】文本框中输入修改后的尺寸40,如图5-47(b)所示。

第4步　关闭【快捷特性】选项板,按Esc键,即完成尺寸修改。

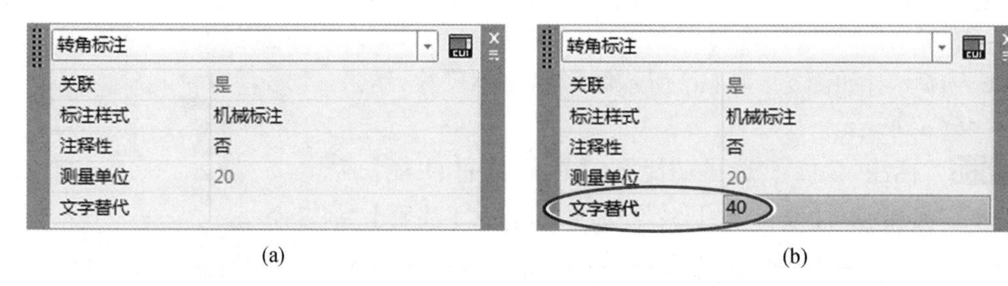

图5-47　用【快捷特性】选项板修改尺寸

(a)修改前;(b)修改后

6. "标注更新"已标注尺寸标注样式

"标注更新"命令是用当前尺寸标注样式更新图形中已标注尺寸。

命令方式:

◎ 命令:_DIMSTYLE

◎ 功能区:【注释】→【标注】→【更新】

◎ 菜单:【标注】→【更新】

◎ 工具栏:【标注】→

操作:执行"标注更新"命令,按命令行提示操作:

输入标注样式选项
[注释性(AN)/保存(S)/恢复(R)/状态(ST)/变量(V)/应用(A)/?] <恢复>: **a**↙
选择对象: **拾取尺寸**↙　　　　//选择所有要更新的尺寸

注意　采用菜单方式或工具栏方式执行"标注更新"命令时,将默认选择"应用(A)"选项。

7. 调整间距和打断标注

"调整间距标注"和"打断标注"的命令方式,见表5-15。

表 5－15　“调整间距标注”和“打断标注”的命令方式

	调整间距标注	打断标注
命令方式	调整线性标注或角度标注之间的间距为相等定值	在标注或延伸线与其他对象的相交处打断或恢复标注和延伸线
命令	DIMSPACE	DIMALIGNED(简写 DAL)
功能区	【注释】→【标注】→【调整间距】	【注释】→【标注】→【打断】
菜单	【标注】→【标注间距】	【标注】→【标注打断】
工具栏	【标注】→	【标注】→

例 5－18　调整如图 5－48(a)所示 3 个尺寸为等距尺寸，且将尺寸 27 ±0.25 打断，结果如图 5－48(b)所示。

(1)调整如图 5－48(a)所示各尺寸为等距尺寸：

命令：**_DIMSPACE**　　//选择功能区“【注释】→【标注】→【调整间距】”按钮

选择基准标注：**拾取尺寸 M14 ×1.5**

选择要产生间距的标注：**拾取尺寸 ϕ23**

选择要产生间距的标注：**拾取尺寸 27 ±0.25**

选择要产生间距的标注：↙

输入值或［自动(A)］＜自动＞：**6**↙　　//若直接按 Enter 键，则间距值为基准标注所用标注样式字高的 2 倍(M14 ×1.5 的字高为 3.5，其间距值即为 7)

(2)打断如图 5－48(a)所示尺寸 27 ±0.25：

命令：**_DIMBREAK**　　//选择功能区“【注释】→【标注】→【打断】”按钮

选择要添加/删除折断的标注或［多个(M)］：**拾取尺寸 27 ±0.25**

选择要折断标注的对象或［自动(A)/手动(M)/删除(R)］＜自动＞：**拾取尺寸 ϕ23**

选择要折断标注的对象：**拾取尺寸 M14 ×1.5**

选择要折断标注的对象：↙　　//结果如图 5－48(b)所示

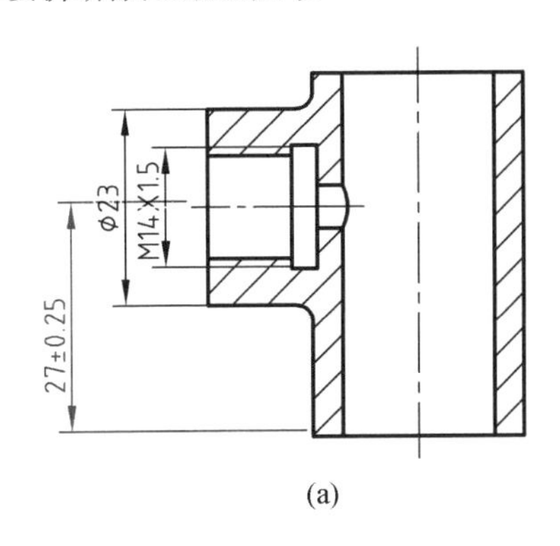

(a)

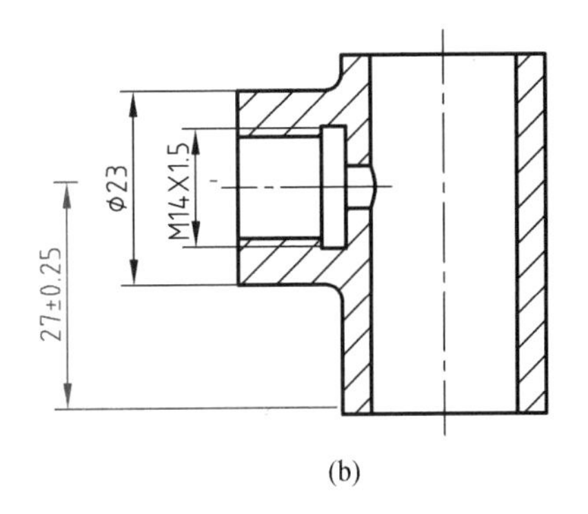

(b)

图 5－48　调整间距标注和打断标注示例

(a)修改前；(b)修改后

上机指导和练习

【目的】

1. 掌握设置文字样式和尺寸标注样式。
2. 熟练采用不同文字样式标注文字和编辑文字。
3. 掌握尺寸标注、尺寸公差和几何公差的标注及其编辑方法。

【练习】

1. 用 STYLE 命令设置符合国家标准规定的“工程字 1”文字样式,参见例 5 - 1。
2. 采用“工程字 1”样式,用 TEXT 命令输入单行文字,其字高为 3.5。
3. 采用“工程字 1”样式,用 MTEXT 命令输入如图 5 - 49 所示多行文字,A3 图幅的字高可参见表 2 - 3。

技术要求
1. 旋向:右旋;
2. 有效圈数 n=8;
3. 总圈数 n_1=10.5;
4. 展开长度 L=1225;
5. 热处理硬度45HRC~52HRC。

图 5 - 49　多行文字输入练习

提示　要输入字符“ ~ ”,可通过中文输入法的【软键盘】输入,选择【标点符号】中其字符。

4. 标注如图 5 - 50 所示图形的尺寸。

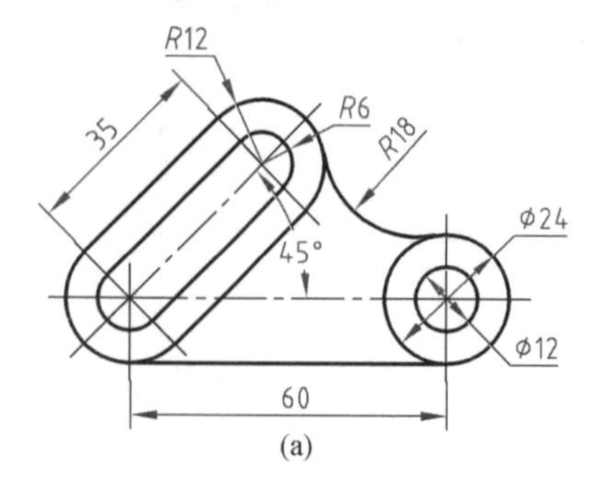

(a)

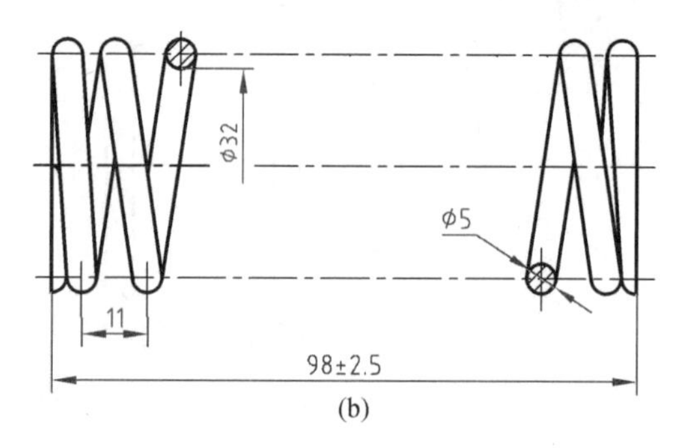

(b)

图 5 - 50　尺寸标注练习

提示　要标注如图 5－50(b)所示尺寸 $\phi32$，先单击 ⊢⊣ 按钮标注线性尺寸 $\phi32$，再选择尺寸 $\phi32$，然后利用【特性】选项板的【直线和箭头】选项列表将其【尺寸线 1】和【尺寸界线 1】修改为“关”(或将【尺寸线 2】和【尺寸界线 2】修改为“关”)。

5. 标注如图 5－51 所示图形的尺寸公差和几何公差。

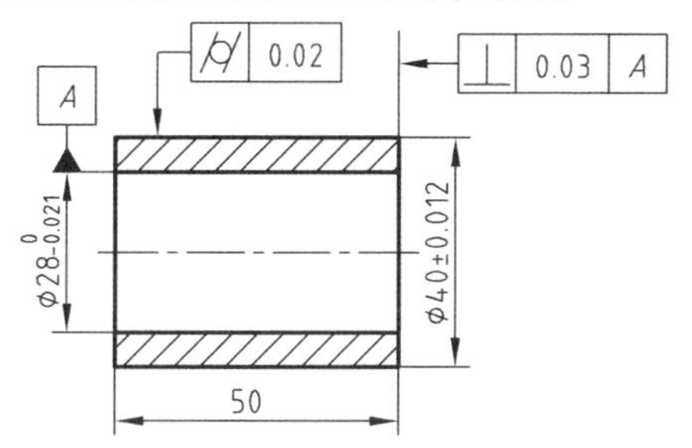

图 5－51　尺寸公差和几何公差标注练习

6. 标注如图 5－52 所示综合练习图形的文字和尺寸。

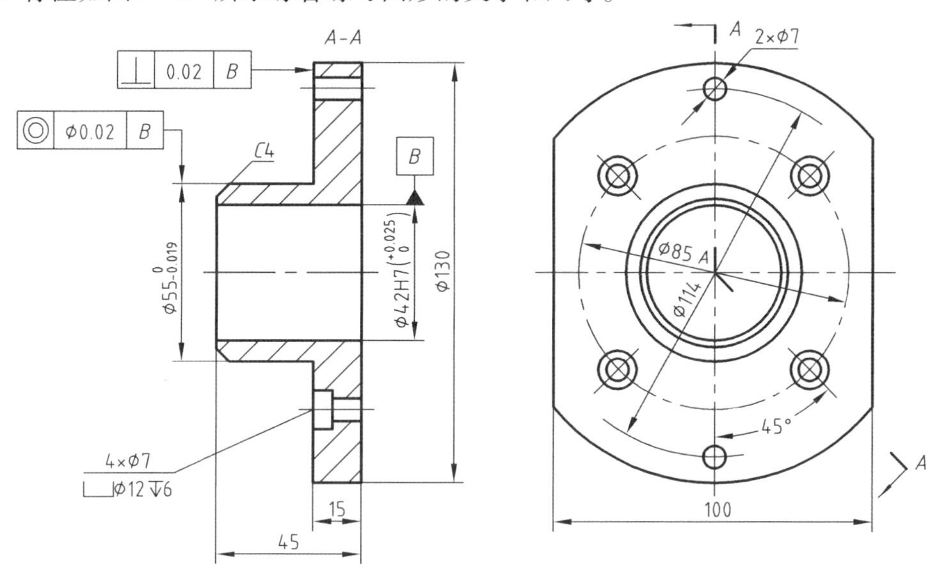

图 5－52　综合练习

提示　关于尺寸标注，提示如下：

(1) 用“堆叠”功能，标注带公差尺寸 $\phi55\,^{0}_{-0.019}$ 和 $\phi42H7(^{+0.025}_{0})$。

(2) 用“多重引线”命令标注尺寸 $C4$、4×ϕ7 ⌴ϕ12↧6 和几何公差，参见表 5－11、例 5－3 和例 5－12。

第 6 章　图块、设计中心和工具选项板

为提高绘图效率，AutoCAD 提供了图块、设计中心和工具选项板的功能。对常用的图形及文字（相同或者相似）可创建图块（简称块）而避免重复绘制；通过设计中心可在当前图形文件添加其他图形文件中已设置的图层、线型、文字样式、标注样式和块等内容；利用工具选项板可方便地将块定义插入到当前图形中。三者联用，可在工具选项板上自定义新的内容。

6.1　图　　块

图块是一种命名的子图形，即由多个对象及其属性组合且被赋予名称的一个独立的整体，包括图形对象、不变文字（即常量属性）和可变文字（即变量属性）。本书所介绍的图块属性是指变量属性，对于不变文字按图形对象处理。例如，如图 6－1 所示表面结构代号图块及其属性，其有关信息将保存在其图形文件中；用户需要时，将图块以基点插入到指定坐标位置，如图 6－2 所示。

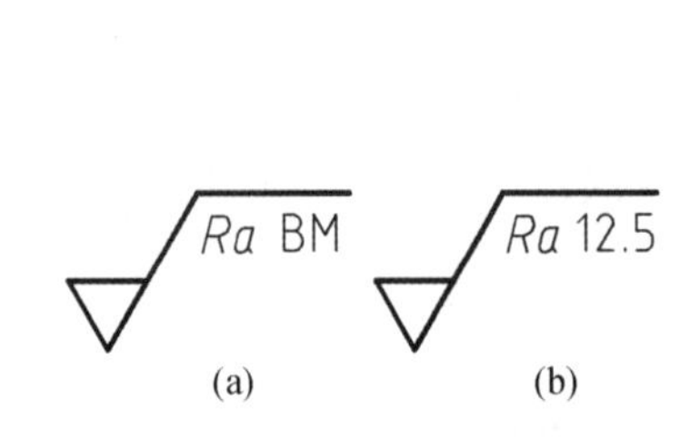

图 6－1　表面结构代号图块

（a）插入前；（b）插入后

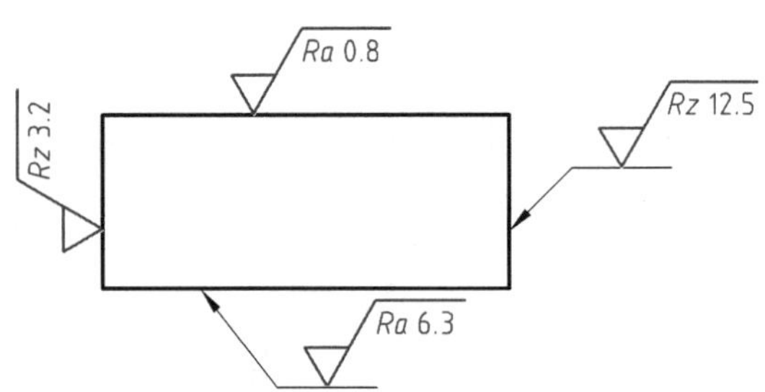

图 6－2　插入图块的图形

创建图块和插入图块，操作如下：

（1）绘制图形：绘制图形，其中包括标注不变文字。

（2）定义属性：用 ATTDEF 命令定义属性（可变文字）。如果所要创建的图块无可变文字，则省略此步骤，直接进行下一步操作。

（3）创建图块：用 WBLOCK 命令创建一个新图形文件，或用 BLOCK 命令创建一个块定义。

（4）插入图块：用 INSERT 命令插入图块。

6.1.1　创建图块

创建图块有两种情况：一是图块无可变文字，直接用 WBLOCK 命令或 BLOCK 命令创建

图块；二是图块有可变文字，在创建图块之前要先定义块的属性（可变文字）。

1. 定义属性

块属性是属于图块的可变文字信息，可看作各属性值的样板。定义的属性标记显示在图形中，如图6－1（a）所示“BM”。插入带属性块时，在【编辑属性】对话框中输入属性值，图块插入后其属性以属性值显示，如图6－2所示“*Ra* 0.8”和“*Ra* 6.3”。

命令方式：

◎ 命令：ATTDEF（简写ATT）

◎ 功能区：【默认】→【块】→【定义属性】

◎ 功能区：【插入】→【块定义】→【定义属性】

◎ 菜单：【绘图】→【块】→【定义属性】

操作：执行ATTDEF命令，弹出【属性定义】对话框，创建块属性，如图6－3所示。

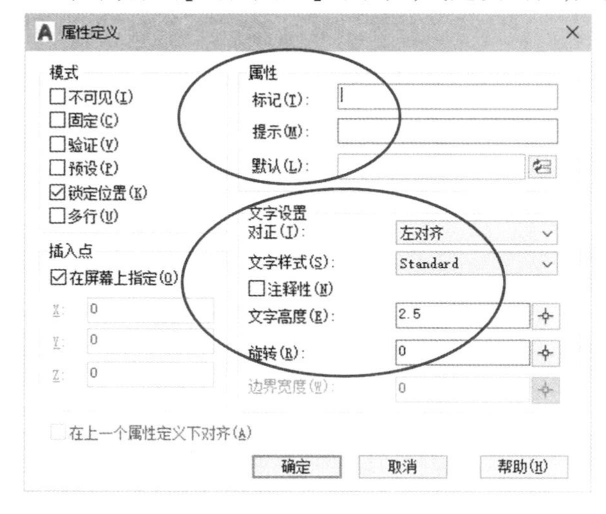

图6－3　【属性定义】对话框

各选项含义：

（1）【属性】选项区：在【标记】文本框输入属性的标记，在【提示】文本框输入属性操作提示，在【默认】文本框输入属性默认值；插入图块时将显示在【编辑属性】对话框中。

（2）【插入点】选项区：默认勾选【在屏幕上指定】复选框，按命令行提示在图形区拾取一点作为插入点。

（3）【文字设置】选项区：默认选择【对正】下拉列表框“左对齐”对正方式；【文字样式】下拉列表框用于设置属性文字的样式；【文字高度】文本框用于设置属性文字的高度；【旋转】文本框用于设置属性文字的旋转角度。

说明　在【标记】文本框中不论输入大写或小写字母，属性标记均显示为大写字母。

提示　表面结构代号的参数分为两部分，如“*Ra* 0.8”。依据国家标准，其*Ra*或*Rz*应为斜体，参数值（如0.8）应为正体；而在设置图块的属性时文字只能是正体或斜体。因此，*Ra* 0.8不能设置为一个属性而应分为两个属性进行设置，详见表6－4和表6－5所示。

注意　在创建图块之前,执行 ATTDEF 命令的次数与属性个数相同;也可执行一次 ATTDEF 命令定义属性,复制其属性后修改为所需属性值,其复制次数由属性个数决定。

提示　对创建“技术要求”等多属性块,应按内容4,3,2和1的顺序定义属性,结果在插入块时弹出【编辑属性】对话框中将按内容1,2,3和4自上而下排列属性。

2. 创建图块

创建图块有“块定义”和“写块”两个命令,其命令方式见表6-1。

表6-1　“块定义”和“写块”的命令方式

	块定义	写　块
命令方式	将选定对象创建一个块定义,保存在当前图形文件中;也可通过设计中心或工具选项板在其他图形文件中调用该图块	将选定对象创建成图块且保存为一个新的图形文件(*.dwg),任意其他图形文件中都可插入该图块
命令	BLOCK(简写B)	WBLOCK(简写W)
功能区	【默认】→【块】→【创建】	【插入】→【块定义】→【写块】
	【插入】→【块定义】→【创建】	
菜单	【绘图】→【块】→【创建】	
工具栏	【绘图】→	
对话框	如图6-4(a)所示【块定义】	如图6-4(b)所示【写块】

(a)

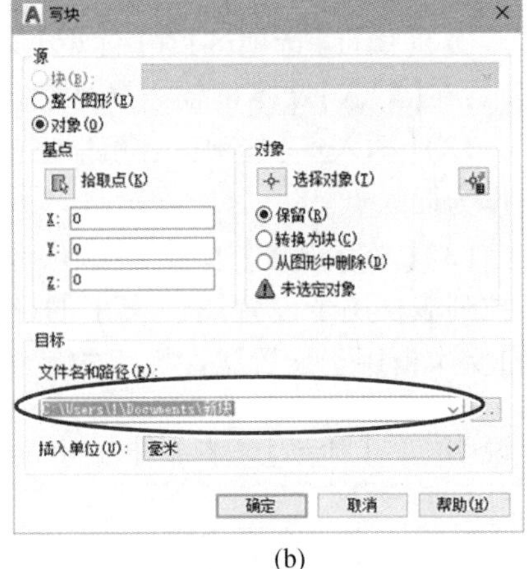

(b)

图6-4　创建图块的对话框

(a)块定义;(b)写块

各选项含义：

（1）【基点】选项区：用于设置图块的插入点位置。通常单击【拾取点】按钮，然后在图形区拾取，一般捕捉图形的特征点。

（2）【对象】选项区：用于选择组成图块的对象。单击【选择对象】按钮，可在图形区选择组成图块的对象；一般选择【从图形中删除】单选按钮，即创建图块后在图形区删除组成图块的源对象。

> **注意**　用户可创建单位块，以便插入时改变图形大小。例如，用 BLOCK 命令创建正方形单位块（1×1）；插入时，输入其 X 方向和 Y 方向的比例值，即分别为所绘制矩形的长度和宽度。

3. 图块与图层、颜色、线宽和线型的关系

组成图块的对象可处于不同图层，图块中保留图层信息。插入图块后，图层、颜色、线宽和线型特性与创建图块和插入图块时的图层特性相关，见表 6－2。

表 6－2　图块与图层、颜色、线宽和线型的关系

<table>
<tr><th colspan="2">创建图块</th><th>插入图块</th><th>插入图块后效果</th></tr>
<tr><td colspan="2">在 0 层</td><td>任何方式</td><td>按当前层的颜色、线宽和线型绘制（一般不采用）</td></tr>
<tr><td rowspan="4">在非 0 层</td><td>ByLayer</td><td rowspan="2">ByBlock</td><td rowspan="2">按创建图块时的颜色、线宽和线型绘制（常用）</td></tr>
<tr><td>ByBlock</td></tr>
<tr><td>ByLayer</td><td rowspan="2">ByLayer</td><td>（1）如果图块中有图层与当前图形文件的图层同名，则图块中该图层上的对象仍绘制在当前图形文件的同名图层中，并按当前图形文件的当前同名图层的颜色、线宽和线型绘制（常用）；
（2）图块中其他图层（不与当前插入图形文件中图层同名的层）的对象仍按原图块的图层绘制，并将这些图层添加到当前图形文件中（常用）</td></tr>
<tr><td>ByBlock</td><td>按当前层的颜色、线宽和线型绘制（一般不采用）</td></tr>
</table>

6.1.2　插入图块

插入图块是将创建的图块或图形文件按指定位置插入到当前图形中。

命令方式：

◎ 命令：INSERT（简写 I）

◎ 功能区：【默认】→【块】→【插入】

◎ 功能区：【插入】→【块】→【插入】

◎ 菜单：【插入】→【块】

◎ 工具栏：【绘图】→

操作：执行 INSERT 命令后，在【块】面板的下拉列表中选择预显图块或选择“更多选项”选项，弹出如图 6－5 所示【插入】对话框，单击【确定】按钮；按命令行提示指定插入点，弹出

【编辑属性】对话框,单击【确定】按钮。

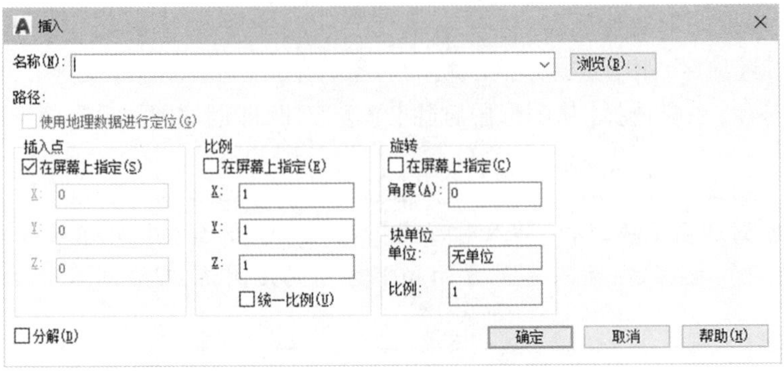

图6－5　【插入】对话框

各选项含义:

(1)【名称】下拉列表:单击右侧【浏览】按钮,在弹出【选择图形文件】对话框中选择图块或图形文件的名称。

(2)【插入点】选项区:默认勾选【在屏幕上指定】复选框,按命令行提示在图形区拾取一点作为插入点。

(3)【比例】选项区:用于设置插入图块的比例。用户可直接在【X】【Y】和【Z】文本框中输入插入图块在3个方向的比例或勾选【统一比例】复选框后输入比例。

(4)【旋转】选项区:用于设置插入图块的旋转角度,顺时针为负,逆时针为正。选择【在屏幕上指定】复选框,将通过命令行输入旋转角度。

(5)【分解】复选框:勾选其复选框,插入后的图块将分解为单个对象。

6.1.3　修改图块

根据绘图要求,有时需要重新创建图块和修改图块及其属性,其操作步骤如下。

1. 重新创建图块

要修改并重新创建图块,操作如下:

(1)执行 INSERT 命令插入要修改的图块,然后用 EXPLODE 命令将图块分解为彼此独立的对象。

(2)用编辑命令修改分解后的图形和属性。

(3)执行 BLOCK 命令或 WBLOCK 命令,选择已修改图块的图形和属性重新创建图块,可使其名称与原图块相同。

2. 修改块属性

根据具体情况,修改块属性的命令方式见表6－3。

表 6－3　修改块属性方式

	创建图块前	插入图块后		
命令方式	修改属性定义的标记、提示和默认值，如图6－6(a)所示【编辑属性定义】	修改图块的多个属性值，如图6－6(b)所示【编辑属性】	修改块属性的设置，包括属性的标记、提示和值；文字样式；图层、线型、颜色及线宽，如图 6－6(c)所示【增强属性编辑器】	编辑和管理图块中所有属性，可实现同步、上移(或下移)、编辑、删除和设置，如图 6－6(d)所示【块属性管理器】
命令	TEXTEDIT（简写 ED）	ATTEDIT(简写 ATE)	EATTEDIT	BATTMAN
功能区			【默认】→【块】→【编辑属性】→【单个】	【默认】→【块】→【管理属性】
			【插入】→【块】→【编辑属性】→【单个】	【插入】→【块定义】→【管理属性】
菜单	【修改】→【对象】→【文字】→【编辑】		【修改】→【对象】→【属性】→【单个】	【修改】→【对象】→【属性】→【块属性管理器】
工具栏	【文字】→		【修改Ⅱ】→	【修改Ⅱ】→
双击属性	执行 TEXTEDIT 命令		执行 EATTEDIT 命令	

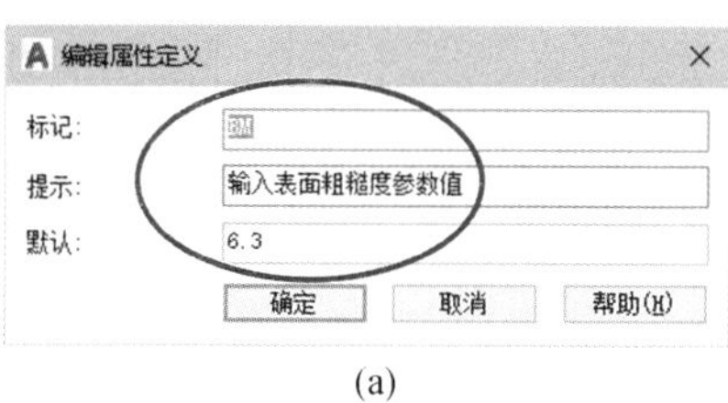

(a)

(b)

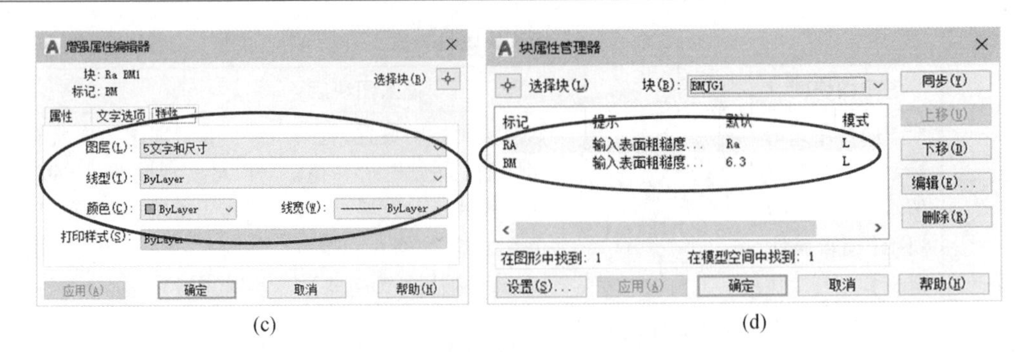

(c)　　(d)

图 6-6　修改块属性的对话框

(a)【编辑属性定义】;(b)【编辑属性】;(c)【增强属性编辑器】;(d)【块属性管理器】

6.1.4　图块实例

要创建图块,可用 BLOCK 命令创建图块(块定义)并保存在当前图形文件中,其他图形文件可通过【设计中心】选项板或【工具选项板】选项板调用其图块);也可用 WBLOCK 命令(写块)创建图块并保存图形文件,以便在其他图形文件中直接插入其图块。

说明　依据国家标准规定,表面结构代号图块的文字有正体和斜体,而 ATTDEF 命令定义的一个属性只能是一种字体。因此,需要设置足够的表面结构代号图块,见表 6-4。

表 6-4　设置表面结构代号的图块

设置方式	图块名称	获得表面方式	文字		图例
			参数代号(斜体)	参数数值(正体)	
方式1(1个属性)	*Ra* BM1	去除材料	不变文字 *Ra*	BM1 和 BM2 为可变文字(属性)	Ra 1.6
	Ra BM2	不去除材料			Ra 3.2
	Rz BM1	去除材料	不变文字 *Rz*		Rz 6.3
	Rz BM2	不去除材料			Rz 12.5
方式2(2个属性)	BMJG1	去除材料	可变文字(属性) *Ra* 或 *Rz*		Ra 1.6　Rz 6.3
	BMJG2	不去除材料			Ra 3.2　Rz 12.5

下面以表面结构代号“*Ra* BM1”和“BMJG1”块、几何公差“基准符号”块和“标题栏”块为例,介绍用 WBLOCK 命令创建带属性图块和插入图块的操作过程。

例 6-1　按如图 6-7 所示尺寸,创建表 6-4 表面结构代号“*Ra* BM1”和“BMJG1”图块,并将其图块插入到如图 6-2 所示图形中。

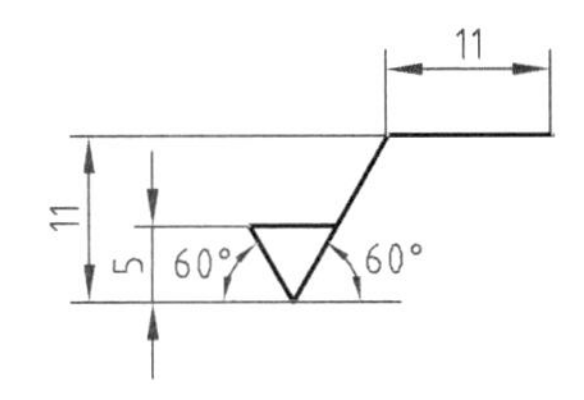

图6－7　去除材料符号尺寸

提示　表面结构符号的尺寸与图幅有关，如图2－9和表2－12所示；表面结构标注示例，如表2－13所示。

以方式1和方式2创建及插入表面结构代号图块的过程分别如图6－8和图6－9所示，具体操作步骤见表6－5。

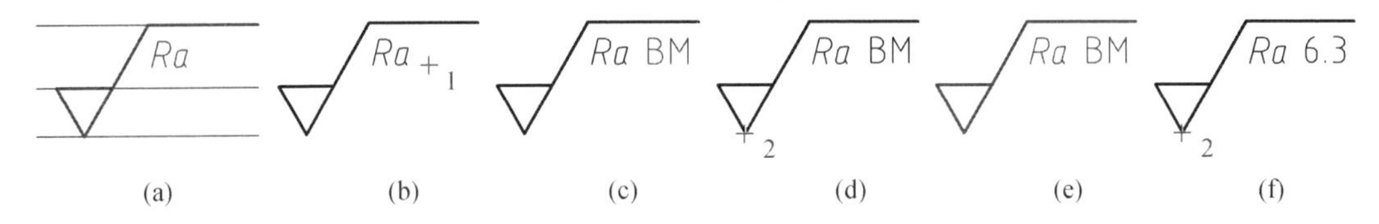

图6－8　创建和插入图块的过程（方式1，1个属性）

（a）绘制图形和标注不变文字；（b）属性插入点；（c）创建属性后；（d）图块插入点；（e）创建图块后；（f）插入图块后

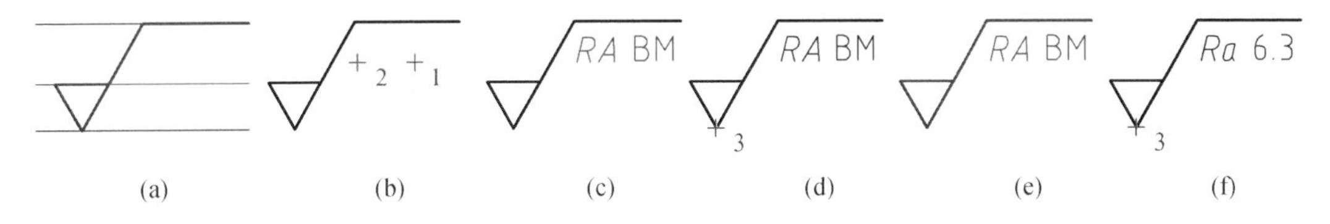

图6－9　创建和插入图块的过程（方式2，2个属性）

（a）绘制图形；（b）属性插入点；（c）创建属性后；（d）图块插入点；（e）创建图块后；（f）插入图块后

表6－5　创建和插入表面结构代号图块操作

<table>
<tr><th rowspan="2">序号</th><th rowspan="2">步骤</th><th>方式1（1个属性）</th><th>方式2（2个属性）</th></tr>
<tr><th>“Ra BM1”图块，如图6－8所示</th><th>“BMJG1”图块，如图6－9所示</th></tr>
<tr><td rowspan="3">1</td><td rowspan="3">绘制图形</td><td colspan="2">①启用“动态输入”，绘制3条水平辅助线（先绘制一条水平线，然后选择功能区“【默认】→【修改】→【偏移】”按钮绘制两条偏移距离为5和11的平行线）</td></tr>
<tr><td colspan="2">②在【特性】面板上将当前线宽设置为0.35；按如图6－7所示尺寸绘制去除材料符号</td></tr>
<tr><td>③将“5 文字和尺寸”层置为当前，“工程字2”文字样式置为当前，单击【A 多行文字】按钮，输入不变文字“Ra”，结果如图6－8（a）所示</td><td>结果如图6－9（a）所示</td></tr>
</table>

表 6－5(续)

<table>
<tr><th rowspan="2">序号</th><th rowspan="2">步骤</th><th>方式 1(1 个属性)</th><th>方式 2(2 个属性)</th></tr>
<tr><td>“Ra BM1”图块,如图 6－8 所示</td><td>“BMJG1”图块,如图 6－9 所示</td></tr>
<tr><td rowspan="4">2</td><td rowspan="4">定义属性</td><td colspan="2">①执行 ATTDEF 命令(简写 ATT),弹出【属性定义】对话框</td></tr>
<tr><td>②定义 1 个属性:如图 6－10(a)所示 BM</td><td>②定义 2 个属性:首先定义如图 6－10(a)所示 BM;然后定义如图 6－10(b)所示 Ra</td></tr>
<tr><td colspan="2">③单击【确定】按钮</td></tr>
<tr><td>④在图形区拾取如图 6－8(b)所示点 1,结果如图 6－8(c)所示</td><td>④在图形区分别拾取如图 6－9(b)所示点 1 和点 2,结果如图 6－9(c)所示</td></tr>
<tr><td rowspan="8">3</td><td rowspan="8">创建图块</td><td colspan="2">①执行 WBLOCK 命令(简写 W),弹出【写块】对话框,单击【选择对象】按钮</td></tr>
<tr><td>②选择如图 6－8(c)所示图形和属性标记</td><td>②选择如图 6－9(c)所示图形和属性标记</td></tr>
<tr><td colspan="2">③按 Enter 键,返回【写块】对话框,在【基点】选项区单击【拾取点】按钮</td></tr>
<tr><td>④在图形区拾取如图 6－8(d)所示点 2</td><td>④在图形区拾取如图 6－9(d)所示点 3</td></tr>
<tr><td colspan="2">⑤在【目标】选项区的【文件名和路径】下拉列表框中输入文件名和路径或浏览</td></tr>
<tr><td>D:\图块\表面结构代号\Ra BM1</td><td>D:\图块\表面结构代号\BMJG1</td></tr>
<tr><td colspan="2">⑥单击【确定】按钮</td></tr>
<tr><td>结果如图 6－8(e)所示图块</td><td>结果如图 6－9(e)所示图块</td></tr>
<tr><td rowspan="5">4</td><td rowspan="5">插入图块</td><td colspan="2">①执行 INSERT 命令(简写 I),弹出【插入】对话框,单击【浏览】按钮,弹出【选择图形文件】对话框,选择已创建图块</td></tr>
<tr><td>D:\图块\表面结构代号\Ra BM1</td><td>D:\图块\表面结构代号\BMJG1</td></tr>
<tr><td colspan="2">②在如图 6－11 所示命令行提示下,结合“捕捉到最近点”在图线上拾取一点</td></tr>
<tr><td colspan="2">③弹出如图 6－6(b)所示【编辑属性】对话框,在文本框中可编辑属性值</td></tr>
<tr><td>结果如图 6－8(f)所示</td><td>结果如图 6－9(f)所示</td></tr>
</table>

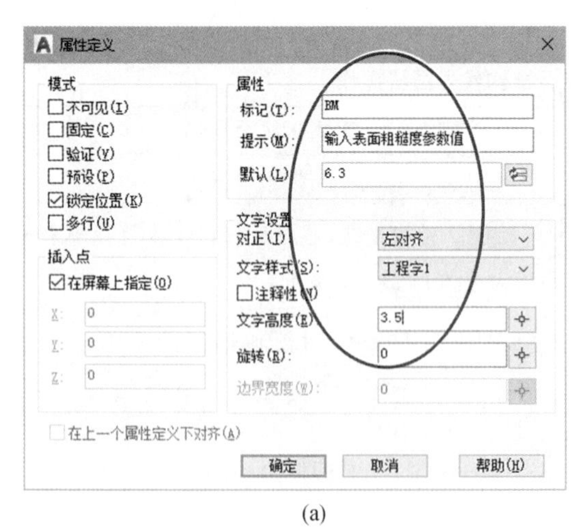

(a)

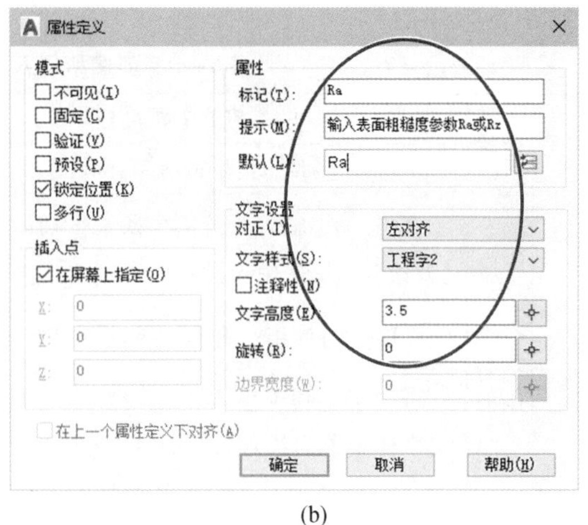

(b)

图 6－10　设置【属性定义】对话框

(a)属性标记 BM;(b)属性标记 RA(输入大写和小写标记都显示大写)

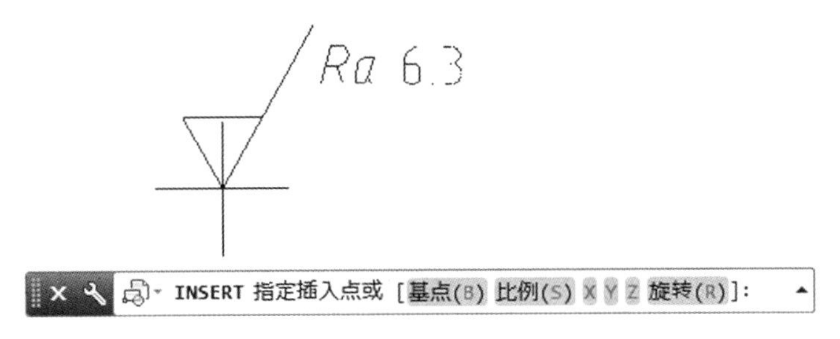

图 6－11　插入时命令行显示和预览

提示　在标注如图 6－2 所示“*Rz* 3.2”时，应在【插入】对话框的旋转【角度】文本框中输入 90。

注意　在插入带属性块时，不要勾选【插入】对话框中【分解】复选框，以免属性值分解为属性标记(例如，“*Ra* 3.2”分解为“*Ra* BM”)。

例 6－2　创建如图 6－12 所示几何公差的“基准符号”块(注：A3 图幅的字高 h 为 3.5，其基准方格高 $2h$ 为 7)，并将其图块插入到图形文件中。

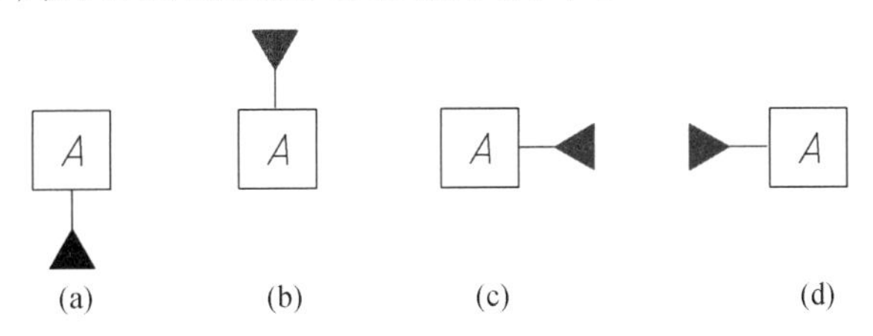

图 6－12　几何公差“基准符号”块

第 1 步　绘制如图 6－12(a)所示基准符号，绘制步骤如图 6－13 所示。

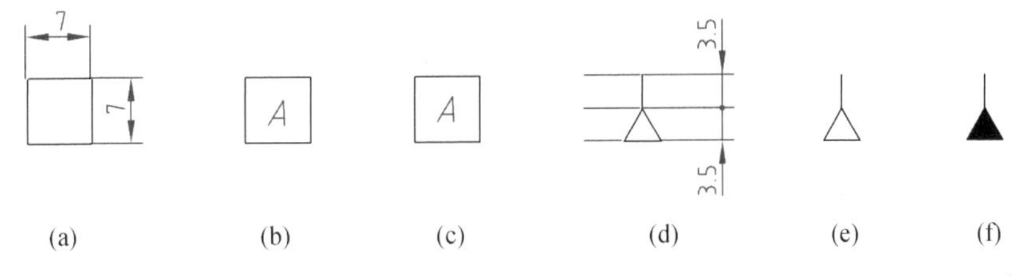

图 6－13　绘制基准符号

①绘制基准方格，如图 6－13(a)所示。

②输入字母 *A*：将“5 文字和尺寸”层置为当前，并将“工程字 2”文字样式置为当前。选择功能区“【默认】→【注释】→【A 多行文字】”按钮，捕捉如图 6－13(a)所示方格的左下角点和右上角点，出现【文字编辑器】上下文选项卡，在文字输入框中输入文字 *A*，单击【A 对正】按钮且选择【正中 MC】选项，单击【关闭】按钮，如图 6－14 所示。

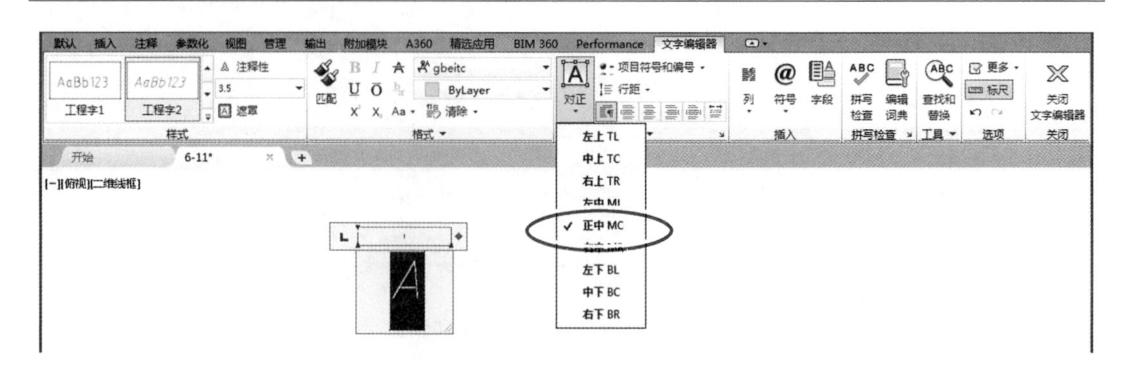

图 6-14　输入字母 *A*

③向上移动字母 *A*:选择功能区"【默认】→【修改】→【移动】"按钮,按命令行提示操作:

选择对象: **拾取 A**　　　　//如图 6-13(b)所示
选择对象: ↙　　　　//结束选择
指定基点或[位移(D)] <位移>: **拾取一点**
指定基点或[位移(D)] <位移>: **指定第二个点或** <使用第一个点作为位移>: **@0,0.3**↙
　　　　//将字母 A 上移 0.3 mm 使其上下居中,结果如图 6-13(c)所示

④结合"极轴追踪"和"对象捕捉"绘制三角形和基准连线,如图 6-13(d)所示。

⑤删除如图 6-13(d)所示辅助线,结果如图 6-13(e)所示。

⑥选择功能区"【默认】→【绘图】→【图案填充】"按钮,弹出【图案填充创建】上下文选项卡,在【图案】面板上单击图案名称为 SOLID;在要填充的三角形区域内单击,结果如图 6-13(f)所示。

> **提示**　可用"复制"和"旋转"命令编辑如图 6-12(a)所示图形,然后按上述步骤完成如图 6-12(b)、图 6-12(c)和图 6-12(d)所示"基准符号"块的图形。

第 2 步　在命令行输入 w,将如图 6-15(a)所示基准符号创建为图块,并保存为"D:\图块\基准符号"。

第 3 步　在命令行输入 i,弹出【插入】对话框,选择已保存"D:\图块\基准符号"。在【比例】选项区的插入块的比例默认为 1;勾选【分解】复选框;在图形区空白处插入"基准符号"块(其块分解为多个对象)。

> **注意**　当零件图的图幅为 A0 和 A1 时,应以比例值 1.4 插入其"基准代号"块。

第 4 步　双击字母 *A* 可改变基准字母为 *B*,*C* 或 *D*,如图 6-15 所示。

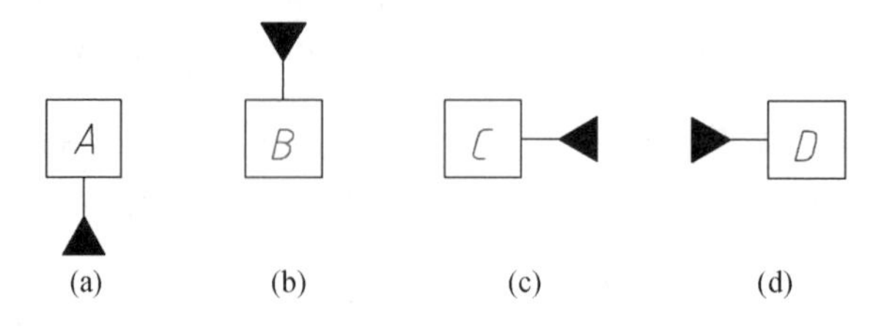

图 6-15　编辑基准符号的字母

第 5 步　结合“对象捕捉”带基点移动基准符号。

> **注意**　在零件图中，根据基准代号所处位置，调整其三角形与基准方格之间的连线长度。

例 6 – 3　创建如图 6 – 16 所示“标题栏”块（参见如图 2 – 2 所示尺寸），然后将其图块插入到示图形中。

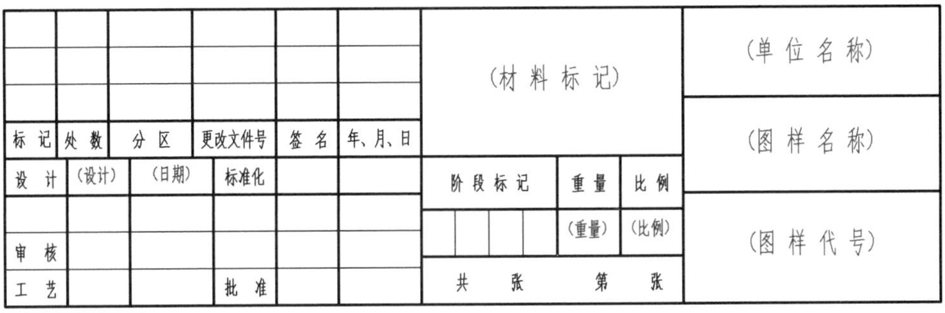

(材料标记)
(单位名称)
(图样名称)
(图样代号)
标记 处数 分区 更改文件号 签名 年、月、日
设计 (设计) (日期) 标准化
阶段标记 重量 比例
(重量) (比例)
审核
工艺 批准
共　张　第　张

图 6 – 16　创建“标题栏”块

第 1 步　按国家标准规定绘制标题栏和注写不变文字，如图 6 – 16 所示。

第 2 步　在命令行输入 att，弹出如图 6 – 3 所示【属性定义】对话框，操作如下：

①在【标记】文本框中，输入“（设计）”。

②在【提示】文本框中，输入“输入设计者姓名”。

③在【对正】下拉列表中，选择“中间”选项（不是“正中”）。

④在【文字样式】下拉列表中，选择“工程字 1”。

⑤在【文字高度】文本框中，输入 3.5。

⑥单击【确定】按钮进入图形区，在标题栏中“设计”右侧的空白框格中间单击，即可完成如图 6 – 16 所示“（设计）”项的属性定义，被定义的属性标记即显示在其框格中。

⑦ 按上述步骤①～⑥，依次定义表 6 – 6 中 8 个属性的其余 7 个属性。创建标题栏各属性时，按表 2 – 3 设置【文字高度】为 3.5 或 5，结果如图 6 – 16 所示（实际有更多属性）。

表 6 – 6　块属性信息

属性标记	属性提示	属性默认值
（设计）	输入设计者姓名	无
（日期）	输入绘图日期	无
（材料标记）	输入材料标记	无
（比例）	输入绘图比例	1:1
（重量）	输入零件重量	无
（单位名称）	输入单位名称	哈尔滨工程大学
（图样名称）	输入图样名称	无
（图样代号）	输入图号	无

第 3 步　在命令行输入 w,将标题栏图形和不变文字及 8 个属性一起创建图块,并保存为“D:\图块\标题栏”。

第 4 步　选择功能区“【默认】→【块】→【插入】”按钮,弹出【插入】对话框,选择“D:\图块\标题栏”,单击【确定】按钮;选择图形中图框右下角为插入点,在如图 6-6(b)所示【编辑属性】对话框中按表 6-5 属性提示输入内容(按 Enter 键可换行)。

6.2　设计中心和工具选项板

“设计中心”和“工具选项板”的命令方式,见表 6-7。

表 6-7　“设计中心”和“工具选项板”的命令方式

	设计中心	工具选项板
命令方式	在当前图形文件中添加其他图形文件中的设置内容,如图 6-17 所示	在当前图形文件中调用常用图形对象,尤其是用户创建的块定义,如图 6-18 所示
命令	ADCENTER(简写 ADC 或 DC)	TOOLPALETTES(简写 TP)
选项板	【视图】→【选项板】→【设计中心】	【视图】→【选项板】→【工具选项板】
菜单	【工具】→【选项板】→【设计中心】	【工具】→【选项板】→【工具选项板】
工具栏	【标准】→	【标准】→
快捷键	Ctrl +2	Ctrl +3

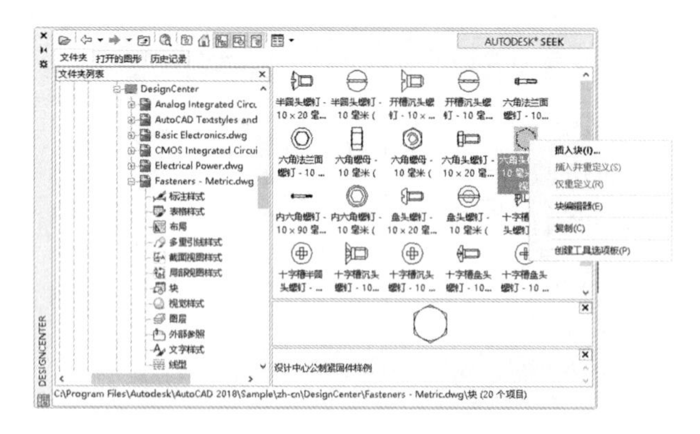

图 6-17　【设计中心】选项板

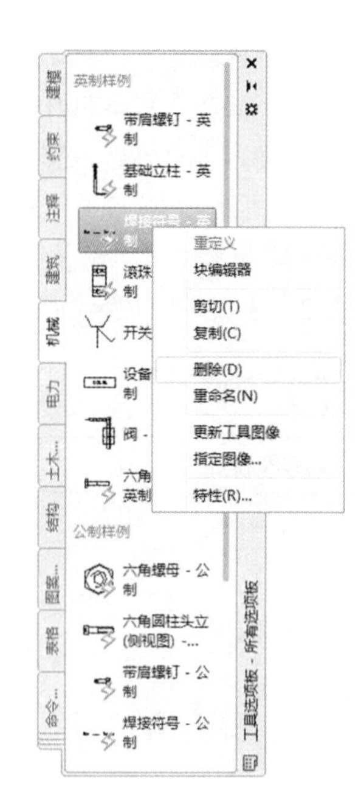

图 6-18　【工具选项板】选项板

6.2.1　设计中心

执行“设计中心”命令后，弹出如图 6 – 17 所示【设计中心】选项板，其选项板左侧树状图可查找系统资源并添加到图形区，其中【文件夹】选项卡可显示系统资源的层次结构。

设计中心常用于两种情况：一是在图形之间复制图层、线型、文字样式、尺寸标注样式、多重引线样式、表格样式和图块等；二是将块定义创建为工具选项板的内容。

以复制图层为例，在【设计中心】选项板中选择图层，多种复制方式如下：

(1) 用鼠标左键选择的图层拖拽到打开的图形中；

(2) 右击选择的图层，在弹出快捷菜单中选择【复制】选项；在当前文件的图形区右击，在弹出快捷菜单中选择【粘贴】选项；

(3) 双击选择的图层；

(4) 右击选择的图层，在弹出快捷菜单中选择【添加图层】选项。

6.2.2　工具选项板

选择功能区“【视图】→【选项板】→【工具选项板】”按钮，显示如图 6 – 18 所示【工具选项板】，单击其中图形按钮(块定义)，命令行提示如下：

指定插入点或［基点(B)/比例(S)/X/Y/Z/旋转(R)］:　　　//将块插入到当前图形文件

在如图 6 – 18 所示【工具选项板】选项板上右击，选择快捷菜单选项，可执行删除等操作。

例 6 – 4　创建如图 6 – 19 所示“螺栓 M10 × 10”单位块(块定义)；在【设计中心】选项板将其块创建为【工具选项板】中内容；通过【工具选项板】插入块并编辑为 M12 × 30 螺栓。

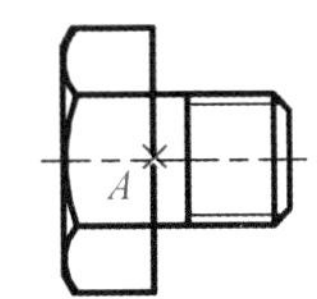

图 6 – 19　单位块示例

第 1 步　绘制如图 6 – 19 所示螺栓(M10 × 10)，参见表 2 – 10。

第 2 步　块定义：执行 BLOCK 命令(简写 B)，弹出【块定义】对话框，①在【对象】选项区选择【删除】单选按钮；②单击【选择对象】按钮，在图形区选择如图 6 – 19 所示图形；③按 Enter 键返回【块定义】对话框，在【基点】选项区单击【拾取点】按钮，在图形区捕捉如图 6 – 19 所示点 *A*；在【名称】下拉列表中输入“螺栓 M10 × 10”(其名称可在【设计中心】选项板和【工具选项板】选项板上显示)，单击【确定】按钮关闭【块定义】对话框，保存文件(＊.dwg)。

第 3 步　将“螺栓 M10 × 10”创建为【工具选项板】内容：选择功能区“【视图】→【选项板】→【设计中心】”按钮，弹出【设计中心】选项板，选择并右击“螺栓 M10 × 10”，在弹出快捷菜单中选择【创建工具选项板】选项。

第 4 步　打开【工具选项板】，单击“螺栓 M10 × 10”选项，按命令行提示操作如下：

指定插入点或［基点(B)/比例(S)/X/Y/Z/旋转(R)］: **s**↙
指定 XYZ 轴的比例因子 <1>: **1.2**↙　　　//插入如图 6 – 20(a)所示 M12 × 12 螺栓
指定插入点或［基点(B)/比例(S)/X/Y/Z/旋转(R)］: **捕捉拾取一点**

第 5 步　编辑完成 M12 × 30 螺栓：①选择功能区“【默认】→【修改】→【分解】”按钮分解为单个对象；②选择功能区“【默认】→【修改】→【拉伸】”按钮，以如图 6 – 19(a)所示“窗交”选择方式依次选择点1和点2,以点3为基点如图6-20(b)所示将拉伸螺栓的公称长度12修改为30,结果如图6-20(c)所示。

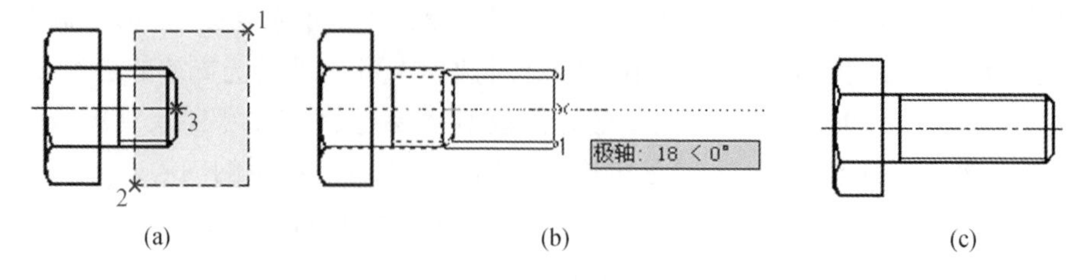

图6-20　拉伸编辑螺栓长度

> **提示**　可将C:\Program Files\Autodesk\AutoCAD 2018\Sample\zh-cn\DesignCenter中“Fasteners-Metric.dwg”文件另存为一个图形文件“常用块.dwg”(其中包括符合国家标准规定的标准件、表面结构代号和几何公差基准代号的图块),用BLOCK命令块定义,然后按例6-4在【工具选项板】中自定义“常用块”内容,并插入图形文件中。

上机指导和练习

【目的】

1. 掌握创建图块和插入图块的方法。
2. 学会创建带属性的图块和编辑方法。
3. 了解【设计中心】选项板和【工具选项板】选项板的功能及使用方法。

【练习】

1. 参见例6-1和表6-5,创建两个图块(用于标注如图6-21所示去除材料和不去除材料的表面结构代号),并将其图块插入到如图6-22所示图形中。

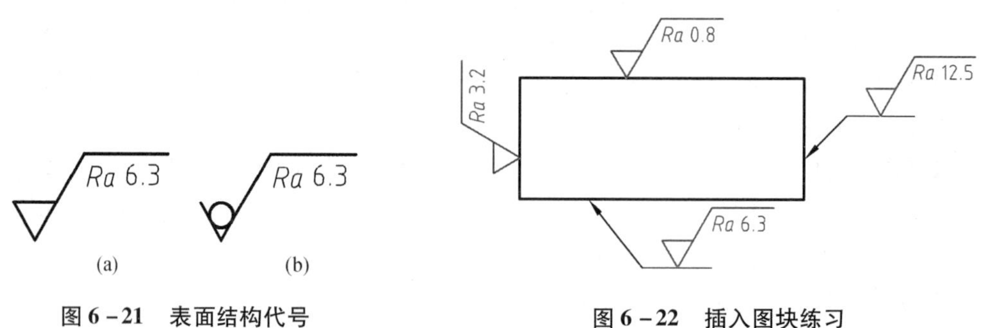

图6-21　表面结构代号

(a)去除材料获得表面;(b)不去除材料获得表面

图6-22　插入图块练习

2. 通过【设计中心】选项板,将已有图形文件中一个图层的线型、文字样式和尺寸标注样式等内容复制到新建的图形文件中。

第7章 AutoCAD 绘制工程图样

在机械工程中，绘制零件图和装配图是机械技术人员的基本要求，本章系统介绍满足 GB/T 14665—2012《机械工程 CAD 制图规则》规定的 AutoCAD 制图准备；以齿轮轴和滑动轴承为例重点介绍用 AutoCAD 绘制零件图和装配图的全过程；依据 GB/T 4458.3—2013《机械制图 轴测图》规定，以支座为例简介用 AutoCAD 绘制正等轴测图的过程。

7.1 AutoCAD 制图准备

机械图样必须遵守国家标准等设计规范。下面以 A3 图纸幅面为例，综合介绍零件图和装配图的绘图环境的设置过程，以及创建图形样板文件的方法。

7.1.1 设置绘图环境

根据国家标准规定和用户绘图需求，在绘图前应设置绘图环境，包括图形界限、图形单位及精度、精确定位绘图工具、图层、文字样式和尺寸标注样式等。

1. 设置和显示图形界限

执行 LIMITS 命令，可设置符合如 2.1 节所述国家标准规定图纸幅面的图形界限，详见例 3－1。

命令行输入 SE，弹出【草图设置】对话框，在【捕捉和栅格】选项卡上取消勾选【显示超出界限的栅格】；用 ZOOM 命令选择 A 选项，显示图形界限。

2. 设置绘图精度

执行 UNITS 命令，弹出【图形单位】对话框，对绘图单位及精度进行设置，其中【长度】选项区的【精度】选项可设置为 0.0，其他设置为默认值，如图 3－11 所示。

3. 设置精确定位绘图工具

根据需要，在状态栏上启用“动态输入”“显示栅格”“极轴追踪”“对象捕捉”“对象捕捉追踪”和“显示线宽”。

4. 设置图层

选择功能区“【默认】→【图层】→【图层特性】”按钮，弹出【图层特性管理器】选项板，新建足够的图层，然后设置图层名称、颜色、线型和线宽。

说明 关于图层设置，应符合 GB/T 14665—2012《机械工程 CAD 制图规则》规定，参见表 2－6。为了简化设置和方便绘图，本书对常用图层的标识号和颜色略有调整，如表 7－1和图 7－1 所示。

表7-1　设置机械图样常用图层

标识号	描述	颜色	线型	线宽	线型比例
1	粗实线	白色	Continuous	0.50	
2	细实线	绿色		0.25(默认)	0.5
3	虚 线	黄色	HIDDEN		0.3
4	点画线	红色	CENTER2		
5	文字和尺寸	青色	Continuous		
6	双点画线	洋红色(即粉红色)	PHANTOM2		0.3

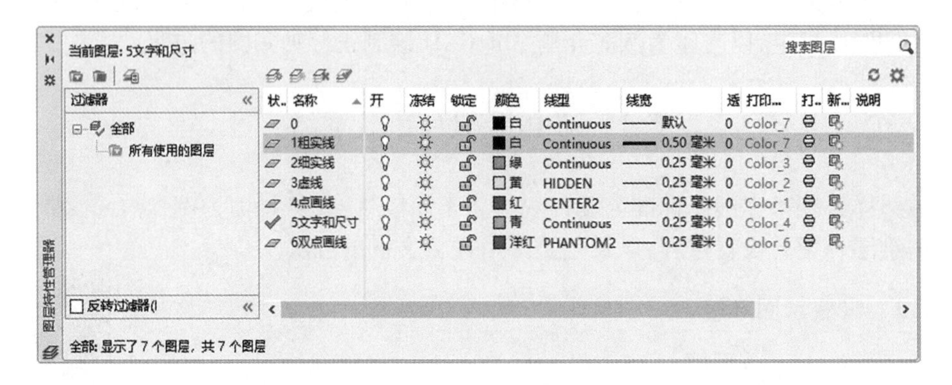

图7-1　设置机械图样的常用图层

注意　对点画线和虚线等非连续线,还要调整线型比例,有如下两种情况。

(1)改变当前图形文件所有非连续线对象的线型比例

方式1:命令行输入LT执行LINETYPE命令(或选择功能区“【默认】→【特性】→【▾线型】→【其他】”按钮或选择菜单“【格式】→【线型】”命令),弹出【线型管理器】对话框,单击【显示细节】按钮,在【详细信息】选项区输入【全局比例因子】新值,参见表7-1;

方式2:命令行输入LTS执行LTSCALE命令,直接输入【全局比例因子】新值。

(2)改变某个非连续线对象的线型比例

选择非连续线的对象,按Ctrl+1键打开如图3-34所示【特性】选项板,输入【线型比例】新值;选择功能区“【默认】→【特性】→【特性匹配】”按钮可使相同的非连续线的线型比例相同。

5.设置文字样式

参见2.3节所述相关国家标准规定,设置零件图和装配图的文字样式。选择功能区“【默认】→【注释】→【文字样式】”按钮,弹出【文字样式】对话框,设置“工程字1”和“工程字2”文字样式,见表7-2和如图7-2所示。

表 7－2　机械工程图样的文字样式

文字样式名称	用途	字　　体	说　　明	相关国家标准
工程字 1	零件图 装配图	正体字母和数字:gbenor. shx 正体汉字:gbcbig. shx	一般用正体; 变量字母用斜体	GB/T 14665—2012《机械工程 CAD 制图规则》
工程字 2		斜体字母和数字:gbeitc. shx 正体汉字:gbcbig. shx		

(a)　　　　　　　　(b)

图 7－2　两种工程字的文字样式

(a)工程字 1;(b)工程字 2

6. 设置尺寸标注样式

关于尺寸标注样式,主要有如下两种情况:

(1)一般机械标注:选择功能区“【默认】→【注释】→【 标注样式】”按钮,设置“机械标注”及其 3 个子样式(即角度、半径和直径),设置结果如图 5－14(b)和表 5－6 所示。

(2)引线标注(“带箭头”“无箭头”“小点”“几何公差框格”或“基准符号”):选择功能区“【默认】→【注释】→【 多重引线样式】”按钮,弹出【多重引线样式管理器】对话框,设置“无箭头”(标注倒角和孔)、“带箭头”(标注表面结构代号和小尺寸涂黑零件序号)和“小点”(标注零部件序号)等引线样式,见表 5－10 和如图 7－3 所示。

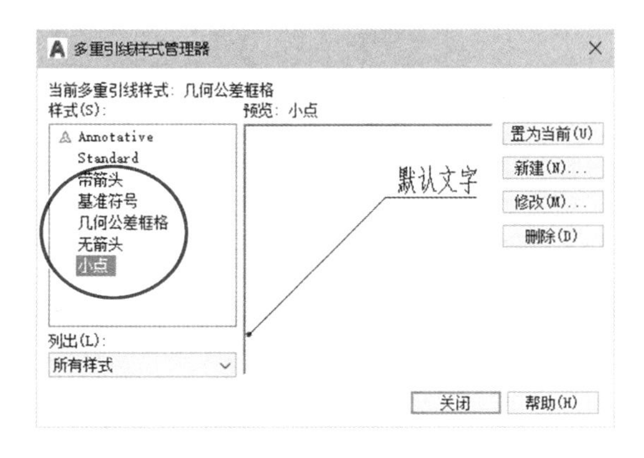

图 7－3　常用的引线样式

注意　通过【设计中心】选项板,可复制尺寸标注样式,其操作如下:①选择功能区“【视图】→【选项板】→【设计中心】”按钮,弹出如图 7 - 4 所示【设计中心】选项板;②在左边树状图中浏览要复制的“A3 零件图的图形样板”的“多重引线样式”,在右边内容区域显示其文件的所有“多重引线样式”;③双击或用鼠标拾取其中多重引线样式并拖拽到当前图形文件的图形区,即完成复制多重引线样式。

图 7 - 4　用【设计中心】选项板复制“多重引线样式”

7. 绘制图框、标题栏和明细栏

绘制如图 7 - 5 所示 A3 图纸幅面零件图的图框(包括纸边界线和图框线)和标题栏(采用第一角画法时,省略标注其投影识别符号),其尺寸如表 2 - 1 和图 2 - 2 所示。

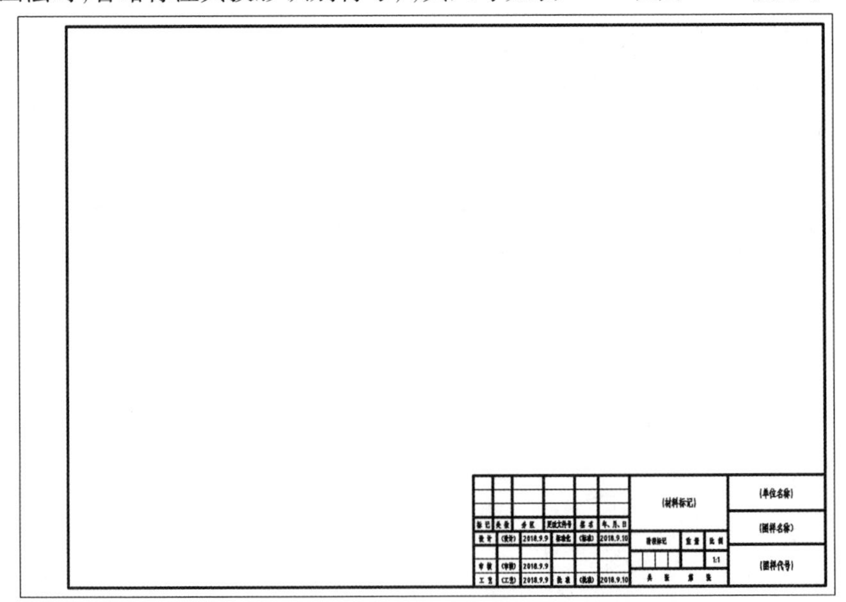

图 7 - 5　零件图的纸边界线、图框线和标题栏

(1)绘制纸边界线:状态栏上的按钮处于亮显即启用“捕捉栅格”模式,在如图 7 - 6 所示【图层】面板的下拉列表中单击“2 细实线”层置为当前,选择功能区“【默认】→【绘图】→【矩形】”按钮,按命令行提示操作:

指定第一个角点或[倒角(C)/标高(E)/圆角(F)/厚度(T)/宽度(W)]:**捕捉栅格区域左下角点**
指定另一个角点或[面积(A)/尺寸(D)/旋转(R)]:@420,297↙

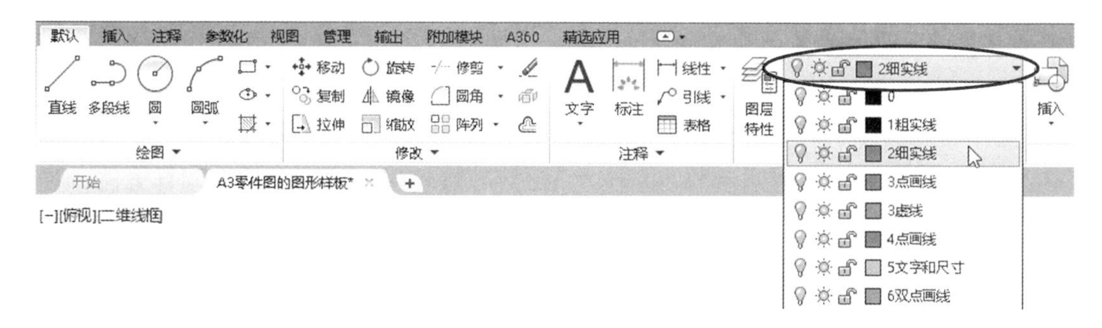

图7-6 “2细实线”层置为当前

(2)绘制图框线:将“1粗实线”层置为当前,用“矩形”命令结合“捕捉自”模式(或用“偏移”命令)绘制A3图纸幅面的图框线,按命令行提示操作:

命令:↙ //重复“矩形”命令
指定第一个角点或[倒角(C)/标高(E)/圆角(F)/厚度(T)/宽度(W)]:**from**↙
基点:**捕捉栅格区域左下角点**
基点:<偏移>:@25,5↙
指定另一个角点或[面积(A)/尺寸(D)/旋转(R)]:**from**↙ //“捕捉自”模式
基点:**捕捉栅格区域右上角点**
基点:<偏移>:@ -5,-5↙ //绘制完成图框线左侧粗实线

(3)绘制标题栏及明细栏的图线:在机械CAD工程制图中,标题栏格式应符合GB/T 10609.1—2008《技术制图 标题栏》规定,如图2-2所示;明细栏格式应符合GB/T 10609.2—2009《技术制图 明细栏》规定,如图2-6所示。

> **提示** 绘制AutoCAD表格,常用如下方式:
> 方式1(推荐):用“偏移”命令绘制平行线,绘制规则或不规则表格。
> 方式2(推荐):用“复制”命令绘制平行线及文字。例如,复制明细栏中一行或多行表格及文字,简单、快捷。
> 方式3:用“表格样式”命令(TABLESTYLE)定义样式,然后用“表格”命令(TABLE)完成明细栏等规则的表格及文字。

下面以绘制标题栏图线为例,介绍绘制表格的步骤。

①执行LINE命令结合对象捕捉中的“捕捉自”模式绘制水平线;选择功能区“【默认】→【修改】→【偏移】”按钮绘制其平行线,同样方法绘制竖直线。

②选择功能区“【默认】→【修改】→【修剪】”按钮,在图形区空白处右击,修剪多余图线。

③选择功能区“【默认】→【特性】→【特性匹配】”按钮,将图线修改为所需要的线宽。

(4)注写标题栏和明细栏中的文字。

①将“5文字和尺寸”层置为当前,并将“工程字1”文字样式置为当前。

②在命令行输入 t 或选择功能区“【默认】→【注释】→【 A 多行文字】”按钮,在标题栏中捕捉“设计”框格的左下角点和右上角点,弹出【文字编辑器】上下文选项卡,单击【 A 对正】按钮,选择【正中 MC】选项,在文字输入框中输入“设计”。单击【确定】按钮,完成注写文字“设计”。

③选择功能区“【默认】→【修改】→【 复制】”按钮,将“设计”文字带基点复制到“审核”和“批准”等处,再双击复制后的“设计”文字,然后修改为“审核”。采用同样方法,填写“批准”等文字内容。

7.1.2 创建图形样板文件

为提高绘图效率和绘图质量,避免重复设置绘图环境,可创建图形样板文件。

AutoCAD 提供了一些图形样板文件(*.dwt),但其不符合国家标准。因此,创建图形样板文件(简称样板图),其中包括符合机械 CAD 工程制图国家标准规定的图幅、图层、线型、线宽、文字样式、尺寸标注样式、图框、标题栏和明细栏。绘制零件图或装配图时,可直接调用图形样板文件,然后在此基础上绘制零件图或装配图。

在绘制零件图或装配图之前,应按图幅大小创建若干个样板图,操作如下。

(1)在【快速访问】工具栏上单击“新建”按钮 ,弹出【选择样板】对话框,默认选择图形样板文件“acadiso. dwt”,单击【打开】按钮默认新建一个图形文件。

(2)设置符合国家标准规定的图形界限、图形单位及精度、图层、线型、线宽、文字样式、尺寸标注样式、图框和标题栏。另外,还可绘制表面结构代号、几何公差框格和基准符号等常用符号,以便复制、双击修改或拖动夹点等编辑操作。

(3)在【快速访问】工具栏上单击“另存为”按钮 ,弹出【图形另存为】对话框,在【文件类型】下拉列表中选择“AutoCAD 图形样板(*.dwt)”,对话框将显示样板文件默认【保存于】下拉列表为“Template”文件夹中,在【文件名】下拉列表框中输入“A3 零件图的图形样板”。

(4)单击【保存】按钮,弹出【样板说明】对话框,可不输入说明直接单击【确定】按钮,完成创建“A3 零件图的图形样板”文件。

采用同样方法,可创建装配图的图形样板。首先可打开已创建“A3 零件图的图形样板. dwt”,其中增加如图 2-6 所示格式的明细栏(可只有序号 1 的内容),然后另存为“A3 装配图的图形样板. dwt”,即可完成创建“A3 装配图的图形样板”文件。

提示 用户创建并保存的图形样板文件(*.dwt),默认保存在 AutoCAD 的 Template 文件夹中。另外,也可将包含全部设置、符号、技术要求、标题栏和明细栏等样板图内容保存为图形文件(*.dwg),以便在任意计算机打开其文件并另存为新建文件(*.dwg)。

7.1.3 准备图块和常用图形

在绘制工程图样(零件图和装配图)前,应准备图块和常用图形。

1. 准备图块

对去除材料获得的表面和不去除材料获得的表面,分别创建表面结构代号图块;可将标题栏或技术要求创建成带多个属性的图块,参见例6-3创建和插入图块。

注意 创建和插入图块前,参见表6-2中图块与图层、颜色、线宽和线型的关系。

2. 准备常用图形

可将常用图形(例如,几何公差框格、基准符号、表面结构代号等)放在图形样板文件(*.dwt)或图形文件(*.dwg)的图框左侧外,以便绘图时复制。

7.2 绘制零件图

零件图是用于表达零件的内外结构、大小和技术要求的图样,如图7-7所示。标准件不需要画零件图,而非标准件(常用件和一般零件)应绘制零件图。一张完整的零件图应包括一组图形、全部尺寸、技术要求和标题栏4项内容。

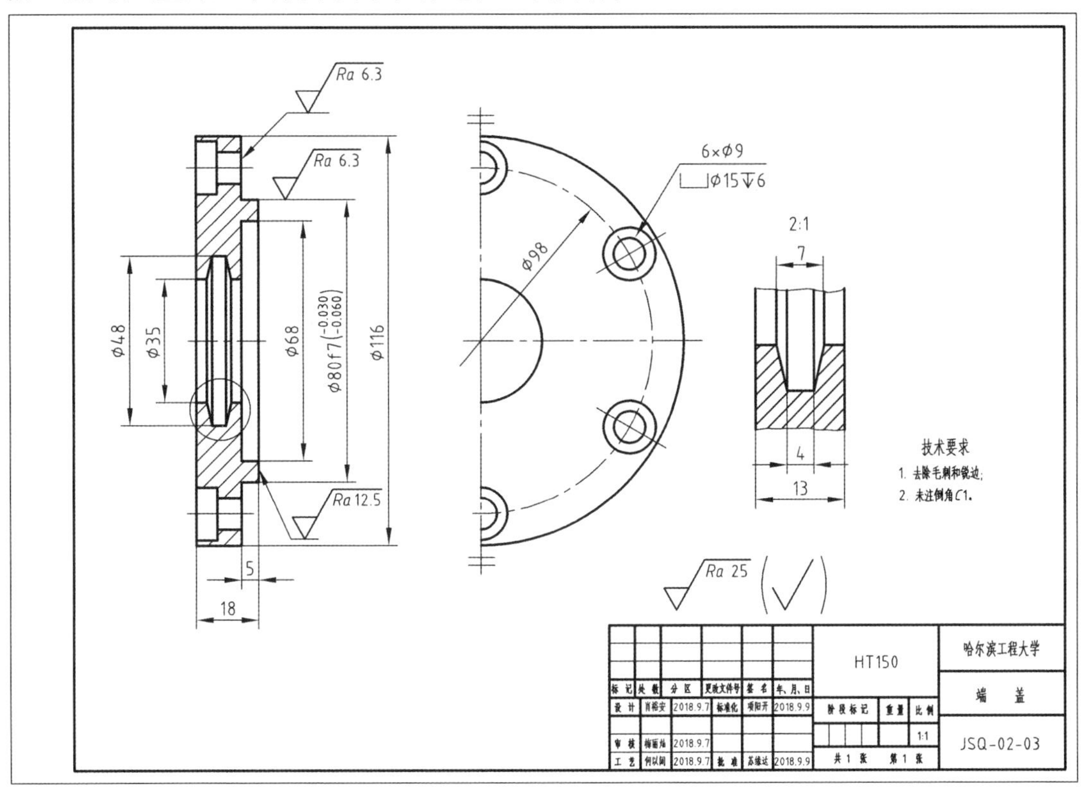

图7-7 端盖零件图

7.2.1 AutoCAD 绘制零件图的方法和步骤

下面简要介绍 AutoCAD 绘制零件图的方法和步骤。

1. 绘制零件图的方法

用 AutoCAD 绘制零件图,可综合应用如下4种方法。

(1)对象捕捉追踪法或辅助线法:在绘制工程图样时,通常采用“对象捕捉追踪法”和

"辅助线法",以满足"长对正、高平齐、宽相等"的投影关系,参见 4.3.2 所述。

(2)坐标定位法:通过给定视图中各点的坐标值和绘制基准线,结合"栅格显示""栅格捕捉"和"对象捕捉"等精确定位绘图工具绘制零件图。例如,"对象捕捉"中"捕捉自"模式非常有用,可准确定位一点到另一点坐标位置。

(3)带基点复制法:用 COPYBASE 命令将已绘制的标题栏、表面结构代号和技术要求带基点复制到剪贴板,然后在零件图中按基点粘贴,最后双击其中文字完成编辑,参见表 4-18 中 COPYBASE 命令方式。

(4)插入法:通过 INSERT 命令,插入已保存的图块(例如,表面结构代号等)绘制零件图;还可将常用的图形和符号块定义,并通过【设计中心】选项板自定义【工具选项板】选项板内容,以便快速插入到零件图中。

注意 对于标题栏、表面结构代号、技术要求和图框,可以是图形样板文件的组成内容,也可以用带基点复制法或插入法引入到当前零件图。

2. 绘制零件图的步骤

(1)创建新图和设置绘图环境:可用"新建"命令打开 AutoCAD 的 Template 文件夹中图形样板文件(*.dwt)或用"打开"命令打开作为样板图的图形文件(*.dwg),其中包含全部设置、符号、单位块和技术要求文字等内容;然后用"另存为"命令保存图形文件。根据绘图需要,将状态栏上"动态输入""显示栅格""极轴追踪""对象捕捉""对象捕捉追踪"和"显示线宽"处于启用状态。

(2)绘制图形:用各种绘图命令和编辑命令完成绘图,尤其要根据图形的对称性和重复性灵活选用复制、镜像和阵列等编辑命令。

(3)标注尺寸及公差:

①将"5 文字和尺寸"层置为当前,将"机械标注"尺寸标注样式置为当前。

②标注全部的尺寸,其中带极限偏差尺寸常用"多行文字"命令的"堆叠"功能标注,参见表 5-5 和例 5-10。

(4)标注表面结构代号:

方式 1:创建表面结构代号的图块,插入到零件图中,参见例 6-1 和表 6-5。

方式 2:绘制表面结构代号,用复制或带基点复制并编辑其中数值。

(5)标注几何公差:

方式 1:设置"几何公差框格"和"基准符号"引线样式,参见表 5-10;完成几何公差框格和基准符号标注,参见例 5-12。

方式 2:用带基点复制法,将其他图形文件中几何公差框格和基准符号复制到当前零件图中,或用插入法将例 6-2 创建的"基准符号"块插入到零件图中。

(6)文字标注:将"5 文字和尺寸"层置为当前,并将"工程字 1"文字样式置为当前。选择功能区"【默认】→【注释】→【A 多行文字】"按钮,标注技术要求和标题栏等文字(也可插入带属性块),其中文字高度设置参见表 2-3。

(7)调整、保存和打印:检查图形,对零件图视图、文字和尺寸进行整体调整,并保存,可按要求打印出图,详见 8.3 节所述。

7.2.2　AutoCAD 绘制零件图实例

下面以齿轮轴和弹簧的零件图为例,介绍用 AutoCAD 绘制零件图的方法和步骤。

例 7 -1　绘制如图 7 -8 所示齿轮轴零件图。

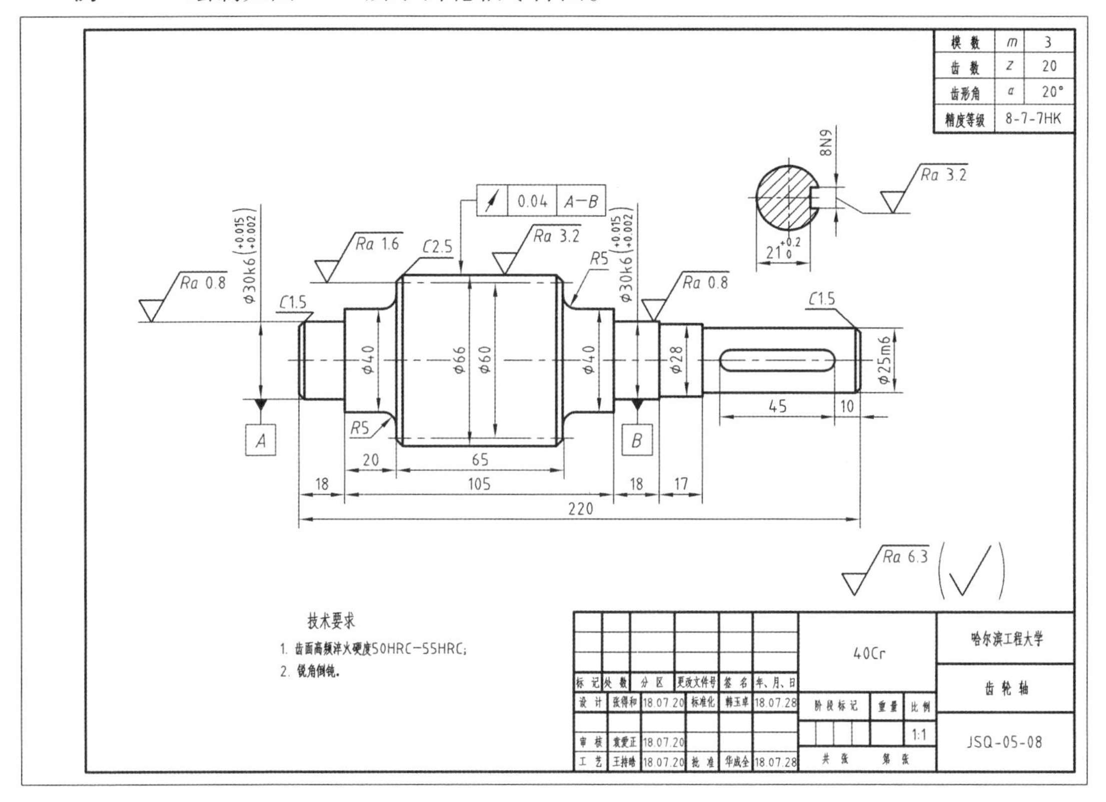

图 7 -8　齿轮轴零件图

1. 创建新图和设置绘图环境

第 1 步　创建新图:在【快速访问】工具栏上单击“新建”按钮打开已创建的“A3 零件图的图形样板. dwt” 图形样板文件,或单击“打开”按钮打开用户已保存图形文件(＊. dwg);然后单击“另存为”按钮,保存为“齿轮轴. dwg”图形文件。

第 2 步　设置精确定位绘图工具:启用状态栏上“显示栅格”“动态输入”“极轴追踪”(“增量角”设置为 15°)“对象捕捉”“对象捕捉追踪”和“显示线宽”模式。

第 3 步　显示图形界限:在状态栏上右击“显示栅格”按钮,单击“网格设置”,弹出【草图设置】对话框,取消勾选【显示超出界限的栅格】复选框,使栅格显示在图形界限之内;用 ZOOM 命令的“全部(A)”选项显示全部的图形界限。

2. 绘制图形

第 1 步　绘制基准线:将“4 点画线”层置为当前,绘制水平点画线,如图 7 -9(a)所示。

第 2 步　绘制阶梯轴:将“1 粗实线”层置为当前,结果如图 7 -9(b)所示。

方式 1:绘制阶梯轴的上半部分,然后镜像编辑完成阶梯轴。用 LINE 命令,可结合“对象捕捉”(“捕捉自”等模式)、“动态输入”及“对象捕捉追踪”绘制粗实线;或选择“打断于点”命令将水平点画线打断为多个线段,然后选择“偏移”命令绘制水平各段圆柱轮廓线和竖直平行线,最后用“特性匹配”命令将轮廓线改为粗实线。

方式2:块定义正方形单位块(1×1),插入时输入其 X 方向和 Y 方向的比例值(即分别为阶梯轴各段圆柱的长和直径)。用“矩形”命令绘制正方形(1×1);执行 BLOCK 命令(见表6-1),弹出图6-4所示【块定义】对话框,创建名称为“方形”的正方形单位块(1×1);执行 INSERT 命令,弹出如图6-5所示【插入】对话框,7次将名称为“方形”的单位块插入到当前图形文件,其 X 方向和 Y 方向的比例值从左至右分别为(18×30)(20×40)(65×66)(20×40)(18×30)(17×28)和(62×25)。

第3步 绘制倒角、圆角和平行点画线:选择功能区“【默认】→【修改】→【倒角】”按钮和“【默认】→【修改】→【圆角】”按钮,分别完成轴上倒角和圆角;单击【偏移】按钮,绘制平行点画线,用“打断”命令或夹点编辑调整其点画线长度,结果如图7-9(c)所示。

第4步 绘制视图上键槽和移出断面图:将“2 细实线”层置为当前,选择功能区“【默认】→【绘图】→【图案填充】”按钮,出现【图案填充创建】上下文选项卡,选择填充图案ANSI31,然后在移出断面图轮廓线内拾取一点,结果如图7-9(d)所示。

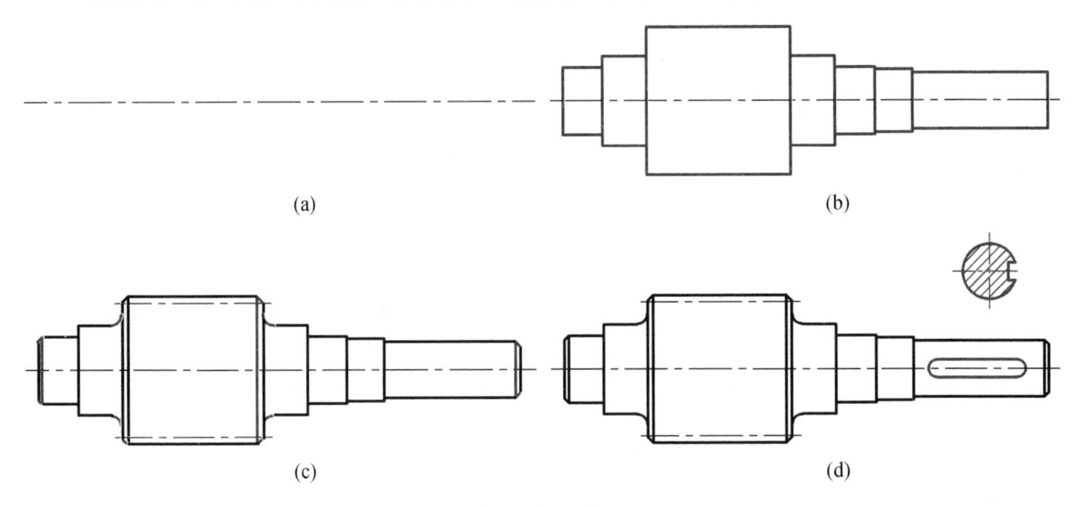

图7-9 绘制齿轮轴零件视图

第5步 绘制齿轮啮合特性表:用“直线”命令与“偏移”命令或“复制”命令,绘制表格;然后选择功能区“【默认】→【注释】→【A多行文字】”按钮,标注表格中的文字,如图7-8所示。

3. 标注尺寸及公差

第1步 将“5 文字和尺寸”层置为当前,并将“机械标注”尺寸标注样式置为当前。

第2步 标注尺寸:

①选择功能区“【默认】→【注释】→【线性】”按钮,标注线性尺寸 ϕ25m6 等。

②选择功能区“【注释】→【标注】→【连续】”按钮,标注连续尺寸18和105等。

③选择功能区“【默认】→【注释】→【引线】”按钮,标注引线尺寸 C2.5 等。

④选择功能区“【默认】→【注释】→【半径】”按钮标注半径尺寸 R5 等。

⑤参见例 5－10,用“堆叠”功能标注带有极限偏差的尺寸 $21^{+0.2}_{0}$ 和 $\phi30k6(^{+0.015}_{0})$。

4. 标注表面结构代号

按例 6－1 创建表面结构代号的图块,并插入到当前图形文件;也可复制并粘贴已有表面结构代号,然后双击其中参数修改为所需数值。

5. 标注几何公差

参见例 5－12,标注几何公差框格和基准符号。

第 1 步 标注几何公差框格:①将表 5－10 和图 7－3 所示“几何公差框格”引线样式置为当前;②选择功能区“【默认】→【注释】→【引线】”按钮,捕捉第 1 点(用“捕捉到最近点”将几何公差箭头捕捉到所指的齿顶线上)、拾取第 2 点(启用“对象捕捉追踪”或“动态输入”)和拾取第 3 点,完成标注几何公差框格第一格;③分解已标注的块;④用复制、夹点编辑等操作完成框格;⑤编辑基准为“*A*—*B*”(字母为斜体)且字高为 3.5,用“工程字 1”文字样式标注文字 0.04;⑥任意标注一个尺寸,分解一个尺寸选择其中一个箭头移动且旋转到第一格内,结果如图 7－8 所示。

第 2 步 标注基准符号:①将表 5－10 和图 7－3 所示“基准符号”引线样式置为当前;②选择功能区“【默认】→【注释】→【引线】”按钮,标注基准符号;③分解已标注的块;④编辑字母 *A* 的字高为 3.5,移动正方形及字母 *A*,完成基准符号 *A*;⑤复制基准符号 *A* 且编辑为基准符号 *B*。

提示 对于标题栏、表面结构代号、几何公差框格、基准符号、技术要求和图框,可以是图形样板文件的组成内容,也可用带基点复制法或插入法引入到当前零件图。

6. 文字标注

将“5 文字和尺寸”层置为当前;将“工程字 1”文字样式置为当前;选择功能区“【默认】→【注释】→【A 多行文字】”按钮,标注文字,其字高为 3.5。

第 1 步 输入技术要求。

第 2 步 填写标题栏和齿轮啮合特性表:各单元格内文字输入操作如下:单击【A 多行文字】按钮,选择单元格的两个对角点,在文本输入框输入文字(如“齿数”);单击【A 对正】按钮,然后选择【正中 MC】选项,在图形区单击,结果如图 7－8 所示。

7. 调整、保存和打印

检查图形,对齿轮轴零件图的视图、文字和尺寸进行整体调整,并保存;可打印出图,参见例 8－3。

7.3 绘制装配图

装配图是用于表达机器或部件的工作原理、装配关系、结构形状、必要尺寸和技术要求的图样,如图 7－10 所示安全阀装配图。一张完整的装配图应包括一组图形、必要尺寸和技术要求、标题栏、零部件序号和明细栏。

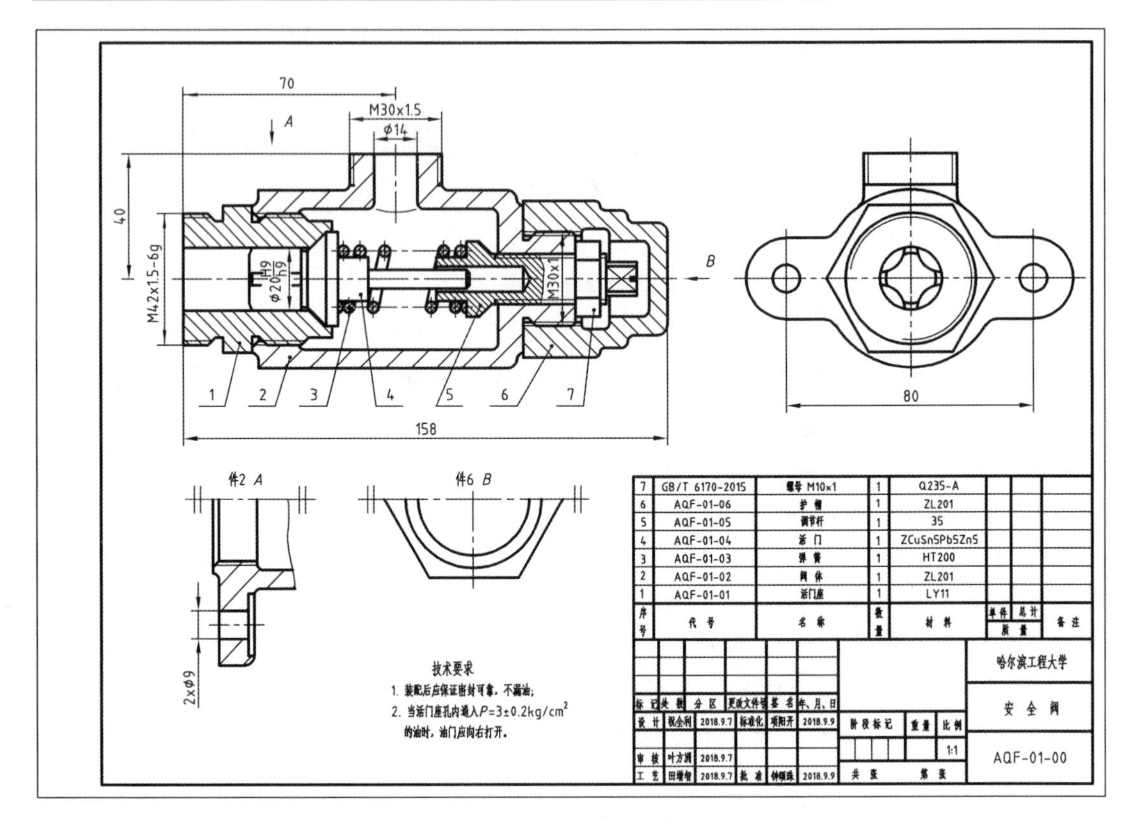

图 7-10 安全阀装配图

7.3.1 AutoCAD 绘制装配图的方法和步骤

下面介绍拼画装配图的方法和步骤。

1. 绘制装配图的方法

用 AutoCAD 绘制装配图有多种方法,下面介绍拼画装配图的常用 3 种方法。

(1)带基点复制法:用 COPYBASE 命令将已有零件图、标题栏、明细栏和技术要求等内容按基点复制到剪贴板,然后在装配图中按基点粘贴,操作如下:

①打开或切换到零件图的图形文件,在右击快捷菜单上选择“【剪贴板】→【带基点复制】”选项,按命令行提示捕捉拾取插入点选择要复制到装配图中零件图的图线。

②打开或切换到装配图的图形文件,按 Ctrl + V 键,捕捉拾取一点即指定插入点。

(2)插入法:用 INSERT 命令或通过【设计中心】选项板,都可弹出【插入】对话框,插入零件图,然后经过删除和移动等编辑操作而完成拼画装配图。

方式 1:用 INSERT 命令插入。先将各零件图形创建成图块,然后将其逐个用 INSERT 命令插入到当前装配图中,其插入的基点为零件图形文件的坐标原点(0,0)。

方式 2:通过【设计中心】选项板插入。选择功能区“【视图】→【选项板】→【 设计中心】”按钮,弹出【设计中心】选项板,在树状图中浏览要插入的零件图所在文件夹,在内容区域显示零件图文件(* . dwg),然后右击其零件图文件,在弹出如图 7 - 11 所示快捷菜单中选择【插入为块】选项。

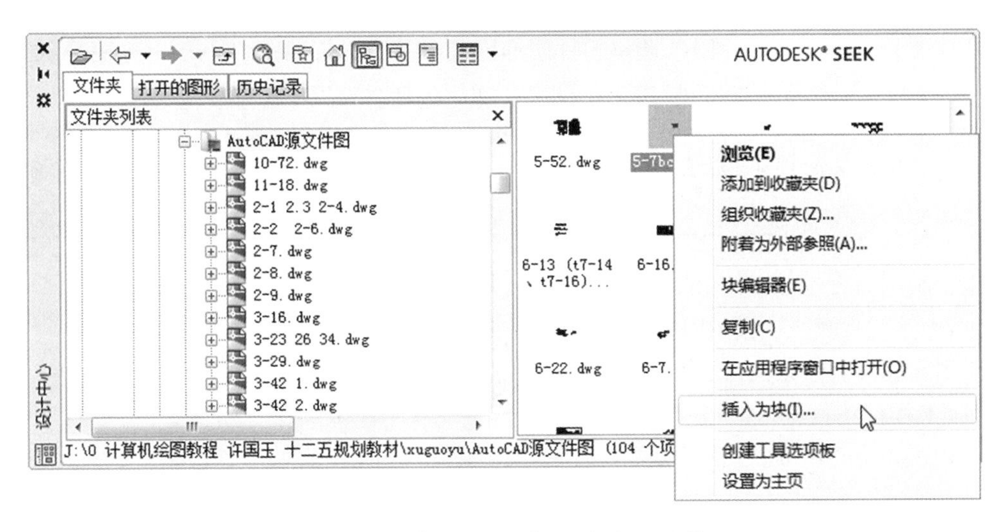

图 7－11　用【设计中心】选项板插入零件图

注意　在【插入】对话框中，选择【分解】复选框，以便编辑所插入的零件图。

（3）直接绘制法：对于比较简单的装配图，可直接用二维绘图及编辑命令，按手工绘制装配图的步骤绘制。

2. 绘制装配图的步骤

在绘制装配图之前，要阅读装配示意图（图 7－12）或装配图及明细表和各个零件图，了解其装配的组成基本信息，分析其装配定位、连接及固定方式。AutoCAD 绘制装配图步骤如下：

（1）创建新图和设置绘图环境：

①与零件图类似，可用多种方式创建新图，通常打开装配图的图形样板文件或已保存装配图，再另存为一个图形文件。

②设置装配图的图幅大小、绘图精度、图层、线型、线宽、颜色、文字样式和尺寸标注样式等。

（2）打开或绘制零件图：只需其零件图的图形。

（3）由零件图拼画完成装配图：

①设置绘图比例：除了要依据装配图总体尺寸的大小和视图的数量以外，还要考虑标注尺寸、零件序号、明细栏和标题栏等所需位置适当设置绘图比例。

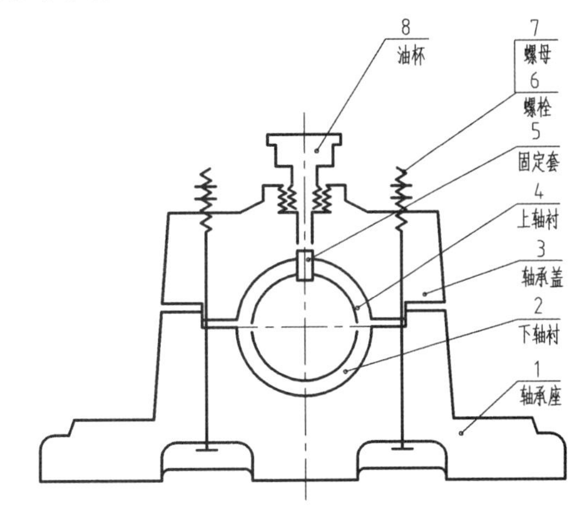

图 7－12　滑动轴承装配示意图

②绘制视图的基准线：在装配图中，一般选择装配体的主要装配干线、主要零件的对称线、轴线或较大平面的轮廓线等作为基准线。

③拼画装配图：按定位中心线，用“带基点复制法”等依次复制、插入或绘制完成其主要零件、次要零件和其他零件。根据需要，选择功能区“【默认】→【修改】→【✥移动】”按钮或“【默

认】→【修改】→【旋转】”按钮,调整零件图形位置,并保证“长对正、高平齐、宽相等”的投影规律。对于螺纹连接件等标准件,可用比例画法和简化画法等国家标准规定绘制。

注意　在拼画装配图时,应避免点画线重合;内外螺纹旋合处的螺纹大径与小径要分别对齐。

④绘制剖面符号:选择功能区“【默认】→【绘图】→【图案填充】”按钮,弹出【图案填充创建】上下文选项卡,在【图案】面板上选择图案名称为ANSI31,完成剖面线。

⑤删除和修剪多余图线,完成拼画装配图。

(4)工程标注:

①标注必要的尺寸,包括性能(规格)尺寸、装配尺寸、安装尺寸、外形尺寸和其他重要尺寸。

②标注零部件序号:选择功能区“【默认】→【注释】→【多重引线样式】按钮,设置“小点”多重引线样式,如表5-10和图7-3所示;然后选择功能区“【默认】→【注释】→【引线】”按钮,编写零件序号;选择功能区“【默认】→【注释】→【对齐】”按钮,可对齐排列零部件序号。

③完成明细栏和标题栏:根据零部件序号个数,可用“偏移”命令或“复制”命令绘制出适当栏数的明细栏和标题栏,用MTEXT命令注写文字;也可插入“标题栏”图块。

④在装配图的适当位置,标注技术要求、剖切符号和文字等。

(5)调整、保存和打印:检查图形,对装配图视图、文字和尺寸进行整体调整并保存,可按要求打印出图。

7.3.2　AutoCAD绘制装配图实例

下面以滑动轴承装配图为例,介绍AutoCAD绘制装配图的方法和步骤。

例7-2　绘制如图7-13所示滑动轴承装配图。

1. 创建新图和设置绘图环境

第1步　创建文件:在【快速访问】工具栏上,单击“新建”按钮,打开已创建的“A3装配图的图形样板.dwt”图形样板文件;或单击“打开”按钮,打开已保存图形文件(*.dwg);然后单击“另存为”按钮,保存为“滑动轴承.dwg”图形文件。

第2步　设置精确定位绘图工具:启用状态栏上“显示栅格”“动态输入”“极轴追踪”“对象捕捉”“对象捕捉追踪”和“显示线宽”模式;用ZOOM命令的“全部(A)”选项显示全部;在【草图设置】对话框中取消勾选【显示超出界限的栅格】复选框,使栅格显示在图形界限之内。

2. 打开或绘制装配体的零件图

如图7-13所示滑动轴承是由轴承座、轴承盖和上下轴衬等构成,分别打开或绘制如图7-14、图7-15和图7-16所示的轴承座、轴承盖和上下轴衬的零件视图。

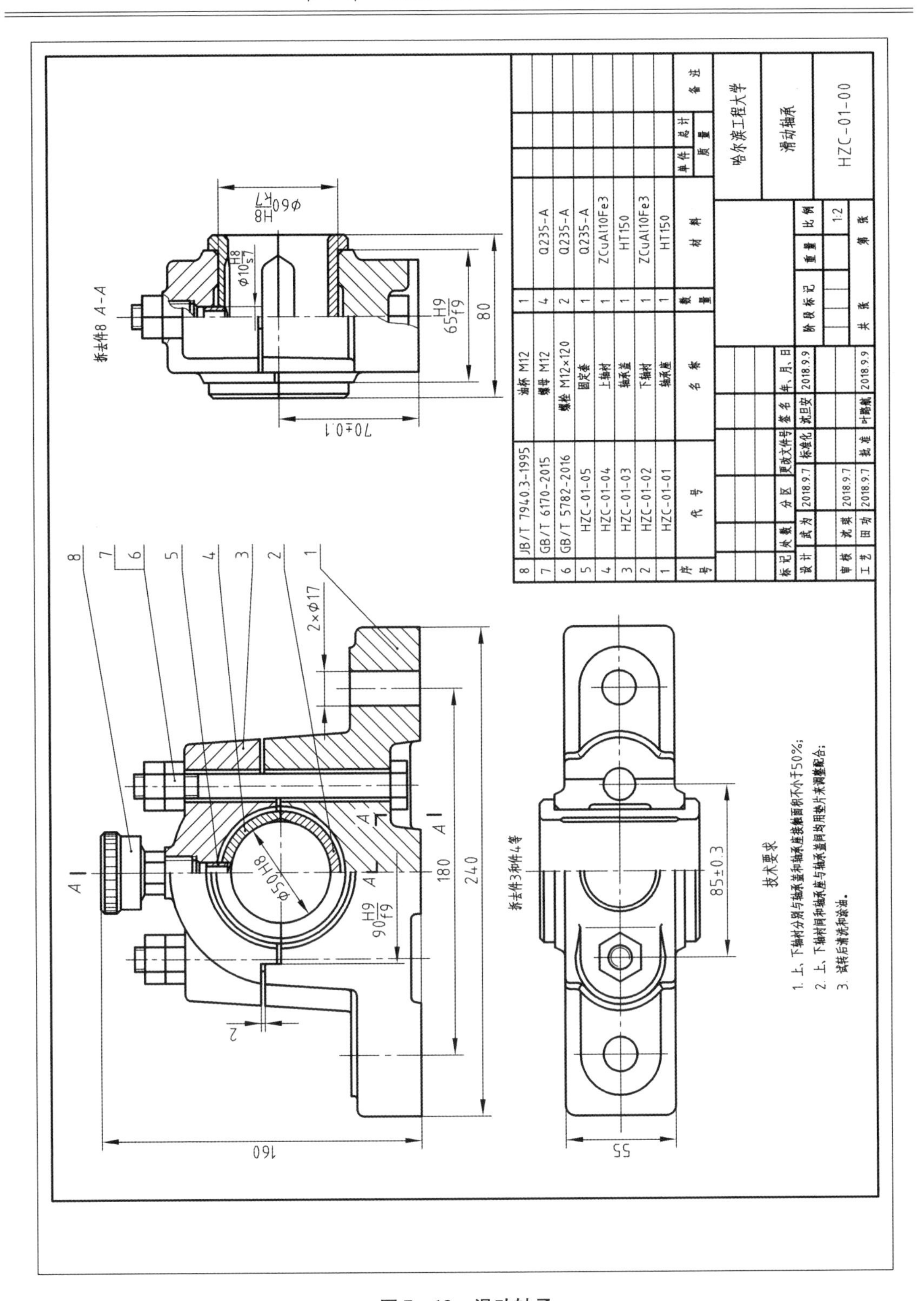
拆去件8 A-A
φ60H8/k7
φ10H8/s7
65H9/f9
80
70±0.1
2×φ17
φ50H8
90H9/f9
180
240
160
2
A
拆去件3和件4等
85±0.3
55
技术要求
1. 上、下轴衬分别与轴承盖和轴承座接触面积不小于50%;
2. 上、下轴衬间和轴承座与轴承盖间均用垫片来调整配合;
3. 试转后清洗和涂油。
8 JB/T 7940.3-1995 油杯 M12 1
7 GB/T 6170-2015 螺母 M12 4 Q235-A
6 GB/T 5782-2016 螺栓 M12×120 2 Q235-A
5 HZC-01-05 固定套 1 Q235-A
4 HZC-01-04 上轴衬 1 ZCuAl10Fe3
3 HZC-01-03 轴承盖 1 HT150
2 HZC-01-02 下轴衬 1 ZCuAl10Fe3
1 HZC-01-01 轴承座 1 HT150
序号 代号 名称 数量 材料 单件 总计 质量 备注
哈尔滨工程大学
滑动轴承
HZC-01-00
比例 1:2
设计 武为 2018.9.7 标准化 武旦安 2018.9.9
审核 沈琪 2018.9.7
工艺 田功 2018.9.7 批准 叶鹏航 2018.9.9
共 张 第 张

图 7-13　滑动轴承

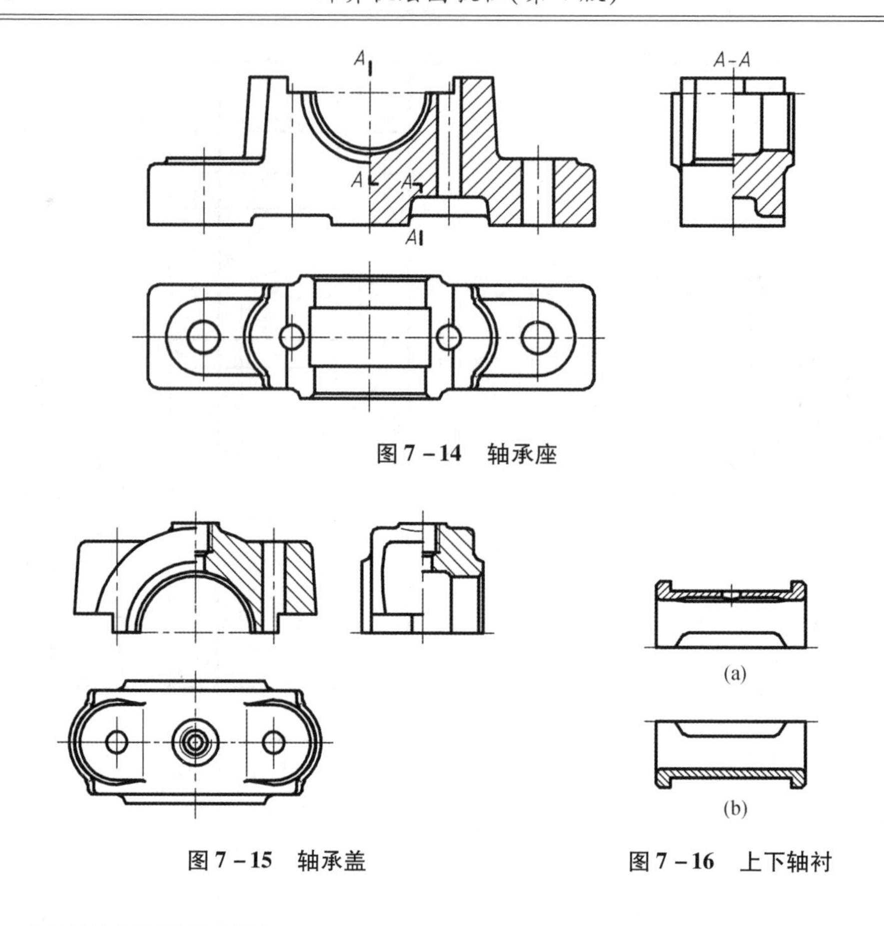

图 7 – 14　轴承座

图 7 – 15　轴承盖

图 7 – 16　上下轴衬

3. 由零件图拼画装配图

第 1 步　设置绘图比例:本例设置滑动轴承的绘图比例为 1:2。

第 2 步　确定基准:以轴承座的对称中心面和下面安装面为基准。

第 3 步　拼画装配图:采用带基点复制法,即利用剪贴板将零件图的图形带基点复制。然后在装配图中为零件图基点指定插入点粘贴。

①绘制轴承座:先打开“轴承座. dwg”文件,执行“带基点复制”命令,按命令行提示指定基点(即粘贴时的插入点),再选择如图 7 – 14 所示轴承座的视图;然后打开装配图“滑动轴承. dwg”文件,按 Ctrl + V 键,按命令行提示指定插入点完成粘贴操作,用 MOVE 命令调整轴承座三视图位置,即确定了装配图三视图的基准,结果如图 7 – 17 所示。

②同样方法,按定位的基准线位置,结合“对象捕捉”带基点复制,依次将轴承盖和上下轴衬粘贴到滑动轴承装配图中。结合“极轴追踪”“对象捕捉”和“对象捕捉追踪”,补画符合“长对正、高平齐、宽相等”投影规律的图线。

③绘制标准件:按比例画法的简化画法绘制螺栓、螺母和油杯的图形,参见表 2 – 10。

> **提示**　已有完整零件图拼画装配图时,在零件图中将“5 文字和尺寸”图层处于“关”或“冻结”状态,然后利用剪贴板“带基点复制”图形;在装配图中“粘贴”图形。

第 4 步　删除和修剪多余图线,完成拼画装配图。

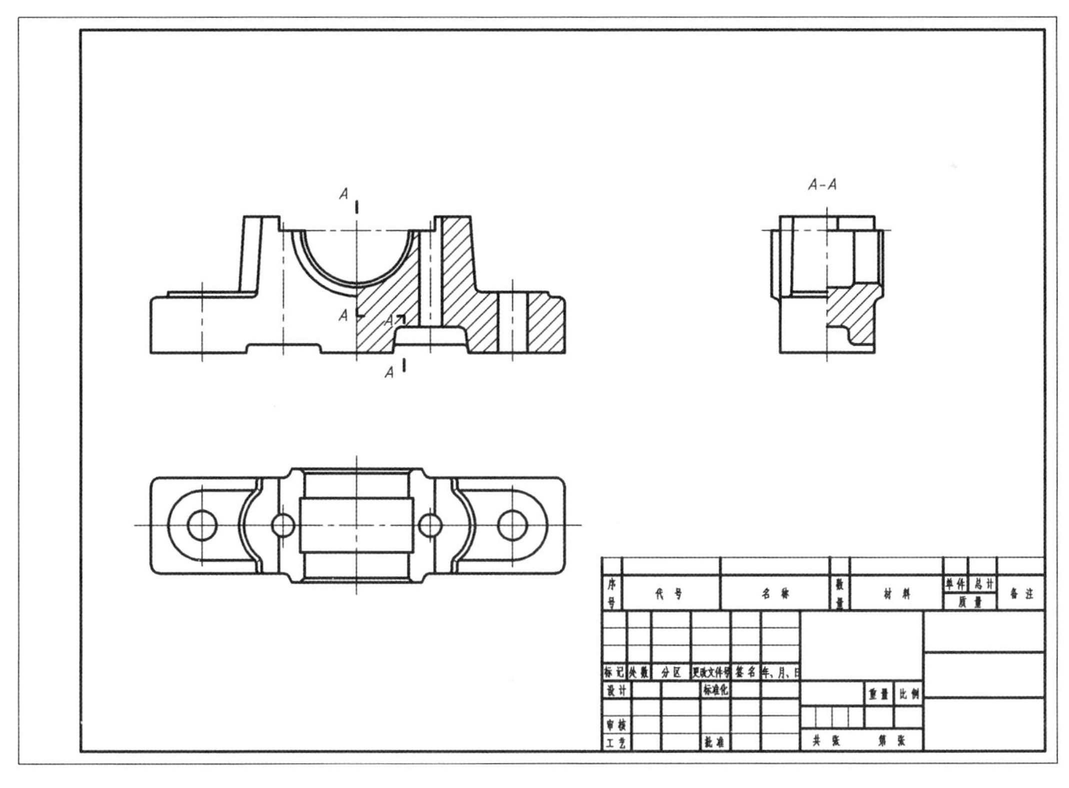

图 7－17　绘制轴承座

4. 工程标注

第 1 步　标注必要的尺寸：在如图 7－13 所示滑动轴承装配图中，只需标注出性能规格尺寸 ϕ50H8；配合尺寸 ϕ10H8/s7、ϕ60H8/k7、65H9/f9 和 90H9/f9；安装尺寸 180 和 85 ±0.3；外形尺寸 240,80 和 160；其他重要尺寸 2 和 70 ±0.1 等。

> **注意**　用“线性尺寸”命令的“多行文字(M)”选项中“堆叠”功能，直接标注的公称尺寸 ϕ60 与轴的公差带代号 k7 水平对齐，不符合国家标准规定，如图 7－18(a)所示。因此，可分解如图 7－18(a)所示尺寸，然后按表 5－5 所示对文字“堆叠”并移动其位置，即可完成如图 7－18(b)所示符合国家标准规定的配合尺寸标注。

图 7－18　配合尺寸注法

(a)不符合国家标准规定；(b)符合国家标准规定

下面以尺寸 $\phi60\dfrac{H8}{k7}$为例，介绍配合尺寸的标注方法和步骤。

①选择功能区“【默认】→【注释】→【线性】”按钮，标注线性尺寸 60。

②选择功能区“【默认】→【修改】→【分解】”按钮，选择尺寸 60 将其尺寸分解为尺寸

界线、尺寸线、尺寸数字和箭头。

③双击尺寸数字60,弹出【文字编辑器】上下文选项卡,按 Delete 键删掉自动按测量标注的尺寸数字60,输入 ϕ60H8/k7,按表 5 - 5 所示堆叠其文字。

④单击【确定】按钮,完成如图 7 - 18(b)所示标注。

第2步 编写零部件序号:零件序号尽可能注写在反映装配关系最清楚的视图上,操作如下:

①设置“小点”多重引线样式:将表 5 - 10 设置的“小点”多重引线样式置为当前。

②标注零部件序号:选择功能区“【默认】→【注释】→【引线】”按钮,按命令行提示操作:

```
指定引线箭头的位置或[引线基线优先(L)/内容优先(C)/选项(O)]<选项>:拾取零件上点
指定引线基线的位置:拾取一点                    //引线的第二点
```

③对齐排列零部件序号:利用“对象捕捉追踪”,对齐排列零部件序号。

第3步 完成明细栏和标题栏:根据零部件序号个数,用“复制”命令复制“A3 装配图的图形样板.dwt”图形样板文件的明细栏和标题栏。

第4步 标注技术要求、剖切符号和文字等(在主视图上标注剖切字母 *A*,在左视图上标注“*A* - *A*”及“拆去件 8”文字,在俯视图上标注“拆去件 3 和件 4 等”)。

5. 调整、保存和打印

对装配图视图、文字和尺寸进行整体调整,并保存;可按要求打印出图。

7.4 绘制正等轴测图

要绘制正等轴测图(简称正等测),应符合 GB/T 4458.3—2013《机械制图 轴测图》国家标准规定。本节介绍用 AutoCAD 绘制二维的正等轴测图。

7.4.1 绘图正等轴测图的环境设置

AutoCAD 提供了绘制正等测的 3 个工具,即“等轴测捕捉”模式设置、轴测平面切换和轴测椭圆工具,可完成如图 7 - 19 所示图形。

1. “等轴测捕捉”模式设置

在状态栏上右击“显示栅格”按钮,单击【网格设置】,弹出如图 3 - 19 所示【草图设置】对话框,在【捕捉和栅格】选项卡中将【捕捉类型】选项区的【栅格捕捉】模式由默认选择【矩形捕捉】选项切换为【等轴测捕捉】选项。

2. 轴测平面切换

设置“等轴测捕捉”模式后,如图 3 - 18(c)所示在状态栏上单击的相应按钮或按 F5 键或 Ctrl + E 键,在如图 7 - 19 所示 3 个轴测平面间切换,且绘图的交叉光标显示形状随之变化(与当前轴测平面的轴测轴方向一致)。3 个等轴测平面为左轴测平面(*Y*,*Z* 轴定义的坐标面)、上轴测平面(*X*,*Y* 轴定义的坐标面)和右轴测平面(*X*,*Z* 轴定义的坐标面),在此分别简称左面、上面和右面。

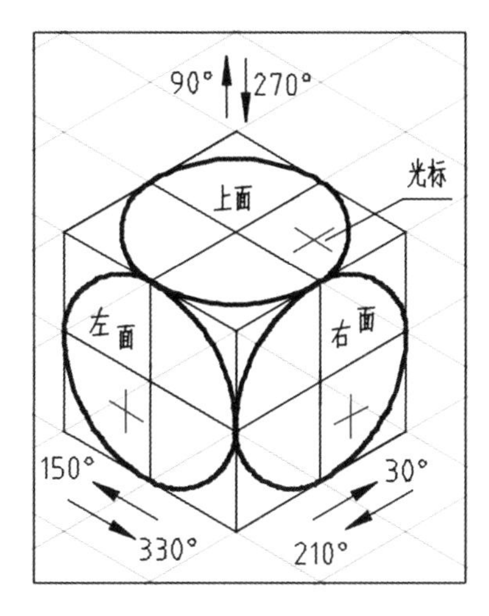

图 7 – 19　正等轴测平面、栅格和光标

3. 轴测椭圆

在“等轴测捕捉”模式下，ELLIPSE 命令（简写 EL）提供了“等轴测圆”选项，其具有画轴测椭圆的功能，专门用于绘制圆和圆角（其使用方法与“圆”命令一样，但绘制出的是圆的等轴测图——椭圆）。

命令：**EL**↙　　//执行“椭圆”命令
指定椭圆轴的端点或［圆弧（A）/中心点（C）/等轴测圆（I）］：**i**↙　　//画等轴测椭圆
指定等轴测圆的圆心：　　//拾取椭圆中心点
指定等轴测圆的半径或［直径（D）］：30↙　　//轴测轴方向的椭圆半径同空间圆的半径

注意　AutoCAD 绘制二维正等轴测图，常用操作如下：
（1）二维轴测图不能消隐图线，需用“修剪”命令等编辑处理。
（2）一般采用相对极坐标输入点位置，其角度的输入如图 7 – 19 所示。
（3）单击状态栏“正交”按钮或按 F8 键，以便绘制与 *X* 轴或 *Y* 轴平行的直线。

7.4.2　绘制正等轴测图实例

例 7 – 3　根据如图 7 – 20 所示支架视图，绘制其二维正等轴测图。

第 1 步　设置和显示图形界限：用 LIMITS 命令设置 A4 图幅的图形界限；无图形对象时，在【导航栏】上单击【范围缩放】按钮执行 ZOOM 命令的“范围（E）”选项，显示栅格可见图形界限。

第 2 步　设置正等轴测图的绘图环境：在如图 3 – 19 所示【草图设置】对话框中，设置“等轴测捕捉”模式；根据绘图需要，随时按 F5 键或 Ctrl + E 键在 3 个轴测平面之间切换，将状态栏上“正交”和“显示栅格”按钮处于启用状态，以便绘图。

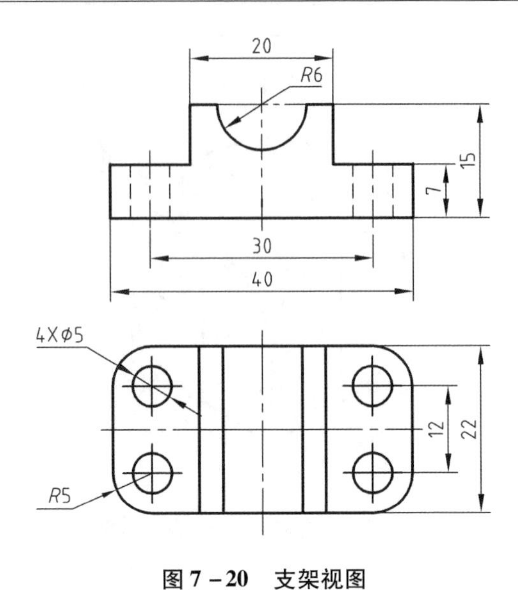

图 7 - 20　支架视图

第 3 步　绘制底板:

①绘制底板外形,如图 7 - 21(a)所示。

命令:**LINE** ↙
指定第一点:**20,20** ↙
指定下一点或[放弃(U)]:**@40 <30** ↙
指定下一点或[放弃(U)]:**@22 <150** ↙
指定下一点或[闭合(C)/放弃(U)]:**@40 <210** ↙
指定下一点或[闭合(C)/放弃(U)]:**c** ↙

②确定底板上圆和圆角的圆心,如图 7 - 21(a)所示。

命令:**COPY** ↙
选择对象:**选取直线 L 上任一点**↙
指定基点或[位移(D)] < 位移 >:指定第二个点或 < 使用第一个点作为位移 >:**@5 <330** ↙
//得到直线 M

③按 F5 键或 Ctrl + E 键,将轴测平面切换为上面,绘制底板上圆孔和圆角的椭圆,如图 7 - 21(a)所示。

命令:**EL** ↙　　//执行“椭圆”命令
指定椭圆轴的端点或[圆弧(A)/中心点(C)/等轴测圆(I)]:**i** ↙
指定等轴测圆的圆心:　　//捕捉圆心
指定等轴测圆的半径或[直径(D)]:**2.5** ↙　　//得到 ϕ5 圆的椭圆

④先用 TRIM 命令修剪,再用 COPY 命令将底板的顶面复制到底面,然后用 LINE 命令绘制竖直轮廓线,最后用 TRIM 命令修剪,即完成底板,如图 7 - 21(b)所示。

第 4 步　绘制上部结构:将轴测平面切换为右面,绘制图形,如图 7 - 21(c)所示。

第 5 步　编辑、整理,即完成如图 7 - 21(d)所示图形。

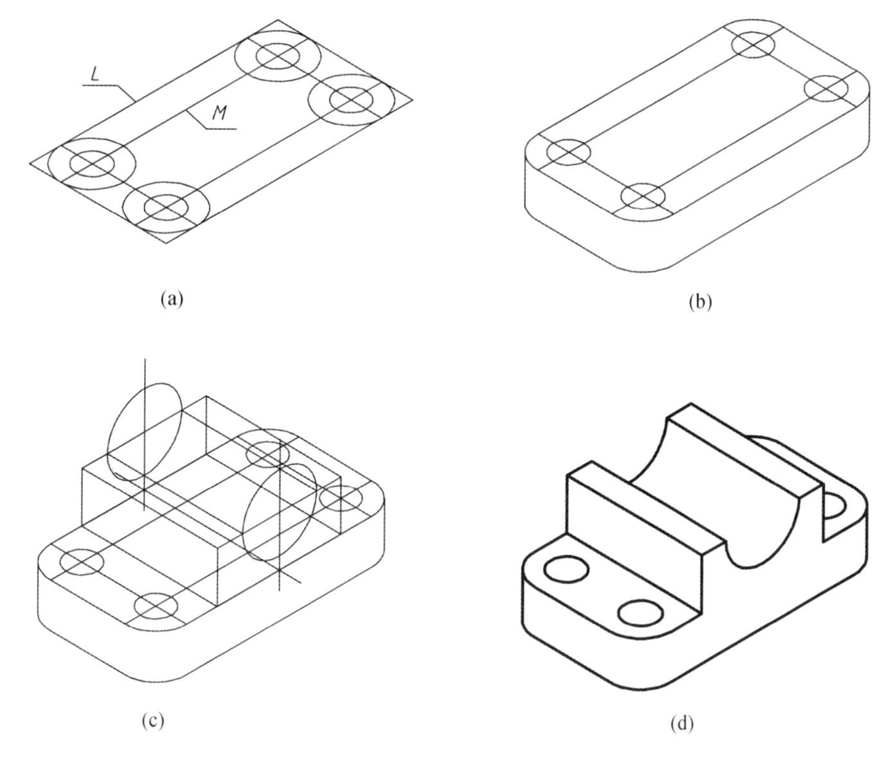

图 7 – 21　绘制支架正等轴测图

上机指导和练习

【目的】

1. 熟练设置符合国家标准绘图环境,包括图幅、图层、文字样式和尺寸标注样式等。
2. 掌握创建零件图和装配图的图形样板文件。
3. 准备表面结构代号等常用图形和图块,学会应用【设计中心】选项板。
4. 掌握 AutoCAD 绘制零件图、装配图和正等轴测图的方法及步骤。

【练习】

1. 绘制如图 7 – 22 所示端盖零件图。
2. 绘制如图 7 – 23 所示泵体零件图。
3. 绘制如图 7 – 24 所示脚踏座零件图。

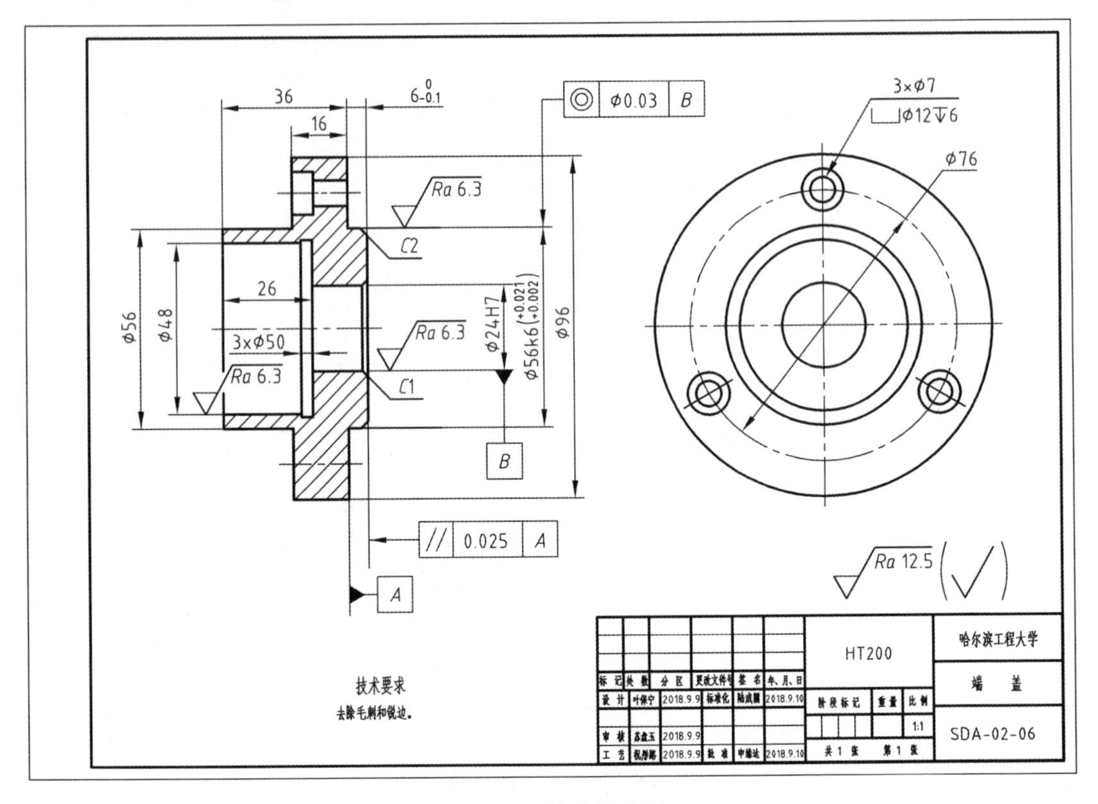

图 7－22　端盖零件图

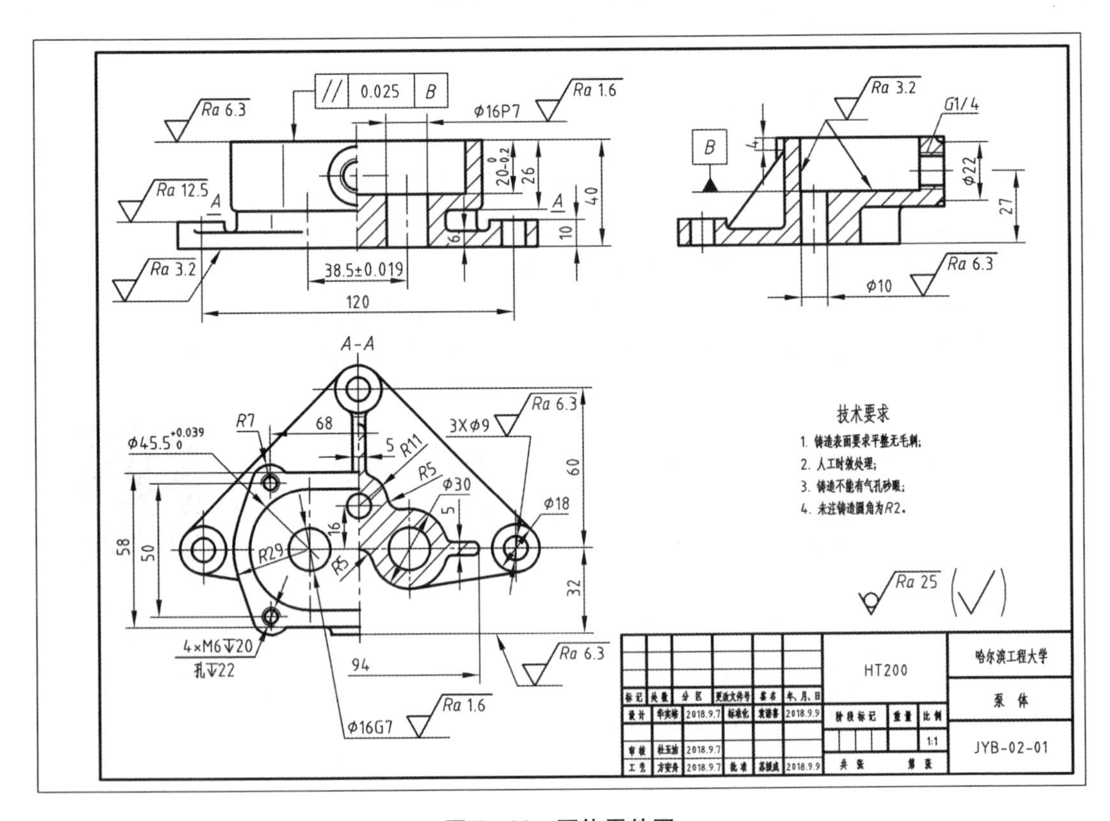

图 7－23　泵体零件图

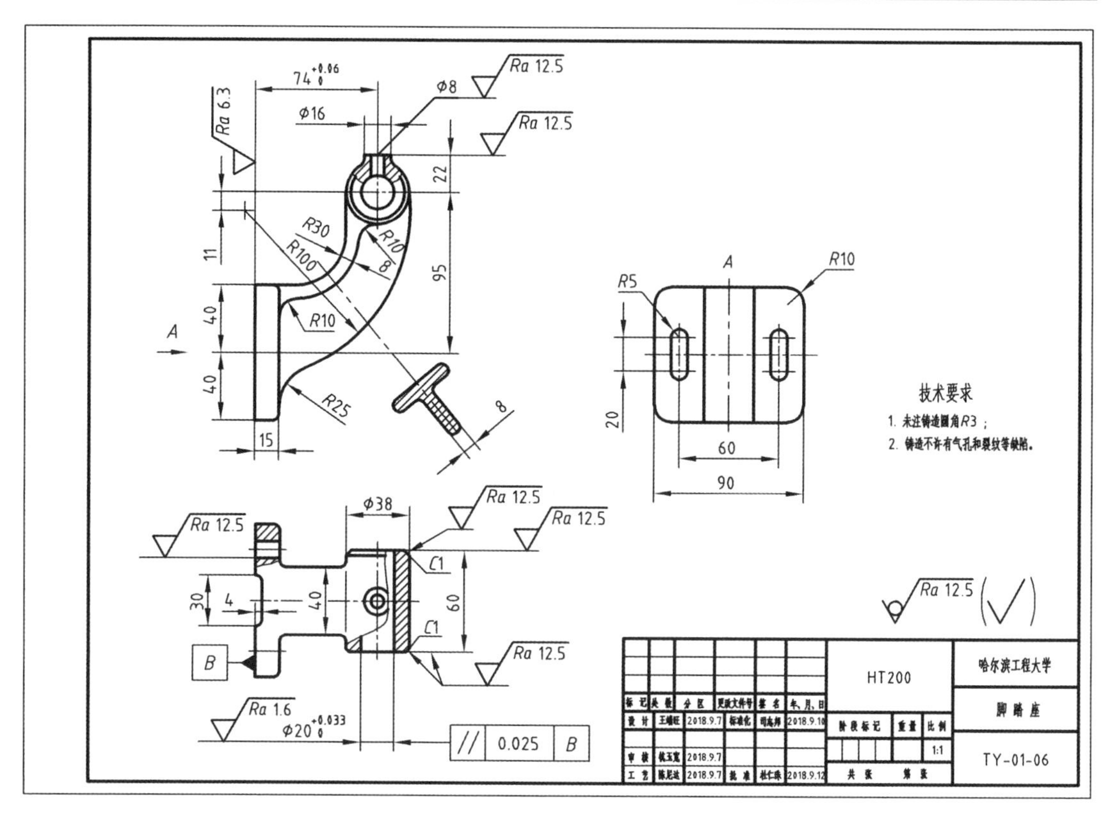

图 7 – 24 脚踏座零件图

提示 要确定如图 7 – 24 所示主视图上圆弧 $R100$ 的圆心，操作如下：

(1) 以 $\phi38$ 圆心为圆心，以 $R81$ 为半径绘制圆弧（即圆弧内切时，其半径为相减关系，$R81 = R100 - R19$）。

(2) 执行“偏移”命令，向下偏移距离为 11，绘制与 $\phi38$ 圆心处水平点画线的平行线。

(3) 确定 $R100$ 的圆心，即所绘制 $R81$ 圆弧与水平平行线的交点。

4. 根据如图 7 – 25 所示低速滑轮装置零件图，拼画如图 7 – 26 所示低速滑轮装置装配图。

5. 按例 7 – 3 绘制正等轴测图。

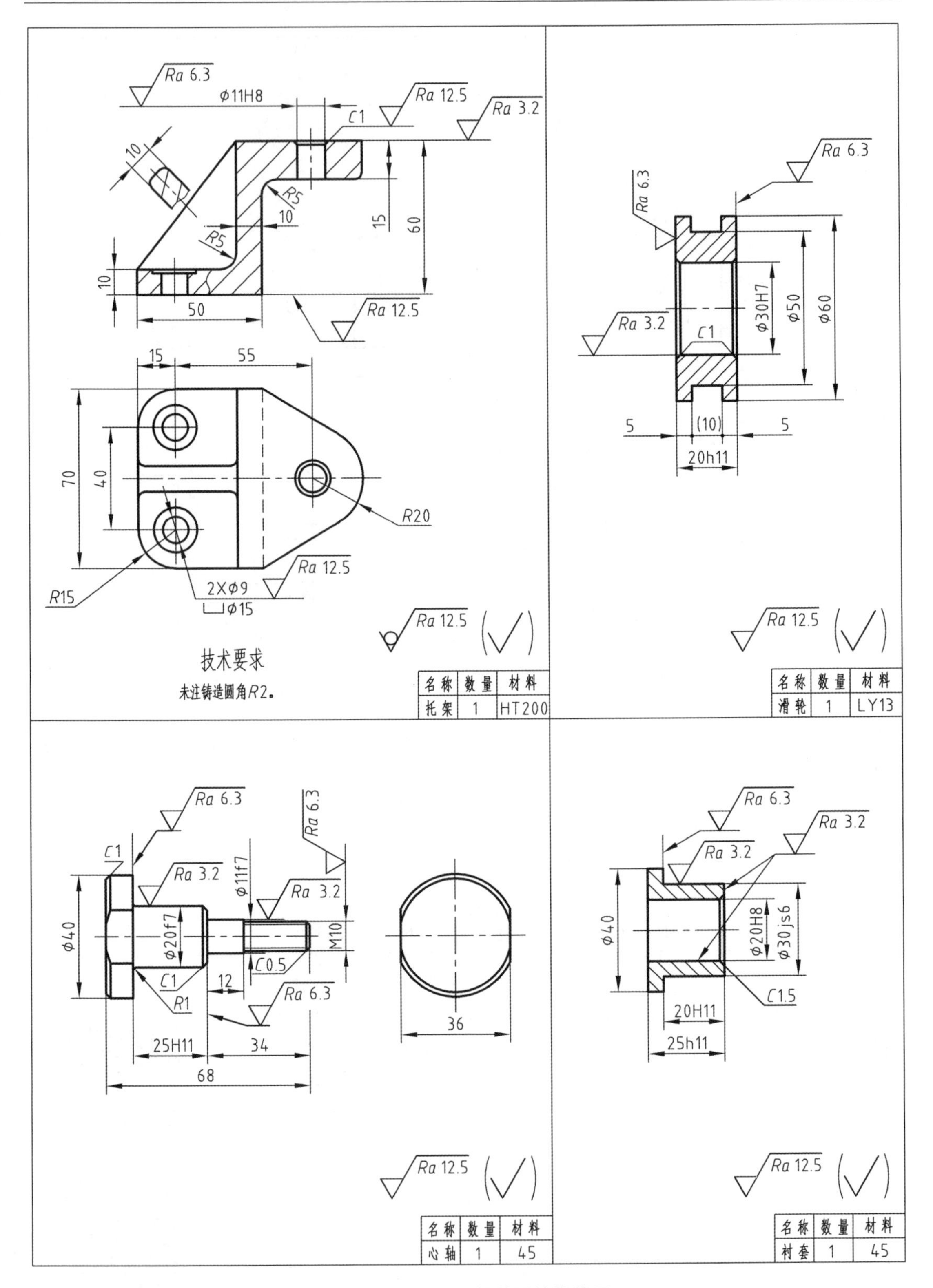

图 7－25　低速滑轮装置的零件图

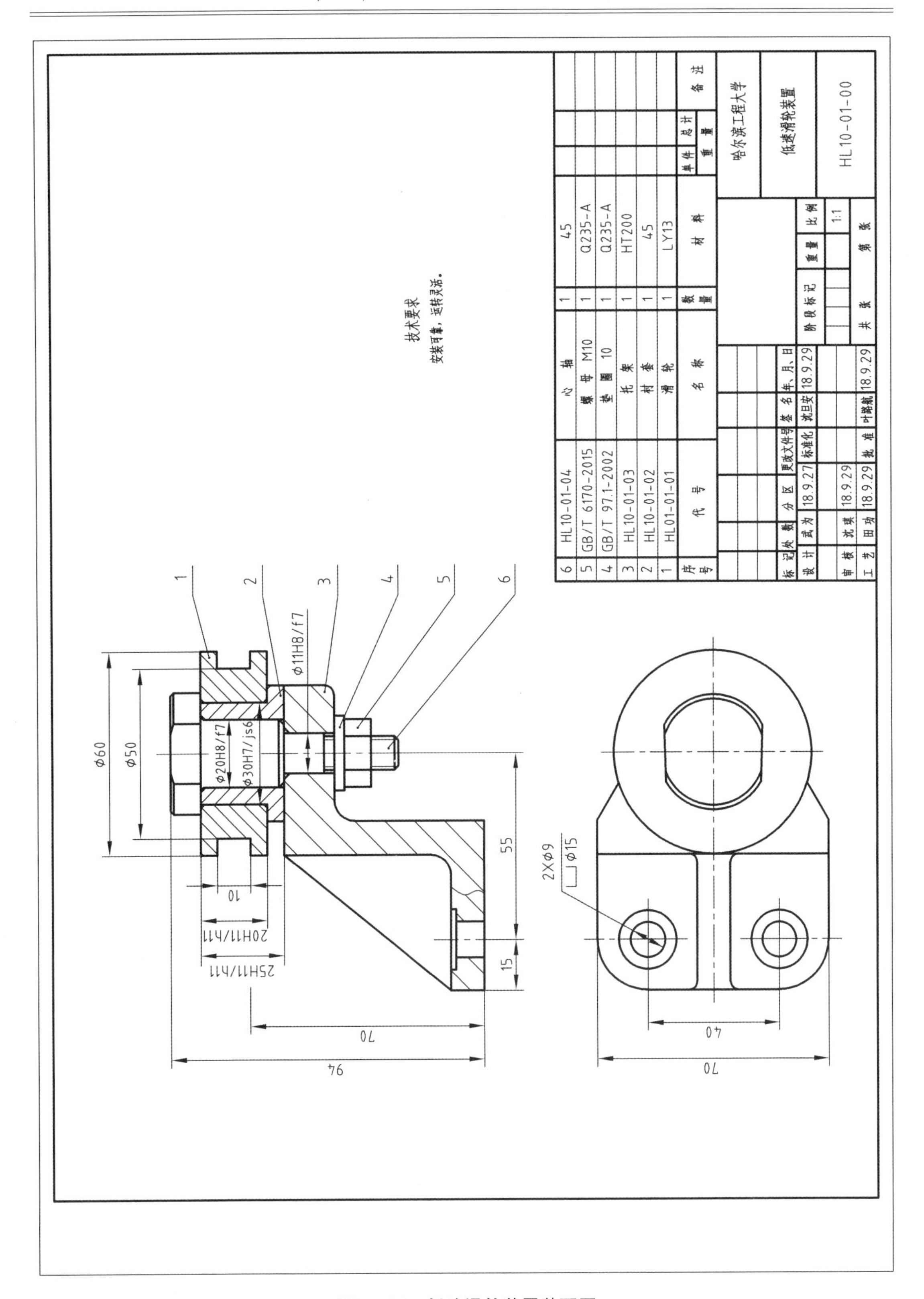

图 7－26　低速滑轮装置装配图

第 8 章　数据转换和打印输出

数据转换和打印输出是 AutoCAD 软件的两项重要功能:一方面是与其他软件数据转换(即输入或输出数据);另一方面是将绘图结果打印输出。通过规定格式文件、Windows 对象链接与嵌入功能(OLE)及剪贴板,可实现 AutoCAD 与 Creo(Pro/E)、UG NX、CATIA、SolidWorks、CAXA、Word、PowerPoint、Excel 或 Photoshop 等常用软件数据转换,使处理图形、文字和表格的软件有机结合、优势互补,从而实现软件之间的数据共享。

8.1　常用规定格式文件和数据转换

各种软件的文件都有规定的数据格式,通过两个软件都能识别和输出与输入的同一规定格式(类型)的文件可实现两个软件之间的数据转换,AutoCAD 提供的常用格式文件,见表 8-1。

表 8-1　AutoCAD 常用规定格式文件

序号	格式文件	说　明
1	DWG	AutoCAD 默认以 DWG 文件保存图形文件(*.dwg),其数据为矢量数据。由于 AutoCAD 强大的影响力,Creo(Pro/E)、UG NX、SolidWorks、CAXA 和 3ds MAX 等软件通过 DWG 文件都可以实现与 AutoCAD 进行数据转换,参见 8.2 节所述
2	DXF	DXF 文件(Drawing Exchange File)是一种图形交换文件(*.dxf),是许多图形软件通用的格式,用于 CAD 应用程序之间共享图形数据,参见 8.2 节所述
3	PDF	Adobe Acrobat Portable Document Format 文件,用于共享图形(安全原因或非 AutoCAD 用户等需要)。在 AutoCAD 中,可用 IMPORT 命令输入或 ATTACH 命令插入附着,还可用 EXPORT 命令输出或用虚拟打印机打印到文件
4	光栅图像	光栅图像的数据结构完全不同于 AutoCAD 对象的矢量数据,光栅图像(图片)由一些称为像素的小方块或点的矩形栅格组成(BMP,JPG/ JPEG,PNG 和 TIF / TIFF 等格式的文件都是光栅图像),打印到文件可转换为 TIF 格式文件(*.tif)。

8.1.1　输入数据

在 AutoCAD 中,输入各种规定格式文件有如下 3 种方式。

(1)执行“打开”命令,弹出【选择文件】对话框。例如,打开其他 CAD 软件的 DWG 文件(*.dwg)或 DXF 文件(*.dxf)数据,对输入文件,一般需要如下处理操作:①用 ZOOM 命令的“全部 A”选项显示全部图形;②选择“带基点复制”命令,按提示指定基点并选择图形;③打开已创建零件图或装配图的图形样板文件,另存为一个图形文件(*.dwg),然后按 Ctrl

+V 键粘贴;④编辑图形:删掉多余剖面线和剖切符号等对象,补充剖面线等内容形成完善的图形文件,采用 4.2.1 所述“快速选择”命令按图形样板文件中图层、文字样式和尺寸标注样式修改粘贴后的图形、文字和尺寸,选择功能区“【默认】→【特性】→【特性匹配】”按钮和选择功能区“【视图】→【选项板】→【特性】”按钮修改;⑤通过绘图和编辑等操作工程图样后,保存其 DWG 文件(*.dwg)。

(2)执行 IMPORT(输入)命令,弹出【输入文件】对话框,可输入 IGES(*.igs)等格式文件,可选择功能区“【默认】→【修改】→【分解】”按钮分解图形等编辑操作。

(3)执行“附着”命令,弹出【选择参照文件】对话框,详见例 8-1。

例 8-1　在 AutoCAD 中,按照插入的图片绘制其零件图、装配图或其他二维图形。

第 1 步　获得的图片为参照:选择功能区“【插入】→【参照】→【附着】”按钮,弹出【选择参照文件】对话框,将图片插入到当前所绘制的 AutoCAD 图形文件中(此方法可将企业图标等图片插入 AutoCAD 图形文件中)。

> **注意**　可在 Word 文件中按 Ctrl+C 键复制图片,然后在 AutoCAD 中按 Ctrl+V 键粘贴;还可将 PDF 文件的一个页面插入到当前 AutoCAD 图形文件,操作如下:选择功能区“【插入】→【参照】→【附着】”按钮,弹出【选择参照文件】对话框,在【文件类型】下拉列表中选择“PDF 文件(*.pdf)”。

第 2 步　调整图片的大小:根据需要,拖动图像夹点或选择功能区“【默认】→【修改】→【缩放】”按钮,调整其大小。

第 3 步　按插入的图片绘制 AutoCAD 图形,操作如下:

①根据图片颜色,选择一种线型和颜色(例如,红色粗实线),设置背景色而改变光标的颜色。

②按图片上图线,绘制图形。

③按住鼠标中键移动鼠标即执行“平移”命令,可隐藏图片;退出平移将显示图片。

第 4 步　删除图片:选择图片,按键盘上 Delete 键删除。

第 5 步　编辑 AutoCAD 图形:通过【图层】面板上“图层控制”下拉列表和选择功能区“【默认】→【特性】→【特性匹配】”按钮,可将图线修改为所需图层。

8.1.2　输出数据

要将 AutoCAD 图形数据保存为其他软件能够调用的文件格式,有如下 4 种方式。

(1)执行“另存为”命令,弹出【图形另存为】对话框。绘制二维图形后,选择菜单“【文件】→【另存为】”命令,弹出【图形另存为】对话框,在【文件类型】下拉列表框中选择所用其他软件能兼容的文件格式,如“AutoCAD 2010 图形(*.dwg)”“AutoCAD 2007 图形(*.dwg)”“AutoCAD 2010 DXF(*.dxf)”“AutoCAD 2007 DXF(*.dxf)”,然后保存。

(2)选择菜单“【文件】→【输出】”命令,弹出【输出数据】对话框。

(3)执行 PLOT 命令,打印到文件,详见 8.3.2. 所述。

(4)利用 Windows 系统的剪贴板功能,参见表 8-2。

8.2　AutoCAD 与常用软件数据转换

在机械设计、制造及技术交流中,工程图样仍发挥重要作用。一方面,AutoCAD 软件不但可方便、准确地绘制和编辑复杂的平面图形及符合国家标准规定的零件图和装配图,而且还可方便地打印输出,且为绝大多数机械工程技术人员所掌握;另一方面,由三维到二维的设计模式是现代工程设计的重要模式之一,Creo(或 Pro/E)、UG NX、SolidWorks、CATIA、Inventor 和 SolidEdge 等软件具有强大的三维参数化设计、分析和仿真功能,但其软件绘制的模型投影工程图往往不易完全符合国家标准的要求。另外,Creo(Pro/E)等三维软件大部分建模是以草绘图形为基础,而绘制复杂平面图形不如 AutoCAD 方便。

作为工程技术人员,应掌握如下两方面数据转换的技能。

(1)AutoCAD 软件与 Creo(或 Pro/E)和 UG NX 等三维软件图形数据转换。例如,用 Creo 软件完成三维模型投影工程图,然后用 AutoCAD 软件编辑为符合国家标准的工程图样;用 AutoCAD 软件绘制复杂平面图,然后转换为 Creo 软件的草图,最后在 Creo 中创建三维模型。

(2)不同 CAD 软件之间三维数据转换。通过 IGES(*.igs)或 STEP(*.stp)等格式文件,可将一种 CAD 软件创建的三维模型保存或输出为在其他 CAD 软件中能够打开的三维数据模型。例如,通过 IGES(*.igs)格式文件,实现 Creo 软件与 SolidWorks 软件之间数据转换;通过 STL(*.stl)格式文件,可将 Creo 软件三维模型进行 3D 打印。

下面简要介绍 AutoCAD 与 Creo(或 Pro/E)、UG NX、SolidWorks、CAXA、Word 和 PowerPoint 等软件数据转换的方法和转换后效果处理技巧。

8.2.1　与 Creo(Pro/E)软件数据转换

下面以 AutoCAD2018 和 Creo 4.0 为例,介绍 AutoCAD 与 Creo 软件数据转换的方法和步骤。

1. 输入 Creo 图形数据

(1)在 Creo 中,创建三维模型,然后由三维模型直接投影生成所需的二维工程图,操作如下:①打开工程图文件(*.drw),关闭基准面、基准轴和坐标系等显示;②选择菜单"【文件】→【另存为】→【保存副本】"命令,弹出【保存副本】对话框,在【类型】下拉列表中选择 DXF(*.dxf)或 DWG(*.dwg),单击【确定】按钮;③弹出如图 8-1(a)所示弹出【DWG 的导出环境】对话框(或【DXF 的导出环境】对话框),单击【确定】按钮。

(2)在 AutoCAD 中,在【快速访问】工具栏上单击按钮,打开 Creo 导出的 DXF(*.dxf)或 DWG(*.dwg)文件,然后编辑。如遇到转换后表格内文字变大串行问题,只需双击任意一个单元格,然后在图形区单击。Creo 数据转换到 AutoCAD 后,可用带基点复制法复制到用户已有样板图形文件(*.dwg)中,调整图层(修改图层,并通过合并图层去掉转换来的图层)。

2. 输出为 Creo 图形数据

(1)在 AutoCAD 中,保存 DXF(＊. dxf)或 DWG(＊. dwg)文件。

(2)在 Creo 中,由 AutoCAD 图形文件转换为 Creo 图形数据有如下两种方式。

方式 1:在“零件”模式的草绘状态下转换为草图:①选择草绘平面;②选择功能区“【模型】→【形状】→【拉伸】”按钮(或其他命令);③出现【草绘】上下文选项卡,选择功能区“【草绘】→【获取数据】→【文件系统】”按钮;④弹出【打开】对话框,在【类型】下拉列表中选择“所有文件(＊)或 DWG(＊. dwg)”,选择 AutoCAD 中保存的 DWG 文件,单击【导入】按钮;⑤拾取放置位置,其图形即转换为草图;⑥通过“拉伸”等操作可创建三维模型。

方式 2:在“绘图”模式下转换二维图形:①选择菜单“【文件】→【选项】”命令,弹出【选项】对话框,【添加/更改】“drawing_setup_file”选项设置符合国家标准的绘图环境,详见 12. 2 节所述;②在【快速访问】工具栏上单击“打开”按钮,弹出【文件打开】对话框,在【类型】下拉列表中选择“所有文件(＊)”,选择在 AutoCAD 中保存的 DXF 文件(＊. dxf)或 DWG 文件(＊. dwg),单击【导入】按钮;③弹出如图 8 - 1(b)所示【导入新模型】对话框(其中【类型】选项区默认为【绘图】选项),输入文件名称后,单击【确定】按钮;④弹出【导入 DXF】或【导入 DWG】对话框,依次选择“【属性】→【线型】”选项卡,将显示的“隐藏线”改为“控制线”,再单击【确定】按钮。

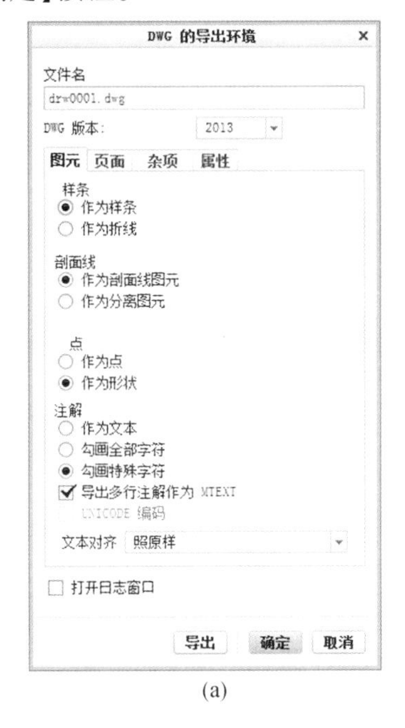

(a)

(b)

图 8 - 1　Creo 导出和导入数据

(a)Creo【DWG 的导出环境】对话框;(b)Creo【导入新模型】对话框

8.2.2　与 UG NX 软件数据转换

实际工程设计中,经常需要在 AutoCAD 中输入 UG NX 图形数据。下面以 UG NX 8.5 软件为例,介绍 AutoCAD 输入 UG NX 图形数据的方法和步骤。

(1)在 UG NX 中,操作如下:①在【建模】模块中创建三维实体模型;②切换到【制图】模块生成二维工程图;③选择菜单“【文件】→【导出】→【AutoCAD DXF/DWG】”命令;④弹出如图8-2所示 UG NX 的【AutoCAD DXF/DWG 导出向导】对话框,默认进入【输入和输出】选区,选择【导出至】选项为【DXF】或【DWG】单选按钮,选择【导出为】选项中【2D】单选按钮,在【输出至】选项区选择“建模”选项且指定保存路径,单击【下一步】按钮;⑤进入【要导出的数据】项选区,选择【图纸】单选按钮,【图纸】选项选择【导出】下拉列表为“Current Drawing”,单击【下一步】按钮;⑥进入【选项】选项区,默认选择【DXF/DWG 版本】为“2004”选项;⑦单击【完成】按钮即可完成导出。

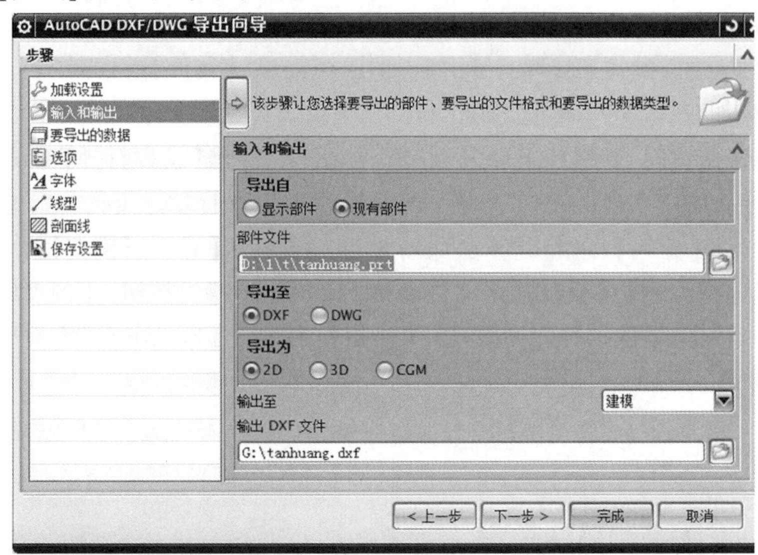

图8-2　UG NX 的【AutoCAD DXF/DWG 导出向导】对话框

提示　由 UG NX 模型投影二维工程图时,设置第一角画法操作如下:①选择菜单“【文件】→【实用工具】→【用户默认设置】”命令;②弹出【用户默认设置】对话框,默认选择【制图】→【常规】→【标准】,单击【Customize Standard】按钮;③默认选择【制图标准】→【常规】→【图纸】,单击如图2-4(a)所示第一角投影标识符号。

注意　如果在如图8-2所示 UG NX【AutoCAD DXF/DWG 导出向导】对话框中的【输出至】选项区选择“建模”选项,则在 AutoCAD 中打开其转换后图形将进入【模型】选项卡,可编辑其中对象。否则,在【输出至】选项区选择“布局”选项,在 AutoCAD 中打开其转换后图形将进入【布局】选项卡,而不能在【模型】选项卡显示和编辑二维工程图。

(2)在 AutoCAD 中,在【快速访问】工具栏上单击按钮,打开 UG NX 软件中导出的 DXF(*.dxf)或 DWG(*.dwg)文件。

8.2.3　与 SolidWork 软件数据转换

下面以 SolidWorks 2016 为例,介绍 AutoCAD 与 SolidWork 软件之间数据转换的方法和步骤。

1. 输入 SolidWork 图形数据

(1)在 SolidWorks 中,操作如下:①选择菜单“【文件】→【另存为】”命令;②弹出【另存为】对话框,在【保存类型】下拉列表中选择“Dxf(*.dxf)”或“Dwg(*.dwg)”,单击【保存】按钮。

对零件模型或装配模型投影的工程图文件(*.drw),单击【保存】按钮将保存为工程图文件(*.dxf)或(*.dwg);对零件模型或装配模型,将弹出如图 8-3(a)所示【DXF/DWG 输出】选项卡,设置后单击 ✔ 按钮将只能完成模型的一个方向视图(如主视图或轴测图等)。

(2)在 AutoCAD 中,在【快速访问】工具栏上单击按钮,打开 SolidWorks 软件中导出的 DXF(*.dxf)或 DWG(*.dwg)。

2. 输出为 SolidWorks 图形数据

由 AutoCAD 图形文件转换为 SolidWorks 图形数据,有如下两种方式。

方式 1:直接将 DXF/DWG 文件导入 SolidWorks,操作如下。

(1)在 AutoCAD 中,保存 DWG 文件(*.dwg)或 DXF 文件(*.dxf)。

(2)在 SolidWorks 中,操作如下:①选择菜单“【文件】→【打开】”命令,弹出【打开】对话框,在【文件类型】下拉列表中选择“DXF(*.dxf)”或“DWG(*.dwg)”,选择所需文件,单击【打开】按钮;②弹出【DXF/DWG 输入】对话框,可选择如图 8-3(b)所示【输入到新零件】单选按钮及【2D 草图】单选按钮,单击【下一步】按钮;③按提示对话框进行文档设定,包括单位和图层,单击【完成】按钮,则 AutoCAD 保存的 DWG 文件(*.dwg)或 DXF 文件(*.dxf),即转换为 SolidWorks 草图,然后可对其进行拉伸或旋转等操作。

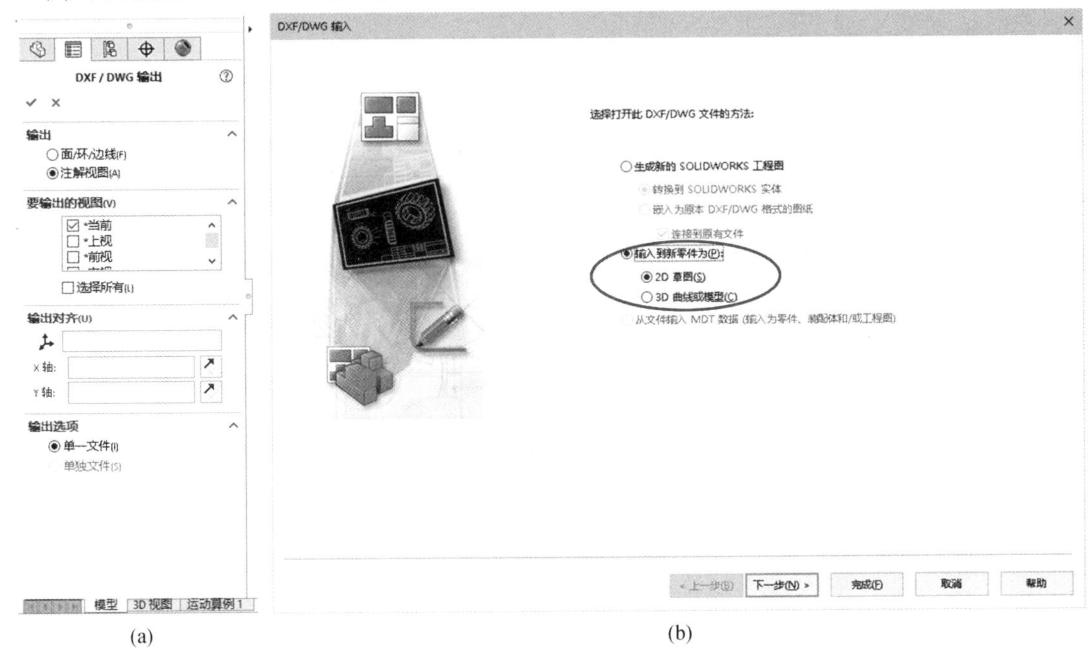

(a)　　(b)

图 8-3　SolidWorks 输出和输入界面

(a)【DXF/DWG 输出】选项卡;(b)【DXF/DWG 输入】对话框

方式 2:从 AutoCAD 的 DXF 或 DWG 文件复制和粘贴实体到 SolidWorks 零件、装配体及工程图文件中,操作如下。

(1)在 AutoCAD 中打开 DXF 或 DWG 文件。按 Ctrl + C 键(复制)并选择 DXF 或 DWG 图形对象,将其图形对象复制到剪贴板上。

(2)在 SolidWorks 中,打开要粘贴图形对象的 SolidWorks 工程图文件,在图形区单击,按 Ctrl + V 键(或右击选择【粘贴】选项或选择菜单“【编辑】→【粘贴】”命令),将 DWG 图形对象粘贴到激活的工程图文件中。

8.2.4　与 CAXA 软件数据转换

CAXA 软件提供丰富的机械图库和符合国家标准设置,具有方便、快捷绘制符合国家标准零件图和装配图等优点。下面以 CAXA 2013 软件为例,介绍 AutoCAD 与 CAXA 数据转换的方法和步骤。

1. 输入 CAXA 图形数据

在 CAXA 中,可直接绘制“齿轮齿形”(图 8－4)和“公式曲线”(图 8－5)。

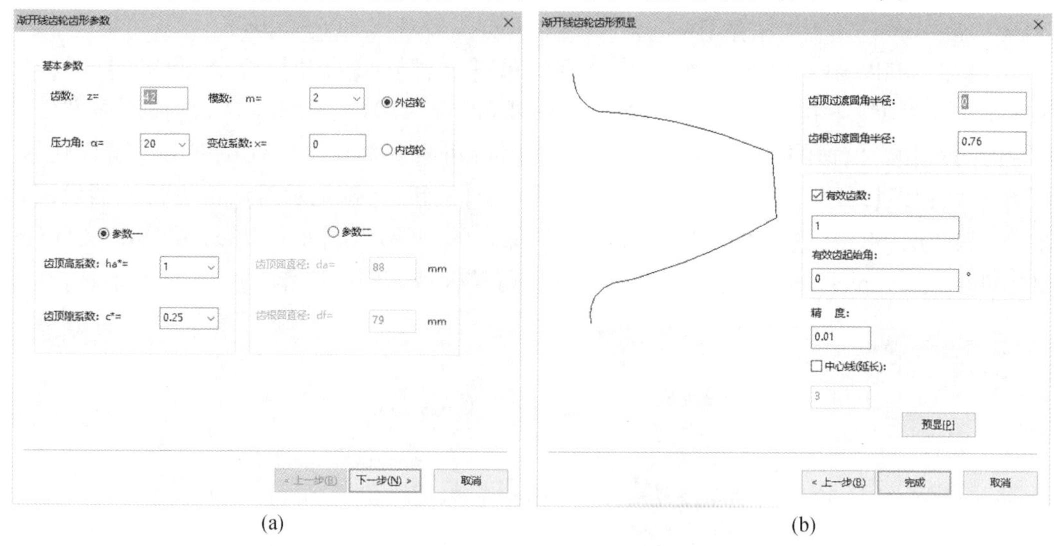

(a)　　(b)

图 8－4　CAXA 绘制渐开线齿轮齿形

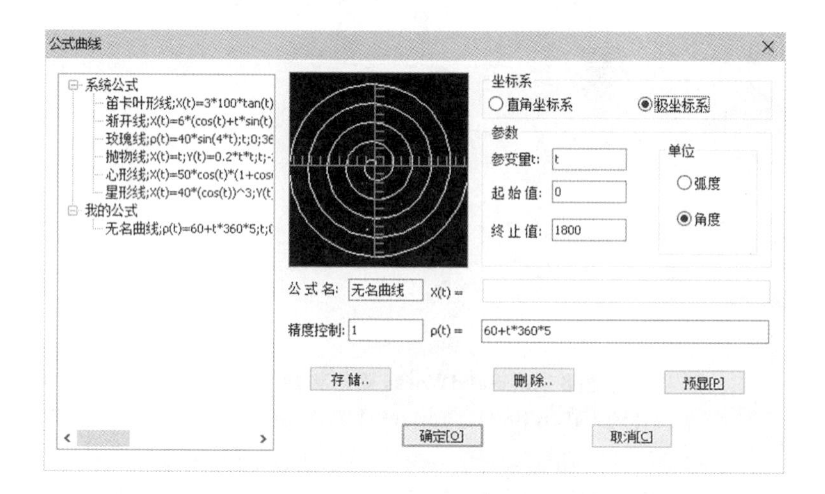

图 8－5　CAXA 绘制公式曲线

(1)在 CAXA 中,选择菜单“→【文件】→【另存为】”命令,将 CAXA 图形文件(＊.exb)另存为所用 AutoCAD 软件能识别的最高版本 DWG 文件或 DXF 文件。例如,AutoCAD 2010 drawing(＊.dwg)或 AutoCAD 2010 DXF(＊.dxf)。

(2)在 AutoCAD 中,在【快速访问】工具栏上单击“打开”按钮,弹出【打开】对话框,打开 CAXA 软件保存的 DWG(＊.dwg)或 DXF(＊.dxf)文件。

> **提示**　选择功能区“【常用】→【高级绘图】→【齿形】”命令,弹出如图 8－4(a)所示【渐开线齿轮齿形参数】对话框设置参数,单击【下一步】按钮弹出如图 8－4(b)所示【渐开线齿轮齿形预显】对话框完成绘制齿轮;在 AutoCAD 中,命令行输入 REGEN 命令(简写 RE)执行“重生成”命令使转换的渐开线显示为光滑曲线。

2. 输出为 CAXA 图形数据

(1)在 AutoCAD 中,将 AutoCAD 图形文件另存为 CAXA 软件能识别的 DWG 文件或 DXF 文件。例如,AutoCAD 2010 图形(＊.dwg)或 AutoCAD 2010 DXF(＊.dxf)。

(2)在 CAXA 中:①在【快速访问】工具栏上单击“打开”按钮,弹出【打开】对话框,在【文件类型】下拉列表中选择“DWG 文件(＊.dwg)”或“DWG 文件(＊.dxf),再选择 AutoCAD 软件保存的 AutoCAD 2010 图形(＊.dwg)或 AutoCAD 2010 DXF(＊.dxf)的文件名;②弹出如图 8－6(a)所示【指定形文件】对话框,对话框要求指定形文件“gbenor.shx”“gbeitc.shx”和“gbcbig.shx”的位置,单击“浏览...”按钮;③弹出如图 8－6(b)所示【打开】对话框,查找 AutoCAD 2018 软件安装目录“C:\Program Files\Autodesk\AutoCAD 2018\Fonts”,打开“Fonts”文件夹,按要求选择“gbenor.shx”“gbeitc.shx”和“gbcbig.shx”字体文件,即可打开 AutoCAD 2010 图形(＊.dwg)或 AutoCAD 2010 DXF(＊.dxf)的文件;④在功能区的【常用】选项卡上的【属性】面板上可见 AutoCAD 设置的图层;⑤双击文字或图形对象,可显示其文字或线型等属性,并可进行修改调整。

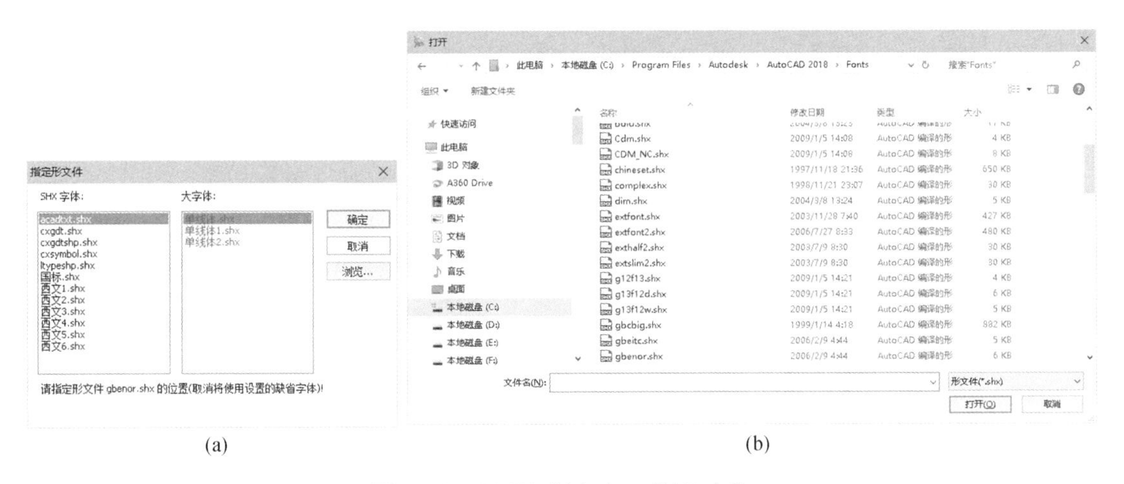

(a)　　　　(b)

图 8－6　CAXA 指定 AutoCAD 字体

8.2.5 与 Microsoft Office 软件数据转换

Word 和 PowerPoint 软件是 Microsoft Office 软件中最常用的两个软件。因此,下面以 Word 2016 和 PowerPoint 2016 软件为例,介绍 AutoCAD 软件数据输出到 Word 或 PowerPoint 软件的常用方式和过程,见表 8 -2。

表 8 -2 数据输出到 Word 或 PowerPoint 文件的常用方式

<table>
<tr><td rowspan="3">软件</td><td>方式 1</td><td>方式 2</td><td>方式 3</td><td>方式 4</td><td>方式 5</td></tr>
<tr><td colspan="3">输出图片</td><td colspan="2">输出图元</td></tr>
<tr><td colspan="3">在 Word 或 PowerPoint 中,可裁剪图片</td><td colspan="2">在 Word 或 PowerPoint 中,可改变图线的线型、线宽和颜色</td></tr>
<tr><td rowspan="3">AutoCAD</td><td colspan="5">打开图形文件(* . dwg)</td></tr>
<tr><td colspan="3">启用状态栏上“显示线宽”</td><td>启用/关闭状态栏上“显示线宽”</td><td>关闭状态栏上“显示线宽”</td></tr>
<tr><td>选择菜单“或【文件】→【输出】”命令保存文件类型为位图(* . bmp);或执行“打印”命令转换为图片(* . tif)(详见例8 -3)</td><td>用 Windows“画图”软件或截图软件截图,保存为图片(* . png)或(* . jpg)等</td><td>用如下方式复制到剪贴板上:按 Ctrl + C 键(复制图形);按 PrintScreen 键(整屏复制);按 Alt + PrintScreen 键(复制活动窗口)</td><td>选择菜单“或【文件】→【输出】→【其他格式】”命令,弹出【输出数据】对话框,保存文件类型为图元文件(* . wmf)</td><td>按 Ctrl + C 键(复制图形)</td></tr>
<tr><td rowspan="4">Word 或 PowerPoint</td><td colspan="5">打开 Word 或 PowerPoint 文件</td></tr>
<tr><td colspan="2">选择功能区“【插入】→【插图】→【图片】”按钮,在【插入图片】对话框中选择图片,单击【插入】按钮</td><td>按 Ctrl + V 键或选择右键快捷菜单中【粘贴】选项</td><td>选择功能区“【插入】→【插图】→【图片】”按钮,在【插入图片】对话框中选择图元文件(* . wmf),单击【插入】按钮</td><td>选择【选择性粘贴】选项,弹出【选择性粘贴】对话框,选择“图片(增强型图元文件)”或“图片(Windows 图元文件)”选项,单击【确定】按钮</td></tr>
<tr><td colspan="3" rowspan="2">双击图片,选择功能区“【格式】→【大小】→【裁剪】”按钮裁剪图片;还可在【大小】面板上设置图片高度或宽度</td><td colspan="2">选择图形对象且右击,弹出快捷菜单,选择“【组合】→【取消组合】”选项(可 2 次)或选择【编辑图片】选项,删掉外框或用剪贴板将图形复制出来后删掉外框</td></tr>
<tr><td colspan="2">双击图线,可改变线宽和颜色等</td></tr>
</table>

8.3　AutoCAD 打印到图纸和打印到文件

在 AutoCAD 中,用户可将所绘制的图形文件内容打印输出到图纸上或以指定格式打印到文件。默认在模型空间(即【模型】选项卡处于当前)打印输出,还可在图纸空间打印输出,下面重点介绍在模型空间打印输出的方法和步骤。

8.3.1　打印准备

在打印之前,要配置好打印设备(打印机/绘图仪)。在 AutoCAD 中,可使用两种打印设备,即 Windows 系统打印机和 Autodesk 绘图仪,其配置步骤分别如下。

1. Windows 系统打印机

在 Windows【控制面板】中,选择【设备和打印机】,再选择【添加打印机】,按【添加打印机】对话框的提示添加打印机(如果计算机中已安装打印机,则省略其步骤)。

2. Autodesk 绘图仪

启动 AutoCAD 2018,选择菜单"→【打印】→【管理绘图仪】"或"【文件】→【绘图仪管理器】"命令,打开"Plotters"文件夹,双击"添加绘图仪向导"图标,弹出【添加绘图仪 - 简介】对话框,单击【下一步】按钮,弹出【添加绘图仪 - 开始】对话框,再单击【下一步】按钮,然后继续按向导提示添加绘图仪。

提示　如果打印时无法使用已安装并添加的系统打印机,则在 AutoCAD 添加绘图仪向导的【添加绘图仪 - 开始】对话框中选择"系统打印机"选项,再单击【下一步】按钮,将显示【控制面板】中所有打印机名称,然后选择已连接的系统打印机。

8.3.2　打印到图纸和打印到文件

用 PLOT 命令可将 AutoCAD 图形文件内容打印到图纸或打印到文件,下面以两个实例介绍 PLOT 命令的使用方法和步骤。

命令方式:

◎ 命令:PLOT

◎ 功能区:【输出】→【打印】→【打印】

◎ 菜单:或【文件】→【打印】

◎ 工具栏:【快速访问】或【标准】→

◎ 快捷菜单:右击【模型】选项卡→【打印】

◎ 快捷键:Ctrl + P 或 Alt + 5

1. 打印到图纸

通常用户需要将所绘制的 AutoCAD 图形文件内容通过打印机打印到图纸上。

例 8－2　在模型空间将图形文件(＊. dwg)打印到 A4 图纸上。

第 1 步　执行“打印”命令:在【快速访问】工具栏上单击“打印”按钮🖨。

第 2 步　设置打印:在弹出如图 8－7 所示【打印－模型】对话框中,设置如下。

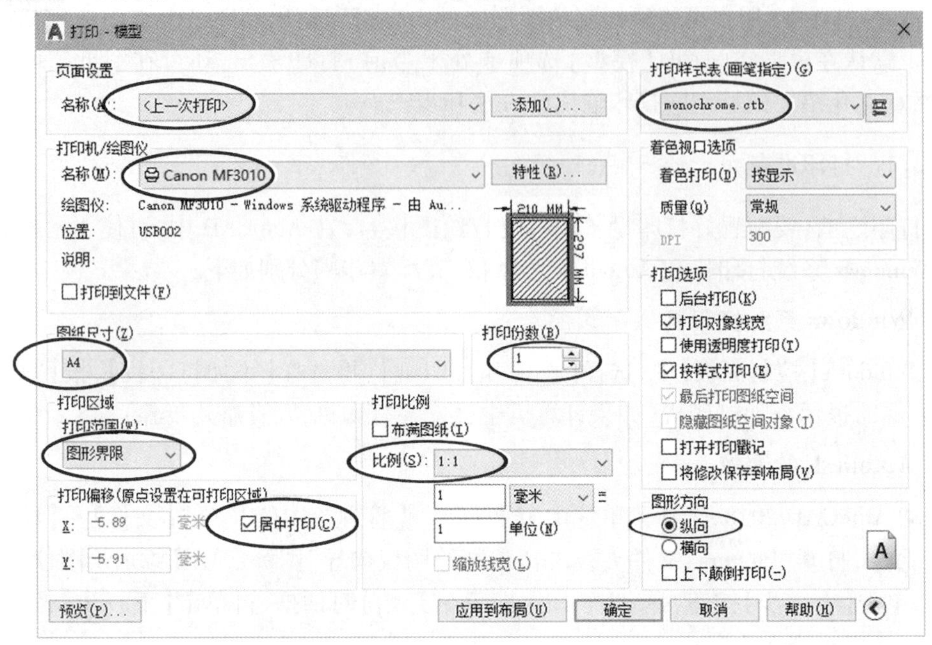

图 8－7　【打印－模型】对话框(打印到图纸)

①【页面设置】选项区的【名称】下拉列表框中,可选择“ <上一次打印 >”。

> **提示**　在【打印－模型】对话框的【页面设置】选项区的【名称】下拉列表框中,可选择如下 4 种选项之一打印。
>
> (1)“ <上一次打印 >”选项:本次打印与上一次打印的设置相同。
>
> (2)选择户已设置的页面设置。
>
> (3)“输入...”选项:将其他图形文件的页面设置输入到当前图形文件。
>
> (4)“无”选项:无设置为默认选项。

②【打印机/绘图仪】选项区:在【名称】下拉列表中选择已配置的打印设备。例如,“Canon MF3010”打印机。

③【图纸尺寸】选项区:在其下拉列表中选择打印设备可用的标准图纸尺寸“A4”。

④【打印区域】选项区:在【打印范围】下拉列表中选择“图形界限”,将打印图形界限(LIMITS 命令设置)内的全部图形;选择“窗口”,将按命令行提示指定窗口的两个对角点。

⑤【打印份数】选项区:默认指定打印份数为 1。

⑥【图形方向】选项区:A4 图幅选择【纵向】选项。

⑦【打印偏移】选项区:用于指定打印区域相对于可打印区域左下角或图纸边的偏移量,通常选择【居中打印】。

⑧【打印比例】选项区:默认选择【布满图纸】(整图缩放),通常选择“1:1”。

注意　放大或缩小打印图形有多种方式。因此,以A4图幅且放大比例为2:1打印图样为例,说明打印比例处理方式,见表8-3。

表8-3　打印比例处理方式

<table>
<tr><td colspan="2" rowspan="3">应用</td><td>方式1</td><td>方式2</td><td>方式3</td><td>方式4</td></tr>
<tr><td rowspan="2">整图放大</td><td>局部放大图</td><td colspan="2" rowspan="2">整图放大</td></tr>
<tr><td>整图放大</td></tr>
<tr><td rowspan="6">绘图</td><td>图形</td><td>1:1</td><td colspan="2">按1:1绘制,然后用SCALE命令放大(比例因子为2)</td><td rowspan="6">1:1</td></tr>
<tr><td rowspan="3">尺寸</td><td colspan="2">按自动测量标注</td><td rowspan="3">尺寸标注时,选“多行文字(M)”或“文字(T)”选项,然后输入实际尺寸</td></tr>
<tr><td colspan="2">以“机械标注”样式为基础样式,新建不同比例的样式</td></tr>
<tr><td>【调整】选项卡中“全局比例因子”为0.5</td><td>【主单位】选项卡中“测量单位比例因子”为0.5</td></tr>
<tr><td>文字</td><td rowspan="2">1:2(缩小)</td><td colspan="2" rowspan="2">1:1</td></tr>
<tr><td>图框和标题栏</td></tr>
<tr><td rowspan="3">打印</td><td>【图纸尺寸】</td><td colspan="4">A4</td></tr>
<tr><td>【打印区域】</td><td colspan="4">选择“图形界限”(必要时选择“窗口”)</td></tr>
<tr><td>【打印比例】</td><td>2:1(放大)</td><td colspan="2">1:1</td><td>2:1(放大)</td></tr>
<tr><td colspan="2" rowspan="2">结果</td><td colspan="4">尺寸内容不变</td></tr>
<tr><td colspan="3">图形放大(2:1),字高不变</td><td>整图放大(2:1)</td></tr>
</table>

提示　为清晰打印图样,通常要打印黑白色图样,操作如下:在【打印-模型】对话框中,按右下角按钮将其对话框展开,在【打印样式表(画笔指定)】下拉列表中选择“monochrome.ctb”打印样式(默认为“无”,即黑白打印),然后打印;如果要彩色打印,则在【打印样式表(画笔指定)】下拉列表中选择“acad.ctb”打印样式,如图8-7所示。

第4步　单击【预览】按钮,检查打印设置是否正确。例如,图形是否在所需区域。

第5步　预览满意后,单击【确定】按钮打印输出。

提示　要保存上述【打印-模型】对话框的打印设置可用如下两种方式。

(1)单击【应用到布局】按钮,下次打开其文件可直接单击【确定】按钮打印;

(2)在【页面设置】选项区单击【添加】按钮,弹出【添加页面设置】对话框,在【新页面设置名】文本框中输入名称(例如,A4)且单击【确定】按钮,下次打印可在【页面设置】选项区选择其打印设置。

2. 打印到文件

在不连接物理打印机的情况下,AutoCAD 通过“打印到文件”(虚拟打印机)可将 AutoCAD 图形文件(＊.dwg)转换为 TIFF(＊.tif)等其他规定格式的文件,其打印到文件的常用方式见表 8－4。

表 8－4　打印到文件的常用方式

打印到文件	方式 1	方式 2
打印前文件格式	AutoCAD 图形(＊.dwg)	
打印前需安装软件	FinePrint	Photoshop
在【打印－模型】对话框的【名称】下拉列表中选择虚拟打印机	FinePrint	Postscript Level 1.pc3 (打印前需添加其绘图仪)
打印后保存文件格式	TIFF(＊.tif)、JPEG(＊.jpg)、位图(＊bmp)和文本(＊.txt)	封装 PS(＊.eps),然后在 Photoshop 软件中打开其格式文件(＊.eps),再保存 TIFF(＊.tif)文件

例 8－3　将图形文件“弹簧.dwg”转换为图片“弹簧.tif”。

打开已保存 A4 图幅的图形文件“弹簧.dwg”后,有两种方式可打印为图片。

1. 方式 1:用“FinePrint”虚拟打印机打印为图片(＊.tif)

第 1 步　在【快速访问】工具栏上单击“打印”按钮,弹出【打印－模型】对话框,选择打印设备为“FinePrint”并设置打印参数,单击【确定】按钮,如图 8－8 所示。

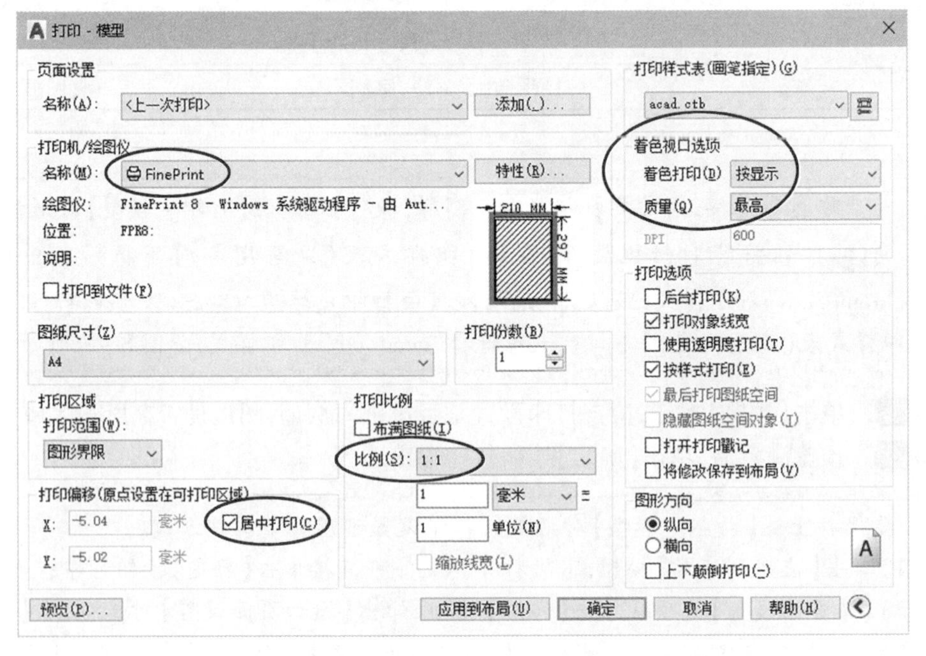

图 8－8　【打印－模型】对话框(用 FinePrint 打印到文件)

第 2 步　弹出【FinePrint】软件打印页面，操作如下：①单击“保存”按钮；②弹出【另存为】对话框，在【保存类型】下拉列表中选择“TIFF（*.tif）”；按质量要求在【分辨率】下拉列表框中选择所需分辨率 600；单击【保存】按钮默认保存为“弹簧 Model(1).tif”，如图 8－9 所示。

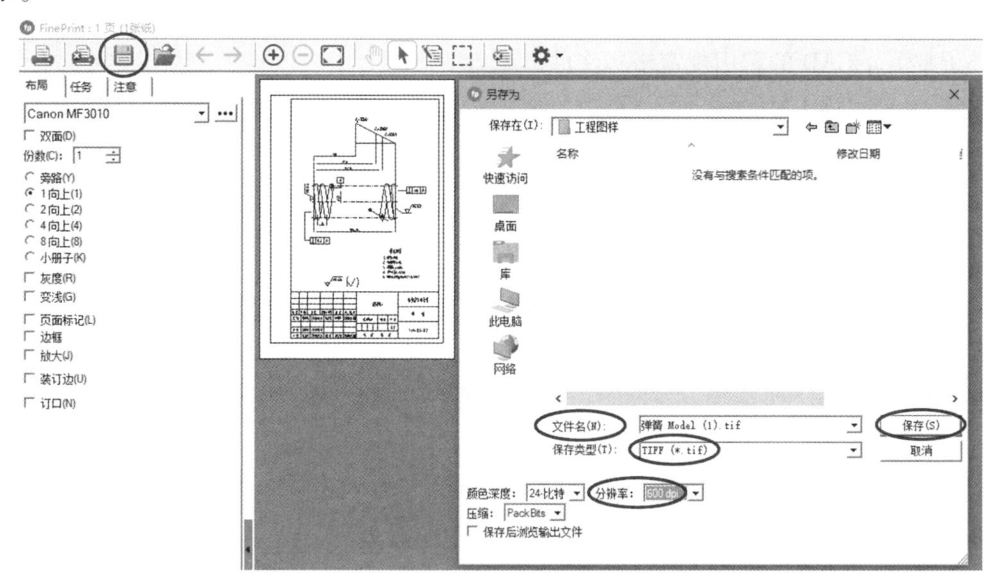

图 8－9　FinePrint 软件保存图片界面

第 3 步　在 Photoshop 软件中，打开“弹簧 Model(1).tif”文件，编辑裁剪并保存文件为“弹簧.tif”图片；也可用 HyperSnap 等截图软件编辑裁剪图片。

2. 方式 2：用“Postscript Level 1”虚拟打印机打印为图片（*.tif）

打印准备：添加绘图仪“Postscript Level 1.pc3”，操作如下：①选择菜单“→【打印】→【管理绘图仪】”命令，打开“Plotters”文件夹，双击“添加绘图仪向导”图标，弹出【添加绘图仪－简介】对话框，单击【下一步】按钮；②弹出【添加绘图仪－开始】对话框，按默认选择【我的电脑】单选按钮，单击【下一步】按钮；③弹出【添加绘图仪－绘图仪型号】对话框，按默认选择【生产商】为“Adobe”和【型号】为“Postscript Level 1”，单击【下一步】按钮；④弹出【添加绘图仪－输入 PCP 或 PC2】对话框，单击【下一步】按钮；⑤弹出【添加绘图仪－端口】对话框，选择【打印到文件】单选按钮，单击【下一步】按钮；⑥弹出【添加绘图仪－绘图仪名称】对话框，单击【下一步】按钮；⑦弹出【添加绘图仪－完成】对话框，单击【完成】按钮，系统自动在“Plotters”文件夹中显示添加的“Postscript Level 1.pc3”绘图仪。

第 1 步　在【快速访问】工具栏上单击“打印”按钮，弹出【打印－模型】对话框，选择打印设备为“Postscript Level 1.pc3”，其他打印参数同如图 8－8 所示设置。

第 2 步　单击【确定】按钮，弹出【浏览打印文件】对话框，自动为“弹簧－Model.EPS”文件，指定保存路径，单击【保存】按钮，完成将图形文件“弹簧.dwg”打印到文件“弹簧－Model.EPS”。

第 3 步　在 Photoshop 软件中，打开“弹簧－Model.EPS”文件，编辑裁剪并保存文件为“弹簧.tif”图片。

上机指导和练习

【目的】

1. 了解 AutoCAD 的常用规定格式文件。

2. 学会 AutoCAD 与 Creo、UG NX、SolidWorks、CAXA、Word 和 PowerPoint 软件数据转换的方法。

3. 掌握将 AutoCAD 图形文件“打印到图纸”和“打印到文件”的方法。

【练习】

1. 将图片(*.jpg)插入到 AutoCAD 图形中,然后描绘其平面图形,参见例 8 - 1。

2. 将 AutoCAD 与 Creo,Word 和 PowerPoint 软件进行数据转换,参见表 8 - 2。

3. 绘制如图 7 - 7 所示端盖零件图,并按 1:1 打印在 A4 图纸上(纵向),参见例 8 - 2。

4. 绘制如图 7 - 23 所示泵体零件图,并按 1:2 打印在 A4 图纸上,参见表 8 - 3。

5. 将图形文件(*.dwg)转换为图片(*.tif),参见例 8 - 4 和表 8 - 1。

第3篇

Creo(Pro/E升级版)三维建模及工程图

本篇包括:

第9章　Creo 基本知识

Creo(Pro/E 升级版)是美国 PTC 公司推出的由 Pro/ENGINEER Wildfire 5.0(简称 Pro/E)升级的三维参数化建模系统,Creo Parametric 4.0(简称 Creo 4.0)软件,经过 Creo 1.0、Creo 2.0、Creo 3.0 和 Creo 4.0 的版本更新,功能更加强大、灵活、完善,界面更加友好。本章主要介绍 Creo 4.0 软件工作界面、图形文件管理、鼠标操作、显示控制和草绘工具。同时,要遵循 GB/T 26099—2010《机械产品三维建模通用规则 第1部分:通用要求》、GB/T 26099—2010《机械产品三维建模通用规则 第2部分:零件建模》、GB/T 26099—2010《机械产品三维建模通用规则 第3部分:装配建模》和 GB/T 26099—2010《机械产品三维建模通用规则 第4部分:模型投影工程图》等国家标准规定。

9.1　Creo 主要功能、安装和启动

9.1.1　Creo 主要功能

用 Creo 软件可快速设计零件;可记录各零件的装配关系;可生成模型投影工程图。Creo 草图、零件和装配体的形状大小由尺寸和特征属性值驱动,用户可随时修改尺寸或其他属性。因此,在用 Creo 软件设计时,可先不考虑特征实际尺寸数值而绘制草图或创建零件的形状,然后再修改相关尺寸数值,其相应特征随之改变。

9.1.2　安装 Creo

为了保证 Creo Parametric 4.0 软件在独立的计算机上正常运行,应确保计算机满足其软件最低系统需求为 Windows XP 系统或 Windows 7 及以上操作系统,并确认计算机是32位或64位操作系统,其安装操作如下:

(1)打开光驱或硬盘中 Creo Parametric 4.0 软件的安装文件夹。

(2)打开 Creo Parametric 4.0 安装文件夹中的安装说明文件或安装视频文件。

(3)双击 Creo Parametric 4.0 安装文件夹中的 Setup. exe 文件进入安装界面。

(4)按安装向导的提示和安装说明操作,完成 Creo Parametric 4.0 软件安装。

9.1.3　启动 Creo

安装 Creo 4.0 软件后,系统可在 Windows 桌面上创建快捷图标,并在程序文件夹中创建 Creo 4.0 的程序组。启动 Creo 4.0 软件,常用如下两种方式:

(1)双击 Windows 桌面上 Creo Parametric 4.0 快捷图标。

(2)单击 Windows 桌面左下角的【开始】按钮,选择菜单"【所有程序】→【PTC】→【Creo Parametric 4.0】"命令。

9.2　Creo 工作界面和设置

安装并启动 Creo 4.0 软件后,进入初始界面,然后进入所需“草绘”“零件”“装配”和“绘图”等模式的工作界面;为提高工作效率和质量及界面效果,可对其系统环境进行设置。

9.2.1　Creo 工作界面

启动 Creo 4.0 软件后,显示 Creo Parametric 的欢迎界面和资源中心界面,关闭其界面,进入如图 9-1 所示 Creo 4.0 初始界面(即主界面),其工作界面主要包括标题栏、功能区、【快速访问】工具栏、菜单栏、导航区、图形区和消息区等,其中一些操作与 AutoCAD 及其他 Windows 软件类似。

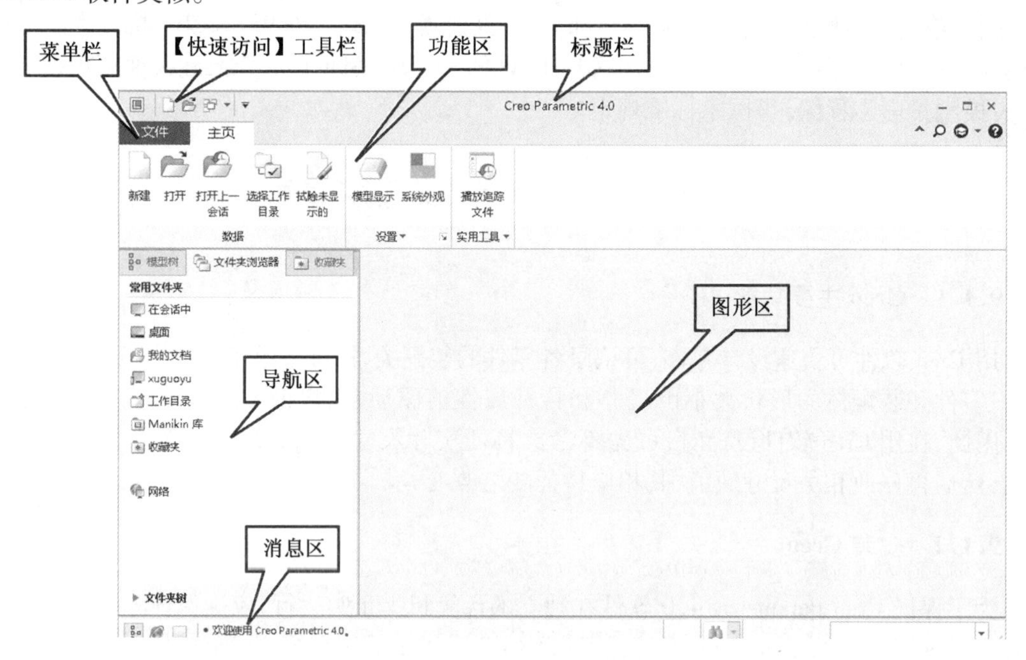

图 9-1　Creo 4.0 软件初始界面(主界面)

“草绘”“零件”“装配”和“绘图”等模式的工作界面风格基本一致,工作界面包括标题栏、功能区、【快速访问】工具栏、菜单栏、导航区、图形区、【视图控制】工具栏、消息区和智能选取栏,如图 9-2 所示“零件”模式下零件建模界面。Creo 常用命令方式有功能区按钮、【文件】下拉菜单、【快速访问】工具栏和快捷键(参见附录 C)。

1. 标题栏

标题栏位于界面最上方,显示软件版本名称“Creo Parametric 4.0”,在“草绘”“零件”“装配”和“绘图”模式下显示其文件名称及状态,如图 9-2 所示“上盖(活动的) - Creo Parametric 4.0”。

2. 功能区

在 Creo 4.0 软件中,“草绘”“零件”“装配”和“绘图”等模式下的命令一般都集成在功能区(与早期版本Pro/E不同)。

在Creo 4.0软件初始界面,功能区只有【主页】选项卡,由【数据】【设置】和【实用工具】面板组成,如图9-1所示。【数据】面板上有【新建】【打开】【选择工作目录】和【拭除未显示的】按钮;【设置】面板上有【模型显示】和【系统外观】按钮。

在“草绘”“零件”“装配”和“绘图”模式下,功能区的选项卡有所不同,如图9-2所示零件建模界面。在功能区右击,弹出快捷菜单可勾选或取消勾选【最小化功能区】等选项。

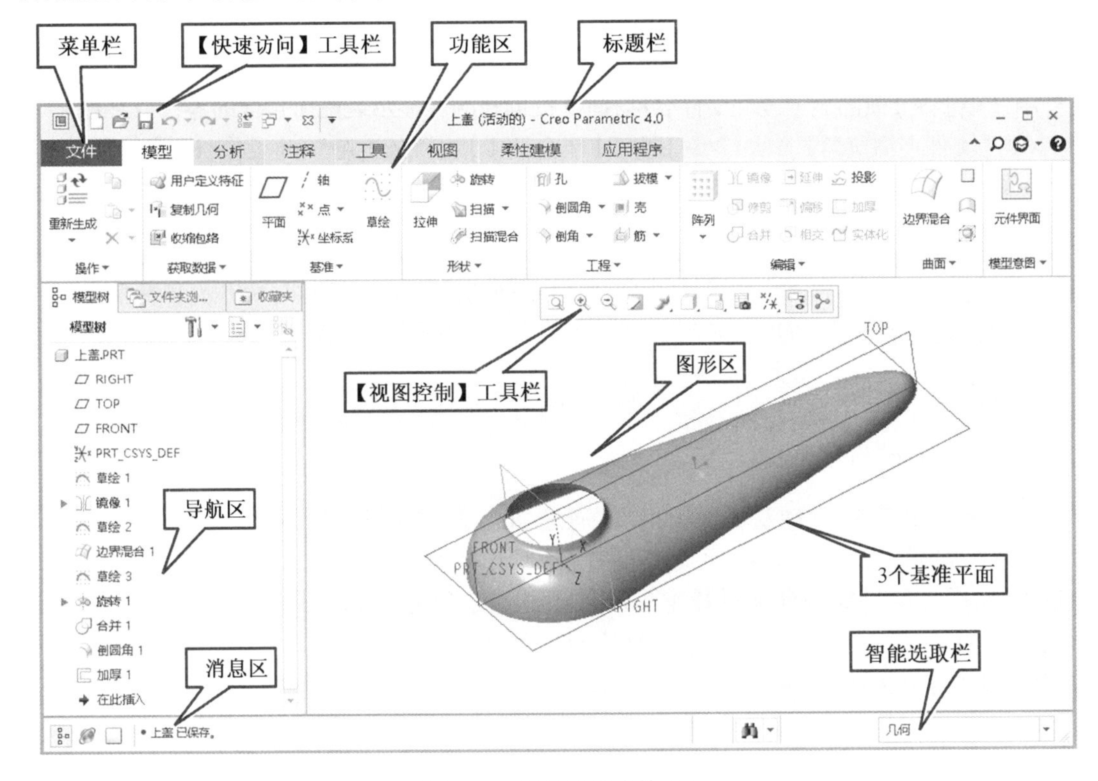

图9-2 “零件”模式的界面

3. 工具栏

Creo 4.0工具栏有【快速访问】工具栏和【视图控制】工具栏。

(1)【快速访问】工具栏:Creo 4.0【快速访问】工具栏位于界面左侧顶部,其中放置常用命令“新建”“打开”“保存”“放弃”“重做”“重新生成”“窗口”和“关闭”的图标按钮。用户可在【快速访问】工具栏上添加或移除命令按钮,操作如下:在【快速访问】工具栏上单击“自定义快速访问工具栏”按钮▾,弹出快捷菜单,其中名称前有“✔”符号表示已在【快速访问】工具栏上显示其图标按钮;选择【更多命令】选项,弹出【Creo Parametric 选项】对话框,可添加或移除命令按钮,详见表9-1。

(2)【视图控制】工具栏:【视图控制】工具栏默认位于图形区顶部,其中放置常用的有关视图显示的命令图标按钮,以便随时调用。

4. 菜单栏

Creo 4.0菜单栏只有【文件】下拉菜单,包括【新建】【打开】【保存】【另存为】【打印】【关闭】【管理文件】【管理会话】【选项】和【退出】等命令,还显示【最近的文件】列表。

5. 图形区

图形区是用户草绘、建模、绘图、编辑和显示模型的区域,其中默认显示3个基准平面。

6. 导航区

导航区位于界面左侧,包括【模型树】(或【层树】)、【文件夹浏览器】和【收藏夹】选项卡。

(1)【模型树】选项卡:在如图9-2所示零件文件中,【模型树】列表顶部显示零件文件名称,其下默认显示3个基准平面,向下按创建顺序显示零件的每个特征、基准和坐标系;在装配文件中,【模型树】顶部显示装配文件名称,向下按创建顺序显示装配所包含的零件或部件。

(2)【文件夹浏览器】选项卡:用于查看【在会话中】、"我的电脑"和【工作目录】中的文件。

7. 消息区

消息区位于工作界面左侧最下位置,用于实时地显示与当前操作相关的提示信息等,包括提示、信息、警告、出错和危险5类消息,并以不同的图标提醒(例如,➡提示和●信息)。

8. 智能选取栏

智能选取栏(即过滤器)用于快速选取某种所需要的要素(如几何、基准等)。

9.2.2 Creo"选项"设置

为提高工作效率、质量及界面效果,要通过如图9-3所示【Creo Parametric 选项】对话框对Creo系统环境进行设置,其对话框左侧选项框中设有【环境】【系统外观】【模型显示】【图元显示】【选择】【草绘器】【装配】【数据交换】【自定义】【快速访问工具栏】【窗口设置】和【配置编辑器】等选项,见表9-1。

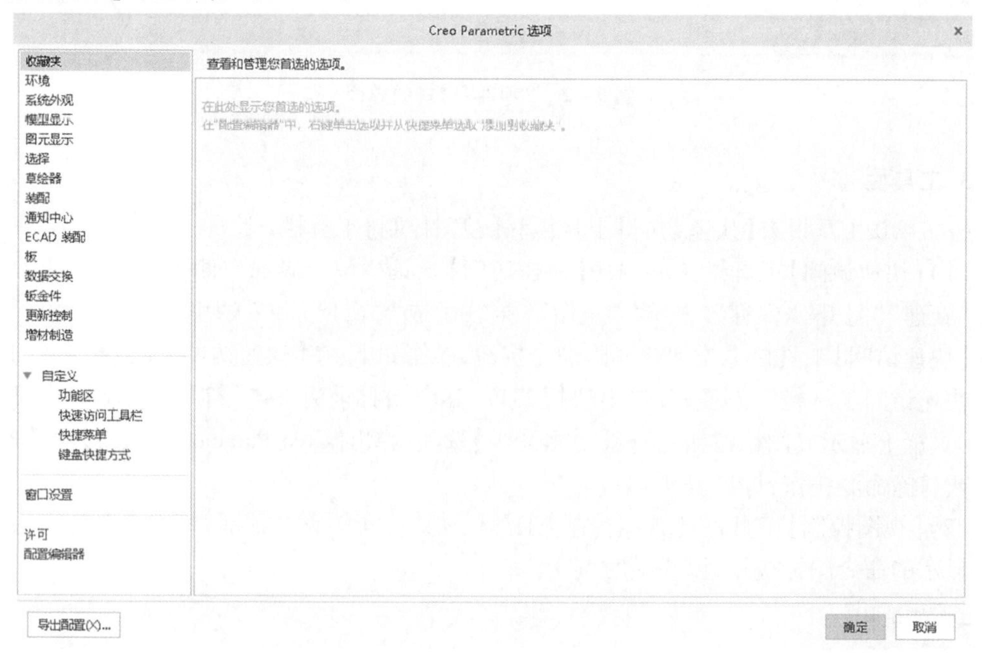

图9-3　【Creo Parametric 选项】对话框

表 9－1　【Creo Parametric 选项】对话框设置

选项	功　能		操　作
环境	工作目录		在【工作目录】文本框后单击【浏览】按钮设置工作目录，以便打开和保存文件等操作时能直接进入其文件夹
	映射键设置		除附录 C 中快捷键外，单击【映射键】按钮用户可定义、运行和管理映射键（即用户设置的快捷键），如图 9－4 所示和例 9－1
系统外观	更改颜色配置	系统颜色	可选择“默认”和“白底黑色”等选项，如图 9－5 所示
		全局颜色	可改变【图形】【基准】【几何】和【草绘器】颜色。例如，选择【图形】选项可改变背景颜色为彩色和渐变色
模型显示	更改模型显示方式		可改变默认模型显示方向，默认为“斜轴测”
草绘器	设置草绘		设置对象显示 、栅格、样式和约束的选项，如图 9－6 所示
自定义	功能区		可在各选项卡面板上添加或移除按钮
	快速访问工具栏	添加按钮	①在【类别】下拉列表中默认选择“所有命令（备用）”选项； ②在命令区域中选择命令选项（例如，“拭除未显示的”选项）； ③单击 ➡ 按钮添加； ④单击对话框右侧 ⬇ 或 ⬆ 按钮调整添加的按钮（例如，“拭除未显示的”按钮 ）在【快速访问】工具栏中的位置
		移除按钮	①在右侧列表框中选择要移除按钮（例如，“拭除未显示的”）； ②单击 ⬅ 按钮移除
	键盘快捷方式		①在【类别】下拉列表中可选择“所有命令（备用）”（默认）或“所有模式”（例如，“设计零件”）选项； ②在【显示】下拉列表中可选择“所有命令”（默认）、“带有分配的快捷方式的命令”或“不带分配的快捷方式的命令”选项； ③自动显示命令的名称、快捷方式（例如，“拉伸”命令的快捷键为 X）和说明。选择“不带分配快捷方式的命令”，在其右侧“快捷方式”的文本框中输入键盘字母或数字可设置快捷键
窗口设置	浏览器设置		勾选【启动时展开浏览器】表示启动 Creo 将显示其 Web 浏览器。如不需要 Web 浏览器，则取消其勾选，而加快 Creo 启动速度，如图 9－7 所示
	常规设置		单击右下角【恢复默认值】按钮，可显示已关闭的对话框或工具栏（例如，界面未显示【视图控制】工具栏，单击其按钮即可恢复显示【视图控制】工具栏），如图 9－7 所示
配置编辑器	设置配置文件		预设工作环境（系统配置文件“config. pro”），参见 12. 2 节所述

要打开【Creo Parametric 选项】对话框，有如下多种命令方式。

命令方式：

◎ 功能区：【主页】→【设置】→【 对话框启动器】

◎ 功能区：【主页】→【设置】→【 系统外观】

◎ 菜单：【文件】→【选项】

◎ 工具栏：【快速访问】→ →更多命令

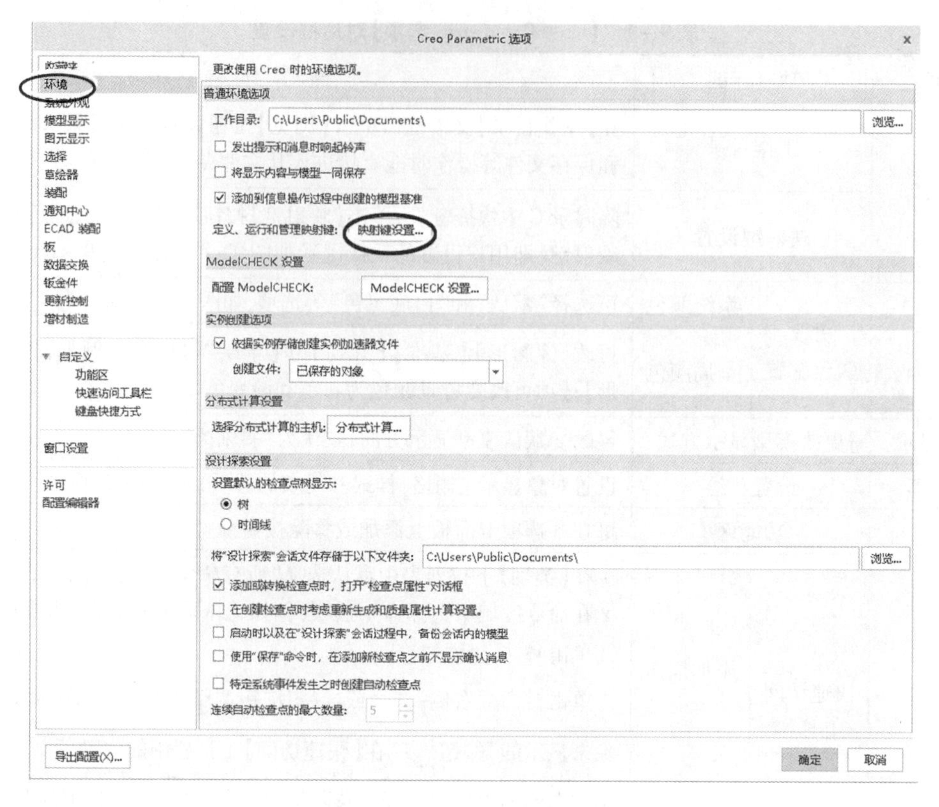

图 9-4 【Creo Parametric 选项】对话框(环境)

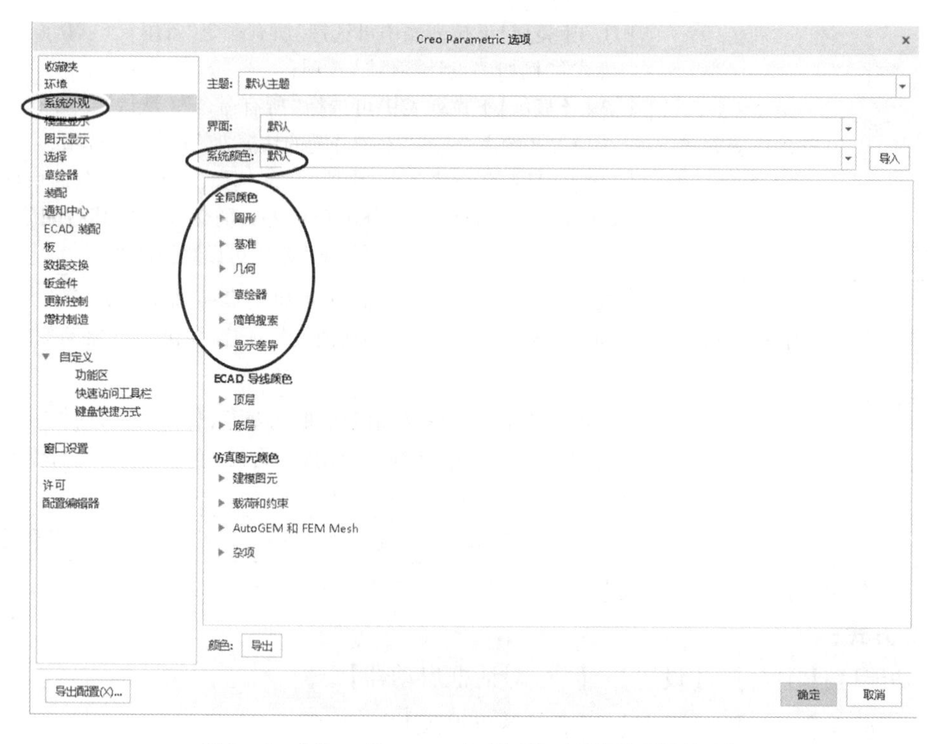

图 9-5 【Creo Parametric 选项】对话框(系统外观)

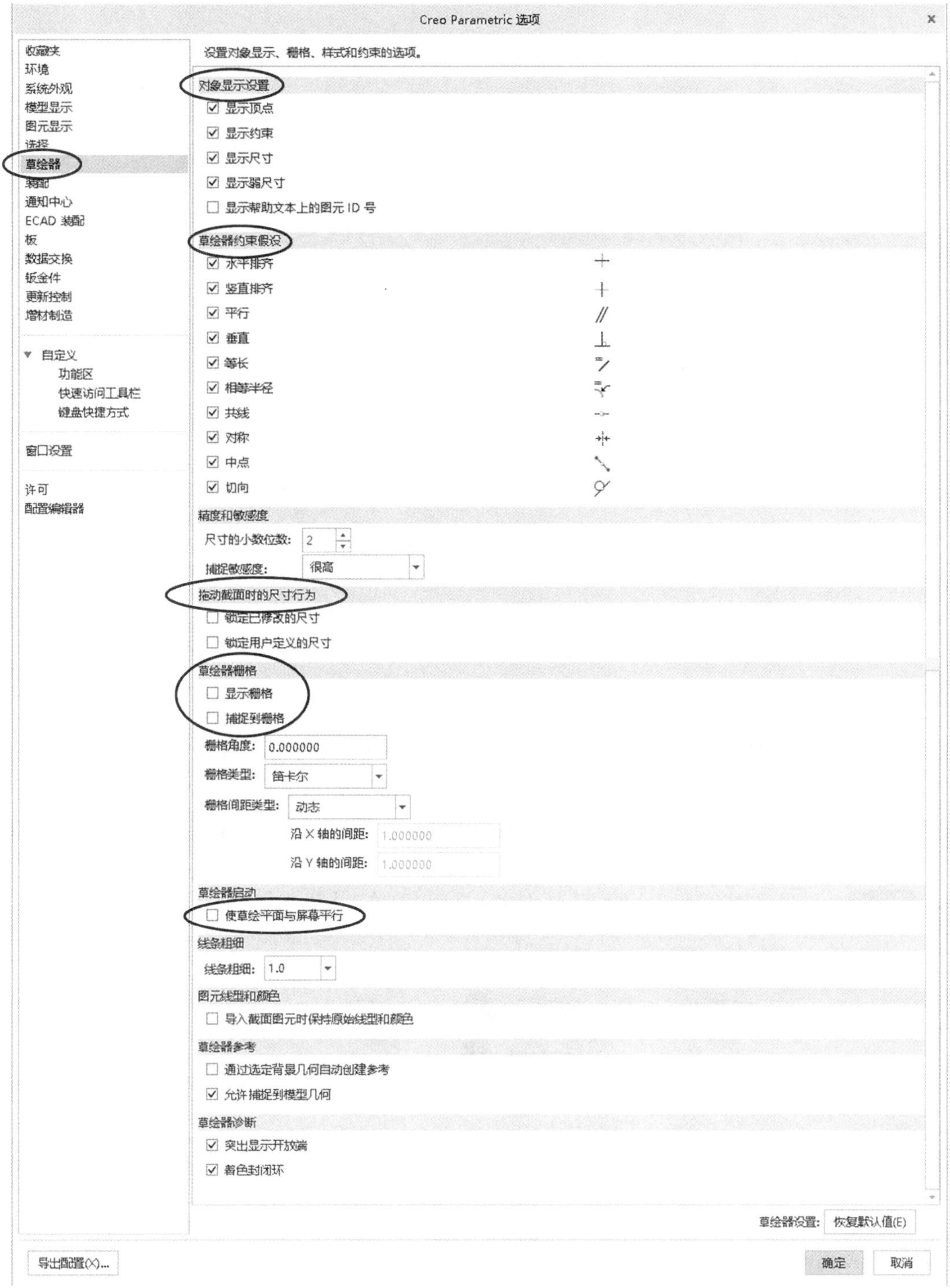

Creo Parametric 选项

收藏夹
环境
系统外观
模型显示
图元显示
选择
草绘器
装配
通知中心
ECAD 装配
板
数据交换
钣金件
更新控制
增材制造
▼ 自定义
功能区
快速访问工具栏
键盘快捷方式
窗口设置
许可
配置编辑器

设置对象显示、栅格、样式和约束的选项。

对象显示设置
☑ 显示顶点
☑ 显示约束
☑ 显示尺寸
☑ 显示弱尺寸
☐ 显示帮助文本上的图元 ID 号

草绘器约束假设
☑ 水平排齐
☑ 竖直排齐
☑ 平行
☑ 垂直
☑ 等长
☑ 相等半径
☑ 共线
☑ 对称
☑ 中点
☑ 切向

精度和敏感度
尺寸的小数位数: 2
捕捉敏感度: 很高

拖动截面时的尺寸行为
☐ 锁定已修改的尺寸
☐ 锁定用户定义的尺寸

草绘器栅格
☐ 显示栅格
☐ 捕捉到栅格
栅格角度: 0.000000
栅格类型: 笛卡尔
栅格间距类型: 动态
沿 X 轴的间距: 1.000000
沿 Y 轴的间距: 1.000000

草绘器启动
☐ 使草绘平面与屏幕平行

线条粗细
线条粗细: 1.0

图元线型和颜色
☐ 导入截面图元时保持原始线型和颜色

草绘器参考
☐ 通过选定背景几何自动创建参考
☑ 允许捕捉到模型几何

草绘器诊断
☑ 突出显示开放端
☑ 着色封闭环

草绘器设置: 恢复默认值(E)

导出配置(X)...　确定　取消

图 9－6　【Creo Parametric 选项】对话框(草绘器)

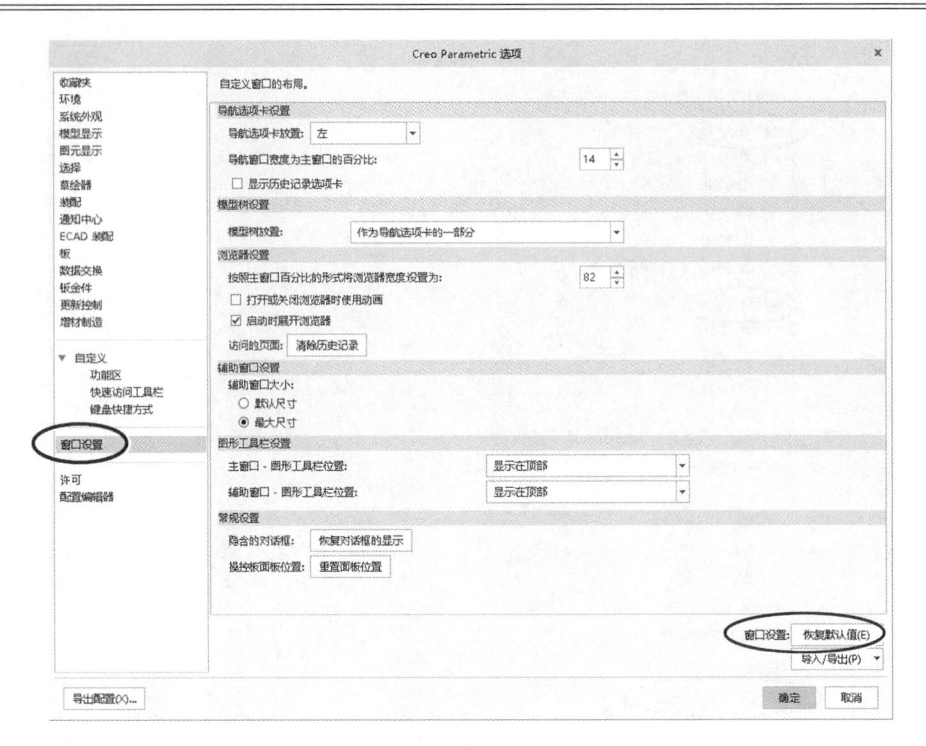

图9-7　【Creo Parametric 选项】对话框(窗口设置)

例9-1　创建"新建零件"命令的映射键。

创建"新建零件"命令的映射键的目的:在键盘上按N键,可直接进入零件建模界面。

第1步　选择菜单"【文件】→【选项】"命令,弹出如图9-3所示【Creo Parametric 选项】对话框,在左侧选项框中选择【环境】选项,在如图9-4所示对话框中【普通环境选项】选项区单击【映射键设置】按钮。

第2步　弹出如图9-8(a)所示【映射键】对话框,单击【新建】按钮。

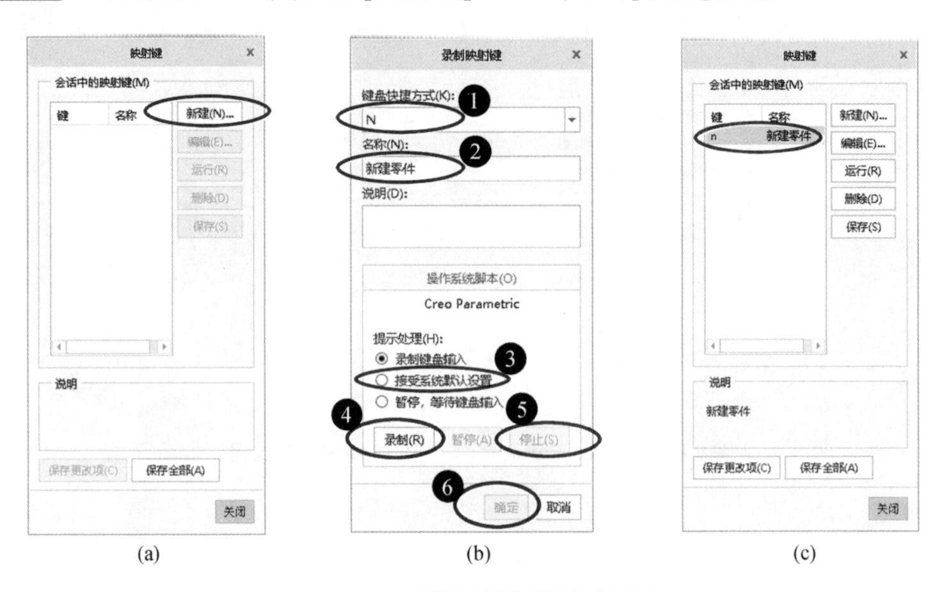

图9-8　设置"新建零件"的映射键

第 3 步　弹出如图 9 – 8(b)所示【录制映射键】对话框，操作如下：①在【键盘快捷方式】下拉列表框中输入字母 N(表示当前定义新建一个零件的映射键是 N)；②在【名称】下拉列表框中输入“新建零件”，在【说明】下拉列表框中可输入设置映射键的一些描述；③在【操作系统脚本】选项区默认选择【录制键盘输入】单选按钮；④单击【录制】按钮(开始记录操作)，按 9.3.2 中所述“新建文件”操作，显示如图 9 – 9 所示新建零件的 3 个基准平面，表明已完成新建零件；⑤单击【停止】按钮(停止记录)；⑥单击【确定】按钮。

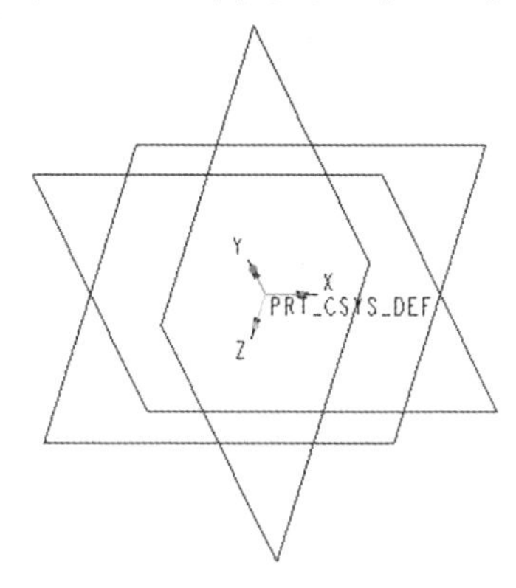

图 9 – 9　按映射键(N 键)的界面显示状态

第 4 步　在如图 9 – 8(c)所示【映射键】对话框中单击【保存】按钮，可将其“config. pro”配置文件保存到 Creo 4.0 的启动目录(默认)。

9.3　Creo 图形文件管理

Creo 图形文件管理，包括设置工作目录、新建、打开、保存、拭除和删除文件等操作。

9.3.1　设置工作目录

设置工作目录是设置打开文件和保存新建文件的默认文件夹，以便打开和保存文件等操作时直接进入其文件夹。选择和设置工作目录，弹出如图 9 – 10 所示【选择工作目录】对话框。

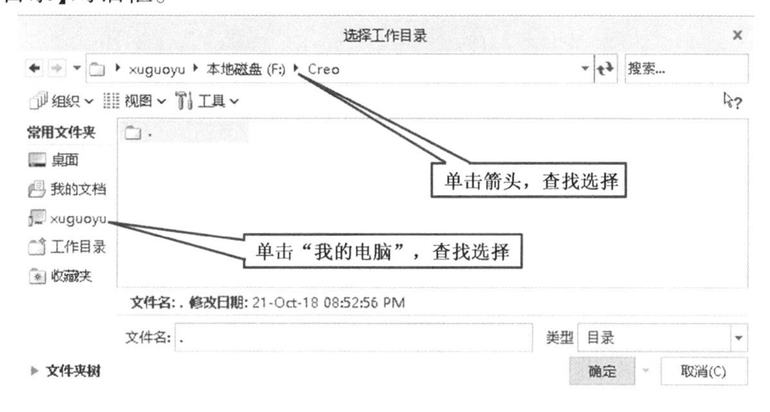

图 9 – 10　【选择工作目录】对话框

命令方式:

◎ 功能区:【主页】→【数据】→【选择工作目录】

◎ 菜单:【文件】→【管理会话】→【选择工作目录】

◎ 菜单:【文件】→【选项】→【环境】

◎ 导航区:【文件夹浏览器】→右击所需设置工作目录的文件夹→【设置工作目录】

提示 每次启用 Creo 后,应先设置工作目录,以便打开或保存文件。退出 Creo 后,不会保存所设置的工作目录位置(临时工作目录)。

9.3.2 新建文件

新建一个文件,进入 Creo“草绘”“零件”“装配”或“绘图”模式的工作界面完成操作。

命令方式:

◎ 功能区:【主页】→【数据】→【新建】

◎ 菜单:【文件】→【新建】

◎ 工具栏:【快速访问】→

◎ 快捷键:Ctrl + N

操作:执行“新建”命令后,弹出如图 9 - 11 所示【新建】对话框。

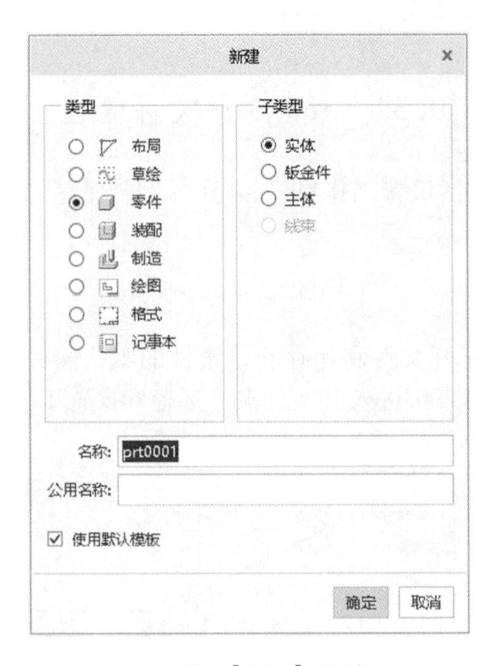

图 9 - 11 【新建】对话框

各选项含义:

(1)【类型】选项区:默认新建文件为【零件】类型,常用的新建文件类型见表 9 - 2。

表 9－2　常用的新建文件类型

文件类型	功　　能	默认文件名称
草绘(*. sec)	进入“草绘”模式,创建 2D 草绘文件	s2d0001
零件(*. prt)	进入“零件”模式,创建 3D 零件文件	prt0001
装配(*. asm)	进入“装配”模式,创建 3D 装配文件	asm0001
绘图(*. drw)	进入“绘图”模式,建立 2D 绘图文件	drw0001

(2)【名称】文本框:正确输入文件名称,不宜以后修改其名称。每次新建各类型文件,其默认文件名称递增(字母和数字)。例如,第一个新建的零件文件默认名称为“prt0001. prt”,再新建零件文件的默认名称为“prt0002. prt”。

提示　Creo 4.0 的文件夹和文件名默认可有汉字,而之前版本的文件名默认不能有汉字。

(3)【使用默认模板】复选框:默认勾选【使用默认模板】复选框,新建的文件将采用系统默认“inlbs”(英寸磅秒)单位制模板(英制);应采用“mmns”(毫米牛顿秒)单位制(公制)。操作如下:①取消勾选【使用默认模板】复选框,单击【确定】按钮;②弹出【新文件选项】对话框,在“零件”模式和“装配”模式下分别选择“mmns_part_solid”和“mmns_asm_design”,单击【确定】按钮,分别进入零件建模界面和装配建模界面(详见图 10－2 和图 11－2 所示)。

提示　在 Creo 中,可查询和改变单位。

(1)在“零件”模式和“装配”模式下,选择菜单“【文件】→【准备】→【模型属性】”命令,在【模型属性】对话框中【材料】选项区显示【材料】和【单位】的当前状态,单击【更改】按钮可更改。

(2)在“绘图”模式下,选择菜单“【文件】→【准备】→【绘图属性】”命令,在【绘图属性】对话框中【详细信息选项】选项区右侧单击【更改】按钮可更改单位。

9.3.3　打开文件

打开文件是打开已保存的草绘、零件、装配或绘图等类型文件,还可打开其他 CAD 软件保存的各种格式文件。

命令方式:

◎ 功能区:【主页】→【数据】→【打开】

◎ 菜单:【文件】→【打开】

◎ 工具栏:【快速访问】→

◎ 快捷键:Ctrl + O

◎ 导航区:【文件夹浏览器】→

操作:执行“打开”命令后,弹出【文件打开】对话框,自动进入默认或已设置工作目录的文件夹,选择要打开的图形文件(单击【预览】按钮,将在预览框中预览所选择零件或装配,且可动态旋转和移动),单击【打开】按钮即可,如图 9－12 所示。

提示　从磁盘中选择文件,拖拽到 Creo 当前图形区,可快速打开其文件。

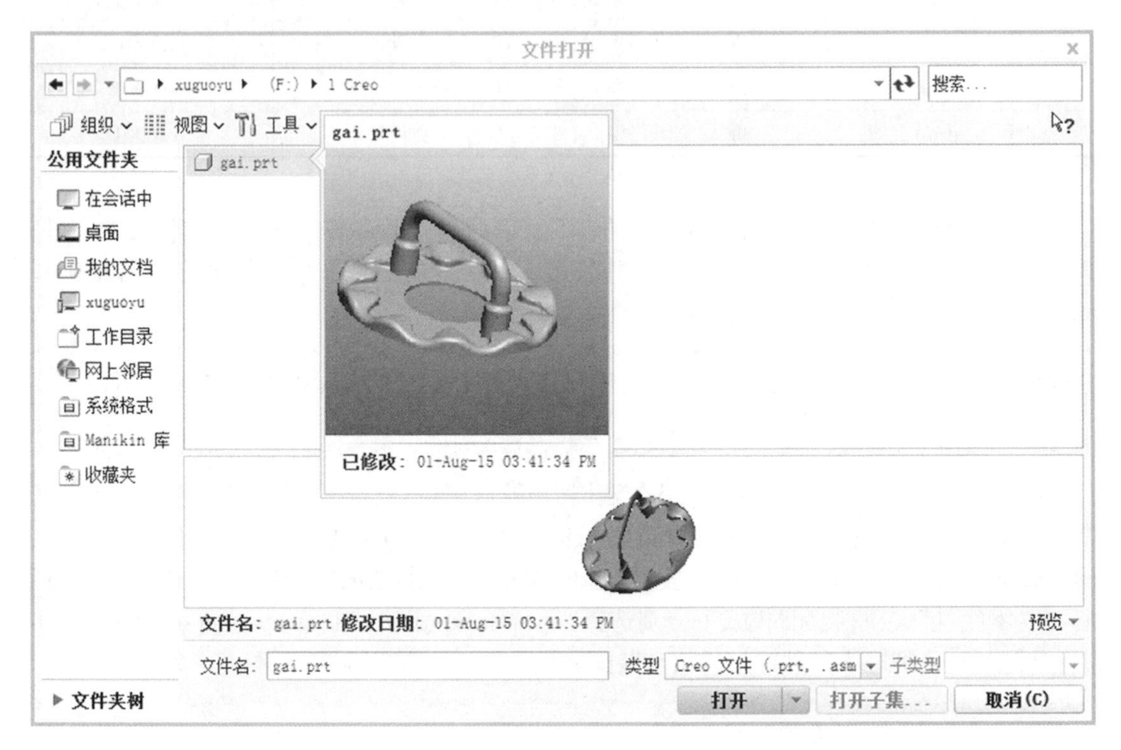

图 9 – 12　【文件打开】对话框

提示　如果要打开模型的简化表示(参见例 12 – 2 和例 12 – 4),先选择其对象文件,单击【打开表示】按钮,从【打开表示】对话框中选择表示的类型,然后单击【确定】按钮。

9.3.4　保存文件

在 Creo 中,可用 4 种保存文件的命令方式,见表 9 – 3。

(1)保存:创建新版本文件,其文件格式为“文件名. 文件类型. 版本号”,每次保存其版本号递增 1。例如,新建“轴. prt”文件,初次保存文件名为“轴. prt. 1”(旧版本);第二次保存文件名为“轴. prt. 2”(新版本),以便当前文件发生错误时可打开旧版本文件。为减少占用磁盘空间,可删除不需要的旧版本文件。

(2)保存副本:可保存如图 9 – 13 所示各种格式文件。例如,保存为其他三维软件能识别的中间格式文件(* . igs)、(* . stp)或(* . neu);保存为用于 3D 打印所需格式文件(* . stl)。

表 9－3　保存文件的命令方式

	保　存	另存为		
		保存副本	保存备份	镜像零件
命令方式	以相同的文件名，在同一目录保存文件	以不同的文件名或不同的文件格式，在同一目录或不同目录保存文件	以相同的文件名，在不同目录保存文件（在对话框顶部选择保存路径）	从当前模型创建镜像新零件
	保存文件（新版本），而不会覆盖原文件（旧版本）	当前文件不变	方便为当前文件新备份文件，然后可修改备份文件	
菜单	【文件】→【保存】	【文件】→【另存为】→【保存副本】	【文件】→【另存为】→【保存备份】	【文件】→【另存为存】→【镜像零件】
工具栏	【快速访问】→			
快捷键	Ctrl + S	Ctrl + Shift + S		
对话框	【保存对象】对话框	【保存副本】对话框，如图 9－13 所示	【备份】对话框	【镜像零件】对话框

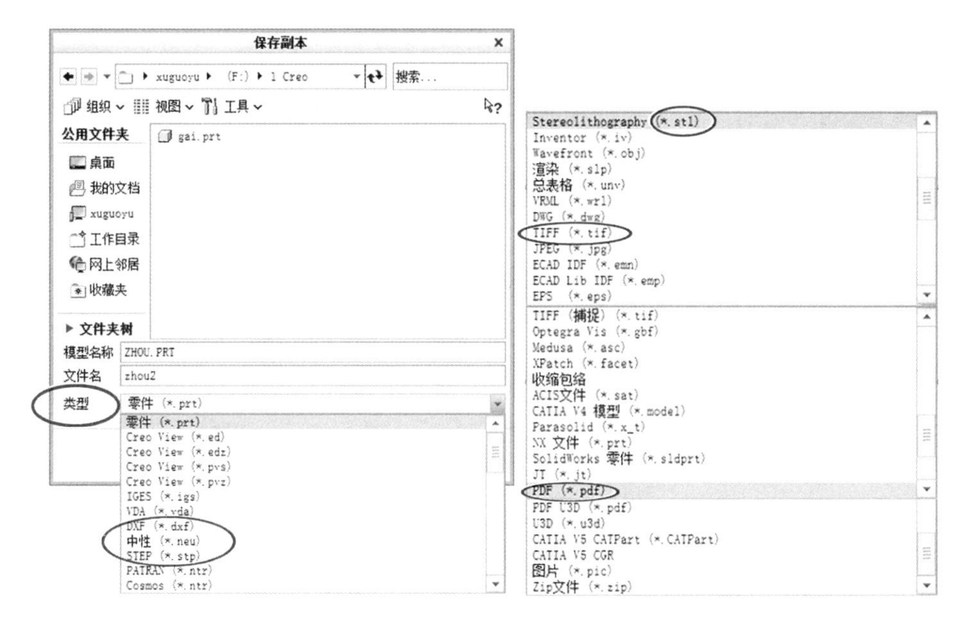

图 9－13　【保存副本】对话框

9.3.5　拭除文件和删除文件

在 Creo 中，所有新建或打开过的文件均被暂时保存于系统内存中（即“在会话中”），直到退出 Creo 软件。为了释放内存空间和避免同名混乱，用“拭除”命令将不需要的文件从内存中删除，但不同于从磁盘中删除。“拭除”和“删除”的命令方式，见表 9－4。

表 9 – 4 “拭除”和“删除”的命令方式

	拭　除		删　除	
	当前	未显示的	旧版本	所有版本
命令方式	从内存中删除当前活动窗口显示的文件	从内存中删除任何窗口都未显示的文件	只保留当前版本,而从硬盘中删除所有以前版本的文件	从硬盘中删除所有版本的文件,包括当前版本
	不删除硬盘中的文件		删除硬盘中的文件	
功能区		【主页】→【数据】→【拭除未显示的】		
菜单	【文件】→【管理会话】→【拭除当前】	【文件】→【管理会话】→【拭除未显示的】	【文件】→【管理文件】→【删除旧版本】	【文件】→【管理文件】→【删除所有版本】

提示　在 Creo 导航区,由默认【模型树】选项卡切换为【文件夹浏览器】选项卡,可查看【在会话中】的文件。

9.3.6　激活窗口、关闭窗口和退出 Creo

在 Creo 中,可同时打开多个相同模式或不同模式文件的窗口。例如,零件文件窗口和装配文件窗口可同时被打开。多个文件窗口处于打开时,当前只能使用一个窗口(即活动窗口),标题栏上模型名称后有“(活动的)”字样表示其窗口为活动窗口,如图 9 – 14 所示。完成工作后,用户可关闭窗口或退出 Creo 软件。

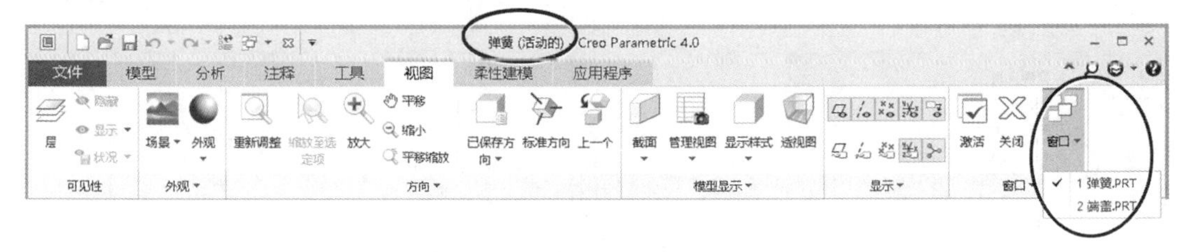

图 9 – 14　活动窗口及【窗口】菜单

“激活”“关闭”和“退出”的命令方式,见表 9 – 5。

提示　要关闭窗口,应先保存文件再执行“关闭”命令;执行“退出”命令后,会弹出【确认】对话框,单击【是】退出 Creo 软件。误关闭文件后,可在如图 9 – 2 所示导航区的【文件夹浏览器】选项卡中单击【在会话中】选项,然后选择并双击其文件而打开其文件。

提示　同 AutoCAD 软件,在 Creo 软件中按 Esc 键将取消当前命令。

表9-5　“激活”“关闭”和“退出”的命令方式

<table>
<tr><td rowspan="2">命令方式</td><td>激　活</td><td>关　闭</td><td>退　出</td></tr>
<tr><td>将窗口激活为活动窗口</td><td>关闭窗口,模型仍在内存中</td><td>退出 Creo,模型不在内存中</td></tr>
<tr><td>功能区</td><td>【视图】→【窗口】→【激活】</td><td>【视图】→【窗口】→【关闭】</td><td></td></tr>
<tr><td>菜单</td><td></td><td>【文件】→【关闭】</td><td>【文件】→【退出】</td></tr>
<tr><td>工具栏</td><td>【快速访问】→</td><td>【快速访问】→</td><td></td></tr>
<tr><td>快捷键</td><td>Ctrl + A</td><td>Ctrl + W</td><td>Alt + F4</td></tr>
<tr><td>标题栏</td><td></td><td></td><td>✕(唯一窗口时)</td></tr>
</table>

9.4　Creo 鼠标操作

在 Creo 软件中,使用的鼠标必须是三键(带滚轮)鼠标。在”草绘”“零件”“装配”和“绘图”模式下,鼠标的三键动作响应,见表9-6。

表9-6　Creo 三键鼠标操作

<table>
<tr><td colspan="2">鼠标功能键</td><td>操　作</td><td colspan="2">功　能</td><td>适用模式</td></tr>
<tr><td rowspan="6" colspan="2">左键</td><td>单击</td><td colspan="2">选择(选取)或取消选取对象</td><td>草绘、零件、装配和绘图</td></tr>
<tr><td>Ctrl + 单击</td><td colspan="2">一次选取多个对象</td><td>草绘、零件、装配和绘图</td></tr>
<tr><td>单击</td><td colspan="2">拾取点位置(光标显示拾取点)</td><td>草绘</td></tr>
<tr><td>单击尺寸数字按住移动</td><td colspan="2">移动尺寸位置</td><td rowspan="2">草绘和绘图</td></tr>
<tr><td>双击</td><td colspan="2">激活编辑模式,修改尺寸或属性</td></tr>
<tr><td>Ctrl + Alt + 按住移动</td><td colspan="2">平移待约束零件(上/下)</td><td>装配</td></tr>
<tr><td rowspan="10">中键</td><td rowspan="8">按键</td><td>单击</td><td colspan="2">确认(等同按 Enter 键)</td><td rowspan="2">草绘、零件、装配和绘图</td></tr>
<tr><td>Shift + 按住移动</td><td colspan="2">平移(可见红色轨迹线)</td></tr>
<tr><td rowspan="2">按住移动</td><td colspan="2">旋转(启用时,绕旋转中心)</td><td rowspan="3">零件和装配</td></tr>
<tr><td colspan="2">旋转(关闭时,绕拾取点)</td></tr>
<tr><td>Ctrl + 按住移动(左/右)</td><td colspan="2">顺时针或逆时针旋转</td></tr>
<tr><td>Ctrl + Alt + 按住移动</td><td colspan="2">旋转待约束零件(绕旋转中心)</td><td>装配</td></tr>
<tr><td>按住移动</td><td colspan="2">平移(可见红色轨迹线)</td><td>草绘和绘图</td></tr>
<tr><td>Ctrl + 按住移动(上/下)</td><td colspan="2">缩放</td><td rowspan="3">草绘、零件、装配和绘图</td></tr>
<tr><td rowspan="2">滚轮</td><td>转动滚轮(向前)</td><td rowspan="2">快速缩放</td><td>缩小</td></tr>
<tr><td>转动滚轮(向后)</td><td>放大</td></tr>
<tr><td rowspan="2" colspan="2">右键</td><td>右击,或按住(长按)</td><td colspan="2">弹出快捷菜单</td><td>草绘、零件、装配和绘图</td></tr>
<tr><td>Ctrl + Alt + 按住移动</td><td colspan="2">平移待约束零件</td><td>装配</td></tr>
</table>

9.5 Creo 显示控制

为了提高模型、图形和工作界面的显示效果，Creo 不仅提供了如图 9－3 所示【Creo Parametric 选项】对话框可控制显示，而且还提供了一系列显示控制方法。

在“草绘”“零件”“装配”或“绘图”模式下，【视图】选项卡(图 9－15)和【视图控制】工具栏(图 9－16)有相同之处，也有所不同。

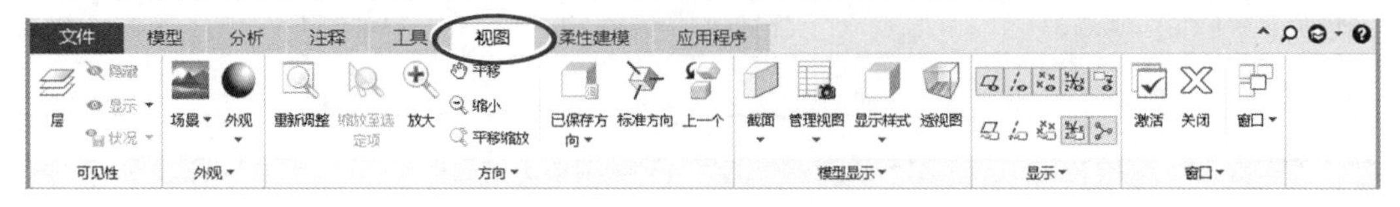

图 9－15 【视图】选项卡(零件建模)

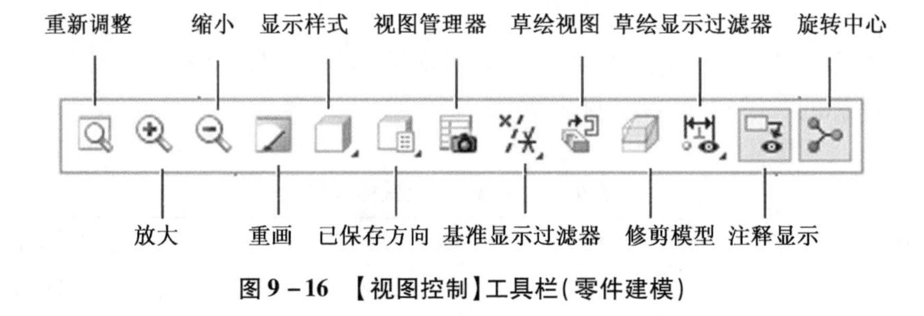

图 9－16 【视图控制】工具栏(零件建模)

下面简要介绍模型显示样式、视图控制、模型着色和基准显示。

9.5.1 模型显示和视图控制

在 Creo 操作中，为便于显示和选取零件模型，随时需要切换模型的显示方式和视图观察方向、截面观察模型及使用视图管理器。“显示方式”“已保存方向”“视图管理器”“截面”和“模型颜色”的命令方式，见表 9－7。

表 9－7 “显示方式”“已保存方向”“视图管理器”“截面”和“模型颜色”的命令方式

	显示方式	已保存方向	视图管理器	截面	模型颜色
命令方式	6 种模型外观显示样式，见表 9－8	选择常用视图观察方向，如图 9－17 所示	控制零件或装配显示的对话框，如图 9－18 所示	用于显示内部结构及截面和创建剖视图或断面图，如图 9－19 所示	对零件模型设置着色的颜色
功能区	【视图】→【模型显示】→【显示样式】	【视图】→【模型显示】→【已保存方向】	【视图】→【模型显示】→【管理视图】	【视图】→【模型显示】→【截面】	【视图】→【外观】→【外观】
工具栏	【视图控制】→	【视图控制】→	【视图控制】→		

1. 模型显示样式

Creo 提供了 6 种模型显示样式，包括“带反射着色”“带边着色”“着色”“消隐”“隐藏线”和“线框”显示形式（默认为“着色”样式）。各种模型显示样式的功能，见表 9－8。

表 9－8　模型显示样式

样式	带反射着色	带边着色	着色（默认）	消隐	隐藏线	线框
	显示为增强真实感实体	利用边对模型着色（常用）	显示为所设颜色实体	不显示被前面遮住的线条	隐藏线以特殊形式显示	可见与不可见的线条都显示
按钮						
快捷键	Ctrl + 1	Ctrl + 2	Ctrl + 3	Ctrl + 4	Ctrl + 5	Ctrl + 6
图例						

2. 常用视图方向

Creo 预置了常用视图方向，如图 9－17 所示。FRONT、TOP、LEFT、RIGHT、BOTTOM 和 BACK 分别对应“主视图”“俯视图”“左视图”“右视图”“仰视图”和“后视图”。

选择菜单“【文件】→【选项】”命令，弹出如图 9－3 所示【Creo Parametric 选项】对话框，在其左侧导航区选择【模型显示】选项，然后可见【模型方向】选项区的【默认模型方向】下拉列表中默认“斜轴测”。

图 9－17　已保存方向下拉列表

提示　选择【标准方向】选项或按 Ctrl + D 键，系统将调整模型大小，并在图形区中央以【标准方向】显示模型（“斜轴测”方向）或图形。

3. 视图管理器

视图管理器可编辑模型的显示方式，可新建并管理视图方向、造型样式、截面（详见例 12－3）和装配分解视图（详见 11.3 节中所述爆炸图）等。在“零件”和“装配”模式下，【视图管理器】对话框有所不同，如图 9－18 所示。在“装配”模式下，【视图管理器】对话框中有 7 个选项卡；在“零件”模式下，【视图管理器】对话框中无【分解】选项卡和【样式】选项卡。

命令方式:

◎ 功能区:【模型】→【模型显示】→【管理视图】

◎ 功能区:【视图】→【模型显示】→【管理视图】

◎ 工具栏:【视图控制】→

图 9－18　【视图管理器】对话框

(a)"零件"模式;(b)"装配"模式

4. 截面

要创建如图 9－19 所示零件模型的截面,有两种方式:一是用【视图管理器】对话框,详见例 12－3 第 2 步;二是选择功能区"【视图】→【模型显示】→【截面】"按钮,出现如图 9－20 所示【截面】上下文选项卡,选取截面(例如,RICHT 面)截切零件模型,单击"剖面线图案"按钮可显示剖面线;单击"调色板"按钮可在截面加颜色。鼠标拖动如图 9－19(b)所示箭头,可动态观察模型同一方向内部结构;可改变选择的截面;可观察不同方向内部结构。

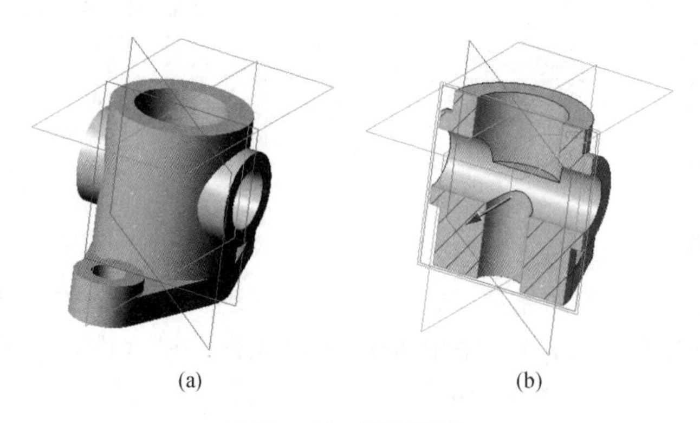

图 9－19　模型截面

(a)截切前模型;(b)截切后模型

图9-20　【截面】上下文选项卡

5. 设置模型颜色

Creo 模型默认为灰色，为了区分不同零件，尤其大型装配，应设置不同的模型颜色，设置模型颜色可用如下两种方式：

（1）选择功能区"【视图】→【外观】→【外观】"按钮（装配模型时"【模型】或【视图】→【外观】→【外观】"按钮）的下拉箭头，弹出如图9-21(a)所示"外观库"。选取并应用"外观库"的颜色可为零件改变外观，在一个颜色球处右击，弹出快捷菜单，选择【编辑】或【新建】选项（或在如图9-21(a)所示"外观库"中单击【更多外观】按钮），弹出如图9-21(b)所示【外观编辑器】对话框，可设置模型颜色和透明度等。例如，在【颜色】右侧色块上单击，弹出【颜色编辑器】对话框，然后可选择【颜色轮盘】，可直观地选择颜色。

（2）选择功能区"【工具】→【实用工具】→【外观管理器】"按钮或在如图9-21(a)所示"外观库"中单击【外观管理器】按钮，弹出如图9-21(c)所示【外观管理器】对话框，可管理、创建和编辑外观。例如，设置模型颜色和透明度等。

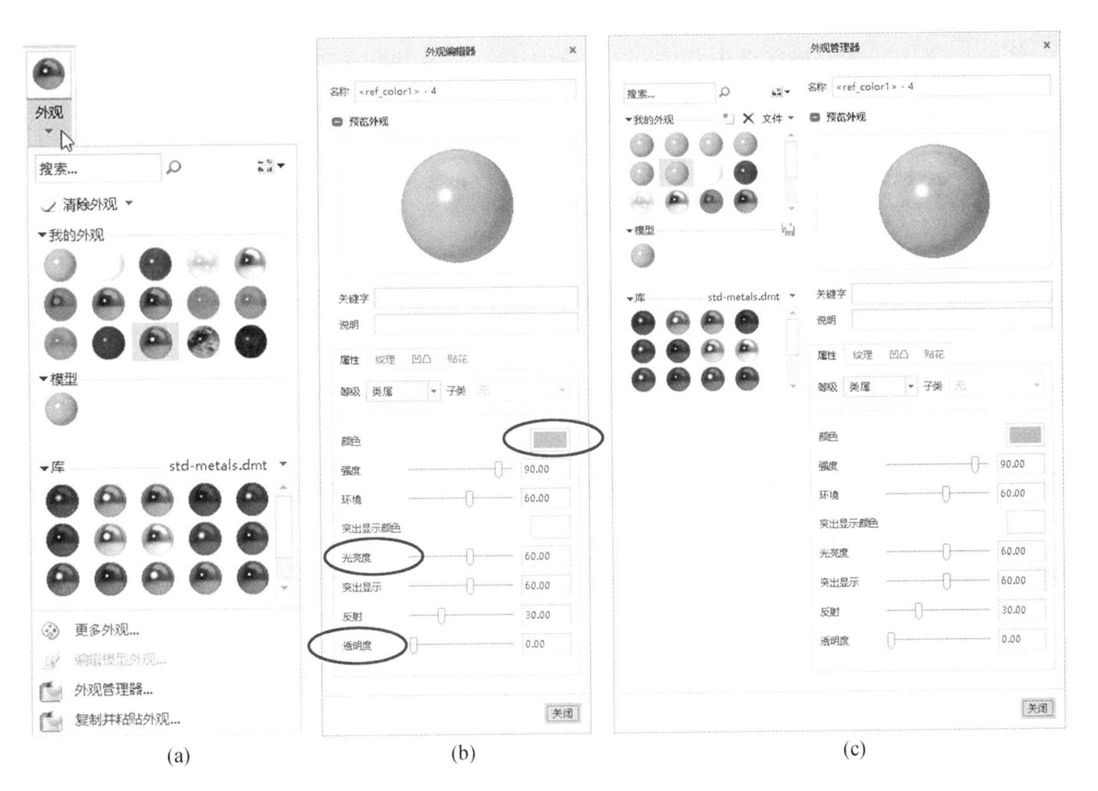

图9-21　模型外观设置

例 9－2 将零件模型着色为红色。

第1步 选择功能区“【视图】→【外观】→【●外观】”按钮的下拉箭头，弹出如图 9－21(a)所示“外观库”，然后在【我的外观】选项区选择红色球，【外观】面板上【●外观】按钮的颜色显示为红色。

第2步 在【模型树】上选取零件的顶级模型(例如，“上盖. prt”)。

第3步 在图形区单击中键，零件颜色即改变为红色。

说明 要将零件着色，可先选择颜色后选择模型，也可以先选择模型后选择颜色。

提示 要将零件设置为透明的红色，可操作如下：在【我的外观】选项区右击红色球，选择【创建】选项，然后单击所创建的红色球，弹出如图 9－21(b)所示【外观编辑器】对话框，在【基本】选项卡上向右滑动【透明】滑块，确认关闭对话框，在【视图控制】工具栏上“外观库”按钮即为透明的红色球。

9.5.2 基准显示控制

在 Creo 操作中，常要参考基准(基准平面、基准轴、基准点和基准坐标系)，但有时屏幕上显示的基准会使图形区显得混乱。因此，应根据需要随时显示或隐藏基准，有多种控制基准显示的方式，如图 9－22 所示。

1.【视图控制】工具栏方式

单击按钮，显示基准选项状态，勾选或取消勾选各基准选项，如图 9－22(a)所示。

2. 功能区方式

选择【视图】选项卡的【显示】面板上相应基准或基准标记按钮，可切换显示/关闭基准，如图 9－22(b)所示。

3. 导航区方式

(1)隐藏单个基准：在【模型树】列表中选择一个基准右键，在弹出快捷菜单上选择【隐藏】选项将其基准隐藏(反之，选择【取消隐藏】选项)，如图 9－22(c)所示。

(2)隐藏且保存所有基准：在完成零件建模、装配建模或绘图后，要隐藏所有基准，选择功能区“【视图】→【可见性】→【层】”按钮或在导航区将【模型树】切换为【层树】，然后在如图 9－22(c)所示【层树】选项卡的顶级【层】上右击，弹出快捷菜单，选择【隐藏】选项(反之，选择【显示】选项)，所有基准将不显示；在顶级【层】上右击，在快捷菜单上选择【保存状况】选项，文件保存后再打开时基准将仍处于隐藏状态。

提示 在切换显示/隐藏基准后移动鼠标，即可刷新其显示效果。

(3)“绘图”模式下显示基准平面：在装配模型的【模型树】中，默认不显示基准平面；要显示基准平面，操作如下：在如图 9－22(d)所示【模型树】中单击“设置”按钮，然后在弹出菜单中选择【树过滤器】选项，弹出【模型树项】对话框，在【显示】选项区中勾选【特征】复选框，单击【确定】按钮。

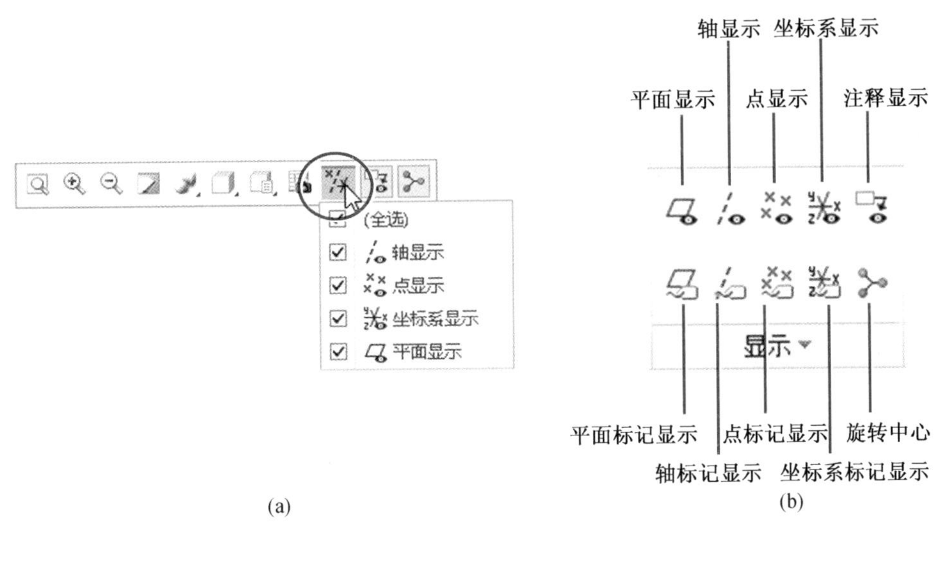

(a)　(b)

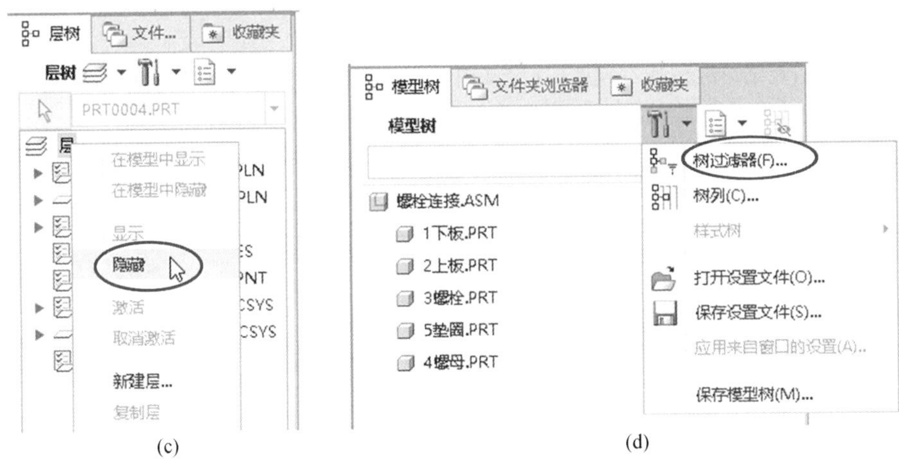

(c)　(d)

图 9－22　基准显示控制方式

(a)【视图控制】工具栏;(b)视图的【显示】面板;(c)【层树】隐藏所有基准;(d)显示绘图基准平面

4.【Creo Parametric 选项】对话框方式

选择菜单“【文件】→【选项】”命令,弹出如图 9－3 所示【Creo Parametric 选项】对话框;选择【图元显示】选项,可设置基准显示。

9.6　Creo 草绘工具

二维草绘用于零件建模、装配建模和工程图。以二维草绘截面为基础,经拉伸和旋转等操作完成零件建模。草绘图形(即草图)是一种参数化特征,是应用草图工具绘制基本图元,并几何约束和尺寸标注约束,表达设计意图;草图修改时,关联实体模型将会自动更新。

9.6.1 草绘界面

在草绘图形之前，要进入并熟悉草绘界面。

1. 进入草绘界面

在 Creo 中，进入草绘界面的主要方式和功能，见表 9 – 9。

表 9 – 9 进入草绘界面的方式和功能

方式	操 作	功 能
新建草绘文件	按 9.3.2 所述选择“新建”命令，弹出如图 9 – 11 所示【新建】对话框，在【类型】选项区选择【草绘】模式	只能绘制草图；在零件建模或装配建模时，可调用其草绘文件(*. sec)
零件特征【操控板】	方式 1：选择“拉伸”等按钮，然后选择草绘平面。 方式 2：在【操控板】上依次选择“【基准】→【草绘】”按钮。 方式 3：单击【放置】按钮后单击【定义】按钮。 方式 4：在图形区按住右键选择【定义内部草绘】选项，然后选择草绘平面	所绘制草图隶属于某特征；保存为草图文件(*. sec)后，在零件建模或装配建模时，可调用其草图文件(*. sec)
【草绘】按钮	选择功能区“【模型】→【基准】→【草绘】”按钮，然后选择草绘平面	

2. 草绘界面

草绘界面功能区包括【草绘】【工具】和【视图】等选项卡，其中【视图】选项卡可设置显示尺寸和显示约束等，如图 9 – 23 和图 9 – 24 所示。

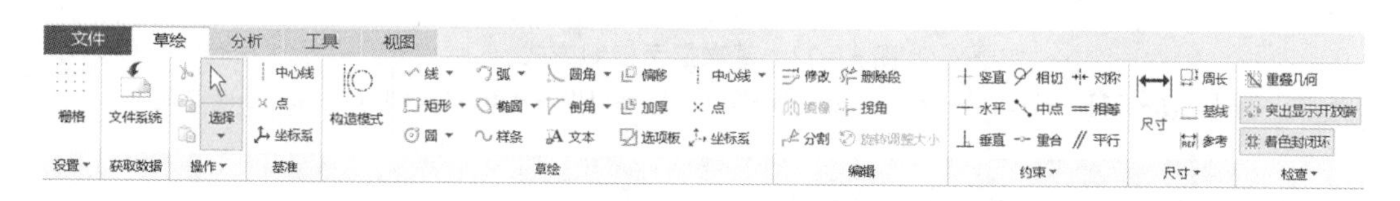

图 9 – 23 【草绘】选项卡

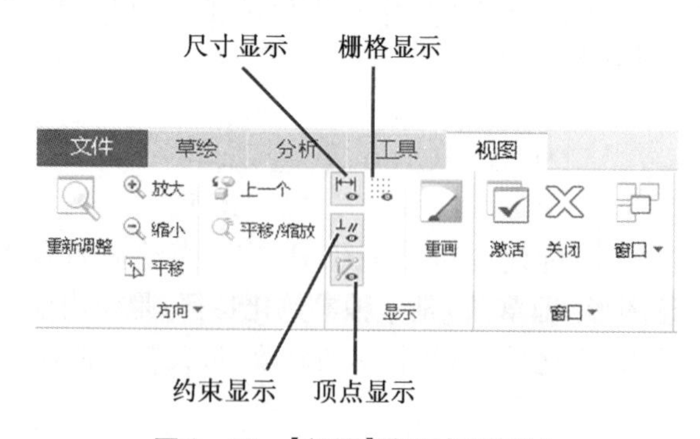

图 9 – 24 【视图】选项卡(草绘)

9.6.2　草绘基本图元

草图的基本图元包括直线、中心线、矩形、多边形、圆和样条曲线等图元，见表9－10。

表9－10　常用草绘图元

按钮和名称	分类	功能和操作
线链	线	拾取2点创建直线
直线相切		选取2个圆或圆弧，系统会自动捕捉切点绘制公切直线
拐角矩形	矩形	绘制矩形（如果先绘制2条“中心线”，则可绘制上下左右对称的矩形）
圆心和点	圆	拾取圆心和圆上一点创建圆
3相切		选取3个图元（直线、圆、圆弧或不规则曲线），生成圆与3个图元相切
样条	样条	创建样条曲线
圆角	圆角	选取要生成圆角的2个图元，即生成圆角
倒角	倒角	选取要生成圆角的2个图元，即生成倒角
中心线	中心线	创建2点无限长中心线，完成草图后不显示，用于定义旋转特征的旋转轴、镜像图元及尺寸中心线
点	点	创建构造点
偏移	偏移	通过边创建图元（与已知边平行或重合）
文本	文本	创建文本，作为截面的一部分
选项板	选项板	通过【草绘器选项板】对话框，插入多边形等块，并可调整大小、平移和旋转，类似于AutoCAD中“插入块”命令

说明　要草绘图形，先要确定草绘平面，然后在此平面上绘制草图。草绘平面可为默认基准平面（FRONT、TOP或RIGHT）、现有零件上平面或创建的基准平面。

在如图9－23所示【草绘】选项卡中，可选择草绘基本图元的命令；还可在图形区按住右键，然后在快捷菜单中选择部分草绘命令。

Creo草绘基本图元类似于AutoCAD二维绘图，操作如下：

（1）按表9－10，选择草绘基本图元的命令；

（2）拾取点位置或拾取已有图元；

（3）绘制直线、中心线、矩形、圆、圆弧或样条曲线等图元。一次命令可连续绘制多个图元，直至单击中键结束命令（单击左键取消选取图元）。

9.6.3 几何约束

Creo 几何约束是按特定关系追踪草绘图元方向和位置,见表9-11。

表9-11 几何约束模式

按钮和名称	约束图例		功能
	约束前	约束后	
竖直			使图元(直线、两点或两端点)竖直
水平			使图元(直线、两点或两端点)水平
垂直	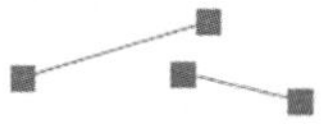	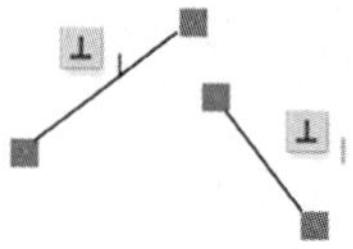	使两图元垂直
相切	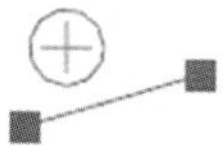	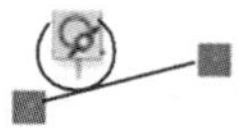	使两图元相切
中点	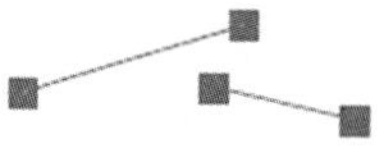	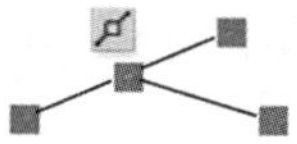	使点或端点位于图元(直线或圆弧)中点
重合		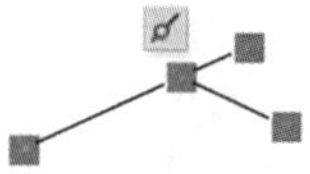	使两直线重合
			使两圆或圆弧同圆
			使两端点(或端点与点)重合
			使端点位于图元上
对称	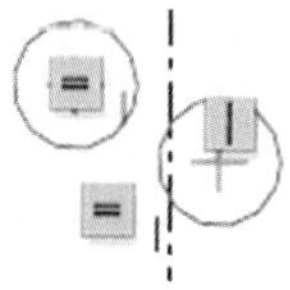	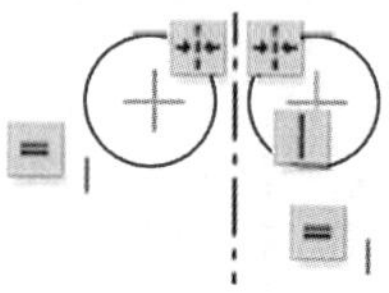	使两图元对称于中心线
相等	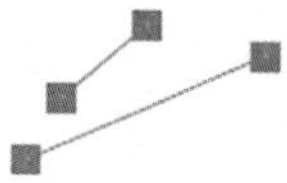	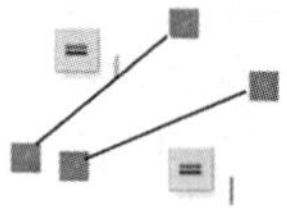	使两直线等长
	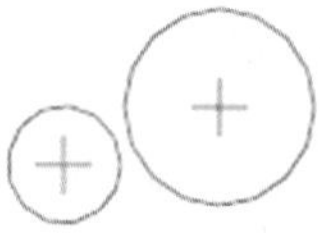	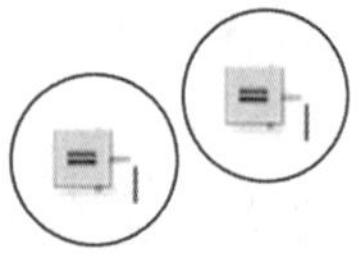	使两圆等半径
平行		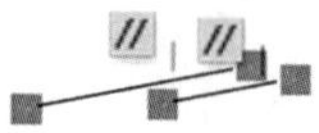	使两直线平行

几何约束有利于定位和替代图形中的尺寸；有利于反映设计过程中各草图元素之间的几何关系。Creo 提供了两种几何约束，即手动几何约束和自动几何约束。

说明　在如图 9 - 24 所示选择功能区"【视图】→【显示】→【 显示约束】"按钮，可显示或关闭显示约束。显示约束时，约束符号显示在应用约束的图元旁边。例如，┼（竖直）、┼（水平）、⊥（垂直）、𝒮（相切）和 //（平行）等符号。

1. 手动几何约束

通过如图 9 - 23 所示【草绘】选项卡，可实现如表 9 - 11 所示几何约束模式，操作如下：先选择约束模式，然后选取要约束的图元，即完成约束并可显示约束符号。

要删除不需要的几何约束，在图形区选择其约束符号，然后按 Delete 键即可。

2. 自动几何约束

自动几何约束是非常有用的辅助草绘功能，在草绘图元过程中，系统会自动进行约束并显示┼（竖直）和┼（水平）等约束符号。

说明　选择菜单"【文件】→【选项】"命令，弹出【Creo Parametric 选项】对话框，如图 9 - 6 所示选择【草绘器】选项卡，在【草绘器约束假设】选项区默认勾选常用的几何约束模式的复选框。因此，自动开启显示相应的自动几何约束符号。例如，┼（竖直）和┼（水平）符号。

9.6.4　草图尺寸标注

在绘制草图轮廓后，系统自动以弱尺寸（绿色）标注草图轮廓的尺寸（其尺寸的位置或数值不一定符合实际需要）。用户按需要标注尺寸或修改尺寸后，弱尺寸将转换为强尺寸（蓝色），并自动删除多余的弱尺寸，而其草图会根据其新值自动调整。选择菜单"【文件】→【选项】"命令，弹出【Creo Parametric 选项】对话框，如图 9 - 6 所示选择【草绘器】选项卡，在【拖动截面时的尺寸行为】选项区勾选【用户定义的尺寸】复选框（以免操作时尺寸改变）。

"标注尺寸"和"修改尺寸值"的命令方式，见表 9 - 12。

表 9 - 12　"标注尺寸"和"修改尺寸值"的命令方式

命令方式	标注尺寸（尺寸约束）	修改尺寸值
	标注强尺寸	一次命令可修改多个尺寸值
功能区	【草绘】→【尺寸】→【 |⟷| 法向】	【草绘】→【编辑】→【 修改】
快捷键	D	

1. 标注尺寸

草绘中,需要标注尺寸,对复杂图形锁定一些尺寸可避免变形,其操作如下:

(1)选择功能区"【草绘】→【尺寸】→【尺寸】"按钮或按快捷键 D;

(2)按表 9－13 选取图元或拾取点;

表 9－13　标注尺寸选取操作

尺寸类型		选取操作
直线段长度		选取要标注的线段
点与直线间距离		拾取点和选取直线
两平行线间距离		选取两平行线
两点间距离		拾取两个点
直线与直线间角度		选取不平行的两直线
直径	圆或圆弧图元	在圆或圆弧上双击
	非圆或圆弧图元	单击圆柱轮廓线,然后单击中心线,再单击其圆柱轮廓线 (注:自动显示工程图尺寸时,将显示直径尺寸,参见 12.6.1 所述)
半径		在圆或圆弧上单击

(3)在所需放置尺寸的位置单击中键;

(4)在弹出的文本框中输入所需标注的尺寸数值;

(5)单击中键或按 Enter 键确定,完成标注尺寸。

2. 修改尺寸值和尺寸位置

(1)修改尺寸值:对已标注尺寸,修改尺寸值有如下两种方式。

方式 1:修改单个尺寸。直接双击,在文本框中输入新值,单击中键。

方式 2:修改多个尺寸。选择功能区"【草绘】→【编辑】→【修改】"按钮,弹出如图 9－25 所示【修改尺寸】对话,选取已有尺寸(鼠标选取一个尺寸,或按住 Ctrl 键选取多个尺寸或按住鼠标左键框选多个尺寸),对话框显示所有尺寸,在对应尺寸文本框中输入新的尺寸数值或用指轮调整其中尺寸,单击【确定】按钮。如果出现尺寸冲突,将弹出如图 9－26 所示【解决草绘】对话框,应删除多余尺寸。

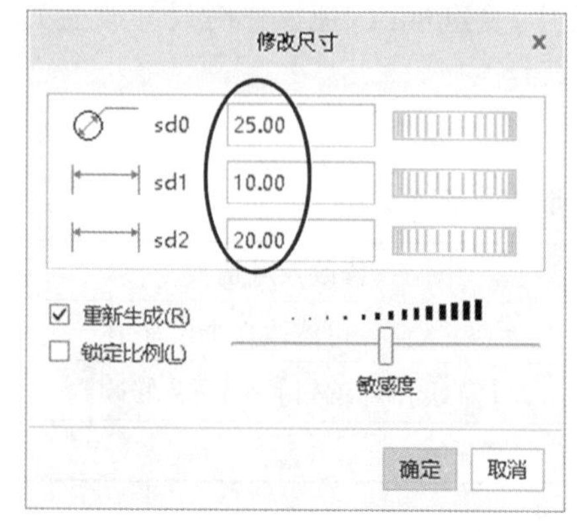

图 9－25　【修改尺寸】对话框

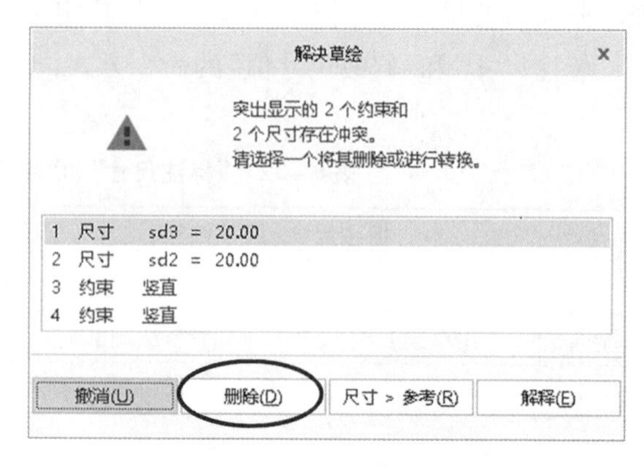

图 9－26　【解决草绘】对话框

(2)调整尺寸位置:要调整尺寸位置,在图形区选取尺寸值,然后拖动到所需位置。

提示　在草绘中,要充分利用约束关系,以减少不必要的草图尺寸,使草图清晰。

9.6.5　编辑草图

在草绘中,可用镜像、移动、旋转、缩放、修剪和分割工具编辑草图。下面分别介绍镜像、旋转、缩放、删除段和分割的操作步骤,其命令方式,见表 9－14。

表 9－14　常用编辑草图的命令方式

	镜　像	旋转调整大小	删除段	分　割
命令方式	按指定的对称中心线对选定对象作镜像复制	平移用于将图元在指定方向上从当前位置移到新位置;旋转用于以某点为中心旋转图元;缩放用于对选取图元进行比例缩放	删除多余线段(相当于 AutoCAD 的"修剪(TRIM)"命令和"删除(ERASE)"命令)	将一个图元分割成两个或多个新图元。如果其图元已被标注尺寸,则打断之前删除其尺寸(相当于 AutoCAD 的"打断于点(BREAK)"命令)
功能区	【草绘】→【编辑】→【镜像】	【草绘】→【编辑】→【旋转调整大小】	【草绘】→【编辑】→【删除段】	【草绘】→【编辑】→【分割】
快捷键			Ctrl + Del	

1. 镜像

在草绘中,要镜像图元,操作如下:

(1)绘制中心线和将要镜像的图元;

(2)选取要镜像的图元;

(3)选择功能区"【草绘】→【编辑】→【镜像】"按钮;

(4)按消息区提示选取镜像中心线,系统将所有选取的图元按中心线镜像复制。

2. 平移、旋转和缩放

在草绘中,要平移、旋转或缩放图元,操作如下:

(1)选取要平移、旋转或缩放的图元;

(2)选择功能区"【草绘】→【编辑】→【旋转调整大小】"按钮,出现如图 9－27 所示【操控板】(旋转调整大小),且在图元上显示平移、旋转和缩放的图柄,在【操控板】相应文本框中输入平移、旋转或缩放的数值,也可拖动图元上平移、旋转或缩放的图柄;

(3)单击✔按钮,即完成平移、旋转或缩放。

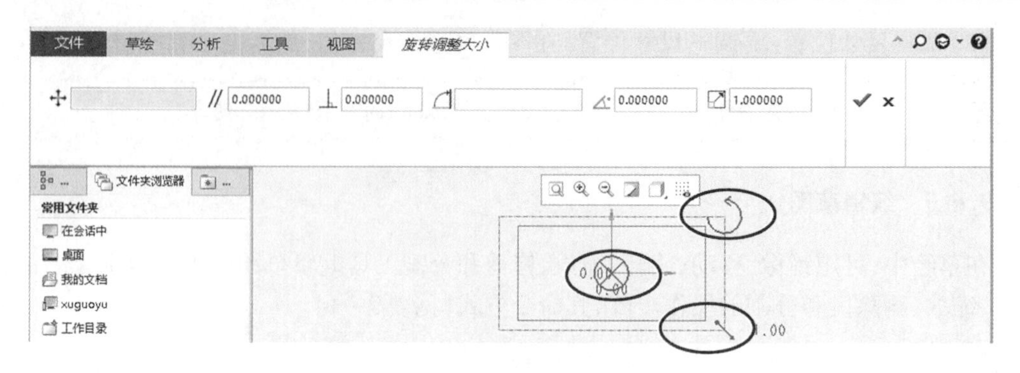

图9-27 【操控板】(旋转调整大小)

3. 删除段

在草绘中,要删除线段,操作如下:

(1)选择功能区"【草绘】→【编辑】→【删除段】"按钮;

(2)单击要修剪和删除的线段,或按住左键拖动光标划过所有要删除线段,所单击选取的线段或光标经过相交的线段都被删除;

(3)单击中键,即完成删除段。

4. 分割

在草绘中,要将图元分割,操作如下:

(1)选择功能区"【草绘】→【编辑】→【分割】"按钮;

(2)光标在图元上显示拾取点,单击拾取点,将在其指定位置分割图元;

(3)单击中键,即完成分割。

9.6.6 草绘实例

Creo 草图是用于创建零件特征的截面图形,草图不同于国家标准规定的视图,如图9-28所示。

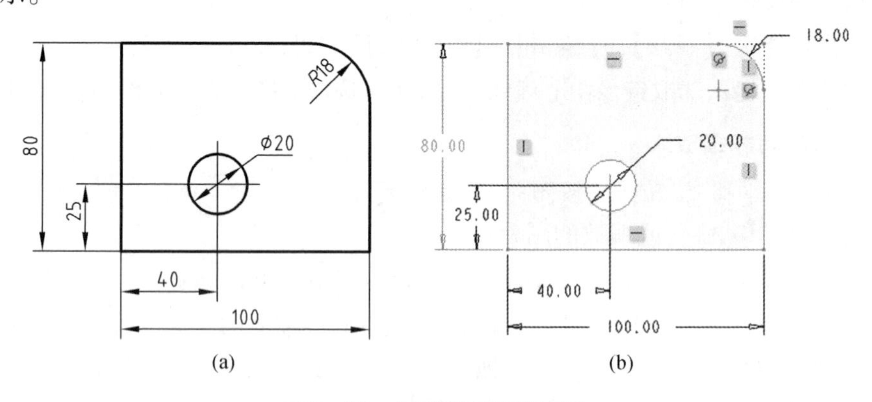

图9-28 视图和草图的区别

(a)视图;(b)草图

草绘基本操作如下:首先草绘图形,然后定义草图中图元之间的几何约束关系,最后标注尺寸。

例 9－3　根据如图 9－28(a)所示立板视图,草绘如图 9－28(b)所示草图。

第 1 步　新建草绘文件:在【快速访问】工具栏上单击“新建”按钮,在【新建】对话框中选择【类型】为【草绘】单选按钮,在【名称】文本框中输入草图名称为“立板”,单击【确定】按钮,进入草绘界面。

第 2 步　显示尺寸和显示约束:选择功能区“【视图】→【显示】→【尺寸显示】”按钮和“【视图】→【显示】→【约束显示】”按钮,确认分别处于显示尺寸和显示约束状态(默认)。

第 3 步　绘制矩形:选择功能区“【草绘】→【草绘】→【矩形】”按钮或按 R 键,拖动鼠标绘出一个任意尺寸的矩形,单击中键结束“矩形”命令。

第 4 步　绘制圆:选择功能区“【草绘】→【草绘】→【圆】”按钮,绘制一个圆。

第 5 步　创建圆角:选择功能区“【草绘】→【草绘】→【圆角】”按钮,选取矩形右上角两条直线,在所绘制矩形右上角创建一个圆角。

第 6 步　标注尺寸:框选全部尺寸,选择功能区“【草绘】→【编辑】→【修改】”按钮,弹出【修改尺寸】对话框可修改其中尺寸;也可双击已有尺寸在文本框中输入新值,单击中键,然后分别用鼠标左键拾取并拖动各尺寸到理想位置,结果如图 9－28(b)所示。

第 7 步　保存文件:在【快速访问】工具栏上单击按钮,将草绘文件“立板. sec”保存到所设置的工作目录。

例 9－4　草绘如图 9－29 所示底板草图。

第 1 步　新建草绘文件:新建文件“底板. sec”,进入草绘界面。

第 2 步　绘制对称中心线:选择功能区“【草绘】→【草绘】→【中心线】”按钮,在图形区绘制水平中心线和竖直中心线。

第 3 步　绘制圆:选择功能区“【草绘】→【草绘】→【圆】”按钮,分别绘制 $\phi70$、$\phi20$、$\phi32$ 和 $\phi15$ 圆,如图 9－30(a)所示。

第 4 步　绘制切线:选择功能区“【视图】→【显示】→【显示约束】”按钮,显示约束;选择功能区“【草绘】→【草绘】→【直线相切】”按钮,绘制切线如图 9－30(b)所示。

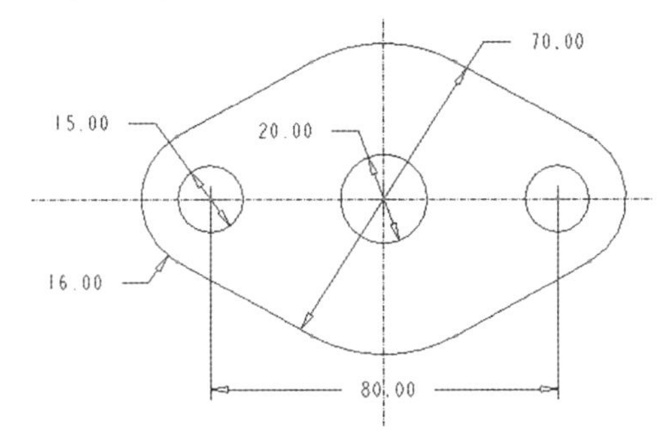

图 9－29　底板草图

第 5 步　镜像图形:选取如图 9－30(b)所示切线,【草绘】→【编辑】→【镜像】按钮,然后选取水平中心线;按住 Ctrl 键选取如图 9－30(c)所示左侧两切线、$\phi15$ 圆和 $\phi32$ 圆,然后选取竖直中心线,完成如图 9－30(c)所示右侧部分。

第 6 步　删除图线和标注中心距:选择功能区“【草绘】→【编辑】→【删除段】”按钮,然后选取多余圆弧;选择功能区“【草绘】→【尺寸】→【尺寸】”按钮,捕捉拾取两个圆心,标注两孔中心距尺寸 80,结果如图 9－29 所示。

第 7 步　保存文件:按 Ctrl＋S 键,将草绘文件“底板. sec”保存到所设置的工作目录。

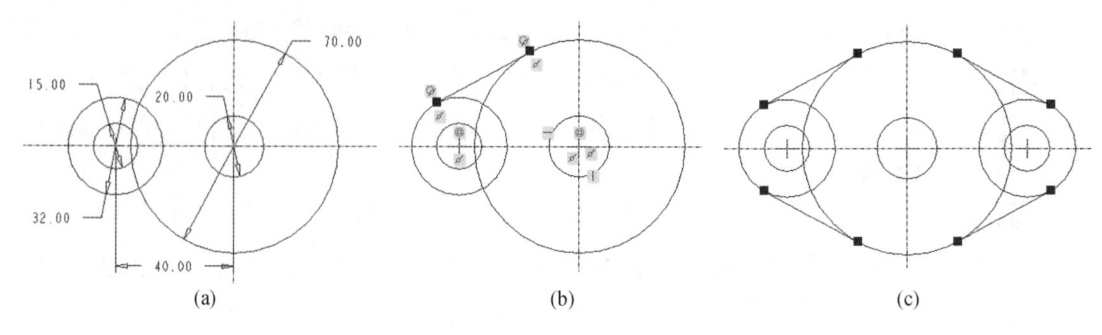

图 9－30　绘制底板草图

例 9－5　利用“草绘器选项板”功能,草绘如图 9－31(a)所示正六边形。

第 1 步　新建草绘文件:新建文件“正六边形. sec”,进入草绘界面。

第 2 步　调入正六边形:选择功能区“【草绘】→【草绘】→【选项板】”按钮,弹出如图 9－31(b)所示【草绘器选项板】对话框,在【多边形】选项卡上双击【六边形】选项,在图形区指定点双击,即插入如图 9－31(c)所示正六边形。

第 3 步　标注尺寸:出现如图 9－31(d)所示【导入截面】上下文选项卡,在“缩放”文本框中输入比例值 20(边长为 20),单击✔按钮;在如图 9－31(b)所示【草绘器选项板】对话框上单击【关闭】按钮。

第 4 步　保存文件:将草绘文件“正六边形. sec”保存到所设置的工作目录。

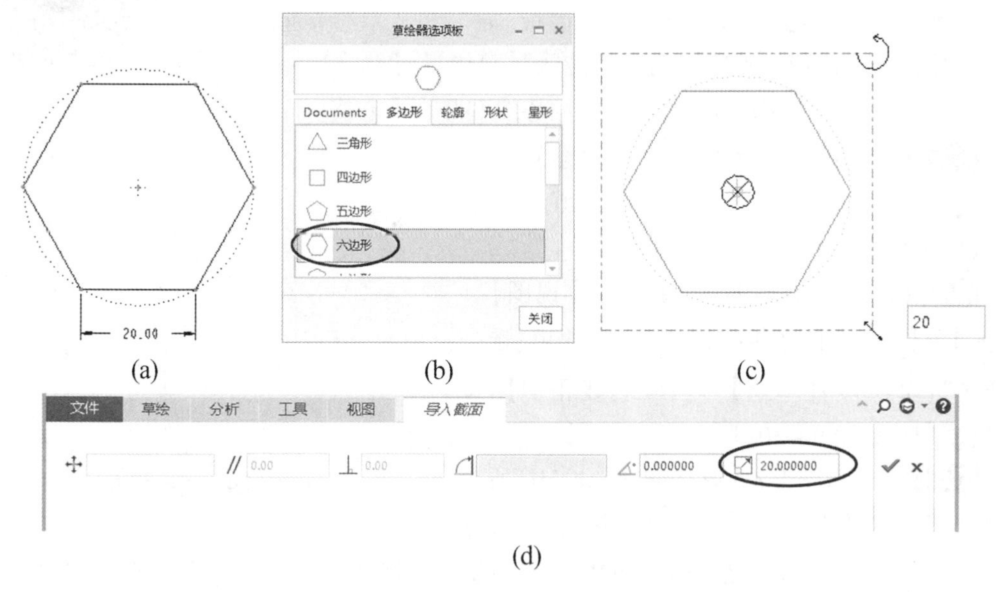

图 9－31　利用“草绘器选项板”功能绘制正六边形

提示　类似于 AutoCAD 软件查询功能,在 Creo 软件草绘中,可查询线段长度、两点间距、两线夹角或图形面积。例如,选择功能区“【分析】→【测量】→【测量】”按钮,选取直线将显示线段长度。

上机指导和练习

【目的】

1. 熟悉Creo 4.0软件的工作界面、文件管理和鼠标操作。
2. 了解模型显示和基准显示控制。
3. 掌握草绘图形的操作、几何约束、尺寸标注和编辑方法。

【练习】

1. 设置工作目录,新建文件、绘制模型、保存文件到工作目录,打开文件、拭除文件、关闭窗口和退出Creo软件。

提示 以一个长方体模型为例,操作如下:

第1步 启动Creo软件和设置工作目录:双击Creo桌面图标;选择功能区“【主页】→【选择工作目录】”按钮,在D盘新建一个“Creo练习题”文件夹作为工作目录。

第2步 新建零件文件:在【快速访问】工具栏上单击按钮,弹出【新建】对话框,默认选择【零件】类型,命名为“cft”,取消勾选【使用默认模板】复选框,单击【确定】按钮,将弹出【新文件选项】对话框,选择“mmns_part_solid”选项,单击【确定】按钮。

第3步 创建长方体:选择FRONT面为草绘平面,单击按钮拉伸,单击按钮草绘矩形,单击按钮退出草绘;单击中键完成模型。

第4步 保存文件:在【快速访问】工具栏上单击按钮,将“cft.prt”文件保存到所设置工作目录“Creo练习题”文件夹中。

第5步 关闭窗口:在【快速访问】工具栏上单击按钮,关闭“cft.prt”文件窗口,其文件还在内存中(仍在会话中)。

第6步 拭除文件:选择菜单“【文件】→【拭除】→【不显示】”命令,在对话框选择显示的“cft.prt”文件,单击【确定】按钮,将其文件从内存中删除。

第7步 打开文件:在【快速访问】工具栏上单击按钮,选择已保存“cft.prt”文件,双击其文件即可打开文件。

第8步 退出Creo软件:单击标题栏上按钮,在【确认】对话框上单击【是】按钮,即退出Creo软件。

2. 参见例9-2将长方体模型着色为红色,并按表9-8所示控制其模型显示效果。
3. 试按图9-22控制基准显示,观察控制基准显示和隐藏的效果。
4. 根据如图9-32、图9-33和图9-34所示视图,草绘各图形的草图。

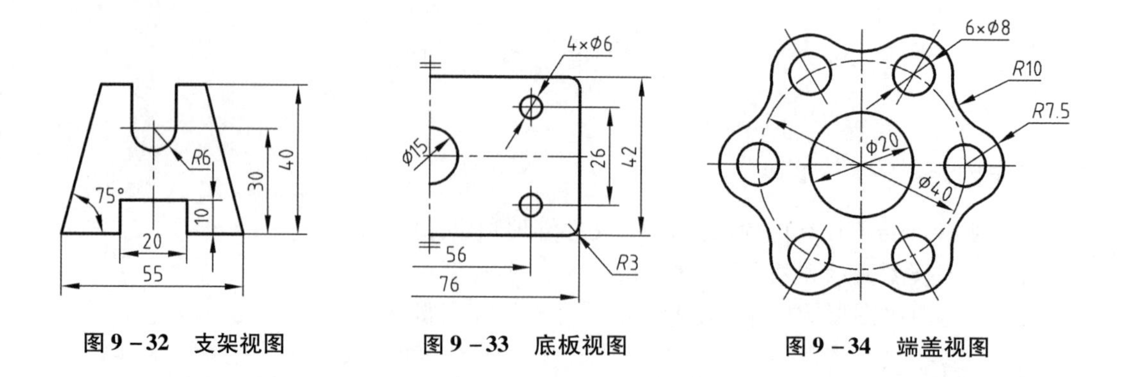

图9－32　支架视图　　图9－33　底板视图　　图9－34　端盖视图

提示　对于如图9－34所示六等分图形,可利用【草绘器选项板】对话框中六边形辅助完成。

第 10 章　Creo 零件建模

零件建模应遵循 GB/T 26099.2—2010《机械产品三维建模通用规则 第 2 部分:零件建模》和 GB/T 24734.6—2009《技术产品文件　数字化产品数据通则 第 6 部分:几何建模特征规范》等国家标准的有关规定。零件模型是由特征组成,一般零件建模经过二维草绘、零件特征参数化建模和编辑命令而完成。本章简要介绍 Creo 4.0 零件建模的基本方法及技巧,内容包括创建基础特征、工程特征、基准特征、特征编辑、螺纹特征、曲面特征和钣金件。

零件建模有如下三种情况:

(1)一般零件建模:结合"叠加法"或"切割法",创建基础特征(拉伸特征和旋转特征等),并在基础特征上添加工程特征(孔、倒圆和倒角等)。此外,创建钣金件可折弯/展平。

(2)曲面建模:创建曲面特征,然后加厚或实体化生成曲面实体模型。

(3)在"装配"模式"自顶向下"零件建模:在装配文件中,按装配关系完成零件模型。

10.1　零件建模界面

在零件建模之前,要进入并熟悉零件建模的工作界面。

10.1.1　进入零件建模界面

新建零件文件,进入零件建模界面操作如下。

(1)启动 Creo 软件,在如图 9 - 1 所示初始界面选择功能区"【主页】→【选择工作目录】"按钮,选取工作目录(例如,选取"D:\Creo\"为工作目录)。

(2)选择功能区"【主页】→【数据】→【新建】"按钮或按 Ctrl + N 键。

(3)弹出【新建】对话框,操作如下:①在【类型】选项区默认选择【零件】单选按钮;②一般在【子类型】选项区默认选择【实体】选项;③在【名称】文本框中新建零件模型名称(默认零件名称为"prt0001");④取消勾选【使用缺省模板】复选框(如果配置文件已设置单位,则在此可不必取消勾选其复选框);⑤单击【确定】按钮,如图 10 - 1(a)所示。

注意　新建零件文件时,应根据零件特点输入恰当的零件名称,而不采用默认零件名称"prt0001",以便查找和使用且避免内存中有相同文件名称引起冲突。

(4)弹出【新文件选项】对话框,操作如下:①选择"mmns_part_solid";②单击【确定】按钮,如图10 - 1(b)所示。

10.1.2　零件建模界面

在如图 9 - 1 所示 Creo 4.0 初始界面(即主界面)中,新建零件文件后将进入零件建模的工作界面,零件建模界面的功能区包括【模型】【分析】【注释】【工具】【视图】【柔性建模】和【应用程序】选项卡,如图 10-2 所示。

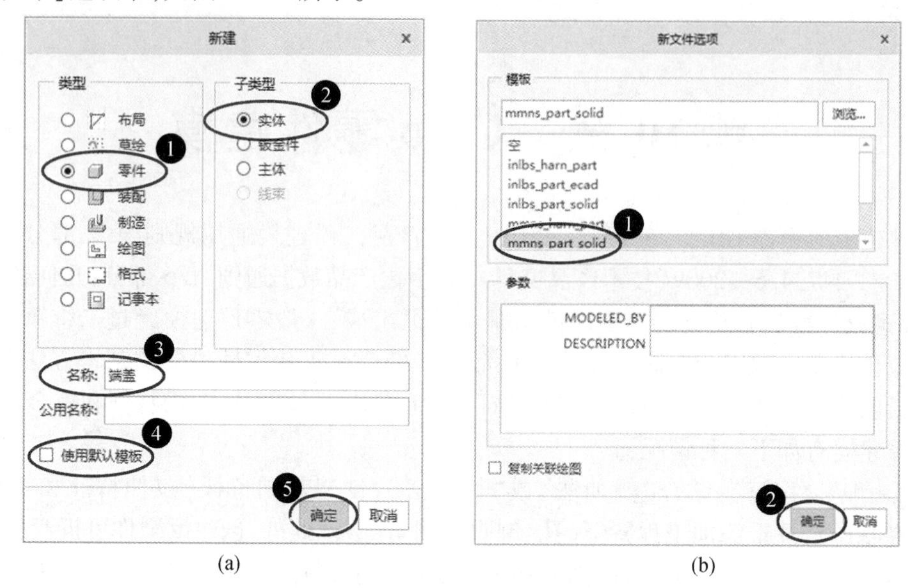

(a)　　(b)

图 10-1　新建零件文件

(a)【新建】对话框;(b)【新文件选项】对话框

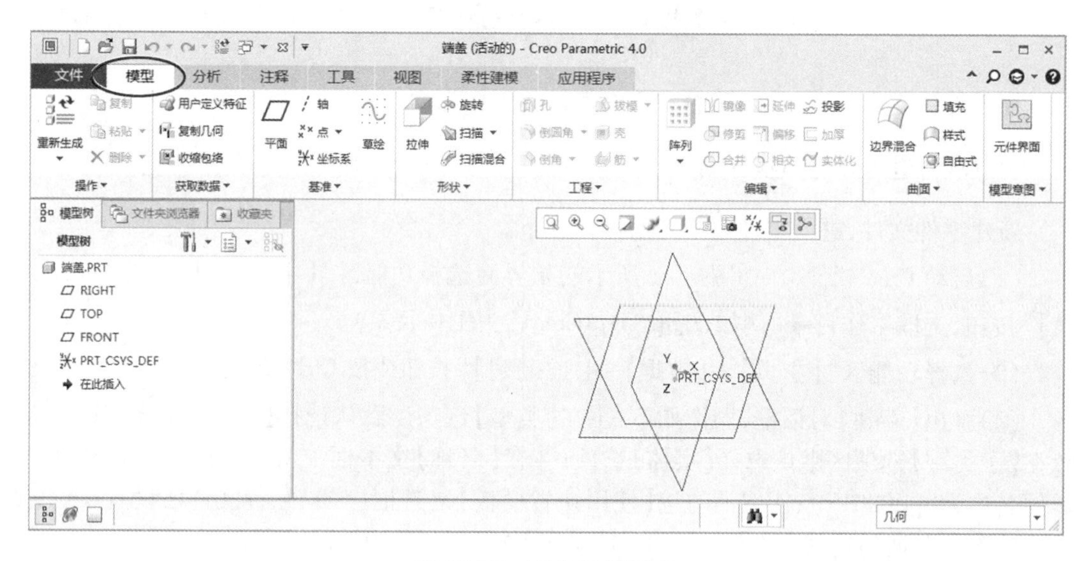

图 10-2　零件建模界面

在零件建模界面的功能区中,各选项卡应用如下:

(1)如图 10-2 所示【模型】选项卡包括实体建模工具、曲面工具、基准特征、特征编辑等零件建模工具,可如图 10-3 所示展开【模型】选项卡上各面板;

(2)【分析】选项卡包括模型分析与检查工具;

(3)【注释】选项卡用于创建与管理模型的 3D 注释,也可以直接导入 2D 工程图中;

(4)【工具】选项卡包含建模辅助工具,如模型播放器、参数化工具;

(5)【视图】选项卡主要用于设置和管理模型的显示;

(6)【柔性建模】选项卡主要用于直接编辑模型中的各种实体和特征。

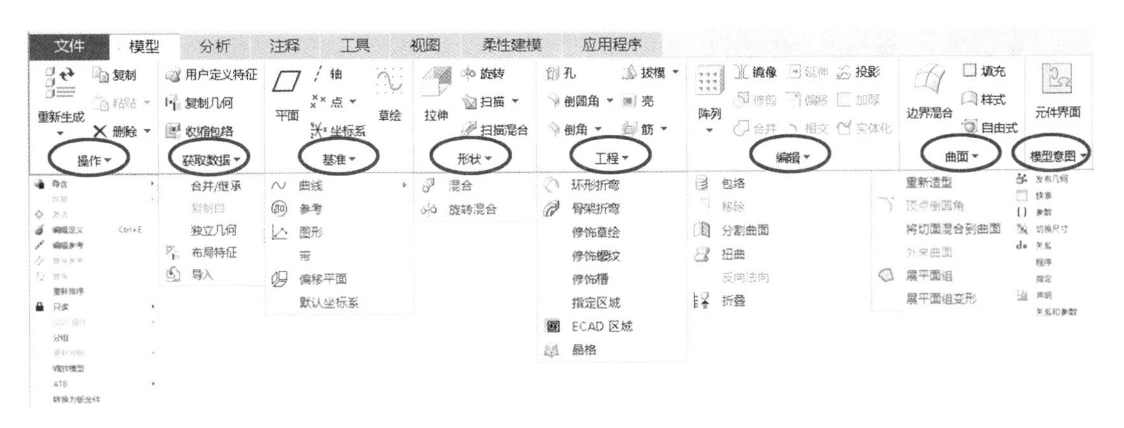

图 10－3　“零件”模式的【模型】选项卡上各面板按钮

10.2　基 础 特 征

基础特征是零件的主要轮廓特征,包括拉伸特征、旋转特征、扫描特征、混合特征和扫描混合特征。用户可选择如图 10－3 所示功能区【模型】选项卡的【形状】面板上按钮,创建所需基础特征。

10.2.1　拉伸特征

拉伸特征是将草绘截面沿着其草绘平面的垂直方向延伸到指定位置所形成的形状特征(实体或曲面)。利用拉伸方法创建实体特征,可添加材料和去除材料;可正向拉伸和反向拉伸,如图 10－4 所示。

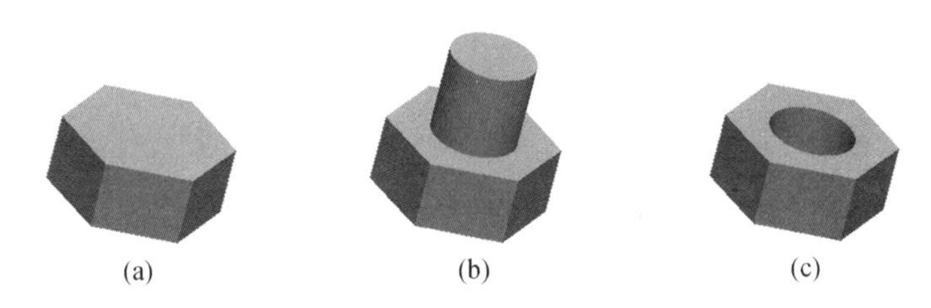

图 10－4　拉伸特征示例

(a)拉伸创建实体特征;(b)正向增加材料拉伸(默认);(c)反向移除材料拉伸

例 10－1　创建“垫圈 GB/T 97.1—2002　20”模型(拉伸特征)。

第 1 步　新建零件文件:按 Ctrl + N 键或按映射键 N(已按例 9－1 所述创建了“新建零件”的映射键 N),新建文件“4 垫圈. prt”,进入零件建模界面。

第 2 步　选择“拉伸”命令:按快捷键 X(或选择功能区“【模型】→【形状】→【拉伸】”按钮),出现如图 10－5 所示【操控板】(拉伸特征),即【拉伸】上下文选项卡,默认选择按下“创建实体”按钮。

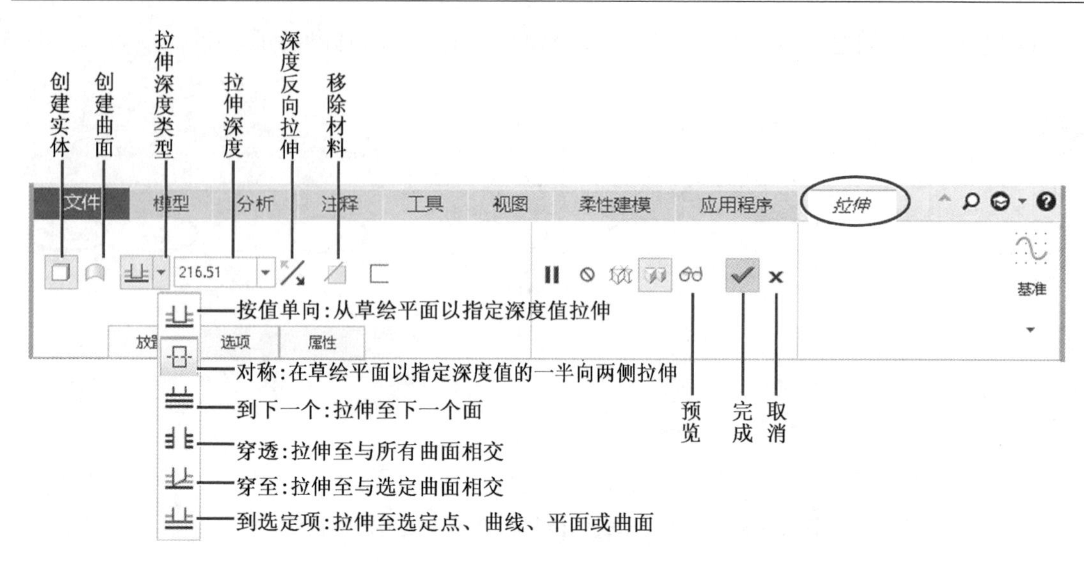

图 10-5　【操控板】(拉伸特征)

> **提示**　在 Creo 中,特征的【操控板】是执行命令的载体,各种特征的【操控板】有所不同,特征参数可在其中设置。建模时,将鼠标在【操控板】的各按钮上移动了解各按钮的功能,并要留意消息区的命令操作提示。

第3步　草绘拉伸截面:①按消息区提示“选择一个草绘”而在【模型树】或图形区选择 TOP 面为草绘平面(草绘俯视图方向的圆),出现【草绘】上下文选项卡;②选择功能区“【草绘】→【草绘】→【 圆】”按钮,选择默认坐标系原点为圆心,草绘任意直径的两个圆,单击中键,双击圆的直径尺寸,输入新值且单击中键确认,如图 10-6(a)所示 $\phi22$(即 $1.1d$)和 $\phi44$(即 $2.2d$);③单击“确定”按钮 ✔ 完成草绘截面,返回【操控板】(拉伸特征)。

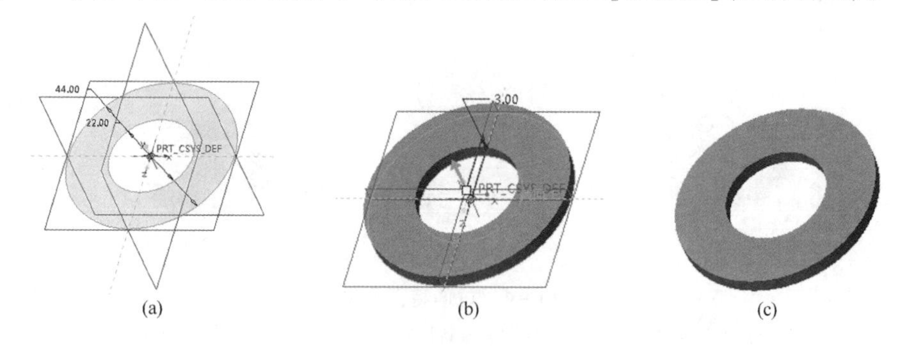

图 10-6　拉伸建模(垫圈)

(a)草绘截面;(b)输入拉伸高度;(c)拉伸特征模型

> **提示**　注意选择草绘平面应与视图方向一致,以便建模、显示和生成工程图时确定方向。例如,要拉伸圆柱,分别选择 FRONT 面、TOP 面和 RIGHT 面为草绘平面,将分别对应拉伸为前后、上下和左右方向的圆柱。

第4步　完成拉伸建模:①双击预显拉伸尺寸或在“拉伸深度”文本框输入拉伸高度为 3

(即 0.15d),如图 10－6(b)所示;②单击【操控板】上 按钮或单击中键完成建模,单击左键取消选取,结果如图 10－6(c)所示垫圈。

提示　拉伸特征处于编辑状态时,不仅可通过【操控板】(拉伸特征)修改,还可类似于 AutoCAD 夹点编辑操作(参见 4.2.5 所述),即拖动如图 10－6(b)所示白色控制滑块(小方框)可改变拉伸深度值。

例 10－2　根据如图 9－29 所示底板草图,创建如图 10－7 所示厚度为 15 的底板零件模型。

第 1 步　新建零件文件:新建文件"底板.prt",进入零件建模界面。

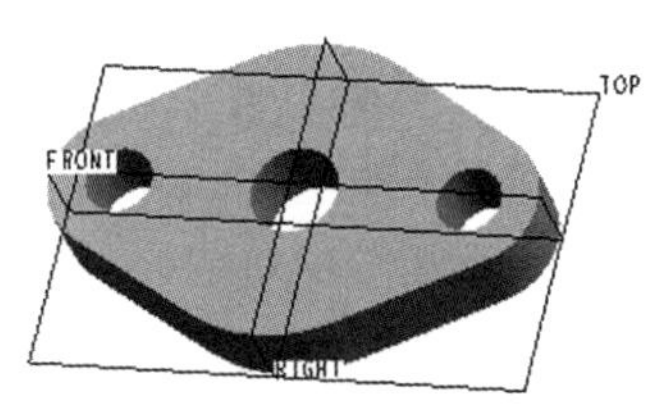

图 10－7　拉伸建模(底板)

第 2 步　选择草绘平面:在【模型树】或图形区选择 TOP 面为草绘平面(草绘俯视图方向的底板截面)。

第 3 步　选择"拉伸"命令:选择功能区"【模型】→【形状】→【 拉伸】"按钮。

第 4 步　草绘拉伸截面:出现【草绘】上下文选项卡,按例 9－4 草绘底板图形,单击"确定"按钮 ✔ 完成草绘截面。

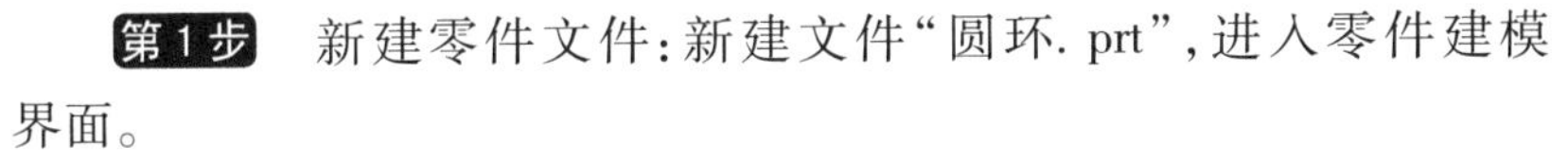

提示　零件建模时,可直接绘制草图;也可选择功能区"【草绘】→【获取数据】→【 文件系统】"按钮,选择"草绘"模式或"零件"模式已保存的草绘文件(例如,"底板.sec")导入文件。

第 5 步　完成拉伸建模:出现【操控板】(拉伸特征),在其"拉伸深度值"文本框中输入 15,单击中键,单击左键,结果如图 10－7 所示。

10.2.2　旋转特征

旋转特征是将草绘截面绕着中心线旋转一定角度所形成的形状特征(实体或曲面)。

例 10－3　创建圆环模型(旋转特征)。

第 1 步　新建零件文件:新建文件"圆环.prt",进入零件建模界面。

第 2 步　选择"旋转"命令:选择功能区"【模型】→【形状】→【 旋转】"按钮,出现如图 10－8 所示【操控板】(旋转特征)。

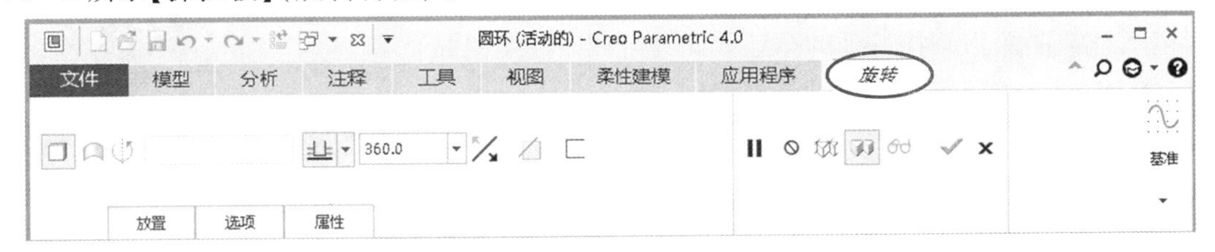

图 10－8　【操控板】(旋转特征)

第3步　草绘中心线和截面：①在【操控板】(旋转特征)上依次单击“【基准】→【草绘】”按钮，弹出如图10－9所示【草绘】对话框，在【模型树】选择FRONT面为旋转中心线和圆截面的草绘平面，在【草绘】对话框上单击【草绘】按钮，出现【草绘】上下文选项卡；②在如图9－16所示【视图控制】工具栏上单击“草绘视图”按钮或选择功能区“【草绘】→【设置】→【草绘视图】”按钮；③选择功能区“【草绘】→【设置】→【中心线】按钮，在通过坐标系原点的竖直中心线上拾取2点，单击中键绘出一条竖直旋转中心线；通过TOP面拾取一点为圆心草绘圆截面，双击修改尺寸，如图10－10(a)所示；④单击“确定”按钮完成草绘。

图10－9　【草绘】对话框

注意　创建旋转特征，一定要有旋转轴线。可选择已有模型特征的轴线，或在草绘截面时草绘中心线(选择功能区“【草绘】→【设置】→【中心线】按钮)。

第4步　完成旋转建模：在【操控板】(旋转特征)上单击“退出暂停按钮，继续使用此工具”按钮或单击中键，返回如图10－8所示【操控板】(旋转特征)，在“角度”文本框中默认角度为360，形成如图10－10(b)所示实体模型，单击中键确认，单击左键取消选取，最后按Ctrl + D键标准方向显示，结果如图10－10(c)所示。

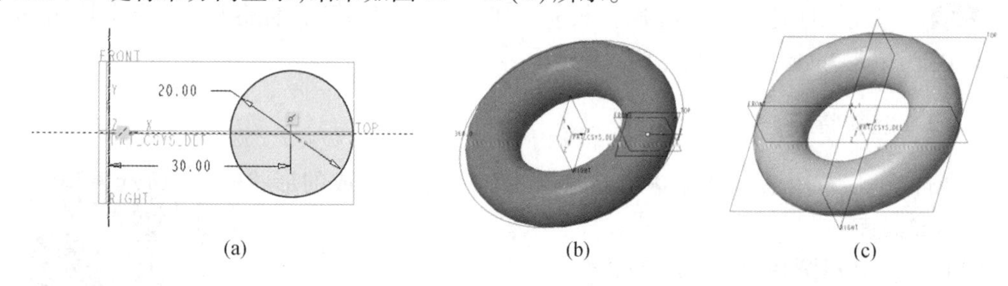

图10－10　旋转建模示例

(a)草绘截面和旋转轴线；(b)设定旋转角度；(c)旋转特征模型

10.2.3　扫描特征

扫描特征是将草绘截面沿着一条或多条轨迹扫描所形成的形状特征(实体或曲面)，扫描特征的草绘截面可定截面或变截面。

例10－4　创建定截面弯型材模型(扫描特征)。

第1步　新建零件文件：新建文件“扫描.prt”，进入零件建模界面。

第2步　选择“扫描”命令：选择功能区“【模型】→【形状】→【扫描】”按钮，出现如图10－11所示【操控板】(扫描特征)。

图 10－11　【操控板】(扫描特征)

第 3 步　草绘扫描轨迹:在【操控板】(扫描特征)上依次单击“【基准】→【草绘】”按钮,①弹出【草绘】对话框,选择 FRONT 面为草绘平面,在【草绘】对话框的其他选项为默认值,单击【草绘】按钮或单击中键;②出现【草绘】上下文选项卡,选择功能区“【草绘】→【设置】→【草绘视图】”按钮,单击【草绘】面板上【样条】按钮,绘制一条如图 10－12(a)所示的扫描轨迹;③单击“确定”按钮 ✔ 。

第 4 步　返回【操控板】(扫描特征):在【操控板】(扫描特征)上单击“退出暂停按钮,继续使用此工具”按钮 ▶ 或单击中键,返回如图 10－11 所示【操控板】(扫描特征)。

第 5 步　草绘扫描截面:在【操控板】(扫描特征)上单击“创建或编辑扫描截面”按钮,出现【草绘】上下文选项卡,①选择功能区“【草绘】→【设置】→【草绘视图】”按钮,然后草绘如图 10－12(b)所示扫描截面;②单击“确定”按钮 ✔ 。

第 6 步　完成扫描建模:单击中键,结果如图 10－12(c)所示。

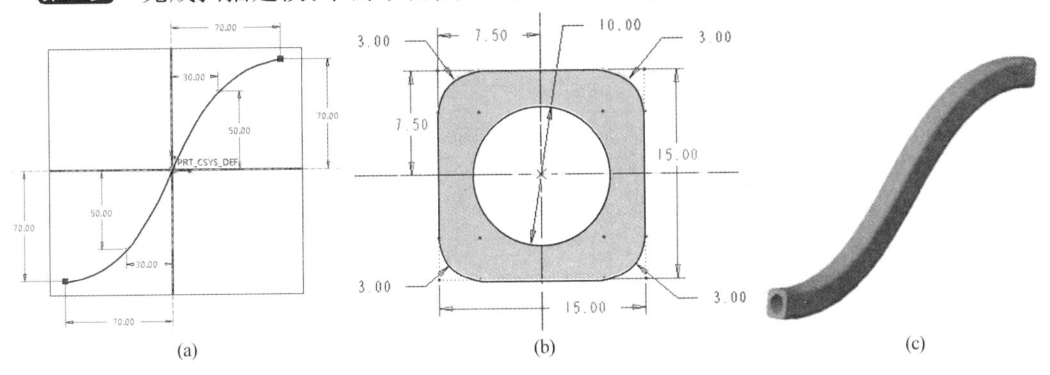

图 10－12　扫描建模示例

(a)扫描轨迹;(b)扫描截面;(c)扫描特征模型

10.2.4　混合特征

混合特征是由两个或两个以上平行截面组成,且通过将这些截面在其边处用过渡曲面连接形成一个连续形状特征(实体或曲面)。例如,“截面 1＋截面 2＋截面 3→混合特征”),注意定义各截面的起始点位置和箭头方向。

例 10－5　创建异截面直混合体模型(混合特征)。

第 1 步　新建零件文件:新建文件“混合. prt”,进入零件建模界面。

第 2 步　选择“混合”命令:选择功能区“【模型】→【形状】→【混合】”按钮,出现如图 10－13 所示【操控板】(混合特征),默认“创建实体”按钮和“草绘截面”按钮处于按下状态。

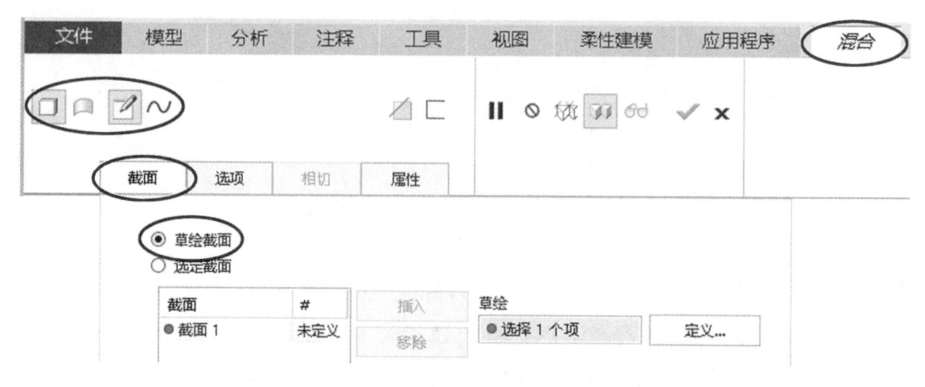

图 10－13 【操控板】(混合特征)及设置

第 3 步 创建 3 个截面:按表 10－1 所示依次创建“截面 1”“截面 2”和“截面 3”,如图 10－14(a)、图 10－14(b)和图 10－14(c)所示。

表 10－1 创建 3 个混合截面

<table>
<tr><th rowspan="2">步骤</th><th rowspan="2">内容</th><th>截面 1(大正方形)</th><th>截面 2(圆)</th><th>截面 3(小正方形)</th></tr>
<tr><td>如图 10－14(a)所示</td><td>如图 10－14(b)所示</td><td>如图 10－14(c)所示</td></tr>
<tr><td rowspan="2">1</td><td rowspan="2">选择【草绘截面】</td><td colspan="3">在【操控板】(混合特征)上,单击【截面】按钮,弹出【截面】面板,默认选择【草绘截面】单选按钮</td></tr>
<tr><td>默认选择【截面 1】</td><td>默认选择【截面 2】</td><td>单击【插入】按钮,显示【截面 3】</td></tr>
<tr><td rowspan="2">2</td><td rowspan="2">定义草绘平面</td><td rowspan="2">单击【定义】按钮,选择 TOP 面为草绘平面,单击中键</td><td colspan="2">默认【草绘平面位置定义方式】为【偏移尺寸】</td></tr>
<tr><td>在“偏移自【截面 1】”文本框中输入 80,单击【草绘】按钮</td><td>在“偏移自【截面 2】”文本框中输入 90,单击【草绘】按钮</td></tr>
<tr><td rowspan="2">3</td><td rowspan="2">草绘截面</td><td colspan="3">出现【草绘】上下文选项卡,在【视图控制】工具栏上单击“草绘视图”按钮</td></tr>
<tr><td>①绘制中心线:选择功能区“【草绘】→【草绘】→【 中心线】”按钮,绘制两条中心线(其目的是绘制矩形时将自动约束为对称);
②绘制正方形:选择功能区“【草绘】→【草绘】→【 矩形】”按钮,按点 1、点 2、点 3 和点 4 顺序绘制正方形(100 × 100),点 1 处会显示一个表示混合起点和方向的箭头</td><td>①绘制圆:选择功能区“【草绘】→【草绘】→【 圆】”按钮,绘制圆;
②约束“圆”:选择功能区“【草绘】→【约束】→【 重合】”按钮,选择正方形的一个角点和圆;
③分割“圆”:选择功能区“【草绘】→【编辑】→【 分割】”按钮,捕捉正方形点 1、点 2、点 3 和点 4 将圆分成 4 段,第一个断点 1 处会显示一个表示混合起点和方向的箭头</td><td>①绘制正方形:选择功能区“【草绘】→【草绘】→【 线】”按钮或按 L 键,捕捉点 5、点 6、点 7、点 8 和点 5 绘制小正方形;
②约束“小正方形”:选择功能区“【草绘】→【约束】→【 重合】”按钮,选择小正方形的角点和大正方形的边</td></tr>
<tr><td>4</td><td>完成草绘</td><td colspan="3">单击“确定”按钮 ,完成草绘截面</td></tr>
</table>

注意　在混合特征中各截面图元数必须相等，“截面 1”（正方形）的图元数为 4，“截面 2”圆也要被分割为 4 段。

第 4 步　完成混合建模：在如图 10－13 所示【操控板】（混合特征）上单击【选项】按钮；在【选项】面板中选择【混合曲面】类型为【直】（用直线连接不同截面），单击中键，结果如图 10－14（d）所示。

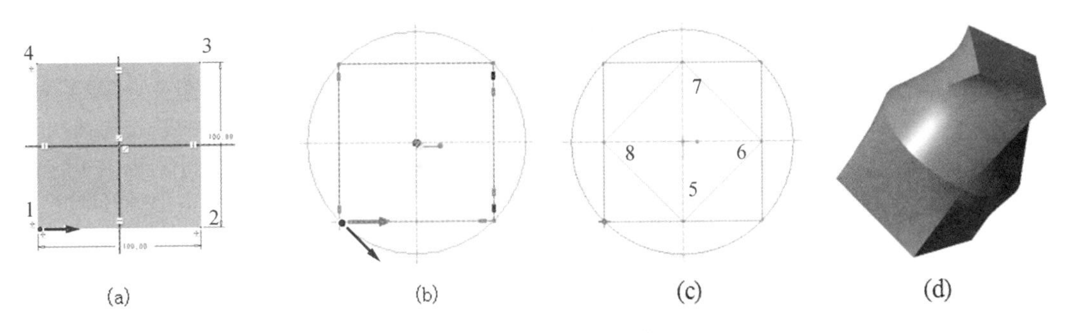

图 10－14　混合特征示例

（a）截面 1（大正方形）；（b）截面 2（圆）；（c）截面 3（小正方形）；（d）混合特征模型

10.2.5　扫描混合特征

扫描混合特征是将 2 个或 2 个以上草绘截面沿着轨迹曲线连续形成的形状特征（实体或曲面），具有扫描特征和混合特征的特点，例如，“截面 1＋截面 2＋轨迹曲线→扫描混合特征”，注意定义各截面的起始点位置和箭头方向。

例 10－6　创建异截面弯型材模型（扫描混合特征）。

第 1 步　新建零件文件：新建文件“扫描混合.prt”，进入零件建模界面。

第 2 步　选择“扫描混合”命令：选择功能区“【模型】→【形状】→【扫描混合】”按钮，出现【操控板】（扫描混合特征），确认“创建实体”按钮处于按下状态，如图 10－15 所示。

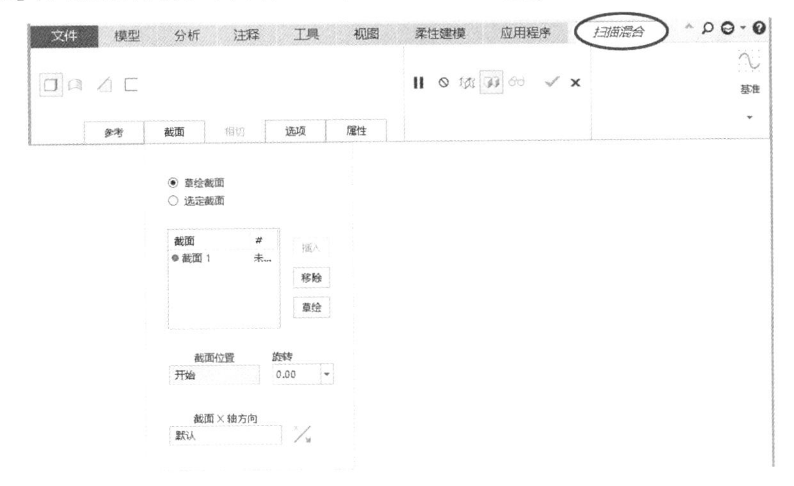

图 10－15　【操控板】（扫描混合特征）

第 3 步　草绘轨迹曲线和截面：按表 10 – 2 所示依次草绘“轨迹曲线”“截面 1”和“截面 2”，如图 10 – 16(a)、图 10 – 16(b)和图 10 – 16(c)所示。

表 10 – 2　草绘轨迹曲线和截面

序号	步骤	轨迹曲线(1/4 圆)	截面 1(正方形)	截面 2(圆)
		如图 10 – 16(a)所示	如图 10 – 16(b)所示	如图 10 – 16(c)所示
1	选择【草绘】命令	在【操控板】上依次单击“【基准】→【草绘】”按钮，选择 TOP 面为草绘平面，单击中键	单击中键，返回【操控板】；按 Ctrl + D 键可见草绘截面 1 的原点在轨迹曲线起始点(单击箭头可切换扫描混合的起始点)；在【截面】面板上默认选择【草绘截面】单选按钮和“截面 1”选项，单击【草绘】按钮	按 Ctrl + D 键可见草绘“截面 2”的原点在“轨迹曲线”的终点；在【截面】面板上单击【插入】按钮；单击【草绘】按钮
2	草绘	出现【草绘】上下文选项卡，在【视图控制】工具栏上单击“草绘视图”按钮		
		选择功能区“【草绘】→【草绘】→【弧】”按钮，草绘 $R50$ 圆弧(1/4 的 $\phi100$ 圆)	选择功能区“【草绘】→【草绘】→【矩形】”按钮，按顺序草绘正方形(10×10)(自动显示截面起点及方向)	①草绘 $\phi20$ 圆； ②草绘 2 条中心线，并标注角度 45°； ③选择功能区“【草绘】→【编辑】→【分割】”按钮，分割圆为 4 个图元(等同正方形的图元数，注意第 1 个分割点位置)
3	完成草绘	单击“确定”按钮，完成草绘		

第 4 步　完成扫描混合建模：单击中键，按 Ctrl + D 键，结果如图 10 – 16(d)所示。

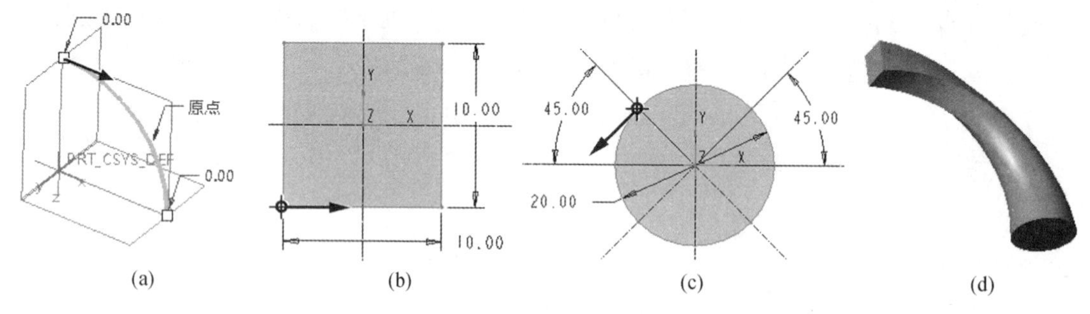

图 10 – 16　扫描混合特征示例

(a)轨迹曲线；(b)截面 1；(c))截面 2；(d)扫描特征模型

10.3　工 程 特 征

工程特征是在已有基础特征等基础上创建的工艺特征，工程特征包括孔特征、壳特征、肋板特征、拔模特征、倒圆特征和倒角特征，可选择如图 10－2 所示功能区【模型】选项卡的【工程】面板上按钮创建工程特征。

10.3.1　孔特征

要放置一个孔特征，需要确定其定形参数（确定孔的直径、深度等）和定位参数（确定孔在已有特征上的位置），如图 10－17 和图 10－18 所示。

孔特征分为简单孔和标准孔，如图 10－19 所示。

要创建孔特征，选择功能区“【模型】→【工程】→【 孔】”按钮，出现如图 10－19 所示【操控板】（孔特征），按表 10－3 所示可创建各种放置类型的孔，如图 10－17 所示“线性”类型孔和如图10－18 所示“同轴”和“径向”类型孔。

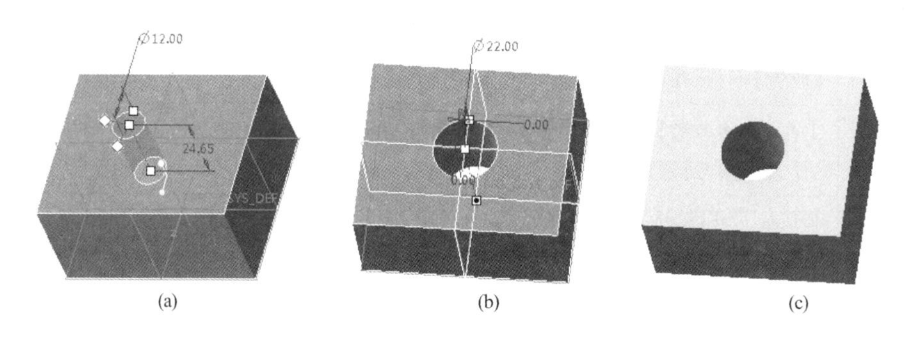

图 10－17　创建孔特征（默认“线性”类型）

（a）预显孔；（b）修改孔尺寸；（c）孔结果

图 10－18　创建孔特征（“同轴”和“径向”类型）

（a）2 个孔特征；（b）“同轴”孔；（c）“径向”孔

图 10－19　【操控板】(默认简单孔特征)

表 10－3　创建各种放置类型的孔

<table>
<tr><td rowspan="4">序号</td><td rowspan="4">步骤</td><td>线性(默认)</td><td>径向</td><td>直径</td><td colspan="2">同轴</td><td>点上</td></tr>
<tr><td rowspan="3">用两个不同方向线性尺寸确定孔位，如图 10－17所示</td><td colspan="4">以轴线为中心</td><td rowspan="3">以基准点确定孔位</td></tr>
<tr><td>以半径和角度尺寸确定孔位</td><td>以直径和角度尺寸确定孔位</td><td colspan="2">同轴确定孔位</td></tr>
<tr><td colspan="4">如图 10－18 所示</td></tr>
<tr><td>1</td><td>选取“主放置参考”</td><td colspan="4">垂直于孔的平面或曲面</td><td>轴线</td><td>基准点</td></tr>
<tr><td rowspan="2">2</td><td rowspan="2">选择放置“类型”</td><td colspan="4" rowspan="2">在【操控板】(默认简单直孔特征)上单击【放置】按钮，弹出【放置】面板，在【类型】下拉列表框中选择孔的放置“类型”</td><td>自动同轴</td><td>点上</td></tr>
<tr><td colspan="2">不可改变</td></tr>
<tr><td rowspan="3">3</td><td rowspan="3">选取“偏移参考”</td><td colspan="4">①在【偏移参考】选项框中，单击“单击此处添加项”按钮激活【偏移参考】选取框</td><td colspan="2"></td></tr>
<tr><td colspan="6">②按住 Ctrl 键，选择</td></tr>
<tr><td>两个参考(基准、平面或直线)</td><td colspan="2">两个参考(已有特征的轴线和垂直于“主放置参考”的基准平面)</td><td>轴线</td><td>垂直于孔的平面或曲面</td><td>可多选择一个参考</td></tr>
<tr><td rowspan="3">4</td><td rowspan="3">确定尺寸</td><td colspan="6">①双击修改孔的定形尺寸(直径和深度)</td></tr>
<tr><td colspan="6">②双击修改孔的定位尺寸</td></tr>
<tr><td>修改两个偏移量</td><td>修改半径和角度</td><td>修改直径和角度</td><td colspan="2"></td><td></td></tr>
</table>

1. 简单孔

简单孔(即钻孔轮廓)，包括直孔(默认)、带 118°钻头孔和草绘孔。

例 10－7　在长方体模型(70×60×35)的中心位置创建直径 $\phi22$ 孔，保存文件为“1 下板. prt”(螺栓连接的下板)。

第 1 步　新建零件文件：新建文件“1 下板. prt”，进入零件建模界面。

第 2 步　创建基础特征：创建长方体(拉伸特征)。

第 3 步　创建孔特征：选择功能区“【模型】→【工程】→【孔】”按钮，出现如图 10－19 所示【操控板】(默认简单孔特征)。

①选取孔的放置面：选取长方体的上表面为简单孔的放置面，被选表面亮显且预显孔的位置和大小，如图 10－17(a)所示。

②选择放置“类型”:在【放置】面板上【类型】默认为“线性”。

③选取“偏移参考”:将预显孔上两个绿色控制滑块分别拖动到 FRONT 面和 RIGHT 面,其 2 个绿色控制滑块变为带黑点的白色控制滑块。

④确定尺寸:双击预显孔尺寸修改孔直径为 $\phi22$、孔轴线至 FRONT 面和 RIGHT 面的距离均为 0;在【操控板】上单击“钻孔至所有曲面相交”按钮,即如图 10 - 17(b)所示孔的深度为长方体的上面至下面,单击中键,单击左键,结果如图 10 - 17(c)所示。

2. 标准孔

标准孔是具有标准结构、形状和尺寸的孔,包括螺纹孔、锥形沉孔和柱形沉孔,参见表 2 - 9 所示。在如图 10 - 19 所示【操控板】(默认简单孔特征)上单击“标准孔”按钮,默认选择“攻丝”按钮 绘制螺纹孔;取消选择“攻丝”按钮,并选择“锥形沉孔”按钮或“柱形沉孔”按钮,将绘制锥形沉孔或柱形沉孔。

例 10 - 8　在长方体模型(100 × 80 × 40)上创建螺纹孔 M16。

第 1 步　新建零件文件:新建文件“带螺纹孔板. prt”。

第 2 步　创建基础特征:创建长方体(拉伸特征)。

第 3 步　创建孔特征:选择功能区“【模型】→【工程】→【 孔】”按钮,出现【操控板】(默认简单孔特征),在【操控板】上单击“标准孔”按钮,螺纹标准类型设为 ISO,螺纹尺寸为 M16 × 1,在【操控板】上单击“钻孔至所有曲面相交”按钮,如图 10 - 20 所示【操控板】(标准孔特征)。

图 10 - 20　【操控板】(标准孔特征)

①选取孔的放置面:选取长方体的上表面为螺纹孔的放置面,如图 10 - 21(a)所示。

②选择放置“类型”:在【放置】面板上【类型】默认为“线性”。

③选取“偏移参考”:将预显孔上两个绿色控制滑块分别拖动到上表面的两边为轴线定位。

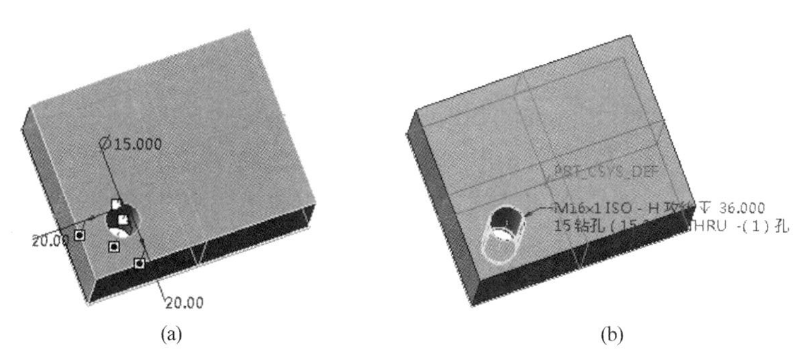

(a)　(b)

图 10 - 21　孔特征建模(螺纹孔)

(a)设置标准螺纹孔;(b)螺纹孔结果

④确定尺寸:双击轴线与两个参考距离都修改为20,预显孔如图10-21(a)所示;在如图10-20所示【操控板】上单击【放置】【形状】【注解】和【属性】按钮将弹出相应面板,可查看和修改孔的相关信息,单击中键,单击左键,结果如图10-21(b)所示。

提示　在如图10-20所示【操控板】(标准孔特征)上单击【注解】按钮,显示【注解】面板,默认勾选【添加注解】复选框且【视图控制】工具栏上(或【视图】选项卡的【显示】面板上)的"注释显示"按钮处于按下状态,将显示注解;否则,将不显示注解。

10.3.2　抽壳特征

抽壳特征是按照一定厚度和方向将几何体挖成壳状几何的特征。

例10-9　在长方体模型(100×80×40)上创建抽壳特征。

第1步　新建零件文件:新建文件"抽壳.prt"。

第2步　创建基础特征:创建长方体(拉伸特征)。

第3步　创建抽壳特征:选择"抽壳"命令,即选择功能区"【模型】→【工程】→【壳】"按钮,出现【操控板】(抽壳特征)。

抽壳厚度有两种情况:

①均匀厚度抽壳:选取长方体的上面为移除曲面,被选面高亮显示,双击厚度尺寸,修改为5,如图10-22(a)所示设置,单击中键。

②非均匀厚度抽壳:按住Ctrl键选取上面和前面为移除曲面,在【操控板】上单击【参考】按钮,在【参考】面板的【移除的曲面】选项框中增加两个面。在【非默认厚度】下拉列表框中单击"单击此处添加项",选取长方体后壁,在【非默认厚度】下拉列表框的文本框中修改厚度为10,按住Ctrl键选取左壁修改厚度为5,按住Ctrl键选取右壁修改厚度为5,按住Ctrl键选取底面修改厚度为5,如图10-22(b)所示设置,单击中键。

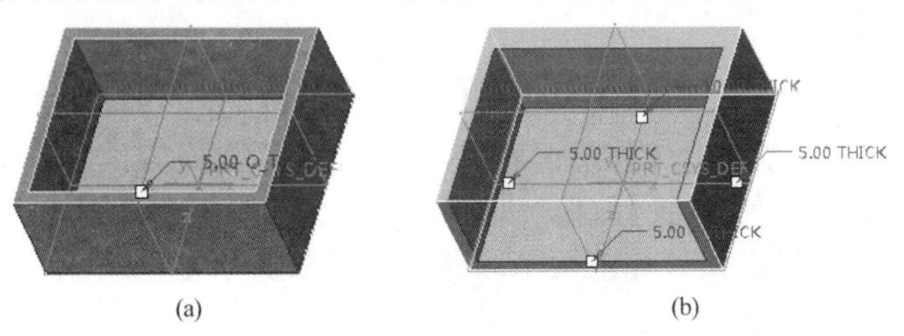

(a)　　(b)

图10-22　抽壳特征示例

(a)均匀厚度抽壳;(b)非均匀厚度

10.3.3　肋板特征

肋板特征是在几何体上生成的肋状凸起的特征。Creo创建肋板特征有两种方式:一是用肋板工具方式,可创建两种特征,即轨迹筋和轮廓筋;二是用拉伸方式(简单易用)。

例10-10　用肋板工具在图10-23(a)所示模型上创建肋板特征,结果如图10-23(c)所示。

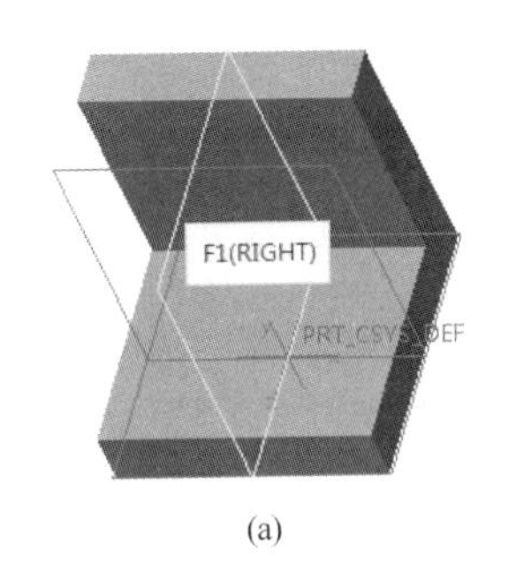

(a)

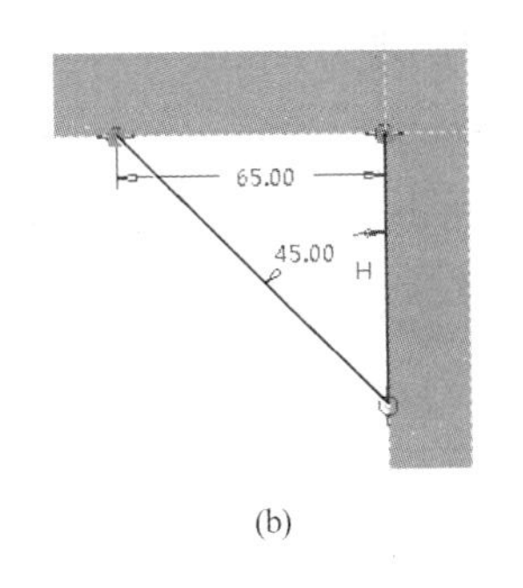

(b)

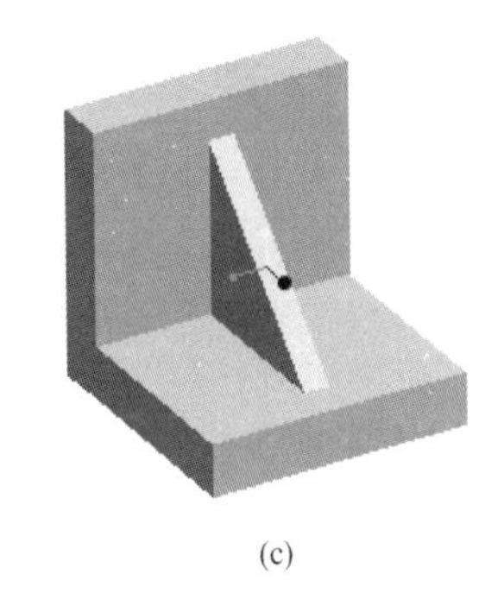
(c)

图 10－23　创建肋板特征

(a)原始实体模型;(b)草绘肋板截面;(c)肋板结果

第 1 步　选择“轮廓筋”命令:选择功能区“【模型】→【工程】→【轮廓筋】”按钮,出现【操控板】(轮廓筋特征)。

第 2 步　草绘肋板截面:①选择 RIGHT 面为草绘平面;②选择功能区“【草绘】→【设置】→【草绘视图】”按钮,草绘如图 10－23(b)所示截面;③单击“确定”按钮 ✔ 完成草绘。

注意　截面轮廓线不允许封闭而要少一边,且草绘时所绘制点和线要在原实体上;否则,不能生成肋板特征。

第 3 步　完成肋板建模:按 Ctrl＋D 键,双击肋板厚度尺寸值修改为 10,单击中键,结果如图 10－23(c)所示。

10.3.4　拔模特征

拔模特征是在圆柱面或平面上创建－30°～30°的拔模角度,还可通过其中【分割】面板在平面上创建拔模凸起。曲面边的边界周围有倒圆时不能拔模,但可先拔模后倒圆。

例 10－11　在如图 10－24(a)所示长方体模型上创建拔模特征,拔模结果如图 10－24(c)所示。

第 1 步　选择“拔模”命令:选择功能区“【模型】→【工程】→【拔模】”按钮,出现【操控板】(拔模特征)。

第 2 步　选取拔模的面和确定拔模角度:单击【参考】按钮,弹出【参考】面板,①按【拔模曲面】选项框中“选取项”提示选取长方体上表面为拔模曲面;②在【拔模枢轴】选项框中单击“单击此处添加项”,按其中提示选取与长方体上表面垂直的 RIGHT 面为拔模枢轴;③自动预显拔模,在“拔模角度”输入框中输入 15 或拖动白色拔模角度控制滑块调整拔模角度为 15°,设置如图 10－24(b)所示。

第 3 步　完成拔模建模:单击中键,拔模结果如图 10－24(c)所示。

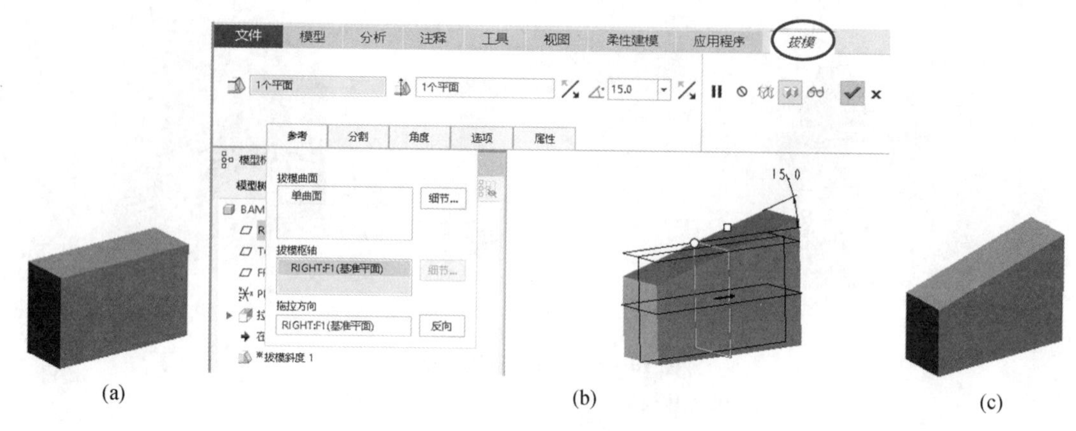

图 10 - 24　创建拔模特征

(a)拔模前;(b)设置拔模特征;(c)拔模结果

10.3.5　倒圆特征和倒角特征

“倒圆角”和“倒角”命令的操作方法类似,分别完成倒圆特征和倒角特征。

例 10 - 12　在如图 10 - 25(a)所示模型上创建倒圆特征和倒角特征,结果如图 10 - 25(d)所示。

(1)在圆柱与长方体之间创建倒圆特征:

第 1 步　执行“倒圆角”命令:选择功能区“【模型】→【工程】→【倒圆角】”按钮或按 R 键,出现【操控板】(倒圆特征)。

第 2 步　选取圆柱与长方体之间的交线将预显倒圆半径值,双击预显倒圆半径值,输入所需倒圆半径值为 5,如图 10 - 25(b)所示。

第 3 步　单击中键完成倒圆特征。

提示　按住 Ctrl 键拾取多个边,将创建一个倒圆特征,各边倒圆尺寸相同并只在第一个边显示倒圆尺寸;修改第一个边的倒圆尺寸即可修改其各边倒圆特征尺寸。

(2)在圆柱上倒角:

第 1 步　执行“倒角”命令:选择功能区“【模型】→【工程】→【倒角】”按钮,出现【操控板】(倒角特征)。

第 2 步　选取圆柱上要倒角的边,预显倒角如图 10 - 25(c)所示。双击其倒角尺寸并修改为 2,单击中键完成倒角特征,结果如图 10 - 25(d)所示。

注意　除非有特殊需求,倒角(或倒圆)特征不应通过草图的拉伸或扫描来创建;另外,倒角(或倒圆)特征一般放置在零件建模的最后阶段完成,以免发生干涉。

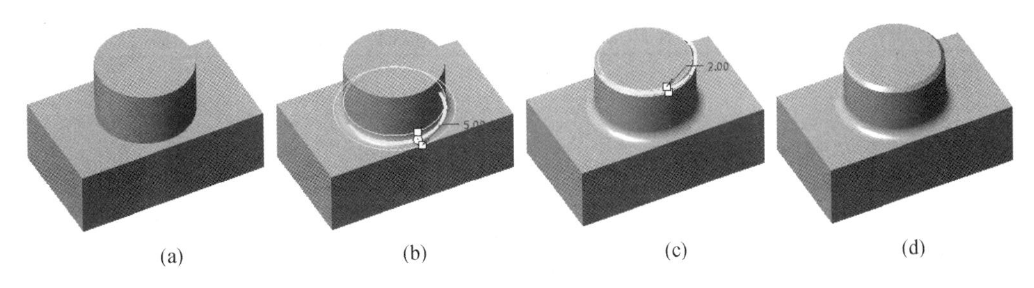

图 10 – 25　创建倒圆特征和倒角特征

(a)基础特征模型;(b)预显倒圆特征;(c)预显倒角特征;(d)结果

10.4　基准特征

基准是一种特征,但它不构成零件的表面或者边界,只起辅助作用。基准特征用于计算距离的空间参考,用于零件建模和零件装配建模及绘制工程图,尤其是在创建零件实体特征和曲面特征以及零件和装配的横截面中都很有用。

基准特征包括基准平面、基准轴、基准点、基准曲线和基准坐标系,系统自动显示 3 个基准平面(FRONT、TOP 和 RIGHT 面)和 3 个基准轴(X、Y 和 Z 轴)。用户可创建基准特征,新建基准特征将添加到【模型树】中。

执行“基准平面”“基准轴”和“基准点”命令,分别弹出【基准平面】【基准轴】和【基准点】对话框,如图 10 – 26、图 10 – 27 和图 10 – 28 所示。

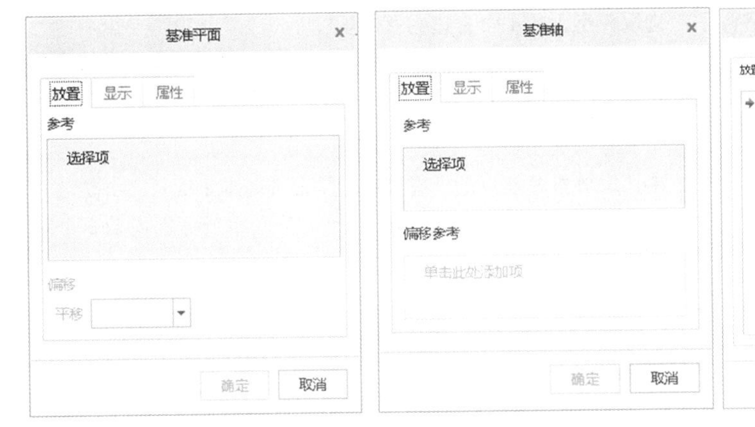

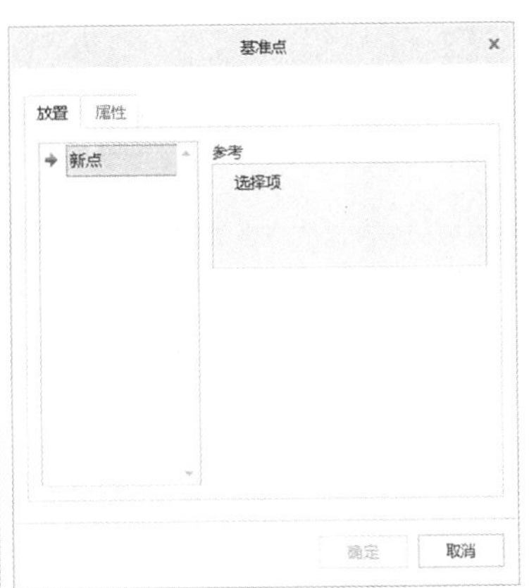

图 10 – 26　【基准平面】对话框　**图 10 – 27　【基准轴】对话框**　**图 10 – 28　【基准点】对话框**

创建“基准平面”“基准轴”和“基准点”的方式,见表 10 – 4。

表10－4　创建各种基准特征

类型	功能区命令	确定方式	操　　作
基准平面	【模型】→【基准】→【平面】(或按P键)	3点	①在模型上选取1个点; ②按住Ctrl键选取2个点或1条直线; ③单击中键,如图10－29所示
		1点与1线	
		2线	
		偏移(平行于已有平面)	①选取模型上平面或已有基准平面; ②在【基准平面】对话框的【偏移】选项区的【平移】文本框中,输入所需偏移距离; ③单击中键,如图10－30所示
		与选定平面成指定角度	①选取模型的已有基准轴或模型上直线; ②按住Ctrl键选取已有基准平面或模型上平面; ③在【基准平面】对话框的【偏移】选项区的【旋转】文本框中,输入角度; ④单击中键,如图10－31所示
		与曲面相切	如图10－32(a)所示,详见例10－13
基准轴	【模型】→【基准】→【轴】	垂直于平面	①选取与所创建轴垂直的已有模型上平面或基准平面; ②分别拖动绿色控制滑块到2个选取的参考(平面或直边); ③设置偏移距离; ④单击中键,如图10－33所示
		过点且垂直于平面	①选取与所创建轴垂直的已有模型上平面或基准平面; ②按住Ctrl键＋在模型上选取1个点; ③单击中键,如图10－34所示
		过边界	选取模型上的1个直边为基准轴
		过2个平面	2个平面相交处为基准轴
		过2个点	2个点为基准轴
基准点	【模型】→【基准】→【点】	在平面上	①选取放置基准点的已有模型上平面或基准平面; ②按住Ctrl键在图形区选取2个参考面,也可分别拖动2个绿色控制滑块到模型的2个侧面; ③修改基准点定位尺寸; ④单击【确定】按钮完成或单击【新点】选项继续创建基准点,如图10－35所示
		在线或轴上	①选取线或轴放置基准点; ②拖动点的控制滑块可调整点的位置或用【放置】面板来定位其点; ③单击【确定】按钮完成或单击【新点】选项继续创建基准点
		在图元相交处	①按住Ctrl键选取相交图元; ②单击【确定】按钮完成创建基准点或单击【新点】选项按住Ctrl键选取相交的另一条曲线与RIGHT基准平面创建基准点

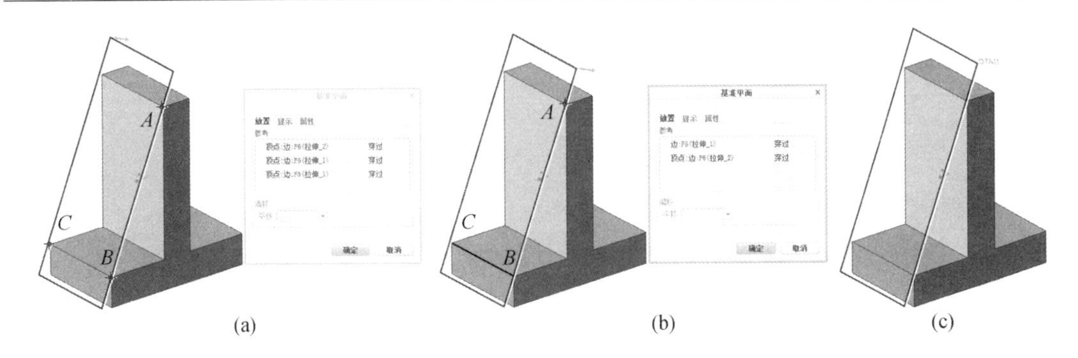

图 10－29　“3 点”或“1 点与 1 线”方式创建基准平面

(a)“3 点”方式;(b)“1 点与 1 线”方式;(c)基准平面 DTM1

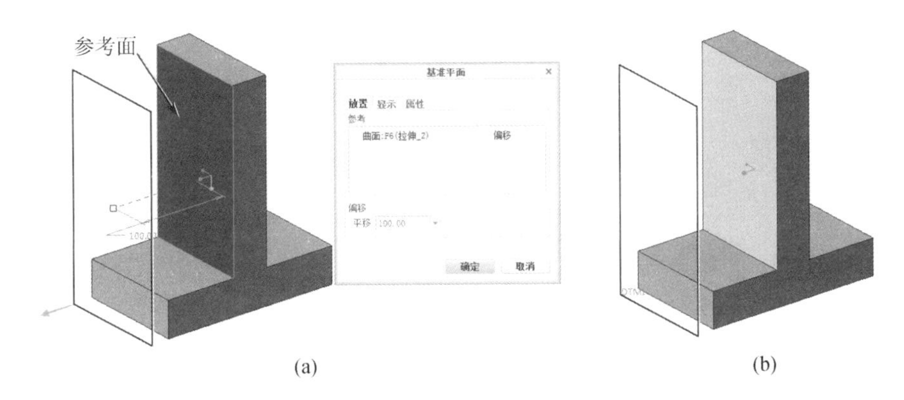

图 10－30　“偏移”方式创建基准平面

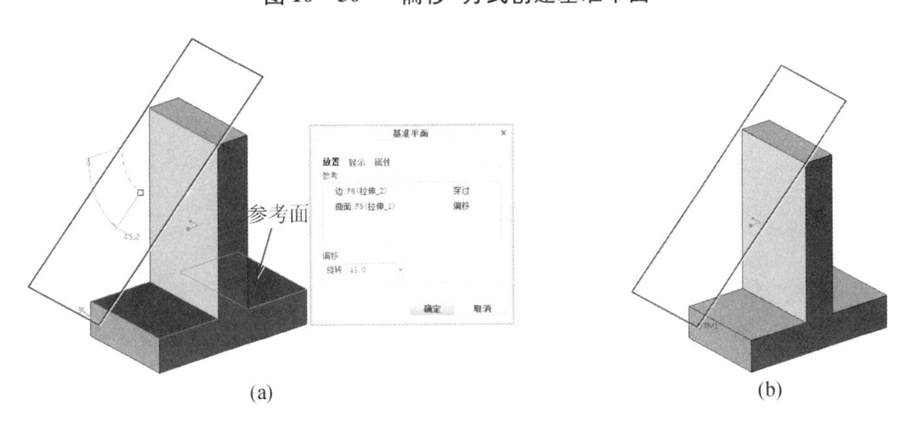

图 10－31　过直线创建与选定平面成定角的基准平面

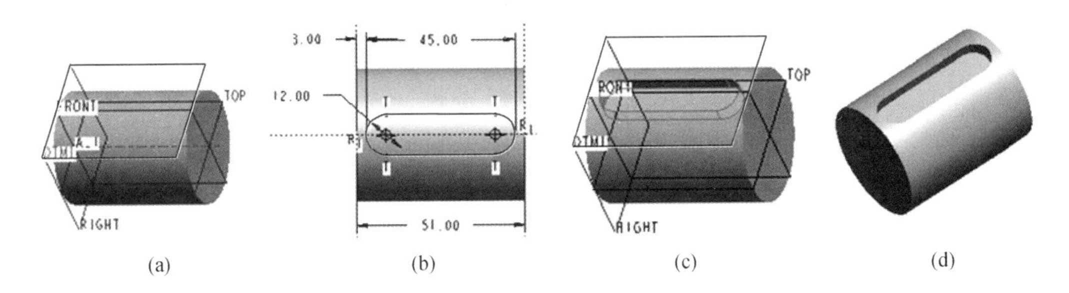

图 10－32　与曲面相切的基准平面

(a)创建基准面;(b)草绘键槽;(c)预览键槽;(d)键槽结果

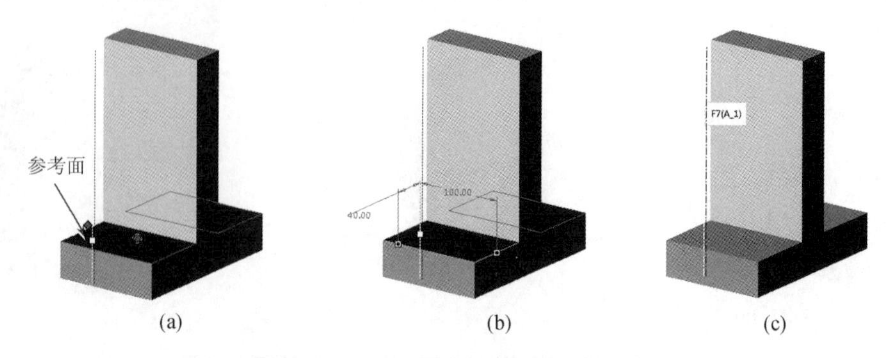

图 10－33　垂直于选定平面创建基准轴

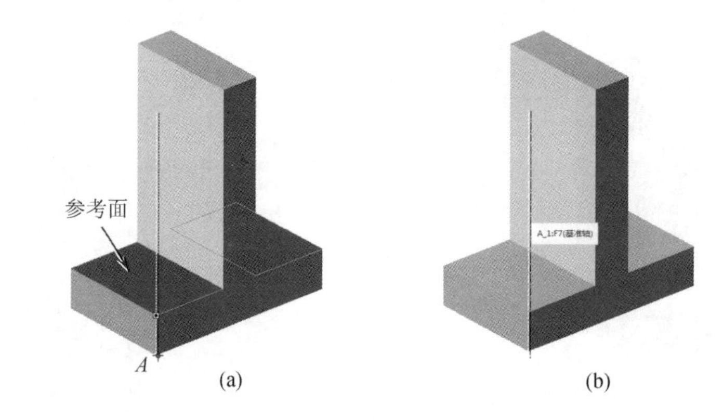

图 10－34　过 1 个点且垂直于选定平面创建基准轴

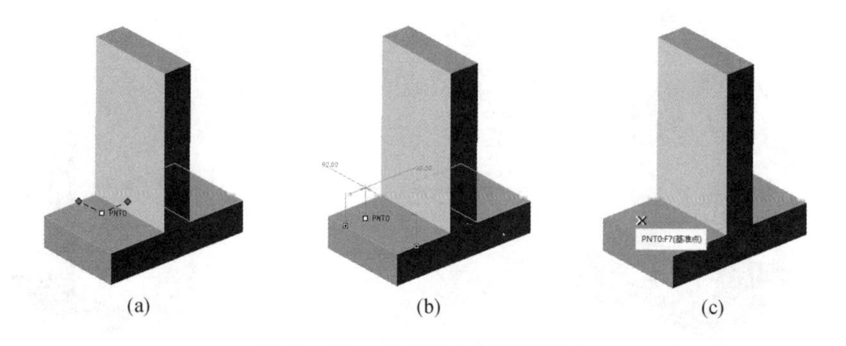

图 10－35　在平面上创建基准点

(a)选择点的放置平面;(b)设置点的偏移参考;(c)基准点结果

提示　在建模或绘图中,选择功能区【视图】选项卡的【显示】面板上按钮可控制基准特征显示或不显示;在完成建模或绘图后,可通过【层树】隐藏基准特征并保存层状态,将其基准特征永久隐藏,保证再次打开模型时图形区不再显示基准特征。

例 10－13　在如图 10－32 所示圆柱模型($\phi40\times51$)上创建键槽。

分析:在圆柱模型上创建键槽,其过程如图 10－32 所示。

第 1 步　选择“基准平面”命令:选择功能区“【模型】→【基准】→【 ▱ 平面】”按钮或按 P 键,弹出【基准平面】对话框。

第 2 步　设置与曲面相切的基准平面：①选取 ϕ40 圆柱表面；②在如图 10 – 36(a)所示【基准平面】对话框的【放置】面板的【参考】选项区中出现参考的曲面，单击“穿过”，在其下拉列表中选择“相切”选项；③按住 Ctrl 键选择 TOP 面为参考面；④在如图 10 – 36(b)所示【参考】选项区中单击“垂直”，在其下拉列表中选择“平行”选项；⑤在【基准平面】对话框中单击【确定】按钮，所创建的基准平面 DTM1 与 ϕ40 圆柱相切且平行于水平面，如图 10 – 32(a)所示。同时，基准平面 DTM1 在【模型树】中显示。

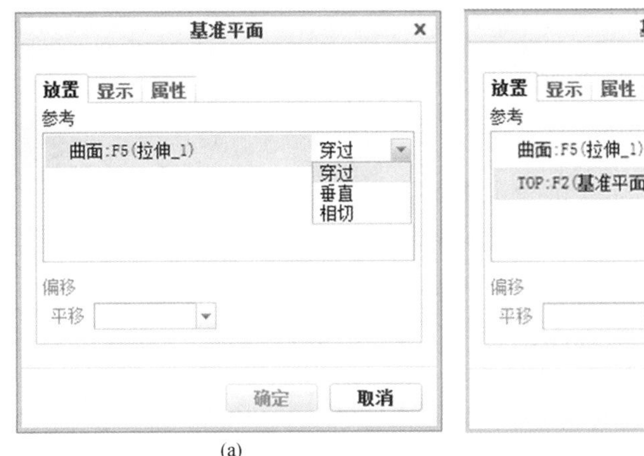

(a)

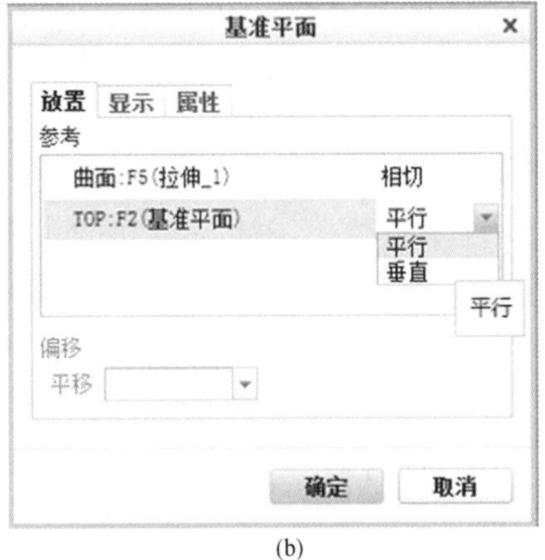

(b)

图 10 – 36　设置与曲面相切的基准平面对话框

第 3 步　创建键槽：①选择 DTM1 面为草绘平面；②选择功能区“【模型】→【形状】→【拉伸】”按钮，出现【操控板】(拉伸特征)及其【草绘】上下文选项卡；③选择功能区“【草绘】→【设置】→【草绘视图】”按钮，草绘如图 10 – 32(b)所示键槽，单击“确定”按钮 ✔ 完成草绘；④返回【操控板】(拉伸特征)，设置拉伸深度为 5，单击“移除材料”按钮，单击“材料反向拉伸”按钮，预显如图 10 – 32(c)所示，单击中键，结果如图 10 – 32(d)所示。

10.5　编 辑 特 征

编辑特征可对特征进行修改、删除、插入、镜像和阵列等操作。

调用特征编辑命令，常用如下两种方式：

(1)功能区方式：在功能区【模型】选项卡的【操作】面板上单击“编辑定义”等按钮或在【编辑】面板上单击“镜像”和“阵列”按钮，可编辑已选择的特征。

(2)屏显浮动工具栏和快捷菜单方式：在【模型树】右击模型特征或在图形区选取模型特征后右击，弹出屏显浮动工具栏和快捷菜单，可修改、删除、插入和隐藏特征，如图 10 – 37 所示。

10.5.1　修改、删除和插入特征

每一个特征在导航区的【模型树】中均有记载，便于编辑特征。

1. 修改特征尺寸

要修改模型特征的尺寸，常用“编辑尺寸”命令和“编辑定义”命令，其命令方式见表 10 – 5。

表 10 – 5　“编辑尺寸”和“编辑定义”的命令方式

命令方式	编辑尺寸	编辑定义
	执行命令后,双击显示尺寸并输入新值	执行命令后,重新定义模型特征或草绘截面
功能区		【模型】→【操作】→【编辑定义】
快捷键		Ctrl + E
双击图形区的模型特征	显示模型特征尺寸	
单击或右击【模型树】或图形区的模型特征	弹出屏显浮动工具栏	
	单击按钮,显示模型特征尺寸	单击按钮,出现其特征【操控板】
单击或右击【模型树】的草绘截面	弹出屏显浮动工具栏	
	单击按钮,显示草绘截面尺寸	单击按钮,进入草绘界面

例 10 – 14　将例 10 – 7 所创建模型“1 下板. prt”修改为“2 上板. prt”(参见图 11 – 9 螺栓连接)。

第 1 步　打开例 10 – 7 所创建模型“1 下板. prt”。

第 2 步　选择菜单“【文件】→【另存为】→【保存副本】”命令,将其另存为上板模型“2 上板. prt”,并打开其模型。

第 3 步　参见表 10 – 5,在图形区双击模型“1 下板. prt”的拉伸特征,显示拉伸特征的长、宽、高 3 个方向尺寸,双击原拉伸高度尺寸 35,在其尺寸文本框中输入新值 30,单击中键确认,然后单击左键完成修改。

图 10 – 37　浮动工具栏和快捷菜单

2. 删除特征

在图形区或【模型树】选择要删除的特征,按 Delete 键或在右键快捷菜单选择【删除】选项,弹出【删除】对话框,单击【确定】按钮,其特征将被删除。

3. 插入特征

通过改变【模型树】的【在此插入】节点位置可插在已存在的特征之前新建特征,以提高设计和修改模型的灵活性。操作如下:在【模型树】中选择并拖动【在此插入】节点到某特征后;或在某特征后右键快捷菜单选择【在此插入】选项;还可选择并拖动【在此插入】节点恢复到【模型树】的最后位置。

4. 改变特征顺序

创建多个特征后,可改变【模型树】中某特征的节点位置,操作如下:选择并拖动某特征到所需特征前或后,然后释放鼠标即可。

10.5.2 镜像特征

例 10－15 镜像如图 10－38(a)所示圆盘上小孔,结果如图 10－38(c)所示。

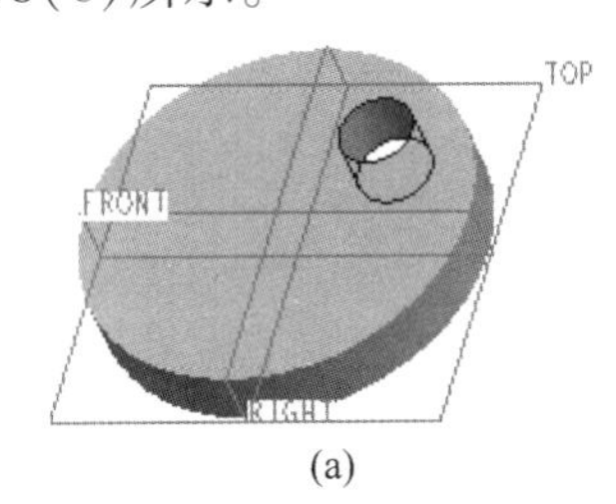

(a)

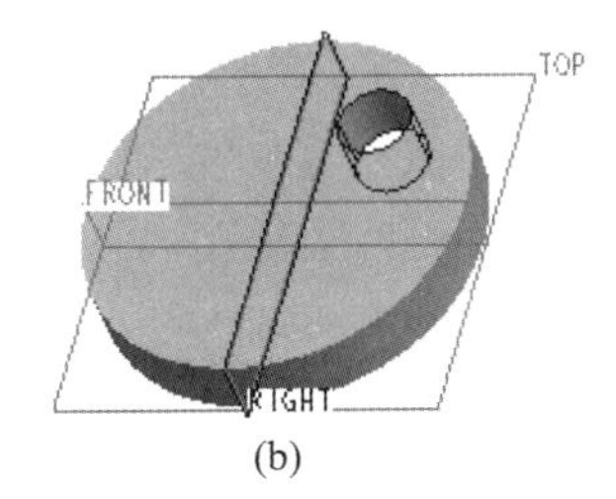

(b)

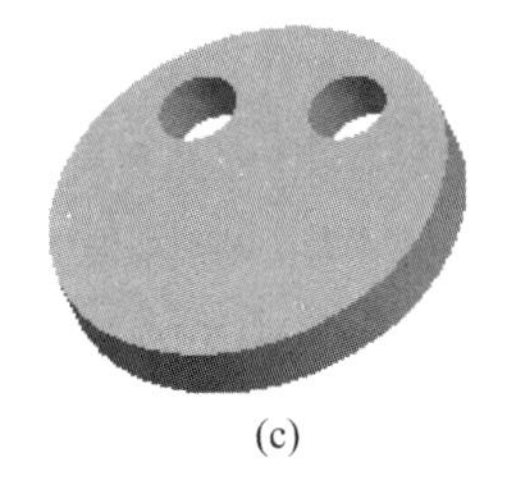
(c)

图 10－38 特征镜像示例

(a)选择要镜像的特征;(b)选择镜像平面;(c)镜像结果

第 1 步 创建并选取要镜像特征:用“孔”工具创建孔,在【模型树】选取小孔(按住 Ctrl 键可选择多个特征),如图 10－38(a)所示。

第 2 步 执行“镜像” 命令:选择功能区“【模型】→【编辑】→【镜像】”按钮,出现如图 10－39 所示【操控板】(镜像特征)。

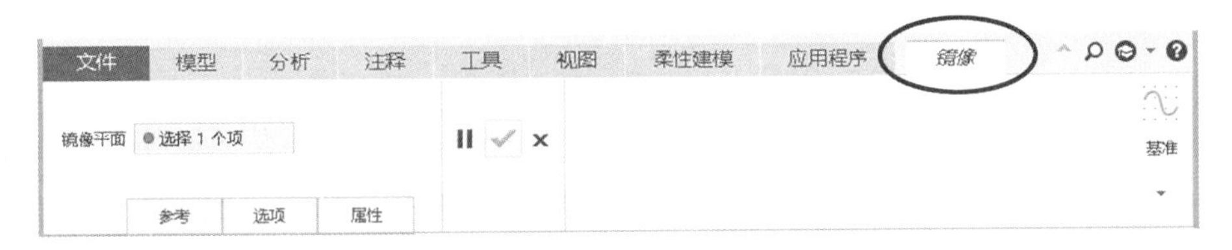

图 10－39 【操控板】(镜像特征)

第 3 步 选择镜像平面:在图形区或【模型树】选择 RIGHT 面为镜像平面,如图 10－38(b)所示。

第 4 步 完成建模:单击中键,镜像结果如图 10－38(c)所示。

10.5.3 阵列特征

类似于 AutoCAD 软件中“矩形阵列”和“环形阵列”, 在 Creo 软件中的阵列特征有“尺寸”选项(矩形阵列)和“轴”选项(环形阵列)等阵列方式。

例 10－16 在长方体模型(65×30×10)上创建 8 个矩形阵列孔,如图 10－40(c)所示。

第 1 步 创建并选取小孔:创建要阵列的 $\phi8$ 孔(长度方向和宽度方向与边的距离分别为 10 和 8),选择其孔,如图 10－40(a)所示。

第 2 步 执行“矩形阵列”命令:选择功能区“【模型】→【编辑】→【阵列】”按钮,出现【操控板】(阵列特征):①在阵列类型下拉列表框中默认选择“尺寸”选项(即矩形阵列),单击【尺寸】按钮,弹出【尺寸】面板;②在模型上选取如图 10－40(a)所示 $\phi8$ 孔的长度方向参考尺寸 10,在如图 10－40(b)所示【尺寸】面板【方向 1】(列向)选项区的【增量】文本框中输入水平方向增量(即列距)为 15;③在【尺寸】面板【方向 2】(行向)选项区单击“单击此处添加项”,在模型上选取 $\phi 8$ 孔的宽度方向参考尺寸 8,在【尺寸】面板【方向 2】(行向)选项区的【增量】文本框中输入水平方向增量(即行距)为 14;④在【操控板】的方向“1”后文本框中将默认 2 改为输入 4(列数),在方向“2”后文本框中默认为 2(行数),如图 10-40(b)所示。

第 3 步 完成矩形阵列孔:单击中键,结果如图 10-40(c)所示。

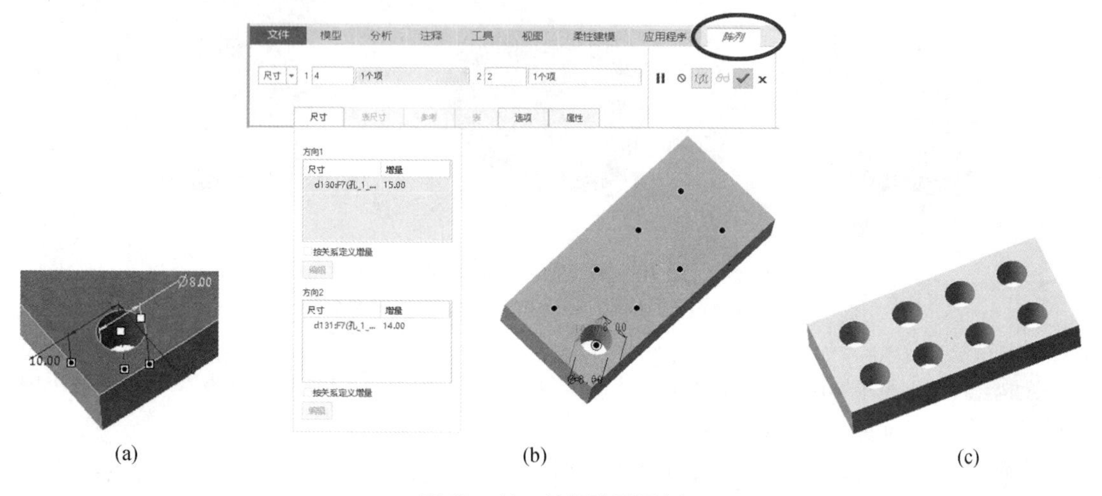

(a) (b) (c)

图 10-40 特征阵列示例

(a)待阵列孔;(b)矩形阵列设置和预显;(c)阵列结果

> **提示** 要创建“环形阵列”特征,在【操控板】(阵列特征)的阵列类型下拉列表框中选择“轴”选项,且在【显示】面板上按下“显示基准轴”按钮。

10.6 修饰螺纹和螺旋扫描特征

在圆柱外表面和内表面创建螺纹有两种方法:一是修饰螺纹;二是螺旋扫描特征。

(1)由零件模型生成工程图,符合国家标准的螺纹应为修饰螺纹;也可创建螺旋扫描特征,生成工程图用“简化表示”模型(排除螺纹特征),并草绘牙底线,详见第 12 章。

(2)螺旋扫描特征用于观看螺旋扫描实体的效果,还可创建弹簧等模型。

10.6.1 修饰螺纹

在圆柱外表面和内表面都可创建修饰螺纹,可选择功能区“【模型】→【工程】→【修饰螺纹】”按钮创建修饰螺纹。另外,还可用“孔”工具创建标准孔的方式创建修饰螺纹孔。

例 10-17 在圆柱($\phi 10 \times 50$)上创建修饰螺纹。

第 1 步 执行“修饰螺纹”命令:选择功能区“【模型】→【工程】→【修饰螺纹】”按钮,出现【操控板】(螺纹特征),如图 10-41 所示。

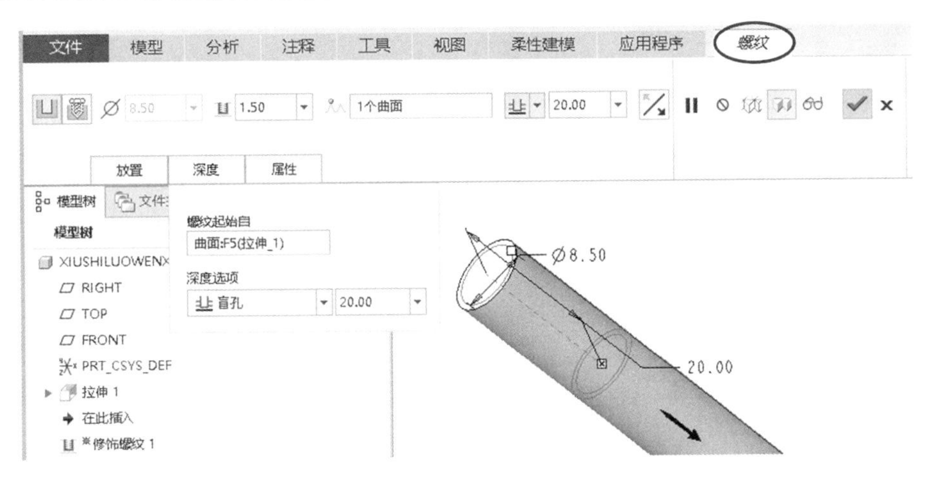

图10－41　【操控板】(螺纹特征)

第2步　设置修饰螺纹:

①选取螺纹曲面:单击螺纹所在圆柱曲面(在【操控板】上单击【放置】按钮,弹出【放置】面板可显示其曲面),如图10－42(a)所示。

②选取起始面:选取螺纹轴向端面为螺纹起始面(在【操控板】上单击【深度】按钮弹出【深度】面板可显示其曲面),如图10－42(b)所示。

③定义螺纹参数:在模型上双击直径尺寸,输入外螺纹的小径尺寸8.5(即$0.85d$)或在【操控板】上【ϕ】文本框中输入8.5;双击轴向尺寸输入螺纹长度20或在【操控板】的"螺纹深度"文本框中输入20;在【操控板】的"螺距"文本框中输入1.5;单击箭头可改变螺纹起始面开始延伸的方向,如图10－41所示。

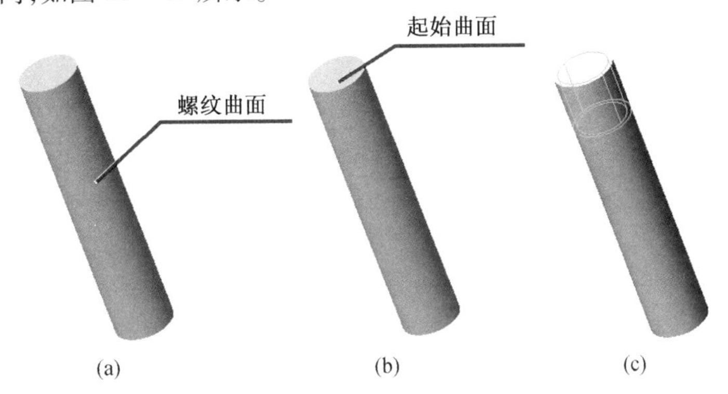

图10－42　创建修饰螺纹

(a)选取圆柱面为螺纹曲面;(b)选取上端面为起始曲面;(c)修饰螺纹结果

> **提示**　创建内螺纹,定义直径需输入大径尺寸。

④编辑参数:在【操控板】上单击【属性】按钮,弹出如图10－43所示【属性】面板。用户可在此编辑螺纹参数,且可保存为文件以备调用。

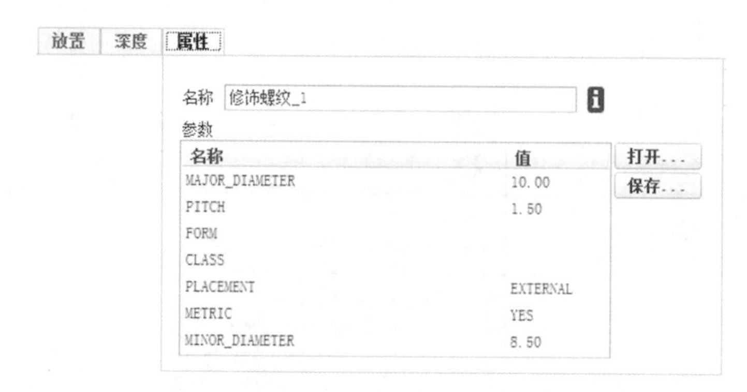

图 10 – 43 【操控板】(螺纹特征)的【属性】面板

第 3 步 完成修饰螺纹:单击中键,结果如图 10 – 42(c)所示。

提示 在 Creo 中,可实现参数化和变量化建模。操作如下:选择功能区"【模型】→【模型意图】→【 d= 关系】"按钮或选择功能区"【工具】→【模型意图】→【 d= 关系】"按钮,弹出【关系】对话框,在【模型树】或图形区选取要产生尺寸关系的各特征图元,在如图 10 – 44(a)所示【关系】对话框输入关系式(其中参数可用鼠标拾取),单击【确定】按钮。在【关系】对话框中单击 按钮或选择功能区"【模型】→【模型意图】→【 切换尺寸】"按钮,可在显示尺寸值和参数名称间切换。例如,变量 $\phi d4$ 为 $\phi 10$ 时,可如图 10 – 44(b)和图 10 – 44(c)所示分别显示尺寸参数和尺寸值。

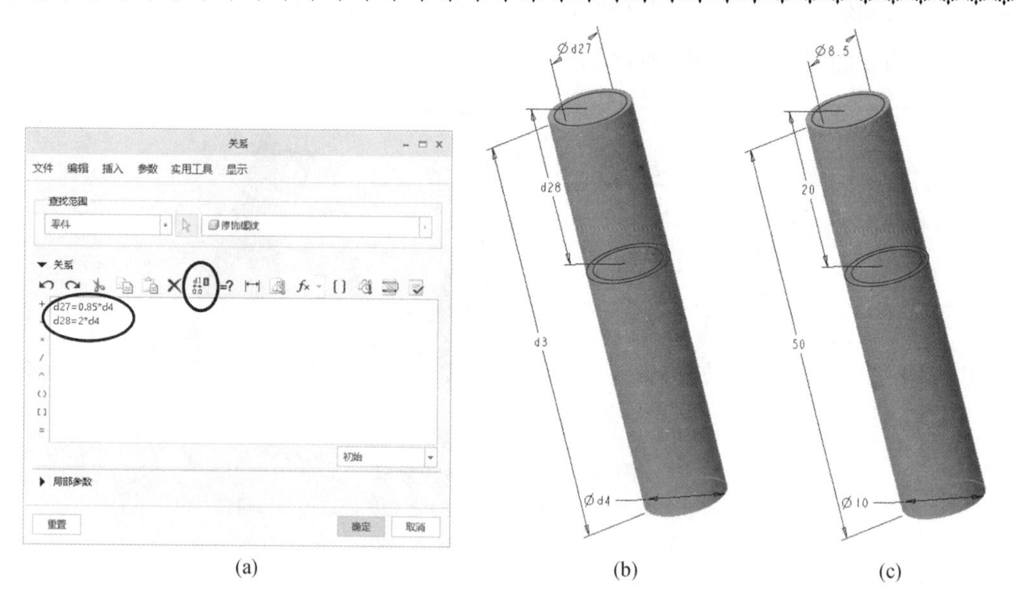

(a) (b) (c)

图 10 – 44 设置尺寸关系

10.6.2 螺旋扫描特征

螺旋扫描是将一个截面沿着一条螺旋轨迹扫描形成的螺旋状扫描特征(即"截面 + 扫描轨迹 + 中心线→螺旋扫描特征")。常用螺旋状的实体模型有螺纹、弹簧和刀具等模型,本节简要介绍采用螺旋扫描方法创建螺纹和弹簧的过程。

1. 定间距的螺旋扫描

例 10－18　创建“螺栓 GB/T 5782—2016　M20×90”模型。

第 1 步　新建零件文件：新建文件“3 螺栓. prt”（其装配见例 11－1），进入零件建模界面。

第 2 步　创建螺栓头部：

①拉伸正六棱柱：选择 TOP 面为草绘平面，选择功能区“【模型】→【形状】→【拉伸】”按钮，出现【操控板】（拉伸特征）且进入草绘界面，按例 9－5 利用“草绘器选项板”功能绘制边长为 20 的正六边形，在“拉伸深度值”文本框中输入 14（即 0.7d），两次单击中键。

②螺栓头部倒角：选择功能区“【模型】→【形状】→【旋转】”按钮，出现【操控板】（旋转特征），依次单击“【基准】→【草绘】”按钮，选择 FRONT 面为草绘平面，单击中键，在【视图控制】工具栏上单击“草绘视图”按钮，选择功能区“【草绘】→【草绘】→【中心线】”按钮草绘通过坐标原点的竖直中心线作为旋转轴线，草绘截面，如图 10－45（a）所示；单击“确定”按钮完成草绘，单击中键，单击“移除材料”按钮，单击中键，结果如图 10－45（b）所示。

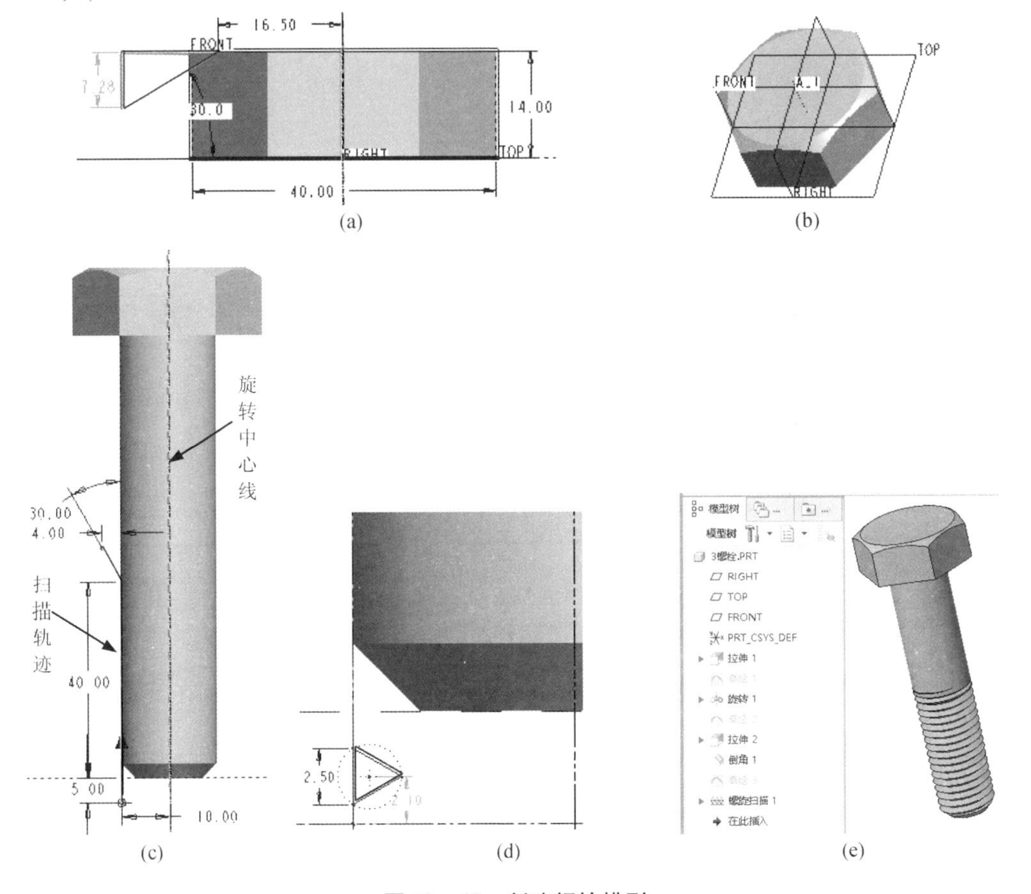

图 10－45　创建螺栓模型

（a）30°倒角截面；（b）螺栓头部；（c）扫描轨迹和旋转中心线；（d）螺纹草绘截面；（e）螺栓模型

第 3 步 创建螺栓圆柱:

①拉伸圆柱:选择功能区“【模型】→【形状】→【拉伸】”按钮,出现【操控板】(拉伸特征),选择 TOP 面为草绘平面,绘制 $\phi20$ 圆,在“拉伸深度值”文本框中输入拉伸高度为 90,两次单击中键。

②圆柱倒角:选择功能区“【模型】→【工程】→【倒角】”按钮,出现【操控板】(边倒角特征),选取要倒角的边,预显倒角特征,双击倒角尺寸,修改为 3(即 $0.15d$),单击中键。

第 4 步 创建螺纹特征:其螺旋扫描轨迹、截面和螺栓结果分别如图 10-45(c)、图 10-45(d)和图 10-45(e)所示。

①执行“螺旋扫描”命令:选择功能区“【模型】→【形状】→【螺旋扫描】”按钮,出现【操控板】(螺旋扫描特征),如图 10-46 所示。

图 10-46　【操控板】(螺旋扫描特征)

②定义螺旋扫描类型:确认在【操控板】上“创建实体”按钮、“移除材料”按钮和“使用右手定则”按钮都处于按下状态。

③草绘螺旋扫描轨迹:在【操控板】上依次单击“【基准】→【草绘】”按钮,选择 FRONT 面为草绘平面,单击中键,弹出【草绘】上下文选项卡,选择功能区“【草绘】→【设置】→【草绘视图】”按钮,选择功能区“【草绘】→【草绘】→【中心线】”按钮绘制旋转轴线(与圆柱轴线重合);选择功能区“【草绘】→【草绘】→【线】”按钮或按 L 键绘制扫描轨迹(竖直线与圆柱轮廓线重合,螺尾斜线与轴线成 30°),并标注尺寸,如图 10-45(c)所示;单击“确定”按钮完成草绘,单击中键返回【操控板】(螺旋扫描特征)。

④定义螺旋节距:在【操控板】上单击【间距】按钮,弹出【间距】面板,在其文本框中输入螺距值为 2.5,单击中键。

⑤草绘螺旋扫描截面:单击“草绘截面”按钮,选择功能区“【草绘】→【草绘】→【选项板】”按钮绘制如图 10-45(d)所示边长为 2.5 的正三角形截面,并单击“重合”按钮使其正三角形与圆柱轮廓线重合,单击“确定”按钮完成草绘截面。

⑥完成螺栓模型:单击中键,螺栓结果如图 10-45(e)所示。

例 10 – 19　创建“螺母 GB/T 6170—2015　M20”模型，结果如图 10 – 47(d)所示。

第 1 步　新建零件文件：打开螺栓文件“3 螺栓.prt”，选择菜单“【文件】→【保存副本】”命令，另存为螺母文件“5 螺母.prt”，并打开其文件。

第 2 步　编辑螺母外形和创建内孔，如图 10 – 47(a)所示。

①编辑螺母外形：在【模型树】中右击螺栓“拉伸 2”特征(圆柱)，在弹出快捷菜单中选择【删除】选项删除圆柱；双击六棱柱将原拉伸高度 14 改为 16(即 0.8D)，单击中键。

②创建螺母内孔：选择 TOP 面为草绘平面，绘制 ϕ17(即 0.85D)圆，拉伸为通孔，单击中键。

第 3 步　创建螺纹特征：选择功能区“【模型】→【形状】→【 螺旋扫描】”按钮，创建螺母上的螺纹，其螺旋扫描轨迹和旋转中心线如图 10 – 47(b)所示；螺纹草绘截面如图 10 – 47(c)所示，螺母结果如图 10 – 47(d)所示。

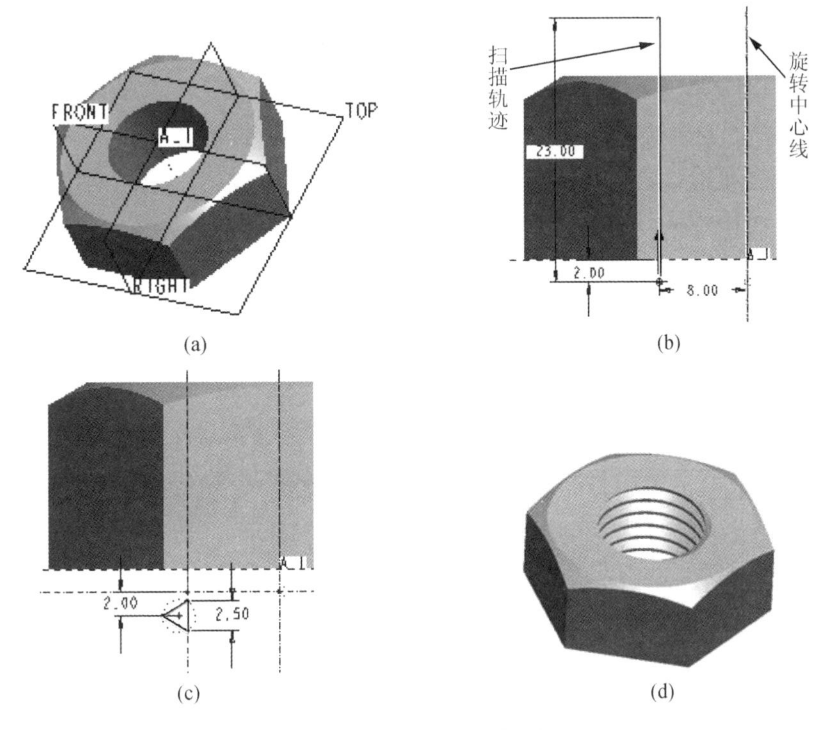

(a)　(b)　(c)　(d)

图 10 – 47　创建螺母模型

(a)螺纹前；(b)草绘螺旋扫描轨迹和旋转轴线；(c)草绘螺旋扫描截面；(d)螺母模型

2. 变间距的螺旋扫描

通过定义间距点的距离，设置弹簧等模型的可变节距。

例 10 – 20　创建如图 10 – 48(b)所示普通圆柱螺旋压缩弹簧，其参数如下：材料直径 $d=\phi4$，弹簧中径 $D=\phi40$，节距 $t=12$，有效圈数 $n=6$，总圈数 $n_1=8.5$，支承圈数 $n_2=2.5$，右旋。

分析：首先用“螺旋扫描”命令创建如图 10 – 48(a)所示可变间距螺旋扫描特征，然后用“拉伸”命令的反向“移除材料”方式完成两端切平结构，结果如图 10 – 48(b)所示。

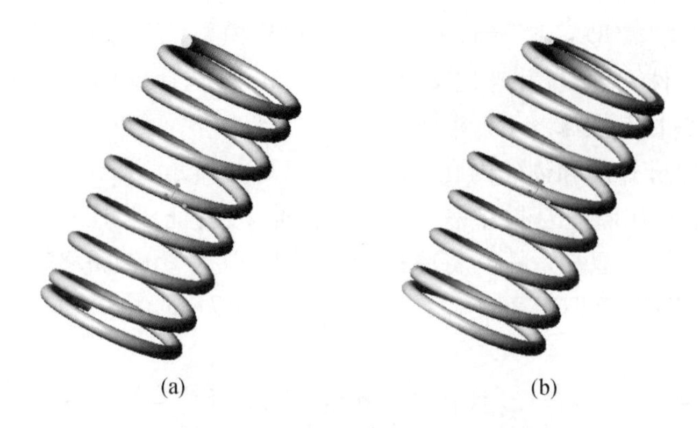

(a)　　(b)

图10-48　创建圆柱螺旋压缩弹簧

(a)可变间距螺旋扫描特征;(b)两端切平后压缩弹簧

提示　依据GB/T 4459.4—2003《机械制图 弹簧表示法》和GB/T 2089—2009《普通圆柱螺旋压缩弹簧尺寸及参数(两端圈并紧磨平或制扁)》国家标准规定,为便于弹簧建模和投影工程图,对如图10-49(a)所示弹簧扫描轨迹线设置尺寸关系如下:

自由高度(即两端圆心距离):

$$H_0=\#1\#2=nt+(n_2-0.5)d=6\times12+(2.5-0.5)\times4=72+8=80$$

中间定节距高度:$h=H_0-n_2d=80-2.5\times4=70$

两端并紧距离:$\#1\#3=\#2\#6=d=\phi4$

两端变节距距离:$\#3\#4=\#5\#6=d/4=1$

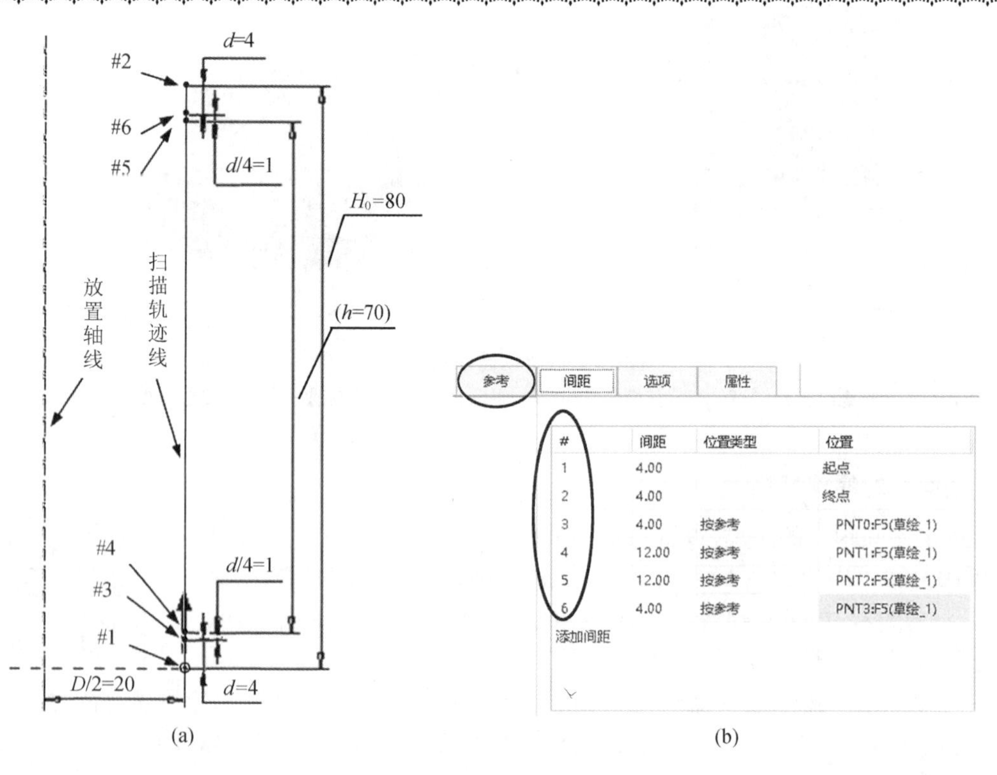

(a)　　(b)

图10-49　变节距弹簧的尺寸关系

注意　创建可变间距的螺旋扫描特征，需要定义各点的间距。本例弹簧应在如图10－49(b)所示【间距】选项卡添加6个点(#1、#2、#3、#4、#5和#6)和定义节距(4、4、4、12、12和4)，在【位置类型】下拉列表分别将4个点(#3、#4、#5和#6)修改为"按参考"且在相应【位置】处显示为"无项"后单击"无项"(即清空收集器)，然后在螺旋扫描轮廓线上捕捉拾取已创建的4个参考点(#3、#4、#5和#6)。

第1步　新建零件文件：新建文件"弹簧.prt"。

第2步　创建可变间距螺旋扫描特征：

①执行"螺旋扫描"命令：选择功能区"【模型】→【形状】→【螺旋扫描】"按钮，弹出【操控板】(螺旋扫描特征)，如图10－47所示。

②定义螺旋扫描类型：确认在【操控板】上的"创建实体"按钮和"使用右手定则"按钮处于按下状态。

③草绘旋转轴、扫描轨迹(轮廓)和基准点：依次单击"【基准】→【草绘】"按钮，选择FRONT面为草绘平面，单击中键，弹出【草绘】上下文选项卡；在【视图控制】工具栏上单击"草绘视图"按钮，选择功能区"【草绘】→【草绘】→【中心线】"按钮绘制旋转轴；选择功能区"【草绘】→【草绘】→【线】"按钮或按L键，在距离中心线20处绘制一条长为80的螺旋扫描轮廓直线#1#2(起始点#1在TOP面上)；选择功能区"【草绘】→【基准】→【点】"按钮，在其螺旋扫描轮廓直线#1#2上单击而添加4个参考点(#3、#4、#5和#6)，并标注4个尺寸而约束各个点之间的距离(分别为#1#3 = d = 4，#3#4 = $d/4$ = 1，#5#6 = $d/4$ = 1，#2#6 = d = 4)；单击"确定"按钮完成草绘。

④返回【操控板】(螺旋扫描特征)：在【操控板】上单击"退出暂停按钮，继续使用此工具"按钮或单击中键。

⑤定义扫描轨迹(轮廓)上6个点间距：在【操控板】上单击【间距】按钮，在【间距】面板的文本框中输入间距值为4，依次单击"添加间距"并输入各间距值，完成如图10－50所示两个端点和4个参考点间距设置。

⑥草绘螺旋扫描截面：单击"草绘截面"按钮，出现【草绘】上下文选项卡，选择功能区"【草绘】→【草绘】→【圆】"按钮，以起点#1为圆心绘制ϕ4圆，单击"确定"按钮完成草绘截面。

⑦完成螺旋扫描特征：单击中键，完成变节距弹簧的螺旋扫描特征，如图10－49(a)所示。

第3步　创建弹簧两端磨平：

①执行"拉伸"命令：按快捷键X，出现【操控板】(拉伸特征)。

②草绘矩形：单击按钮，出现【草绘】上下文选项卡，选择FRONT面为草绘平面，选择功能区"【草绘】→【草绘】→【中心线】"按钮绘制对称中心线；选择功能区"【草绘】→【草绘】→【矩形】"按钮，从点#1起始向上至点#2绘制对称于轴线的矩形(长50和高80)，单击"确定"按钮完成草绘。

③返回【操控板】(拉伸特征)：在【操控板】上单击"退出暂停按钮，继续使用此工具"按钮或单击中键，输入拉伸深度数值为大于50，单击"对称"拉伸按钮，单击"移除材料"

按钮，其右侧弹出“材料反向拉伸”按钮，单击其按钮。

④完成拉伸特征：单击中键，完成弹簧建模，结果如图10－49(b)所示。

第4步　弹簧挠性装配的准备：(参见例11－2 弹簧挠性装配)

①关系定义：要定义弹簧的尺寸关系，选择功能区“【模型】→【模型意图】→【d= 关系】”按钮，弹出如图10－50(a)所示【关系】对话框；在图形区选取如图10－50(b)所示弹簧模型；弹出如图10－50(c)所示【菜单管理器】对话框的【指定】菜单，勾选【轮廓】选项(或单击【全部】显示全部)，单击中键；如图10－50(b)所示弹簧模型即显示参数名称(选择功能区“【模型】→【模型意图】→【切换尺寸】”按钮，可在显示尺寸数字和显示参数名称之间切换)；在如图10－50(a)所示【关系】对话框中输入关系式(h为如图10－49(a)所示中间定节距高度；“$d16$”是在旋转轴上拾取点#4处的节距；“$d18$”是在旋转轴上拾取点#5处的节距)，单击【确定】按钮。

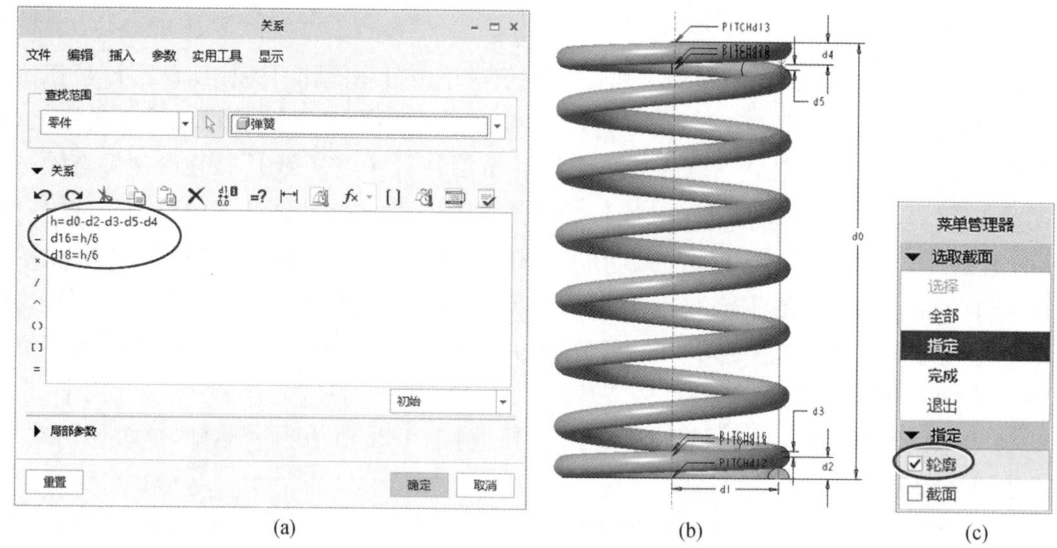

(a)　(b)　(c)

图10－50　定义弹簧的尺寸关系

②挠性定义：要定义弹簧可变化的挠性尺寸，选择菜单“【文件】→【准备】→【模型属性】”命令，弹出【模型属性】对话框，在【工具】选项区选择【挠性】右侧【更改】按钮；弹出如图10－51所示【挠性：准备可变项】对话框，在【模型树】选择“螺旋扫描1”特征，弹出如图10－50(c)所示【菜单管理器】对话框的【指定】菜单，勾选【轮廓】选项，单击中键；模型显示参数名称或尺寸数字，选取尺寸“80”，在【挠性：准备可变项】对话框中单击按钮，在对话框显示其【尺寸名】为“$d0$”；同样方法，在【模型树】选择“拉伸1”特征，在对话框显示尺寸“80”的【尺寸名】为“$d27$”。

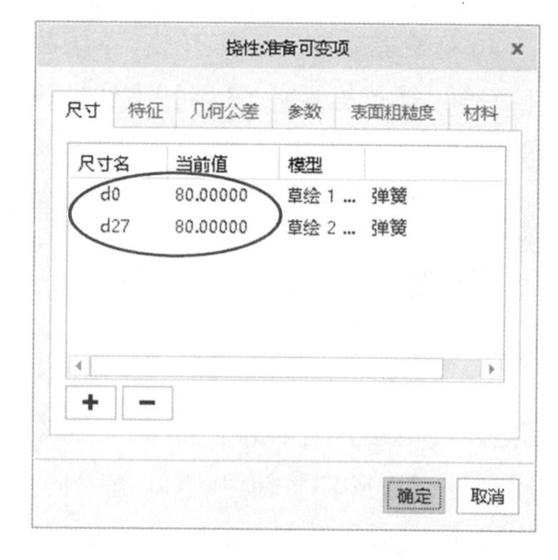

图10－51　定义弹簧可变化的挠性尺寸

第5步　重新生成弹簧：按Ctrl＋G键(或选择功能区“【模型】→【操作】→【重新生

成】”按钮），完成重新生成，然后保存弹簧。

10.7　曲 面 特 征

曲面设计主要用于创建形状复杂的零件，曲面是没有厚度的几何特征。

10.7.1　曲面建模工具

在“零件”模式下，在如图 10－2 所示【模型】选项卡的【形状】面板和【曲面】面板上选择单击相应按钮可调用创建曲面的命令。

创建曲面模型，基本操作如下。

（1）创建曲线：草绘平面曲线；选择功能区“【模型】→【编辑】→【相交】”按钮可创建空间曲线。

（2）创建曲面：用“拉伸”“旋转”“扫描”“边界混合”“填充”和“合并”等命令生成曲面。

①【形状】面板：选择功能区“【模型】→【形状】→【拉伸】（或【旋转】或【螺旋扫描】）”按钮，在【操控板】上选择按下“创建曲面”按钮，即可用其命令创建曲面（与创建实体的方法基本相同），如图 10－52（a）所示拉伸曲面。

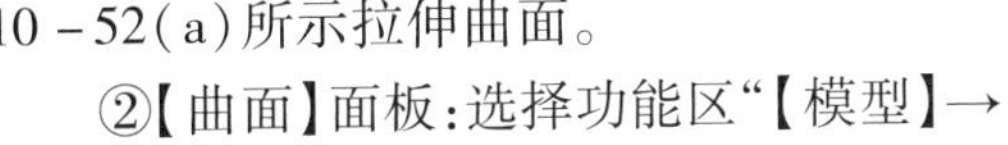

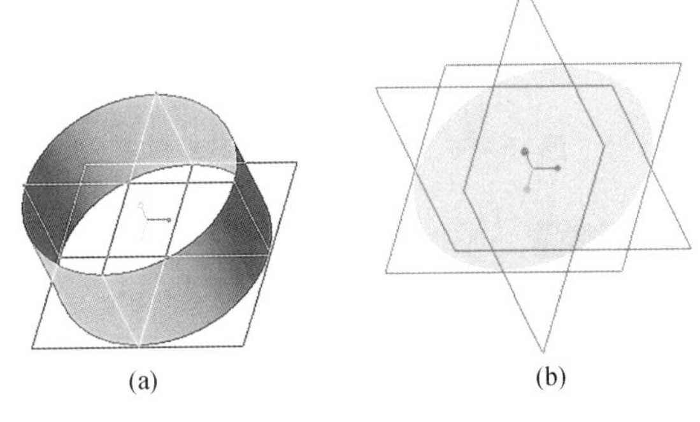

图 10－52　拉伸曲面和填充曲面

（a）拉伸曲面；（b）填充曲面

②【曲面】面板：选择功能区“【模型】→【曲面】→【边界混合】或【填充】”按钮，创建曲面，如图 10－52（b）所示填充曲面。

（3）用“加厚”或“实体化”命令，将曲面生成实体零件模型。

10.7.2　曲面建模实例

下面以如图 10－53 所示杯子为例，简要介绍曲面建模的常用命令和操作过程。

例 10－21　利用曲面工具，创建如图 10－53 所示杯子模型。

分析：要创建杯体曲面，先要创建如图 10－54 所示杯体曲面在横向和纵向的轮廓曲线，然后用“边界混合”命令完成半个曲面，再用“镜像”命令完成整个杯体曲面。

图 10－53　曲面建模示例（杯子）

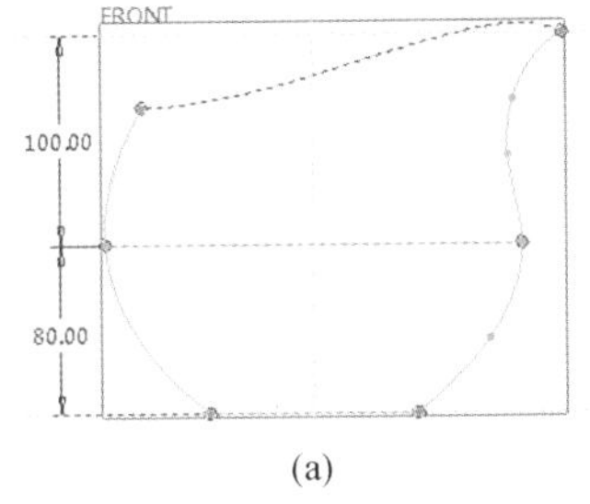

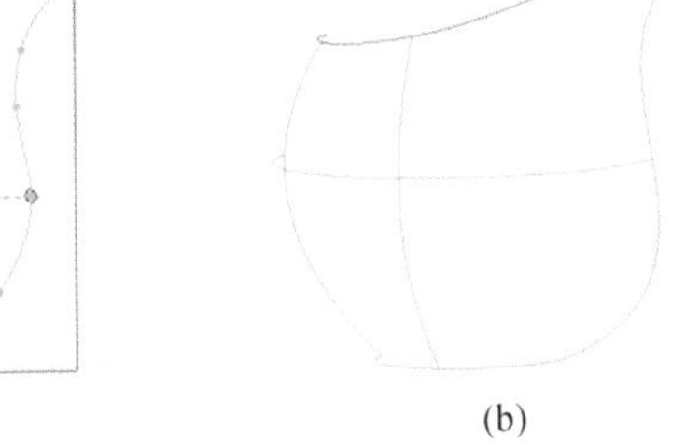

图 10－54　杯体轮廓线

第 1 步 新建零件文件:新建文件“杯子. prt”。

第 2 步 确立 3 个水平基准平面:以 TOP 面为基准平面,选择功能区“【模型】→【基准】→【▱平面】”按钮或按 P 键,在 TOP 面上方新建 2 个基准平面,即 DTM1 面(与 TOP 面的距离为 80)和 DTM2 面(与 DTM1 面的距离为 100),如图 10－55 所示。

第 3 步 草绘杯体的 2 个水平半圆:

①以 TOP 面为草绘平面绘制 $\phi100$ 圆后修剪为半圆或直接绘制半圆。

②以 DTM1 面为草绘平面绘制 $\phi200$ 圆修剪为半圆,如图 10－56 所示。

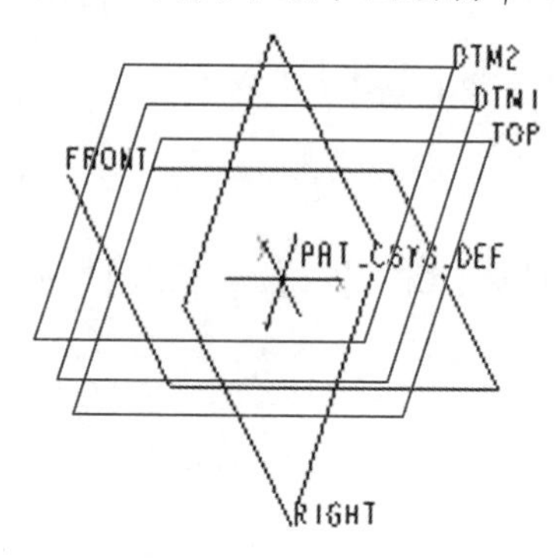

图 10－55　确立 3 个水平基准平面

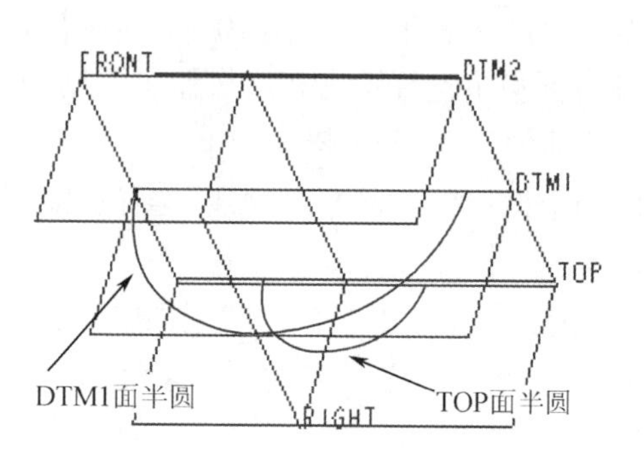

图 10－56　绘制两个水平半圆

第 4 步 创建杯口空间曲线:

> **提示**　要创建如图 10－57(d)所示杯口空间曲线,首先在两个投影方向(水平和竖直)草绘平面曲线,然后执行“相交”命令。注意两条曲线的起点和终点在竖直方向分别重合为一点,即在创建第二条曲线时要选择第一条曲线两端点 *A* 和点 *B* 为参考,如图 10－57所示。

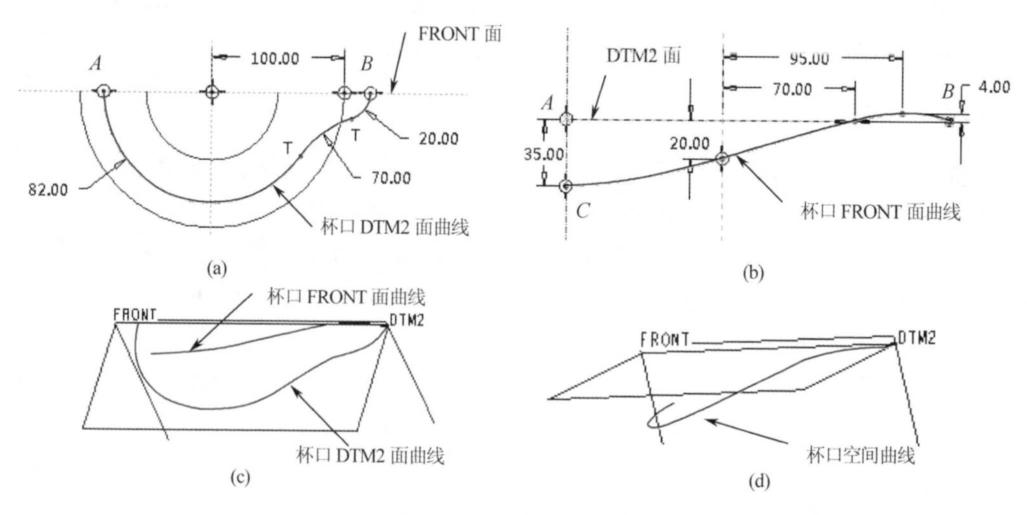

图 10－57　创建杯口空间曲线

(a)草绘“杯口 DTM2 面曲线”;(b)草绘“杯口 FRONT 面曲线”;(c)两条草绘曲线;(d)两条曲线相交结果

①草绘“杯口空间曲线”的水平投影 *AB*:以 DTM2 面为草绘平面,过点 *A* 草绘与 TOP 面

半圆同心的 $R82$ 半圆，过点 B 草绘 $R20$ 圆弧，其两圆弧的圆心距离为 100；然后草绘 $\phi140$ 圆与两圆弧相切，修剪圆弧，单击“确定”按钮 ✔ 完成“杯口 DTM2 面曲线”，如图 10－57(a)所示。

②草绘“杯口空间曲线”的正面投影 CB：以 FRONT 面为草绘平面草绘；选择功能区“【草绘】→【设置】→【参考】”按钮，选取如图 10－57(a)所示“杯口 DTM2 面曲线”的左右两个圆弧曲线加入参考；过点 A 草绘竖直中心线，在其中心线上选取一点 C 草绘样条曲线 CB(即“杯口 FRONT 面曲线”)，单击中键，标注尺寸；单击“确定”按钮 ✔ 完成草绘，如图 10－57(b)所示。

③相交生成“杯口空间曲线”：按住 Ctrl 键选取如图 10－57(c)所示“杯口空间曲线”的水平投影 AB(即“杯口 DTM2 面曲线”)和正面投影 CB(即“杯口 FRONT 面曲线”)，选择功能区“【模型】→【编辑】→【相交】”按钮，两条平面曲线即生成杯口空间曲线，如图 10－57(d)所示。

第 5 步　草绘纵向两条轮廓线：

①执行“草绘”命令：以 FRONT 面为草绘平面，选择功能区“【模型】→【基准】→【草绘】”按钮，出现【草绘】上下文选项卡。

②将 3 条横向曲线加入参考：选择功能区“【草绘】→【设置】→【参考】”按钮，选取如图 10－54(a)和图 10－58(a)所示 3 条横向曲线(即“杯口空间曲线”“DTM1 面半圆”和“TOP 面半圆”)加入参考。

③草绘样条曲线：分别过 3 条横向曲线的左端点和右端点，草绘如图 10－58(a)所示样条曲线“4”和样条曲线“5”，可调整样条曲线“5”的控制点位置使杯子外形更美观，单击“确定”按钮 ✔ 完成草绘。

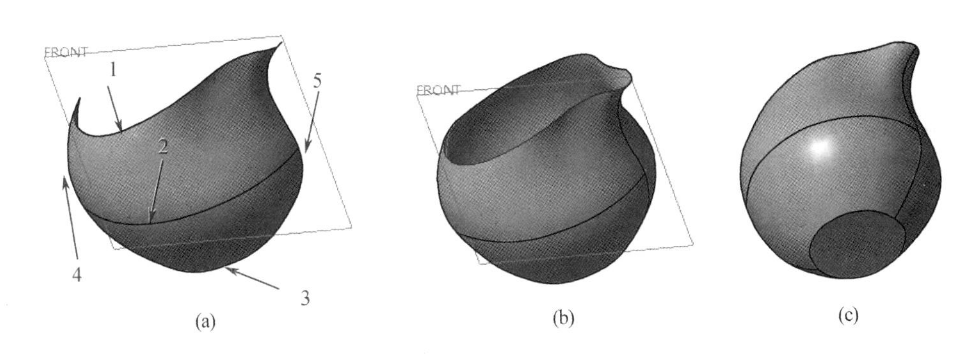

图 10－58　杯体曲面

(a)边界混合曲面；(b)镜像曲面；(c)填充杯底

第 6 步　创建杯体：

①由曲线生成曲面：选择功能区“【模型】→【曲面】→【边界混合】”按钮，出现如图 10－59 所示【操控板】(边界混合)，在“第一方向链收集器”处单击，按住 Ctrl 键按顺序选择横向 3 条轮廓线；在“第二方向链收集器”处单击，按住 Ctrl 键按顺序选择纵向两条轮廓线(单击【曲线】按钮，可打开【曲线面板】)；单击中键，结果如图 10－58(a)所示。

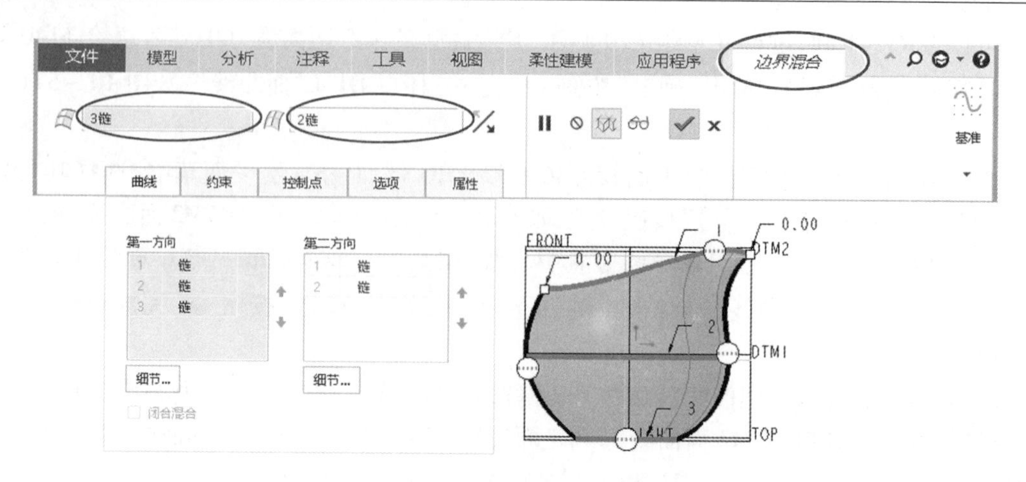

图 10－59　【操控板】(边界混合)

②镜像曲面:选取如图 10－58(a)所示半个杯体曲面,选择功能区“【模型】→【编辑】→【镜像】”按钮,选择 FRONT 面为镜像平面,单击中键,完成整个杯体曲面,如图 10－58(b)所示。

③创建杯体底面:选择功能区“【模型】→【曲面】→【填充】”按钮,选择 TOP 面为草绘平面草绘等同底面缺口大小的 ϕ100 圆,单击中键,单击“确定”按钮 ✔ 完成草绘;单击中键,完成杯体底面如图 10－58(c)所示。

④合并曲面:按住 Ctrl 键选取 3 个曲面,选择功能区“【模型】→【编辑】→【合并】”按钮,将 3 个曲面合并为 1 个杯体曲面。

⑤曲面加厚:选取合并后的曲面,选择功能区“【模型】→【编辑】→【加厚】”按钮,将曲面加厚到合适的值为 4(可向内或向外加厚);如果加厚有问题,则适当减小厚度,单击中键即生成杯体,如图 10－60 所示。

第 7 步　创建杯座:

①创建杯座曲面:选择 FRONT 面为草绘平面;选择功能区“【模型】→【形状】→【旋转】”按钮,出现【草绘】上下文选项卡,草绘旋转中心线和杯座截面,单击“确定”按钮 ✔ 完成草绘;出现【操控板】(旋转特征),单击“作为曲面旋转”按钮,单击中键。

②曲面实体化:选取杯座曲面旋转特征,选择功能区“【模型】→【编辑】→【实体化】”按钮,单击中键即生成杯座,如图 10－61 所示。

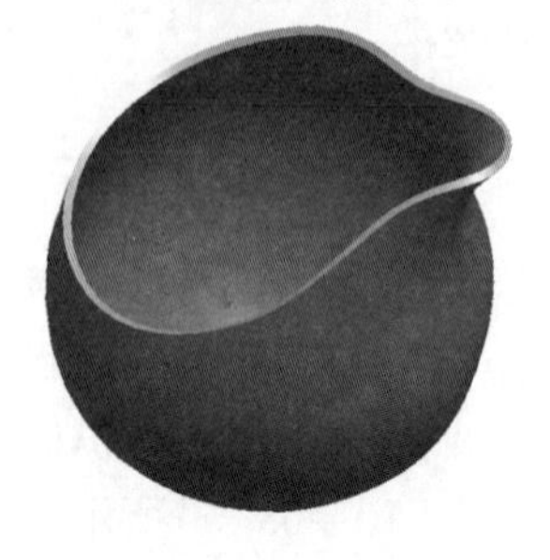

图 10－60　杯体加厚

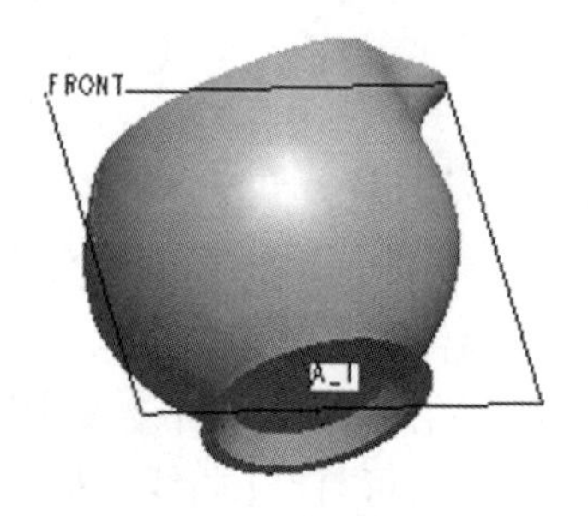

图 10－61　生成杯座

第 8 步　创建杯子把手：

①执行“扫描”命令：选择功能区“【模型】→【形状】→【扫描】”按钮。

②草绘轨迹：以 FRONT 面为草绘平面，草绘如图 10 - 62(a)所示杯子把手的扫描轨迹，单击 ✔ 按钮完成草绘。

> **注意**　为确定扫描轨迹的起点和终点位置，按 Ctrl + 5 键即模型显示样式为“隐藏线”，然后在内外表面之间拾取起点和终点。

③草绘圆截面：单击 ▶ 按钮，单击 按钮，进入草绘扫描截面的环境，默认在如图 10 - 62(b)所示 2 条中心线的交点草绘 ϕ10 的圆截面，单击“确定”按钮 ✔ 完成草绘圆截面。

④完成杯子把手：单击中键，结果如图 10 - 62(c)所示。

第 9 步　在杯子模型的适当位置倒圆和表面着色等，结果如图 10 - 53 所示。

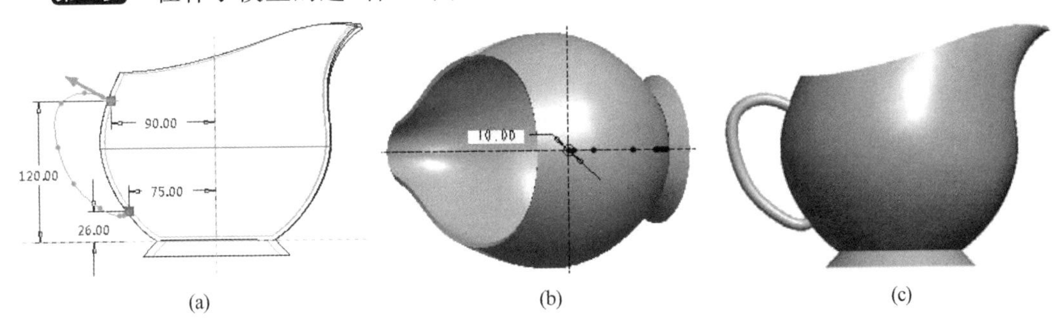

图 10 - 62　杯子把手

(a)扫描轨迹；(b)截面；(c)杯子把手结果

> **提示**　在 Creo 中，要查询零件建模或装配建模的过程，选择功能区“【工具】→【调查】→【模型播放器】”命令按钮，弹出【模型播放器】对话框即可逐步显示模型生成过程。

10.8　钣　金　件

钣金件是将金属薄板通过剪切、冲压和折弯等加工使其产生塑性变形而成型的零件。

要进入钣金建模界面，可用如下两种方式。

(1)新建零件文件，弹出如图 10 - 1(a)所示【新建】对话框，在【子类型】选项区选择【钣金件】选项。

(2)在如图 10 - 2 所示零件建模界面，选择功能区“【模型】→【操作】→【转换为钣金件】”按钮。

> **提示**　在钣金建模界面，选择功能区“【模型】→【操作】→【切换为零件实体】”按钮，可由钣金建模切换为如图 10 - 2 所示零件建模界面。

下面简要介绍新建钣金件以及使用“折弯”和“展开”等命令完成钣金件建模的方法和过程。

例 10 – 22　创建“垫圈 GB/T 858　90”(圆螺母用止动垫圈),如图 10 – 63 所示。

第 1 步　新建零件文件:①在【快速访问】工具栏上单击“新建”按钮,弹出如图 10 – 1(a)所示【新建】对话框,在【类型】选项区默认选择【零件】选项,在【子类型】选项区选择【钣金件】选项,在【名称】文本框中输入垫圈名称,取消勾选【使用缺省模板】复选框,单击【确定】按钮;②弹出【新文件选项】对话框,选择“mmns_part_sheetmetal”,单击【确定】按钮进入钣金件建模界面。

图 10 – 63　圆螺母用止动垫圈

第 2 步　创建钣金件的平面壁:①选择功能区“【模型】→【形状】→【平面】”按钮,如图 10 – 64 所示;②出现【操控板】(平面特征),选取 TOP 面为草绘参考平面;③进入草绘界面,草绘如图 10 – 65 所示垫圈平整时的形状,单击“确定”按钮完成草绘;④返回【操控板】(平面特征),在厚度文本框中输入为 2,单击中键,完成垫圈平面壁。

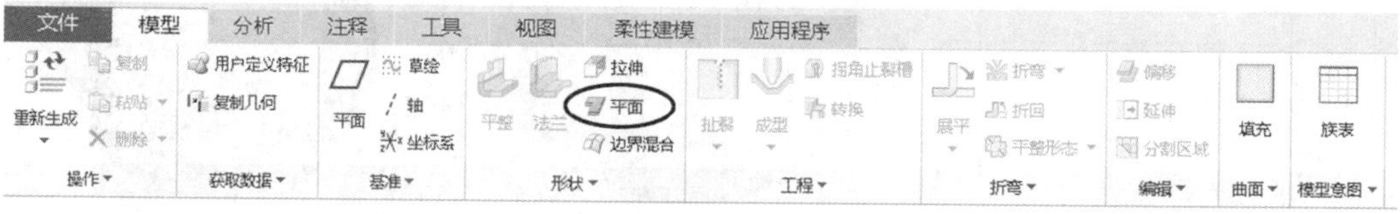

图 10 – 64　钣金件建模选项区

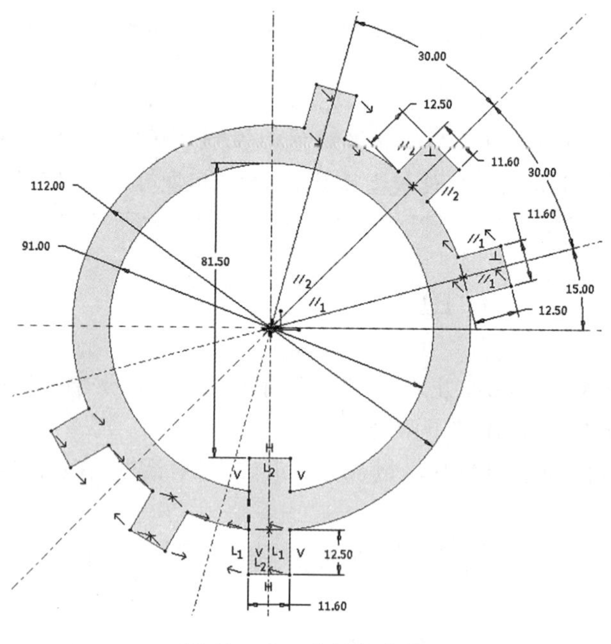

图 10 – 65　草绘钣金件

第 3 步　创建钣金件的折弯:①创建折弯线:选择功能区“【模型】→【基准】→【草

绘】”按钮，选取止动垫圈上平面为草绘平面，单击【草绘】对话框上【草绘】按钮进入草绘界面；选择功能区“【草绘】→【设置】→【参考】”按钮，选取外形顶点为参考点，草绘如图 10 - 66(a)所示 7 条折弯线(其中一条折弯直线与内圆相对的象限点距离为 89)；②钣金件折弯：选择功能区“【模型】→【折弯】→【折弯】”按钮，进入【操控板】(折弯特征)，选取如图 10 - 66(b)所示已创建的折弯线(一次只能选择一条)折弯，在外止动耳的“折弯角度”文本框中输入为 25，其余选项为默认，单击中键；依次创建各个折弯，其中在内止动耳的“折弯角度”文本框中输入 90，最终结果如图 10 - 63 所示。

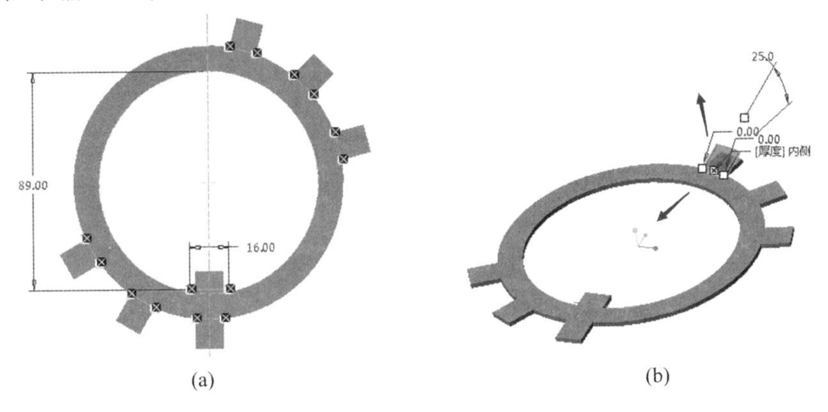

图 10 - 66　钣金件折弯

(a)草绘折弯线；(b)折弯

> **提示**　在 Creo 中，钣金件折弯时，注意箭头方向，按需切换。

第 4 步　钣金件的展平/折回：选择功能区“【模型】→【折弯】→【展平】”按钮，即可使所有的折弯特征展平；展平后还可折回，选择功能区“【模型】→【折弯】→【折回】”按钮，即可显示如图 10 - 63 所示折弯特征结果。

上机指导和练习

【目的】

1. 熟悉 Creo 4.0 软件的零件建模界面及其操作。
2. 掌握创建基础特征、工程特征和基准特征的基本方法和步骤。
3. 学会特征编辑的基本方法和步骤。

【练习】

1. 按照如图 9 - 28 所示立板图形，创建厚度为 30 的立板零件模型，结果如图 10 - 67 所示。

2. 创建如图 10 - 68 所示轴的零件模型，参见例 10 - 13。

图10－67　立板零件模型

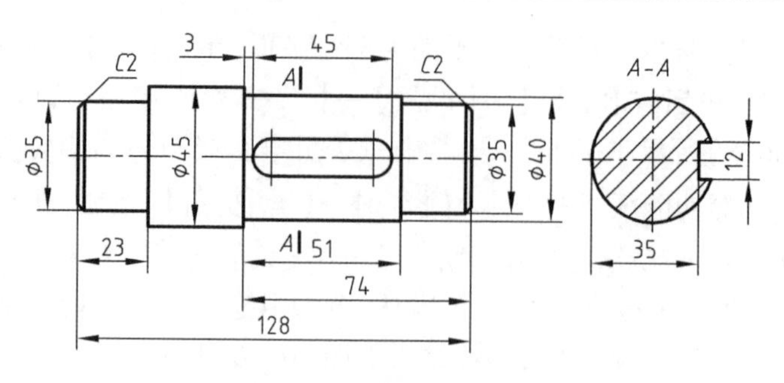

图10－68　轴零件视图和尺寸

3. 创建如图10－69所示压盖的零件模型。

4. 创建如图10－70所示零件模型(尺寸自定),参见例10－5。

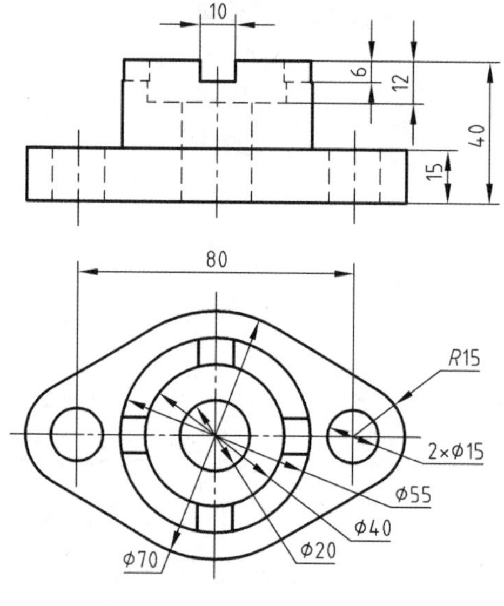

图10－69　压盖零件视图和尺寸

图10－70　混合特征练习

5. 已知图4－68所示视图及尺寸,创建其零件模型。

6. 创建“滚动轴承6204 GB/T 276—2013”模型,参见图4－61所示尺寸关系。

提示　创建滚动轴承时,先草绘其轴承截面,然后旋转内圈和外圈,再旋转创建一个球,最后阵列多个球(球为双数便于生成工程图)。

7. 用两种方式创建“螺母GB/T 6170　M20”模型:(1)例10－19所述螺旋扫描特征方式;(2)例10－17所述修饰螺纹方式。

8. 用拉伸曲面和旋转曲面两种方式创建圆柱表面,然后用“加厚”命令完成空心套筒实体模型(尺寸自定)。

9. 已知如图10－71所示三通零件的轴测图,创建其零件模型,且另存为一张图片(＊.jpg)。

10. 创建螺旋曲面实体(螺距10、内径ϕ10、外径ϕ20、厚度0.5),如图10－72所示。

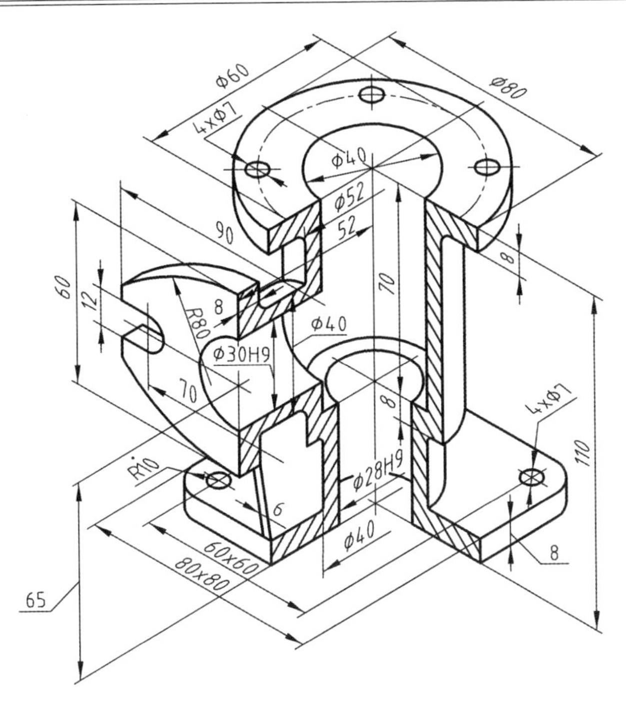

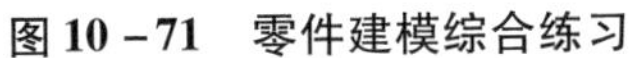
图 10－71　零件建模综合练习

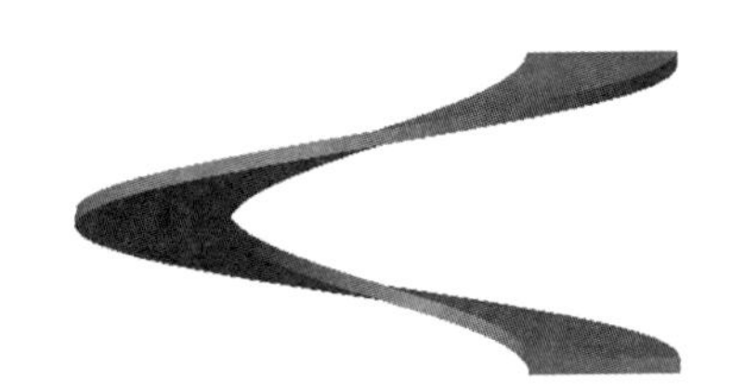

图 10－72　螺旋曲面零件模型

提示　如图 7－72 所示螺旋曲面，操作如下：选择功能区“【模型】→【形状】→【 螺旋扫描】”按钮；选择 FRONT 面，草绘轴线和螺旋扫引轨迹线（高 10 且与轴线平行间距为 10），草绘曲面截面为垂直于轴线的直线（标注线段两端点至轴线距离为 5 和 10）；将螺旋曲面加厚为 0.5 的实体。

第 11 章　Creo 装配建模

装配装配建模应遵循 GB/T 26099.3—2010《机械产品三维建模通用规则 第 3 部分：装配建模》等国家标准的有关规定。产品的装配建模一般采用两种模式，即“自底向上”和“自顶向下”设计模式，见表 11－1。根据不同的设计类型及设计对象的技术特点，可分别选取适当的装配建模设计模式，也可将两种设计模式混合使用。

表 11－1　“自底向上”和“自顶向下”装配建模的模式

模式	自底向上	自顶向下
	先有零件或部件，后进入装配界面装配建模	先进入装配界面，后逐级创建零件或部件
操作	进入装配模界面，选择功能区“【模型】→【元件】→【组装】”按钮，添加零件或部件模型，依据基准件逐个确定位置约束	进入装配模界面，选择功能区“【模型】→【元件】→【创建】”按钮，逐级创建部件模型或零件模型并确定位置约束

本章主要介绍在 Creo 4.0 软件中“自底向上”装配建模，主要内容包括进入装配建模界面、添加零件或部件、确定各零件装配约束位置、生成爆炸图和制作分解动画。

11.1　装配建模界面

在装配建模之前，要进入并熟悉装配建模的工作界面。

11.1.1　进入装配建模界面

新建装配文件，进入装配建模界面，操作如下：

（1）启动 Creo 软件，在如图 9－1 所示初始界面选择功能区“【主页】→【选择工作目录】”按钮，选取工作目录（例如，选取“D:\Creo\”为工作目录）。

（2）在【快速访问】工具栏上单击“新建”按钮。

（3）弹出【新建】对话框，①在【类型】选项区选择【装配】单选按钮，在【子类型】选项区默认选择【设计】选项；②在【名称】文本框中输入新建装配模型名称；③取消勾选【使用缺省模板】复选框；④单击【确定】按钮，如图 11－1（a）所示。

（4）弹出【新文件选项】对话框，①选择“mmns_asm_design”；②单击【确定】按钮，如图 11－1（b）所示。

注意　建议不用默认的装配模型文件名称“asm0001”，以免冲突。装配建模后，要重命名装配模型中零件模型，操作如下：(1)打开装配模型文件；(2)在【模型树】或图形区选择并打开需重命名的零件模型文件，选择菜单“【文件】→【管理文件】→【重命名】”命令，输入新名称，单击【确定】按钮。

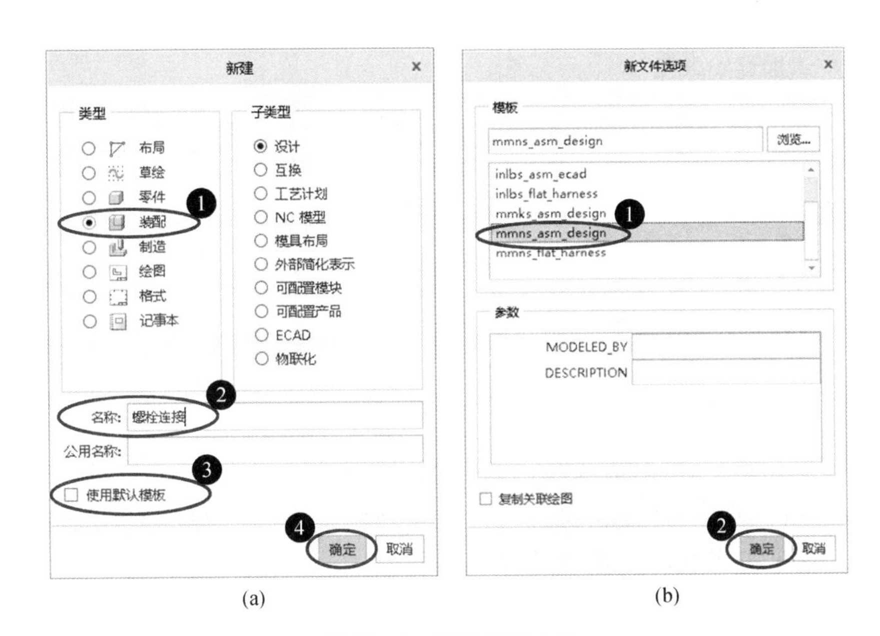

图 11－1　新建装配文件

(a)【新建】对话框；(b)【新文件选项】对话框

11.1.2　装配建模界面

通过如图 9－1 所示 Creo 4.0 初始界面(主界面)，新建装配文件后将进入如图 11－2 所示装配建模的工作界面。

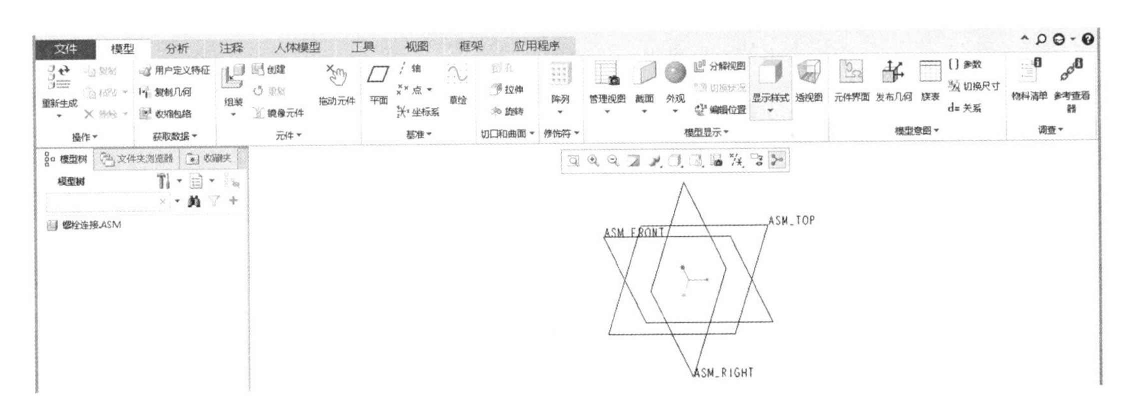

图 11－2　装配建模界面

11.2　添加装配单元和装配约束

进入装配建模界面后,应确定一个基准件(即第一个装配的零件,其建模要按视图位置建模),用“组装”命令将基准件添加到装配文件的界面,然后将另一个零件添加到装配文件的界面且按装配关系与基准件装配约束,依次逐个添加装配单元和装配约束。

11.2.1　添加装配单元

用“组装”命令将装配单元即元件(零件或部件)放置到装配文件的界面。

命令方式:

◎ 功能区:【模型】→【元件】→【组装】

◎ 快捷键:A

11.2.2　装配约束

装配建模要在装配建模界面选择限制零件位置约束或运动约束。如图 11－3(a)所示为机构运动副约束选项;如图 11－3(b)所示为位置约束选项,本书介绍的装配约束为位置约束,各约束类型功能见表 11－2。

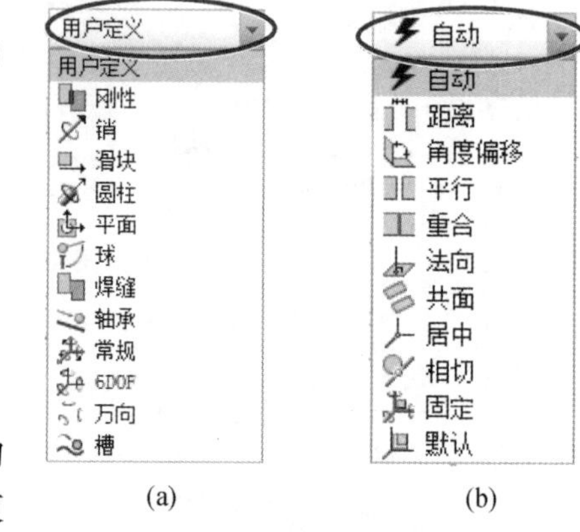

图 11－3　装配约束

(a)运动副约束;(b)位置约束

表 11－2　装配约束类型

按钮和名称	功　　能
自动	元件参考相对于装配参考,自动以合适约束装配(例如,“重合”)
距离	元件参考与装配参考偏移一定距离
角度偏移	元件参考与装配参考成一定角度
平行	元件参考与装配参考平行
重合	元件参考与装配参考共面或同轴
法向	元件参考与装配参考垂直
共面	元件参考与装配参考共面
居中	元件参考与装配参考同心或同轴
相切	元件参考与装配参考相切
固定	将元件固定到当前位置
默认	在默认位置组装元件,即将零件建模默认坐标系与装配建模默认坐标系重合

在装配建模中，装配位置约束的方法和步骤如下。

1. 装配第一个元件（即基准件为零件或部件）

（1）添加装配单元：选择功能区“【模型】→【元件】→【组装】”按钮或按快捷键 A，弹出【打开】对话框，选择并打开其零件文件。

（2）约束位置：出现如图 11－4 所示【操控板】（元件放置）且在图形区显示待约束零件；装配第一个元件时，直接在如图 11－3(b) 所示【约束类型】下拉列表中选择“默认”约束。

图 11－4　【操控板】（元件放置）

（3）单击按钮，结果如图 11－5(a) 所示。

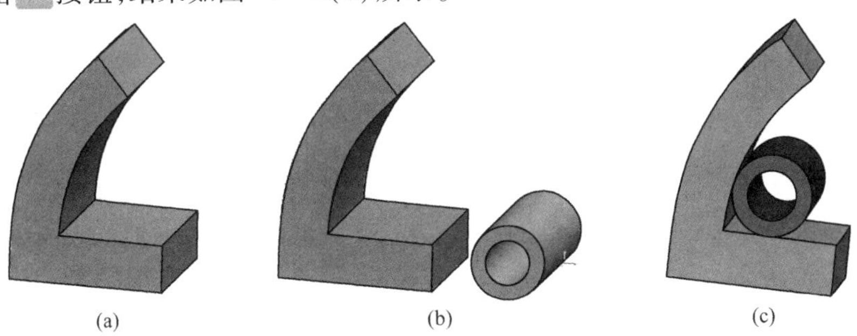

图 11－5　装配约束示例

(a) 添加第一个零件（基准件）；(b) 添加新装配单元；(c)“相切”约束结果

> **注意**　装配建模时，第一个装入的装配单元在装配体中往往是机架或后续装配零件的参考（基准件）。因此，通常采用“默认”约束实现装配。

2. 装配其他元件（零件或部件）

（1）添加装配单元：选择功能区“【模型】→【元件】→【组装】”按钮，弹出【打开】对话框，选择并打开零件文件。

（2）设置装配约束：出现如图 11－4 所示【操控板】（元件放置）且在图形区显示待约束零件；在【操控板】（元件放置）上单击【放置】按钮，弹出如图 11－4 所示【放置】面板，在【约束类型】下拉列表中选择“相切”约束，在如图 11－5(b) 所示两零件上分别选取相切的面（完成一个约束）；在如图 11－4 所示【放置】面板上单击【新建约束】按钮（用于选择约束类型和偏移完成增加约束），再在如图 11－5(b) 所示两零件上分别选取相切的面（完成另一个约束）。

(3)在如图 11 －4 所示【操控板】(元件放置)上显示“状况:完全约束”后,单击✔按钮,结果如图 11 －5(c)所示。

11.3 爆炸图和分解动画

爆炸图(分解视图)用于表达装配的分解状态,反映装配中各零部件之间的相互关系,可清晰表达未分解前无法观察或不易观察的部分。动画有两种方式,即分解动画和机构运动仿真。本书简要创建分解动画,即通过快照截取装配体在装配或拆卸过程中的几个预定位置(即为关键帧),之后将关键帧按照一定的顺序排列,并在设定好的时间依次播放出来,各个快照中间元件的状态将自然过渡,由此完成动画制作。

11.3.1 爆炸图

爆炸图用于表达装配体的分解状态,反映装配体中各零部件之间的相互关系,可清晰表达未分解前无法观察或不易观察的部分。爆炸图中分解状态的零件位置应符合装配顺序和视图清晰的要求。在“装配”模式下,创建爆炸图有两种方式:一是自动分解并可编辑位置完成爆炸图,只能创建一个分解状态;二是用【视图管理器】对话框创建、编辑和保存分解状态,可创建不同的分解状态。

1. 自动创建和编辑爆炸图

“分解图”和“编辑位置”的命令方式,见表 11 －3。

表 11 －3 “分解图”和“编辑位置”的命令方式

命令方式	分解图	编辑位置
	切换显示装配分解视图	编辑装配分解元件的位置
功能区	【模型】→【模型显示】→【分解图】	【模型】→【模型显示】→【编辑位置】
	【视图】→【模型显示】→【分解图】	【视图】→【模型显示】→【编辑位置】

(1)直接创建爆炸图:选择功能区“【模型】→【模型显示】→【分解图】”按钮(按下状态),系统根据零件之间的相互约束关系自动显示分解视图。

(2)编辑分解状态:选择功能区“【模型】→【模型显示】→【编辑位置】”按钮,出现如图 11 －6 所示【操控板】(分解工具),单击【参考】按钮,弹出【参考】面板。

①在【要移动的元件】选项区单击“选择项”,选择要移动的元件,然后在【操控板】上选择运动类型。

“平移”按钮:选取要移动的零件或部件,将出现一个控制移动的坐标系。鼠标左键在坐标轴上亮显后,可拖动零件或部件沿其轴线方向移动。

“旋转”按钮:选择要旋转的零件或部件,左键选择旋转轴拖动零件或部件绕旋转轴旋转(例如,旋转螺母)。

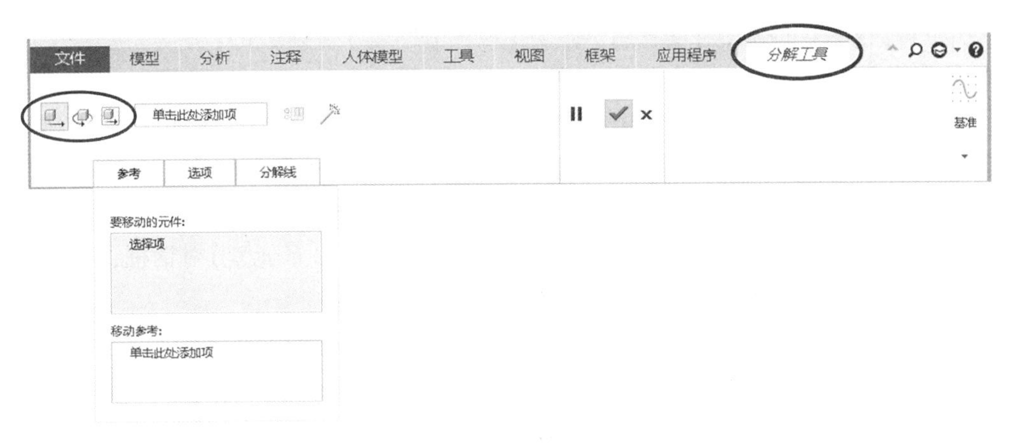

图 11 -6　【操控板】(分解工具)

②按【移动参考】选项区“选择项目”提示,在模型上选择参考。例如,图元/边或坐标轴。

提示　Creo 4.0 采用自动创建、编辑和保存爆炸图后,再打开时不能显示其分解状态。

2. 用“视图管理器”创建爆炸图

用【视图管理器】创建爆炸图的方式,可创建、编辑和保存多个分解状态,具体操作如下。

(1)打开【视图管理器】对话框:选择功能区“【模型】→【模型显示】→【管理视图】”按钮,弹出【视图管理器】对话框。

(2)新建一个分解状态:在如图 11 -7(a)所示【分解】选项卡上单击【新建】按钮;在【名称】文本框默认显示名称“Exp0001”或用户修改输入名称,单击中键(新建的分解状态即设置为活动,在名称前显示一个绿色箭头),如图 11 -7(b)所示。

(3)编辑分解状态:可用如下两种方式显示如图 11 -6 所示【操控板】(分解工具),然后编辑其爆炸图。

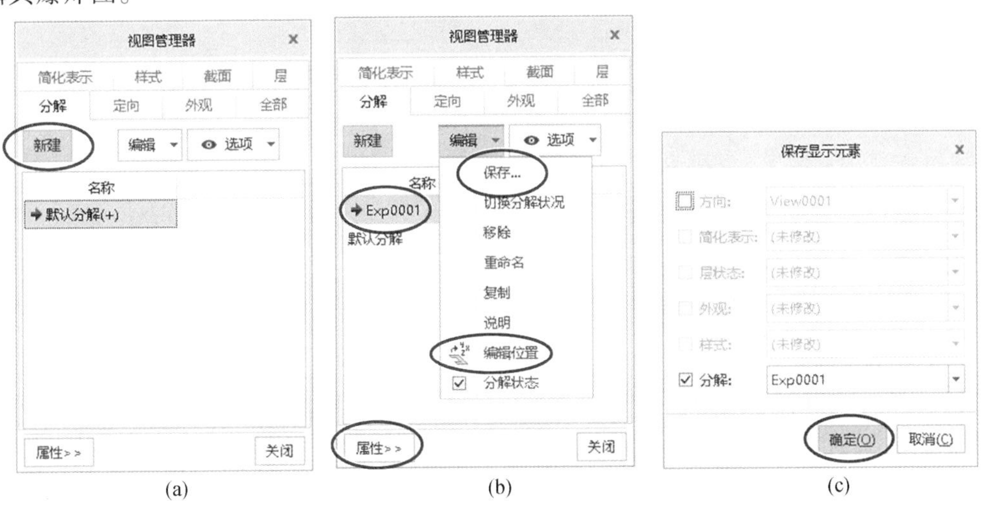

图 11 -7　用【视图管理器】创建爆炸图

(a)新建分解状态;(b)保存分解状态;(c)确定保存

方式 1:【视图管理器】对话框方式。在【视图管理器】对话框的【分解】选项卡上选择【编辑】下拉列表中【编辑位置】选项,如图 11 －7(b)所示。

方式 2:功能区方式。选择功能区“【模型】→【模型显示】→【 编辑位置】”按钮。

(4)保存分解状态:如果要在下一次打开文件时显示其爆炸图状态,则要对编辑后的爆炸视图进行保存。在如图 11 －7(b)所示【视图管理器】对话框的【分解】选项卡上选择【编辑】下拉列表中【保存】选项;弹出如图 11 －7(c)所示【保存显示元素】对话框,单击【确定】按钮,即将当前编辑后的分解状态保存且返回到装配状态。

(5)保存爆炸图:选择菜单“【文件】→【另存为】”命令,保存爆炸图文件。

11.3.2　分解动画

分解动画用于表达装配体的拆卸和装配顺序,更清楚地反映装配体中各零部件之间的装配关系和工作原理。

通过如图 11 －8(a)所示【关键帧序列】对话框和如图 11 －8(b)所示【捕获】对话框创建分解动画。

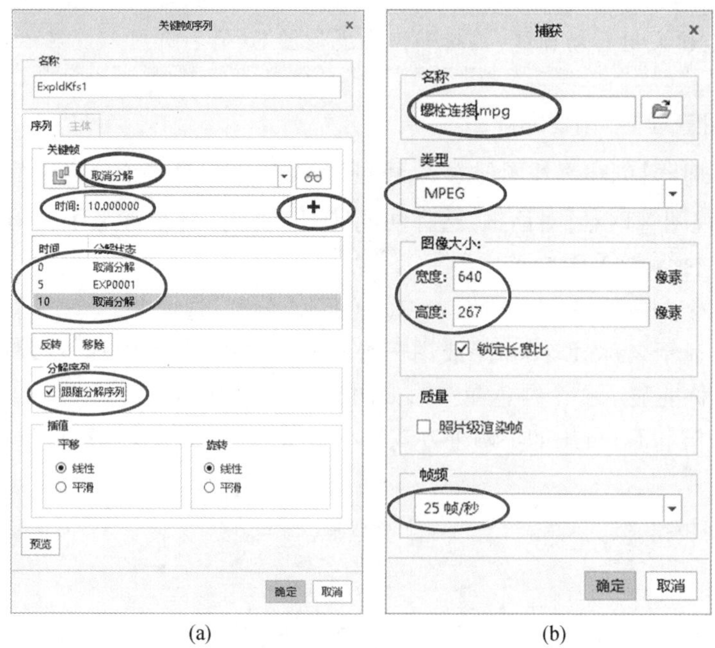

(a)　　　　(b)

图 11 －8　设置分解动画

制作分解动画,具体操作步骤如下。

(1)打开装配模型:打开待制作动画的装配文件。

(2)新建分解状态:

①新建一个分解状态:在【视图控制】工具栏上单击“视图管理器”按钮 ,弹出【视图管理器】对话框,切换为【分解】选项卡,单击【新建】按钮,在【名称】文本框默认显示名称“Exp0001”(或输入名称),单击中键。

②编辑分解位置(移动或旋转):在【分解】选项卡上,单击【属性 > >】按钮;单击“编辑位置”按钮 ,单击“平移”按钮 ,依次单击零件按箭头方向移动,单击“旋转”按钮 ,选

择零件再选择旋转轴而转动旋转箭头;单击中键。

③保存分解状态:在【分解】选项卡上单击【 < <... 】按钮;右击新建的分解状态"Exp0001";在弹出快捷菜单上选择【保存】选项;弹出【保存显示元素】对话框,单击【确定】按钮;返回【视图管理器】对话框,单击【关闭】按钮。

④取消显示分解状态:选择功能区"【模型】→【模型显示】→【分解图】"按钮,取消显示分解状态。

(3)创建动画:选择功能区"【应用程序】→【运动】→【动画】"按钮,进入创建动画界面。

(4)设置动画关键帧:选择功能区"【动画】→【创建动画】→【关键帧序列】"按钮,弹出【关键帧序列】对话框,①单击 + 按钮,将不分解视图"取消分解"放置在 0 秒;②在【关键帧】选项区的下拉列表中选择新建的"EXP0001"分解视图,在【时间】文本框中输入 5(即 5 秒),单击 + 按钮;③在【关键帧】选项区的下拉列表中选择不分解视图"取消分解",在【时间】文本框中输入 10,单击 + 按钮;④在【分解序列】选项区勾选【跟随分解序列】选项;⑤单击【确定】按钮,如图 11 -8(a)所示。

(5)生成动画:单击"生成"按钮 ▶ ,显示已创建的分解动画;单击【回放】按钮,可见分解动画的拆卸和装配动画。

(6)保存动画:单击"捕获"按钮,弹出如图 11 -8(b)所示【捕获】对话框,单击按钮,弹出【保存副本】对话框,保存分解动画文件(*. avi),单击【确定】按钮,返回【捕获】对话框,勾选【锁定长宽比】复选框后改变图像大小,单击【确定】按钮,即完成分解动画。

11.4　装配建模综合实例

下面通过螺栓连接装配和弹簧挠性装配的实例,介绍装配建模、爆炸图和分解动画的制作方法和过程。

例 11 -1　根据如图 11 -9(a)所示螺栓连接装配图形和尺寸,完成如图 11 -9(b)所示螺栓连接的装配建模,并生成爆炸图和制作动画。

第 1 步　设置工作目录:启动 Creo 软件,在如图 9 -1 所示初始界面选择功能区"【主页】→【选择工作目录】"按钮,选取"D:\Creo\"为工作目录。

第 2 步　新建各零件模型:其中标准件可由标准件库插件调入或通过选择功能区的【工具】选项卡的【Intelligent Fastener】面板插入实现智能快速装配。

①按例 10 -7 创建下板模型"1 下板. prt";

②按例 10 -14 创建上板模型"2 上板. prt";

③按例 10 -18 创建螺栓模型"3 螺栓. prt";

④按例 10 -1 创建垫圈模型"4 垫圈. prt";

⑤按例 10 -19 创建螺母模型"5 螺母. prt"。

第 3 步　新建装配文件:新建文件"螺栓连接. asm",进入装配建模界面。

第 4 步　添加零件:按表 11 -4 位置约束关系,逐个添加各零件。

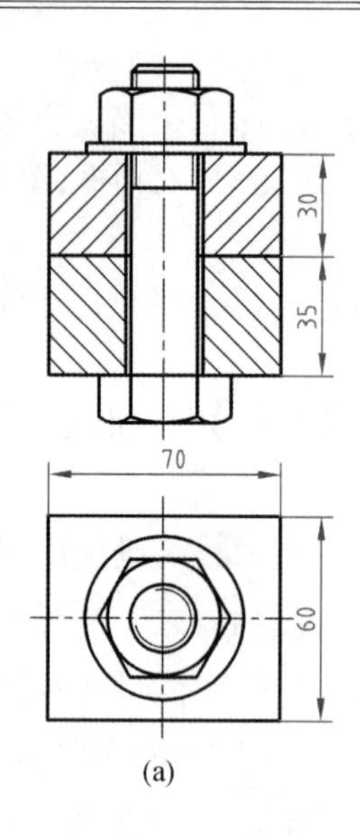

螺栓 GB/T 5782—2016 M20×90
螺母 GB/T 6170—2015 M20
垫圈 GB/T 97.1—2002 20

(a)

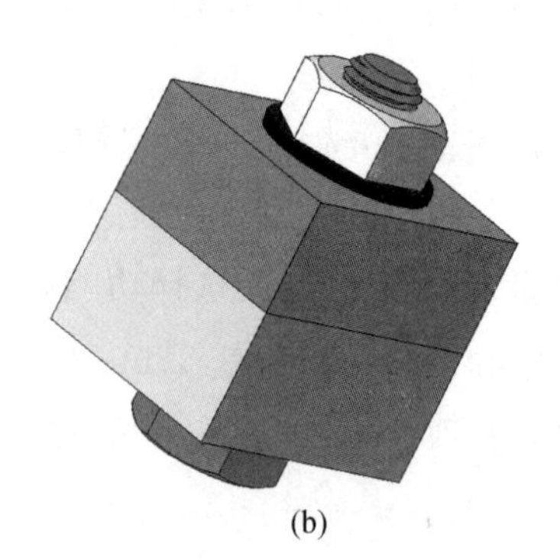

(b)

图 11－9　螺栓连接

①添加装配单元：按快捷键 A(或选择功能区“【模型】→【元件】→【组装】”按钮)，弹出【打开】对话框，选择并打开所需零件文件；

②约束位置：出现如图 11－4 所示【操控板】(元件放置)且在图形区显示待约束的零件，然后约束所调入零件的位置，约束状况为完全约束；

③完成零件装配：单击按钮或单击中键；

④零件模型着色：参见例 9－2。

表 11－4　添加零件的位置约束方式

零件	位置约束
	直接在如图 11－3(b)所示【约束类型】下拉列表中选择约束；或在如图 11－4 所示【操控板】(元件放置)上单击【放置】按钮选择约束
1 下板. prt	装配第一个零件为基准件，选择“默认”约束，如图 11－10 所示
2 上板. prt	①选取上板和下板零件接触平面，默认“自动”约束为“重合”约束，如图 11－11(a)所示； ②选取上板和下板零件圆孔表面(或轴线)，默认“自动”约束为“重合”约束，如图 11－11(b)所示
3 螺栓. prt	①选取螺栓与下板的接触平面，默认“自动”约束为“重合”约束，如图 11－12(a)所示； ②选取螺栓圆柱表面与下板(或上板)的圆柱孔表面，默认“自动”约束为“重合”约束，如图 11－12(b)所示
4 垫圈. prt	①选取垫圈与上板的接触面，选择为“重合”约束； ②选择垫圈和上板的圆孔表面，选择为“重合”约束，如图 11－13 所示
5 螺母. prt	①选取螺母与上板的接触面，选择为“重合”约束；单击“反向”按钮可调整约束方向； ②选取螺母与垫圈(或螺栓)的轴线(需显示轴线)，选择为“重合”约束

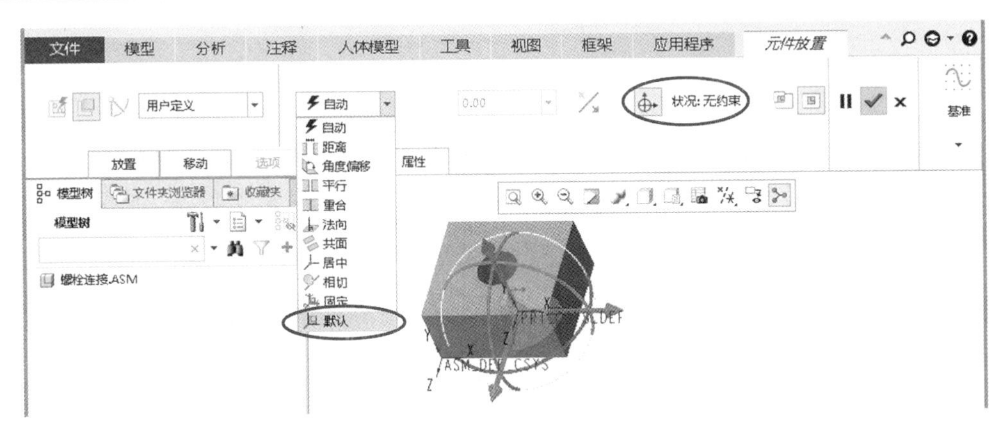

图 11－10　添加装配单元的工作界面(调入第一个零件)

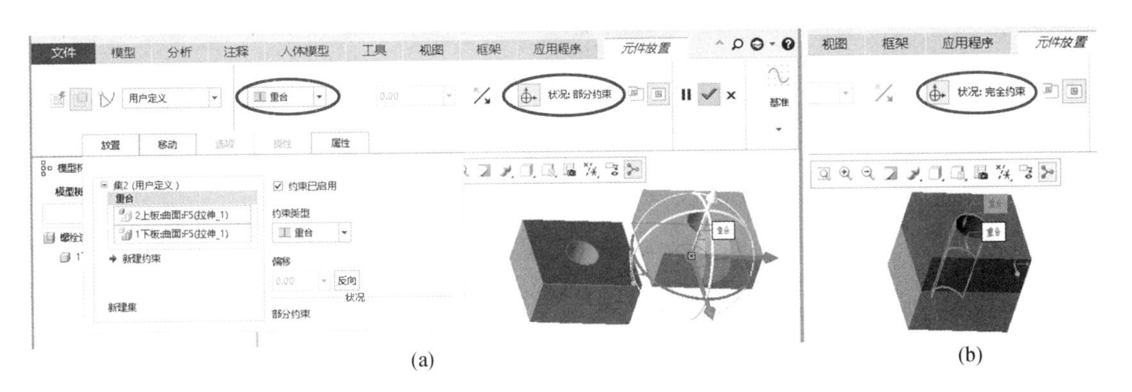

(a)　　(b)

图 11－11　装配上板

提示　根据需要,可通过【放置】面板添加约束,操作如下:单击如图 11－11(a)所示【放置】按钮,弹出【放置】面板,单击【新建约束】按钮,在【约束类型】下拉列表中默认选择"自动"约束,可选取螺栓头部侧面和下板前面,选择"平行"约束,使螺栓完全约束,单击中键。

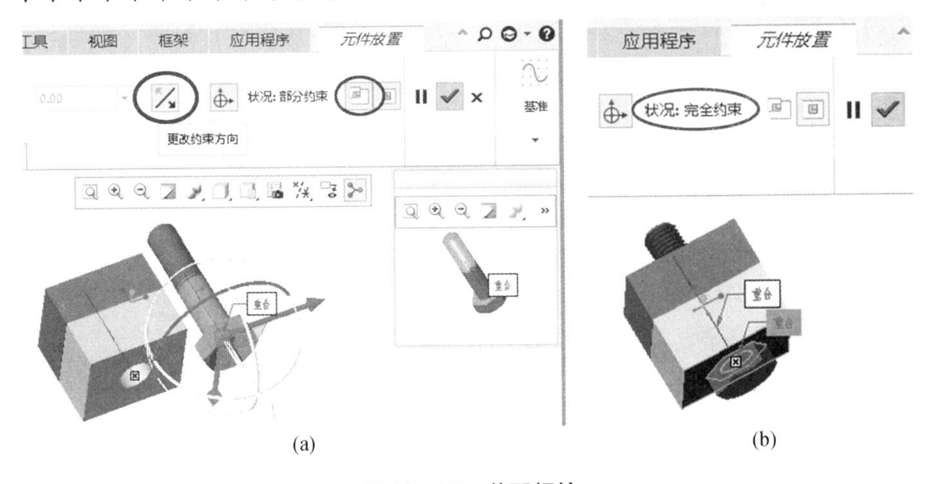

(a)　　(b)

图 11－12　装配螺栓

注意 装配约束的“状况”可显示所装配的零件模型是否已被完全约束(自由度完全限制),其显示方式如下:

(1)在【操控板】(元件放置)上显示“状况:完全约束”或“状况:部分约束”;

(2)在【模型树】中,在零件模型名称前显示有一个空心长方形,表示其未完全约束。

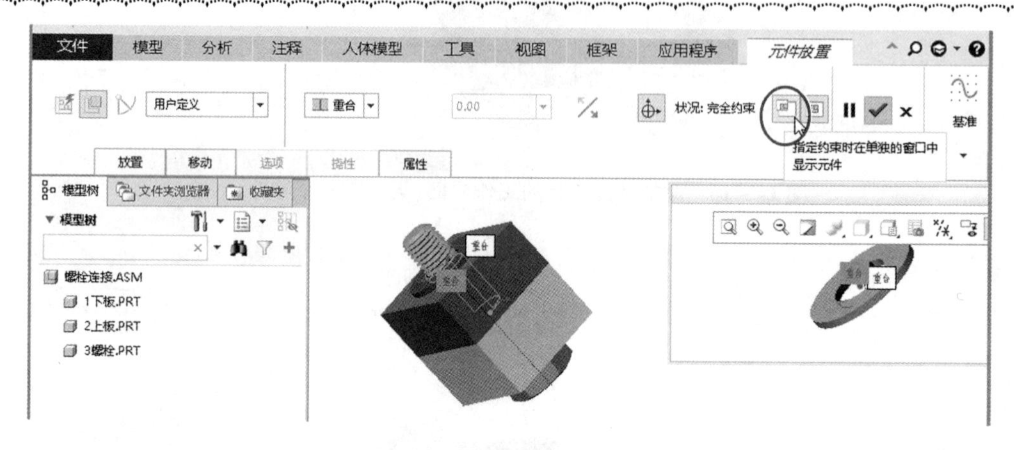

图 11 - 13 装配垫圈

注意 选择轴线“重合”约束时,需勾选“视图控制”工具栏上“轴显示”复选框显示轴线。

提示 在装配建模中,可隐藏或取消隐藏某个零件模型,操作如下:在装配【模型树】中选取零件,单击屏显工具栏上“隐藏”按钮(或按 Ctrl + H 键),在图形区即不显示其零件模型;在装配【模型树】中选取已隐藏的零件,单击屏显工具栏上“显示”按钮,在图形区即恢复显示其零件模型。

提示 在装配模型文件中,在装配【模型树】或在图形区选择零件,在屏显工具栏上单击“打开”按钮,即可打开其零件模型文件,可对其编辑(与装配模型相关)和保存。

第 5 步 生成爆炸图:如图 11 - 14 所示。

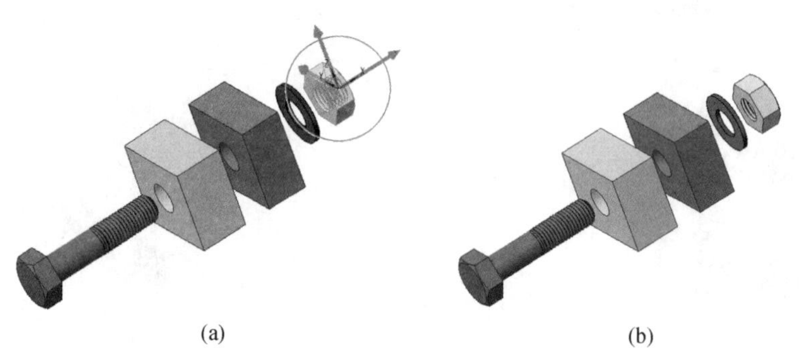

图 11 - 14 螺栓连接爆炸图

①直接新建爆炸图：选择功能区“【模型】→【模型显示】→【分解图】”按钮（按下状态），系统根据零件之间的相互约束关系自动显示分解视图。

②编辑分解状态：选择功能区“【模型】→【模型显示】→【编辑位置】”按钮，出现如图 11－6 所示【操控板】（分解工具），单击【参考】按钮，弹出【参考】面板，可移动或旋转模型。例如，选取如图 11－14(a)所示螺母，在所选位置处出现一个控制移动的坐标系，沿着亮显的轴方向移动螺母，单击中键。

③保存分解状态：在【视图管理器】对话框的【分解】选项卡选择【编辑】下拉列表中【保存】选项，弹出【保存显示元素】对话框，单击【确定】按钮。

④保存爆炸图：选择菜单“【文件】→【另存为】→【保存副本】”命令，保存如图 11－14(b)所示爆炸图，再打开其文件时为其分解状态的爆炸图。

第 6 步 分解动画制作，参见 11.3.2 所述。

①打开螺栓连接装配文件。

②新建分解状态：在【视图控制】工具栏上单击“视图管理器”按钮，弹出【视图管理器】对话框，切换为【分解】选项卡，单击【新建】按钮，在【名称】文本框默认显示名称“Exp0001”（或输入名称），单击中键；在【分解】选项卡上，单击【属性 > >】按钮；单击“编辑位置”按钮，单击“平移”按钮后选取螺母按轴线箭头方向移动，且单击“旋转”按钮后选择螺母再选择轴线而沿旋转箭头逆时针方向转动，单击“平移”按钮依次沿轴向拖动垫圈、上板、螺栓，单击中键；在【分解】选项卡上单击【 < <...】按钮；右击新建的分解状态“Exp0001”；在弹出快捷菜单上选择【保存】选项；弹出【保存显示元素】对话框，单击【确定】按钮；返回【视图管理器】对话框，单击【关闭】按钮；选择功能区“【模型】→【模型显示】→【分解图】”按钮取消分解状态。

③创建动画：选择功能区“【应用程序】→【运动】→【动画】”按钮，进入创建动画界面。

④设置动画关键帧：选择功能区“【动画】→【创建动画】→【关键帧序列】”按钮，弹出【关键帧序列】对话框，单击 + 按钮，即可将不分解视图“取消分解”放置在 0 秒；在【关键帧】选项区的下拉列表中选择新建的分解视图“EXP0001”，在【时间】文本框中输入 5（即 5 秒），单击 + 按钮；在【关键帧】选项区的下拉列表中选择不分解视图“取消分解”，在【时间】文本框中输入 10，单击 + 按钮；在【分解序列】选项区勾选【跟随分解序列】选项；单击【确定】按钮。

⑤生成和播放动画：单击“生成”按钮，显示已创建的分解动画；单击【回放】按钮，可见分解动画的拆卸和装配动画。

⑥保存动画：单击“捕获”按钮，弹出【捕获】对话框；单击按钮，弹出【保存副本】对话框，保存分解动画文件“螺栓连接. avi”，单击【确定】按钮；返回【捕获】对话框，勾选【锁定长宽比】复选框，将图像【宽度】设置为 1280，单击【确定】按钮。

例 11－2　弹簧挠性装配,如图 11－15 所示。

分析:弹簧挠性装配,即装配后弹簧将按空间距离被压缩而圈数保持不变。

第1步　创建弹簧和连接板模型:

①按例 10－20 创建弹簧模型"弹簧. prt",且已完成关系定义和挠性定义。

②创建两板模型"上板. prt"和"下板. prt",即长方体尺寸为 70×70×15。

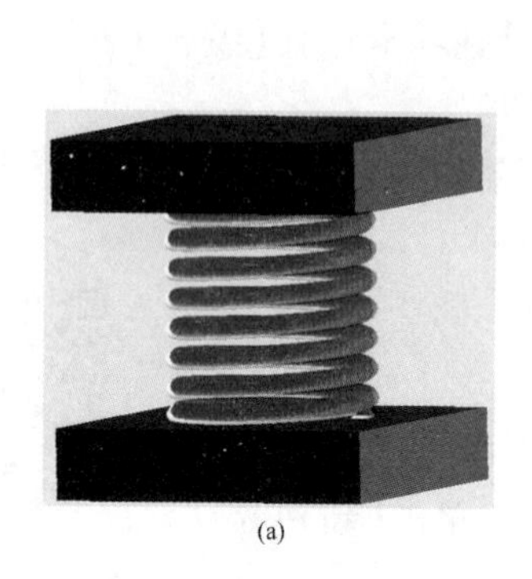

(a)

(b)

图 11－15　弹簧挠性装配状态

(a)弹簧高度 45;(b)弹簧高度 70

第2步　新建装配文件:新建文件"弹簧装配. asm",进入装配建模界面。

第3步　装配与弹簧相邻零件模型:

①装配下板:按快捷键 A(或选择功能区"【模型】→【元件】→【组装】"按钮),弹出【打开】对话框,选择并打开"下板. prt"文件,在装配建模界面显示连接板模型,在【操控板】(元件放置)上要选择"默认"约束,单击中键,完成下板装配。

②装配上板:按快捷键 A,弹出【打开】对话框,选择并双击"上板. prt"文件,在装配建模界面显示上板零件。两板间距约束"距离"为 45;约束两板的 FRONT 面和 RIGHT 面分别"重合"。

第4步　挠性装配弹簧:

①调入弹簧模型:按快捷键 A,选择并双击"弹簧. prt"文件,弹出【确认】提示框(是否要将预定义的挠性用于挠性元件定义),单击【是】按钮,在装配建模界面显示弹簧零件且弹出如图 11－16(a)所示【弹簧:可变项】对话框。

②设置弹簧"螺旋扫描 1"特征的挠性装配尺寸:在【弹簧:可变项】对话框的【尺寸】选项卡中"*d*0"尺寸定位的【方法】选项设置由"按值"(弹簧原高度为 80)修改为"距离",弹出如图 11－16(b)所示【距离】对话框并分别选取两板将与弹簧重合安装的平面,单击中键关闭【距离】对话框。

③设置弹簧磨平"拉伸 1"特征的挠性装配尺寸:在【弹簧:可变项】对话框的【尺寸】选项卡中"*d*27"尺寸定位的【方法】选项设置由"按值"(弹簧原切平高度 80)修改为"距离",弹出【距离】对话框并分别选取两板将与弹簧重合装配的平面,单击中键关闭【距离】对话框,再单击中键关闭【弹簧:可变项】对话框。

④设置弹簧装配约束：弹簧与两板的上下平面都设置为“重合”约束；弹簧与两板的 FRONT 面和 RIGHT 面为“重合”约束，单击中键。

(a)

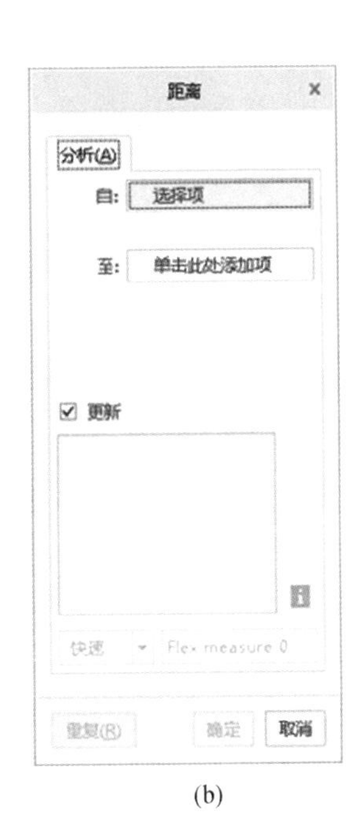

(b)

图 11－16　弹簧挠性装配的对话框

第 5 步　验证弹簧挠性装配：

①改变弹簧装配高度：在【模型树】模型树选取“上板”模型，在屏显浮动工具栏上单击“编辑定义”按钮，单击约束的“距离”，修改弹簧装配高度为 70，两次单击中键。

②重新生成弹簧装配：选择功能区“【模型】→【操作】→【重新生成】”按钮（或在图形区右键快捷菜单上选择【重新生成】选项，或按 Ctrl＋G 键），即完成重新生成。

上机指导和练习

【目的】

1. 熟悉 Creo 4.0 软件装配建模界面及其操作。
2. 熟悉各种类型装配约束（位置约束）的方法和应用。
3. 熟练创建装配模型和爆炸图。
4. 了解分解动画的制作方法和步骤。

【练习】

1. 按例 11－1 创建螺栓连接装配模型，并生成爆炸图和制作拆卸动画。
2. 根据如图 7－26 所示低速滑轮装置装配图和如图 7－25 所示低速滑轮装置各零件尺寸，完成其装配建模和爆炸图。

3. 参见例11－2,将如图11－9所示的螺栓、螺母和垫圈装配到如图11－17所示弹簧(参见例10－20弹簧建模)和两板之中(两板通孔直径为ϕ22;装配弹簧的沉孔直径为ϕ46、深度3),弹簧装配后高度为50。

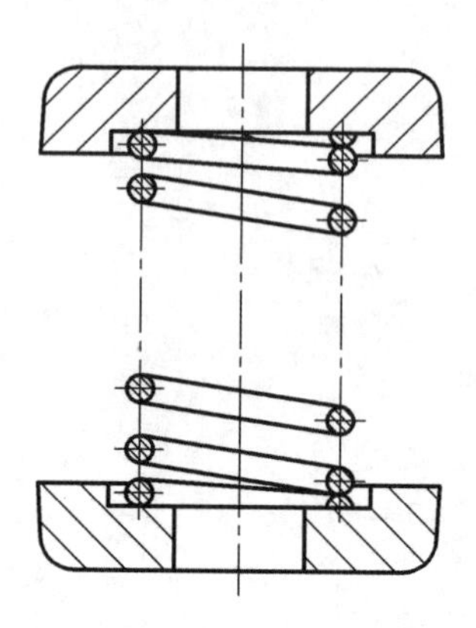

图11－17　螺栓连接和弹簧装配综合练习

第 12 章　Creo 工程图

零件图和装配图用于表达模型的信息，应符合 GB/T 26099.4—2010《机械产品三维建模通用规则 第 4 部分：模型投影工程图》等国家标准有关规定，以便技术交流和加工制造。在 Creo“绘图”模式下，可快速由零件模型或装配模型投影工程图（与模型相关），并相应标注尺寸及公差、文字、表面结构代号和几何公差等内容。本章简要介绍利用各功能区面板上按钮和【绘图视图】对话框绘制工程图的方法和步骤，并强调遵循有关国家标准规定。

12.1　工程图的绘图界面

在绘制零件图或装配图之前，要进入并熟悉装配建模的工程图的绘图界面。

12.1.1　进入工程图的绘图界面

新建 Creo 绘图文件（ *.drw），并进入工程图的绘图界面，操作如下。

(1)启动 Creo 软件，选取工作目录（例如，选取“D:\Creo\”为工作目录）。

(2)按 Ctrl + N 键或在【快速访问】工具栏上单击“新建”按钮。

(3)弹出【新建】对话框，①在【类型】选项区选择【绘图】单选按钮；②在【名称】文本框中输入绘图文件名称；③取消勾选【使用默认模板】复选框；④单击【确定】按钮，如图 12－1(a)所示。

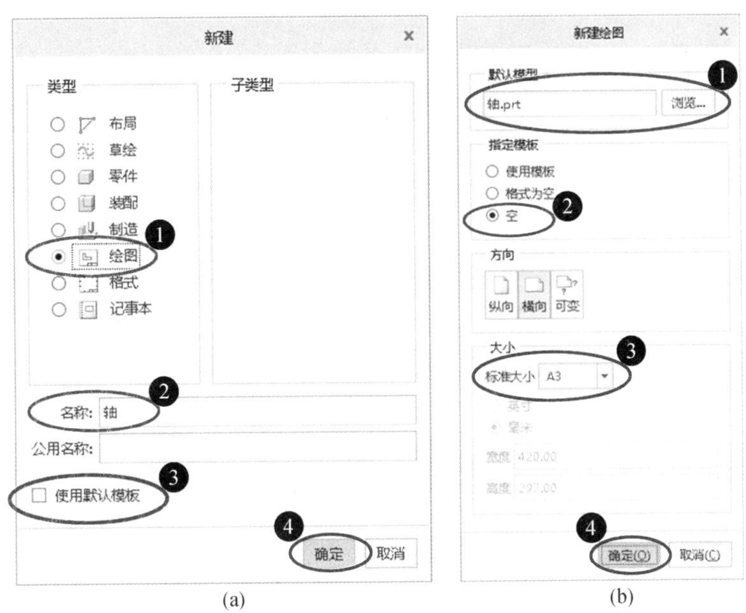

图 12－1　新建绘图文件

(4)弹出【新建绘图】对话框,①单击【默认模型】文本框右侧【浏览】按钮,弹出【打开】对话框,选择零件文件(*.prt)或装配文件(*.asm),单击【打开】按钮返回【新建绘图】对话框;②在【指定模板】选项区选择【空】单选按钮;③在【标准大小】下拉列表中选择所需标准图幅;④单击【确定】按钮,如图 12-1(b)所示。

注意　如果新建工程图的绘图文件之前打开零件文件或装配文件,则在【新建绘图】对话框的【默认模型】文本框中显示其模型文件名。

12.1.2　工程图的绘图界面

在如图 9-1 所示 Creo 4.0 初始界面(主界面)中,新建绘图文件将进入绘图界面,如图 12-2 所示。工程图的绘图界面主要包括功能区、导航区(【绘图树】和【模型树】)、图形区(即绘图页面)和命令提示消息区等。绘图功能区由选项卡组成,包括【布局】(视图操作)、【表】(表格操作)、【注释】(文字和符号)、【草绘】(绘图)、【审阅】和【发布】(打印输出))等选项卡;每个选项卡都含有若干个面板,其中【布局】选项卡包括【模型视图】面板;【绘图树】随功能区选项卡而变化,便于在【绘图树】中完成选取操作。

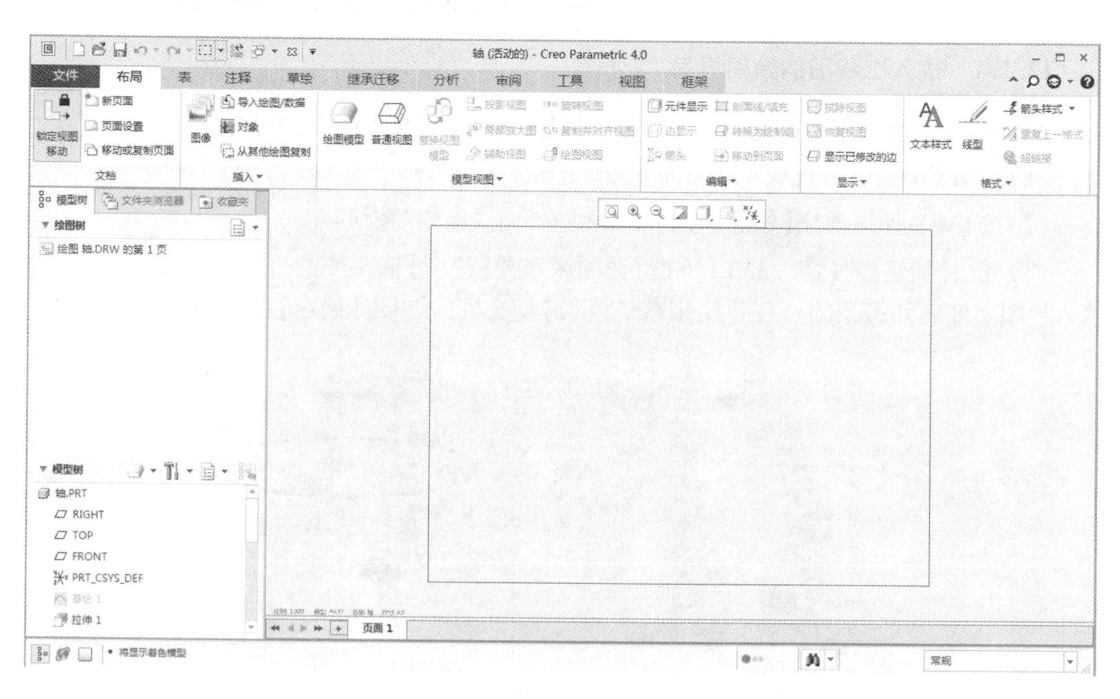

图 12-2　工程图的绘图界面

12.2　设置符合国家标准的绘图环境

在 Creo 软件中,工程图的视图投影方向、文字、尺寸标注、尺寸公差和几何公差等设置由配置文件控制。例如,默认投影设置为第三角画法,不符合国家标准优先采用第一角画法的规定。因此,绘制工程图需要设置符合国家标准的绘图环境。

12.2.1 设置符合国家标准的配置文件

在新建绘图文件(＊.drw)之前,通过两个配置文件设置工程图的绘图环境:首先设置符合国家标准的自定义工程图配置文件(＊.dtl);然后设置系统配置文件"config.pro"。配置文件用于储存设置,其中每个选项都有默认值,可设置其"值"。工程图配置文件(＊.dtl)是系统配置文件"config.pro"的子配置文件,二者命令方式见表 12－1。

表 12－1 设置自定义工程图配置文件和系统配置文件的命令方式

	自定义工程图配置文件"活动绘图.dtl"	自定义系统配置文件"config.pro"
命令方式	利用如图 12－3 所示【选项】对话框,按表 12－2 所示设置工程图所需的各选项值	在如图 12－4 所示【Creo Parametric 选项】对话框中选择【配置编辑器】选项:①调用自定义工程图配置文件(＊.dtl),图标表示只对新建的模型和工程图等有效;②添加系统配置文件"config.pro"中控制尺寸公差的"maintain_limit_tol_nominal"选项的"值",图标表示立即生效
功能区		【主页】→【设置】→【对话框启动器】
		【主页】→【设置】→【系统颜色】
菜单	【文件】→【准备】→【绘图属性】	【文件】→【选项】
工具栏		【快速访问】→ →更多命令

1. 自定义符合国家标准的工程图配置文件(＊.dtl)

要设置用户自定义的工程图配置文件"活动绘图.dtl",通过如图 12－3 所示【选项】对话框,选择和设置工程图配置文件的选项。

操作如下:

(1)新建绘图文件:进入工程图的绘图界面。

(2)执行"绘图属性"命令:选择菜单"【文件】→【准备】→【绘图属性】"命令。

(3)更改绘图属性:在【绘图属性】对话框中,单击"详细信息选项"的【更改】按钮。

(4)设置绘图选项:

①在如图 12－3 所示【选项】对话框左侧选项栏选择工程图配置文件的选项(例如,"projection_type"选项)。

②在【值】下拉列表中选择或输入"值"(例如,将其默认值由"third_angle"修改为"first_angle")。

③单击【添加/更改】按钮。

④按表 12－2 所示设置工程图配置文件的各选项值后,单击【应用】按钮;单击"保存"按钮,将默认以"活动绘图.dtl"配置文件(自定义工程图配置文件)保存到用户便于查找的文件夹中,打开其文件夹可见其"活动绘图.dtl"配置文件。

⑤单击【关闭】按钮关闭【选项】对话框。

(5)返回【绘图属性】对话框,单击【关闭】按钮。

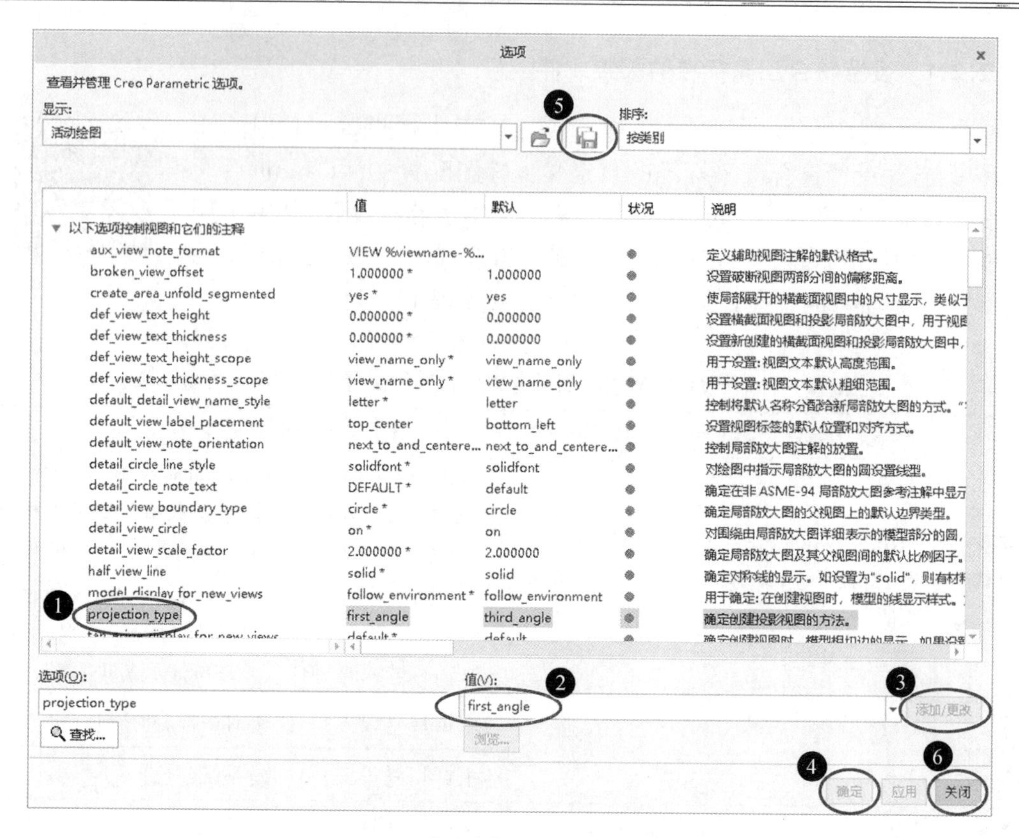

图 12 – 3 【选项】对话框(设置绘图)

提示　在如图 12 – 3 所示【选项】对话框的【排序】下拉列表中,可选择“按字母顺序”,以便查找选项。

表 12 – 2　设置工程图配置文件(＊.dtl)的选项值

序号	选项	设置“值”	设置内容
1	arrow_style	filled	箭头样式为实心闭合
2	def_xhatch_break_around_text	yes	文本在剖面线中打断
3	default_diadim_text_orientation	above_extended_elbow	直径尺寸数字水平书写
4	default_lindim_text_orientation	parallel_to_and_above_leader	线性尺寸文字对齐
5	default_raddim_text_orientation	above_extended_elbow	半径尺寸数字水平书写
6	default_view_label_placement	top_center	剖视图标注“A – A”位于上方、居中
7	dim_leader_length	5	尺寸界线外尺寸线超出长度
8	draw_arrow_length	3.5	箭头长度
9	draw_arrow_width	1	箭头宽度
10	drawing_units	mm	设置绘图单位

表 12 – 2(续)

序号	选　　项	设置"值"	设置内容
11	gtol_datums	std_iso_jis 或 std_iso	显示几何公差基准符号
12	lead_trail_zeros	std_metric	取消消零(前导和后续)
13	leader_elbow_length	3	引线折弯横线长度
14	line_style_standard	std_iso	文本颜色(蓝色)
15	projection_type	first_angle	第一角投影画法
16	text_height	3.5	文字高度
17	text_thickness	0.25	文字线宽
18	text_width_factor	0.7	文字高度与宽度的比值
19	thread_standard	std_iso_imp_assy	螺纹显示标准(修饰螺纹)
20	tol_display	yes	显示尺寸公差
	与配置文件"config. pro"中"maintain_limit_tol_nominal"选项的设置"值"(yes)联用		
21	view_note	std_din	剖视图标注形式为"A – A"
22	witness_line_delta	1.5	尺寸界线超尺寸线的长度
23	witness_line_offset	0	尺寸界线起点偏移量

2. 设置自定义绘图的系统配置文件"config. pro"

在新建绘图文件之前,通过如图 12 – 4 所示【Creo Parametric 选项】对话框,设置符合国家标准制图的自定义 Creo 系统配置文件"config. pro",主要是添加如表 12 – 3 所示的三项内容:一是调用自定义工程图配置文件(*. dtl);二是添加"尺寸公差"选项;三是调用自定义格式文件库目录。

操作如下:

(1)执行"选项"命令:在 Creo 主界面,选择菜单"【文件】→【选项】"命令。

(2)添加选项:在弹出【Creo Parametric 选项】对话框中,按表 12 – 3 添加选项。

①调用自定义工程图配置文件:例如,"活动绘图. dtl"。

②添加"尺寸公差"选项:如无公差要求,可略过此选项。

③调用自定义格式文件目录。

(3)加载配置文件:在【Creo Parametric 选项】对话框中,单击【确定】按钮,弹出【Creo Parametric 选项】提示框;单击【否】按钮(如果需要其设置用于下次启动 Creo 自动加载其配置文件,则单击【是】按钮)。

提示　在绘图过程中,还可选择菜单"【文件】→【准备】→【绘图属性】"命令或用记事本打开其工程图配置文件"活动绘图. dtl";然后按表 12 – 3 设置(即修改)Creo 系统配置文件"config. pro"中 3 个有关绘图选项的"值"。

表 12－3 设置 Creo 系统配置文件“config. pro”中的绘图选项

步骤	调用自定义工程图配置文件	添加“尺寸公差”选项	调用自定义格式文件目录
	drawing_setup_file	maintain_limit_tol_nominal	pro_format_dir
	通过“drawing_setup_file”选项,调用“活动绘图. dtl”(按表 12－2 所示设置符合国家标准的各选项“值”)	工程图中有尺寸公差要求时,添加“maintain_limit_tol_nominal”选项,其目的是默认标注公称尺寸且可编辑为带公差尺寸	调用自定义图形格式文件而新建绘图文件时,需添加“pro_format_dir”选项,以免出现保存关闭绘图文件后再打开其中图框线等消失的问题
1	在【Creo Parametric 选项】对话框左侧选项框中,选择【配置编辑器】选项		
2	在“drawing_setup_file”选项对应【值】处单击,单击右侧▾按钮,单击【浏览】选项	单击【添加】按钮	
3	弹出【选择文件】对话框,选择用户自定义工程图配置文件(例如,“活动绘图. dtl”),单击【打开】按钮	弹出【添加选项】对话框,在【选项名称】文本框中输入(或查找)“maintain_limit_tol_nominal”,在【选项值】下拉列表中选择“yes”选项,单击【确定】按钮	弹出【选择文件】对话框,在【选项名称】文本框中输入“pro_format_dir”,在【选项值】处单击【浏览】选项,指定路径(例如,“F:\Creo\格式文件”),单击【确定】按钮
4	返回如图 12－4 所示【Creo Parametric 选项】对话框		

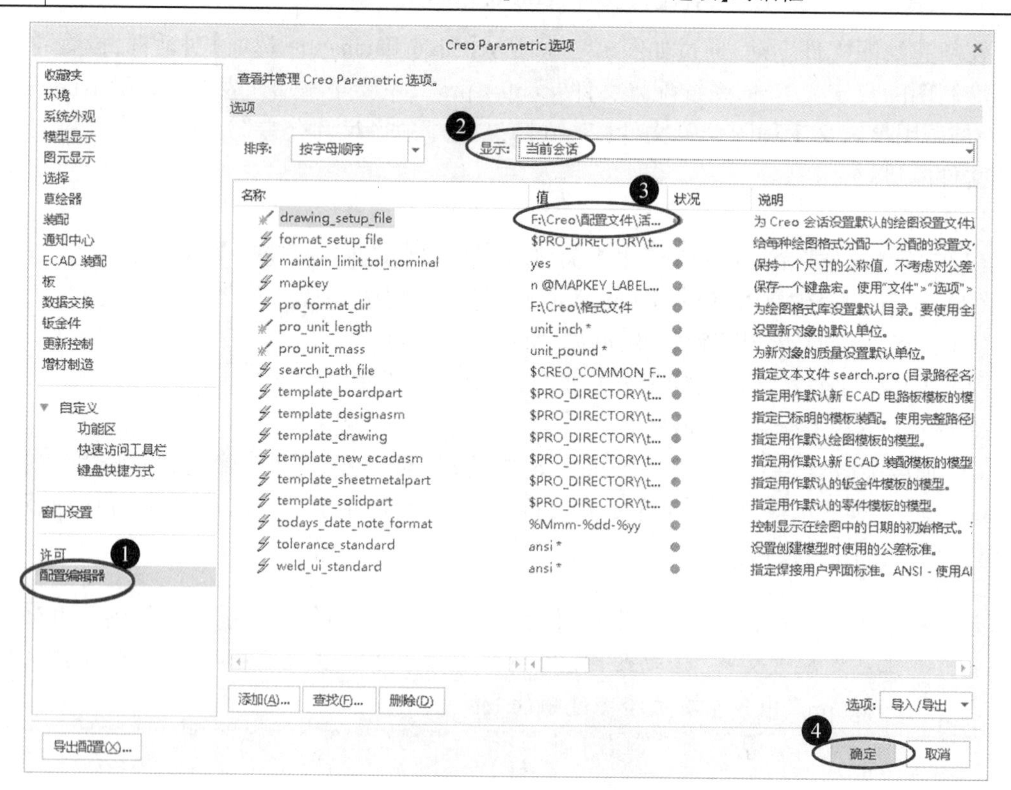

图 12－4 【Creo Parametric 选项】对话框(配置编辑器)

12.2.2 创建和调用工程图样的格式文件

类似于 AutoCAD 图形样板文件(*.dwt),可创建 Creo 图形格式文件(*.frm),如图 12-5 所示“A3 零件图.frm”;可通过调用图形格式文件(*.frm)新建零件图或装配图的绘图文件。

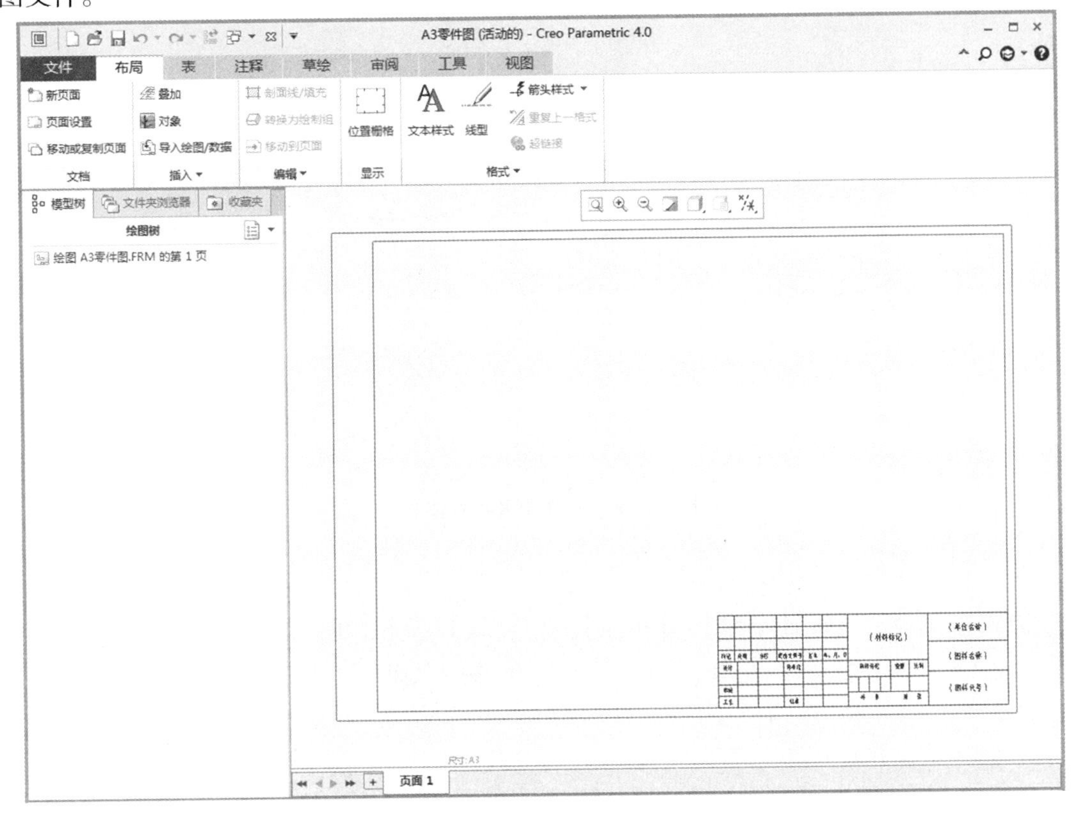

图 12-5 图形格式文件“A3 零件图.frm”

1. 创建图形格式文件

创建图形格式文件“A3 零件图.frm”,操作如下:

(1)新建图形格式文件:在【快速访问】工具栏上单击“新建”按钮 ,①弹出【新建】对话框,在【类型】选项区如 12-6(a)所示选择【格式】单选按钮,在【名称】文本框中输入格式文件名称“A3 零件图”,单击【确定】按钮;②在弹出【新格式】对话框中的【指定模板】选项区默认选择【空】单选按钮,在【方向】选项区默认选择【横向】按钮,在【大小】选项区的【标准大小】下拉列表中如图 12-6(b)所示选择所需标准图幅 A3,单击【确定】按钮,进入格式文件的绘图界面。

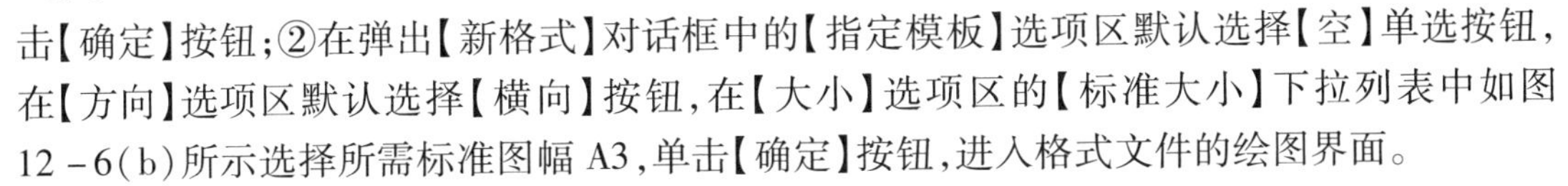

(2)绘制图框和标题栏:

①绘制图框:在纸边界线内绘制图框线可用如下两种方式。

方式 1:选择功能区“【草绘】→【草绘】→【 边】”按钮,分别选择上、下、右和左纸边界线,在弹出的“于箭头方向输入偏移”文本框中分别输入 5、-5、-5 和 25,单击中键在纸边界线内侧绘制 4 条平行线;然后选择功能区“【草绘】→【修剪】→【 拐角】”按钮,按住 Ctrl

键选择两条相邻相交的待保留一端图线,完成修剪 4 个拐角多余图线。

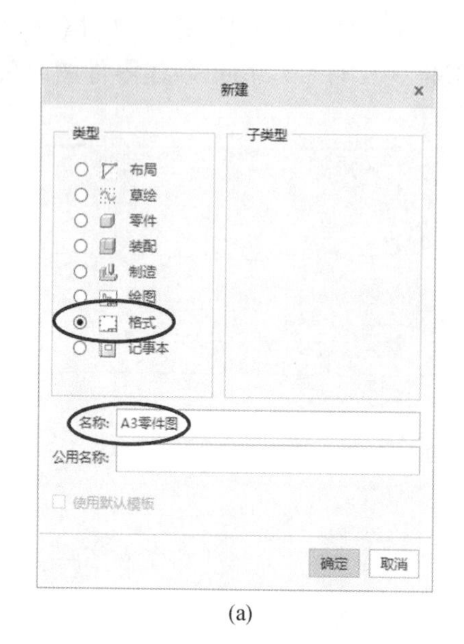

(a)

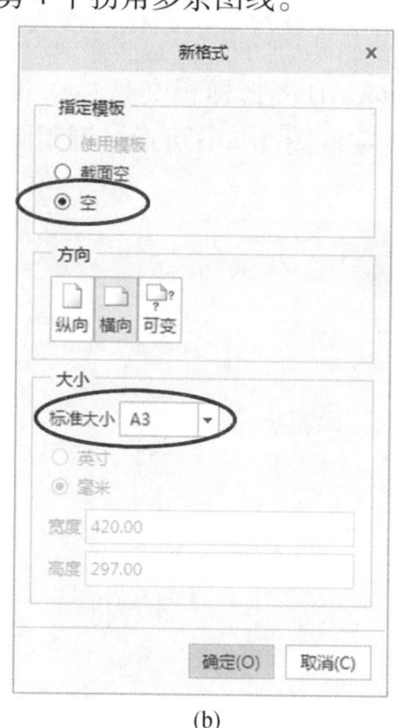

(b)

图 12－6　新建图形格式文件

(a)【新建】对话框;(b)【新格式】对话框

方式 2:选择功能区“【草绘】→【草绘】→【╲线】”按钮,在图形区按住右键,弹出快捷菜单,选择【绝对坐标】选项,输入图框线(内框线)的各顶点坐标(25,5)(415,5)(25,292)(415,292),结合“对象捕捉”绘制图框线,单击中键。

②绘制标题栏:具体操作详见例 12－11,结果如图 12－5 所示。

(3)保存图形格式文件:在【快速访问】工具栏单击“保存”按钮,将所创建完成的图形格式文件“A3 零件图. frm”保存到便于查找的文件夹中(例如,工作目录)。

2. 调用图形格式文件

通过调用图形格式文件“A3 零件图. frm”新建绘图文件,操作如下:

(1)执行“新建”命令:选择功能区“【主页】→【数据】→【新建】”按钮。

(2)设置【新建】对话框:①在如图 12－1(a)所示【新建】对话框的【类型】选项区选择【绘图】单选按钮;②在【名称】文本框中输入绘图文件的名称(例如,端盖);③取消勾选【使用默认模板】复选框;④单击【确定】按钮。

(3)设置【新建绘图】对话框:①在如图 12－7 所示【默认模型】文本框右侧单击【浏览】按钮;②在弹出【打开】对话框中选择零件文件(例如,“端盖. prt”),单击【打开】按钮,返回【新建绘图】对话框;③在【指定模板】选项区选择【格式为空】单选按钮;④在【格式】选项区右侧单击【浏览】按钮,在弹出【打开】对话框中选择已保存的图形格式文件“A3 零件图. frm”,单击【打开】按钮,返回【新建绘图】对话框;④单击【确定】按钮,完成通过调用图形格式文件“A3 零件图. frm”新建绘图文件。

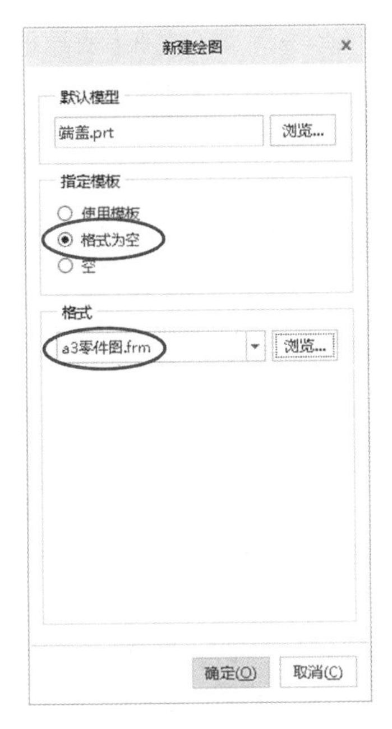

图 12－7　【新建绘图】对话框(调用格式文件)

12.3　创 建 视 图

在 Creo 绘图页面中,创建的第一个视图是普通视图;投影视图是由已有视图沿水平或竖直方向投影得到的正交视图;辅助视图为斜视图;详细视图为局部放大图。

12.3.1　三维模型生成三视图

要由模型生成三视图,首先创建普通视图(通常为主视图),然后由已有视图沿水平或竖直方向投影得到其他基本视图(左视图和俯视图)。

例 12－1　由垫块模型投影生成三视图,如图 12－8 所示。

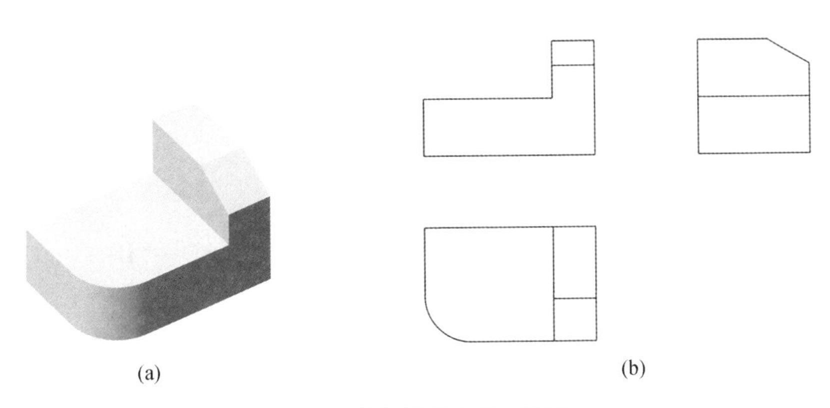

(a)　(b)

图 12－8　由垫块模型生成三视图

第 1 步　新建绘图文件:①按 Ctrl + N 键(或在【快速访问】工具栏上单击“新建”按钮);②弹出【新建】对话框,在【类型】选项区选择【绘图】单选按钮,在【名称】文本框中输入绘图文件名称“垫块”,取消勾选【使用默认模板】复选框,单击【确定】按钮;③弹出【新建绘图】对话框,在【默认模型】文本框中显示其模型文件名称“垫块. prt”,在【标准大小】下拉列表中选择“A3”,其他各项为默认设置,单击【确定】按钮,进入绘图界面。

第 2 步　创建普通视图(即第一个视图,本例为主视图):

①执行“普通视图”命令:选择功能区“【布局】→【模型视图】→【 普通视图】”按钮(或在图形区按住右键选择快捷菜单的【普通视图】选项);弹出【选择组合状态】对话框,在列表框中默认选择“无组合状态”选项,单击【确定】按钮。

②视图方向:在绘图页面的主视图位置单击,显示普通视图(默认方向),且弹出如图 12 – 9 所示【绘图视图】对话框,其【类别】选项框默认显示为【视图类型】选项,在【视图方向】区域选择定向方法如下。

方法 1:【查看来自模型的名称】定向。默认选择【查看来自模型的名称】单选按钮,然后在如图 12 – 9(a)所示【模型视图名】列表框中选择视图方向为 FRONT(即主视图方向),单击【应用】按钮完成设置主视图方向。

方法 2:【几何参考】定向。选择如图 12 – 9(b)所示【几何参考】单选按钮,在【参考 1】下拉列表选择“前”(或“后”“上”“下”“左”“右”“竖直轴”“水平轴”),然后在模型上选取作为前面的平面;在【参考 2】下拉列表选择“上”(或“下”“左”“右”),然后在模型上选取作为上面的平面。

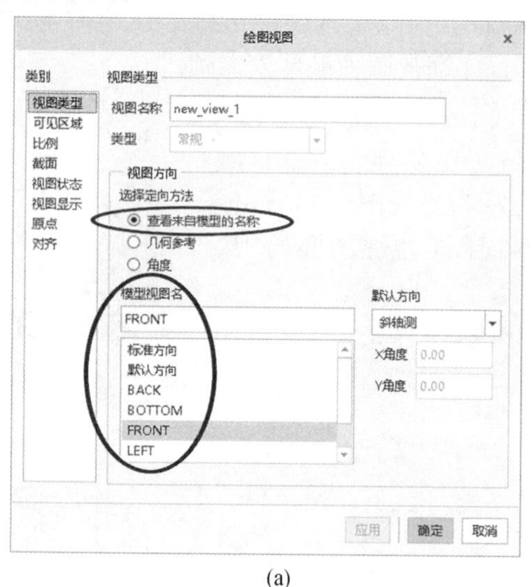

(a)

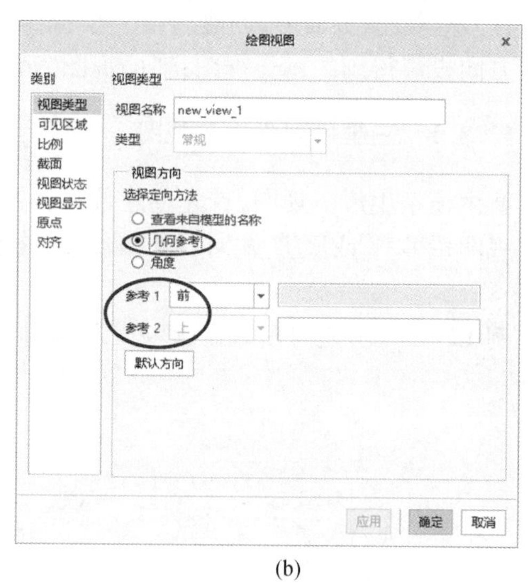

(b)

图 12 – 9　设置视图方向

(a)方法 1(【查看来自模型的名称】定向);(b)方法 2(【几何参考】定向)

③设置视图显示:在【绘图视图】对话框的【类别】选项框中选择【视图显示】选项,如图 12 – 10 所示。在【视图显示选项】选项区的【显示样式】下拉列表中选择“消隐”选项(即不显示不可见的轮廓线或棱线);在【相切边显示样式】下拉列表中选择“无”选项(即相切无线),单击【确定】按钮,单击左键取消选择。

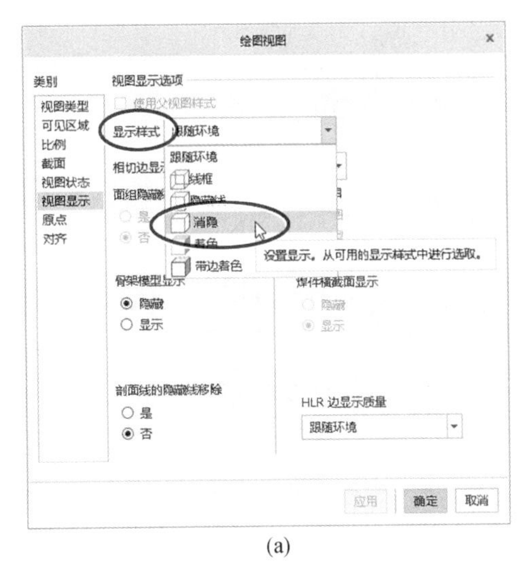

(a)

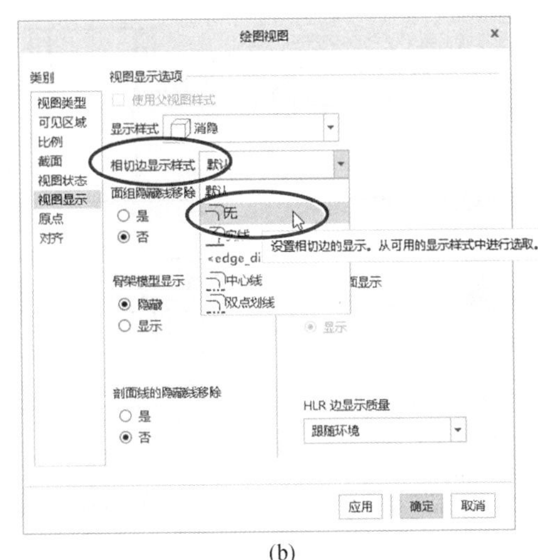

(b)

图 12－10　设置视图显示

(a)显示样式“消隐”;(b)相切边显示样式“无”

第 3 步　创建投影视图(左视图和俯视图),操作如下。

①投影左视图:选择功能区“【布局】→【模型视图】→【投影视图】”按钮(或在图形区按住右键选择快捷菜单的【投影视图】选项),由主视图沿水平方向拖动鼠标,在左视图位置单击;双击投影的左视图,弹出【绘图视图】对话框,在【类别】选项框中选择【视图显示】选项。在【视图显示选项】选项区的【显示样式】下拉列表中选择“消隐”选项,且在【相切边显示样式】下拉列表中选择“无”选项,单击中键,单击左键取消选择。

②投影俯视图:选择功能区“【布局】→【模型视图】→【投影视图】”按钮,选取已有主视图,沿竖直方向拖动鼠标,在俯视图位置单击;然后按设置左视图的方法完成俯视图。

第 4 步　移动视图:选择功能区“【布局】→【文档】→【锁定视图移动】”按钮,取消选择【锁定视图移动】状态,选取要移动的视图并拖动其视图到合适位置。

> **提示**　在【绘图视图】对话框的【类别】选项框中选择【比例】选项,可设置视图的比例;也可双击左下角的页面比例,在弹出【输入比例的值】文本框中输入比例值。

12.3.2　创建局部视图

要创建局部视图,其关键是在视图上草绘一条封闭样条曲线为选定区域,生成的局部视图将显示此样条曲线包围的区域。

例 12－2　创建如图 12－11 所示图形中局部视图 *A*。

> **说明**　Creo 模型有“主表示”和“简化表示”,一般为“主表示”(默认);必要时用“简化表示”。“简化表示”是排除一个以上特征(例如,肋板),只显示模型的部分特征。

分析:对于局部视图 *A*,按例 12－1 投影三视图的方法,由模型的“主表示”创建主视图和右视图,其中右视图将要投影生成局部视图;而对于局部视图 *B*,由模型的“简化表示”,只显示右侧法兰盘特征的模型创建普通视图,参见例 12－4。

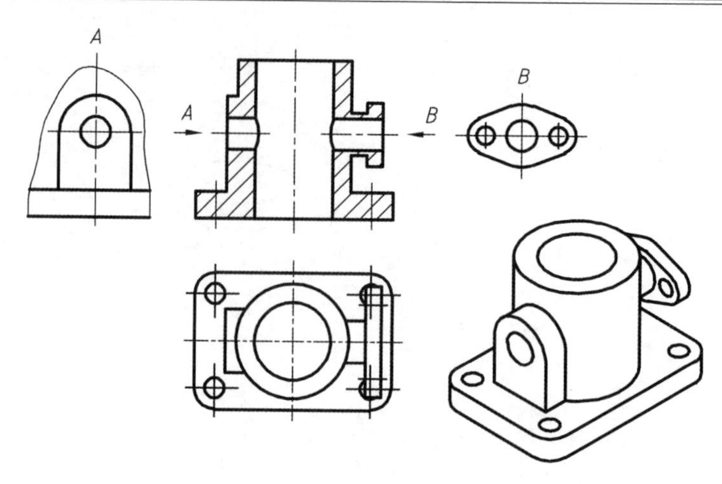

图 12－11　局部视图示例

第 1 步　创建三视图:按例 12－1 投影三视图的方法,创建主视图、俯视图和右视图,其中右视图将投影生成局部视图。

第 2 步　移动视图:选择功能区"【布局】→【文档】→【锁定视图移动】"按钮,取消选择【锁定视图移动】状态,选取要创建局部视图的右视图并拖动其视图到合适位置。

第 3 步　双击右视图,弹出【绘图视图】对话框,①在【类别】选项框中选择【可见区域】选项;②显示【可见区域选项】选项区,在【视图可见性】下拉列表中选择"局部视图"选项,如图 12－12 所示;③要设置参考点,在视图要保留区域的图元上单击(选择如图 12－11 所示右视图的最下边),将出现一个"×"符号的参考点;④连续单击绘制一条包围"×"符号的参考点在内的封闭样条曲线;⑤在【绘图视图】对话框中单击【确定】按钮,完成如图 12－11 所示局部视图 *A*。

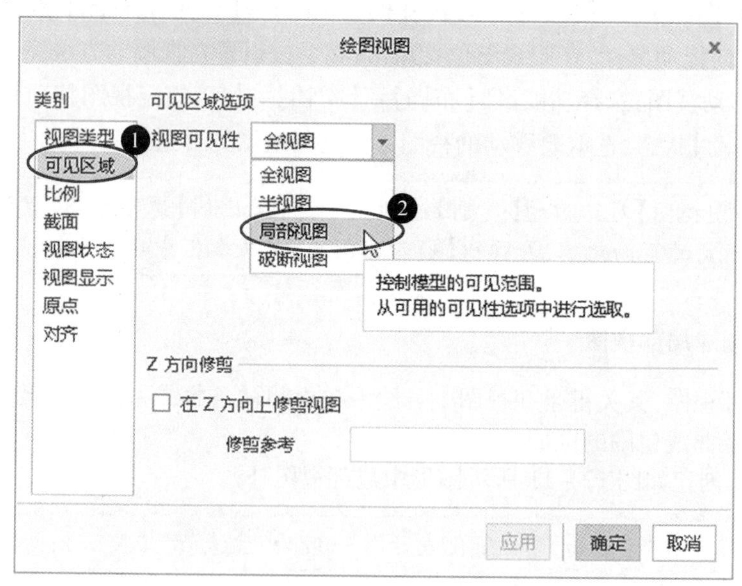

图 12－12　设置可见区域(局部视图)

第 4 步　显示、草绘或编辑点画线。

提示　关于 Creo 工程图的点画线，可用如下 3 种方式之一实现。

方式 1：显示轴线及对称中心线。①选择功能区“【注释】→【注释】→【显示模型注释】”按钮；②弹出如图 12－13 所示【显示模型注释】对话框，选择选项卡（模型基准），选择将要显示轴线（点画线）的视图并拾取要显示的轴线；③选择点画线拖动两端夹点可调整其长度，参见例 12－10 第 1 步。

方式 2：草绘和编辑点画线。①选择功能区“【草绘】→【草绘】→【线】”按钮；②弹出【捕捉参考】对话框，单击按钮，选择捕捉参考（直线或圆）后单击中键；③在捕捉参考上所需点画线处捕捉特征点（中点、端点或圆心等）草绘直线；④双击草绘的直线或圆，弹出如图 12－14 所示【修改线型】对话框，在【复制自】选项区单击【选择线】按钮，然后选择已显示的点画线复制或将【线型】修改为“控制线_L_L”（点画线）且修改颜色；⑤选择点画线拖动两端夹点可调整其长度。

方式 3：半剖视图转换为图元后编辑对称中心线为点画线。①选取半剖视图，选择功能区“【布局】→【编辑】→【转换为绘制图元】”按钮，在【菜单管理器】的【快照】菜单中选择【本视图】，单击中键，弹出【确认】对话框询问是否分解为图元，单击【是】按钮，半剖主视图即分解为图元（与模型无关）；②选择功能区“【布局】→【格式】→【线型】”按钮，在已分解为图元的半剖主视图上选取实线的对称中心线，单击中键，弹出【修改线型】对话框将其直线修改为点画线，参见例 12－5 第 4 步。

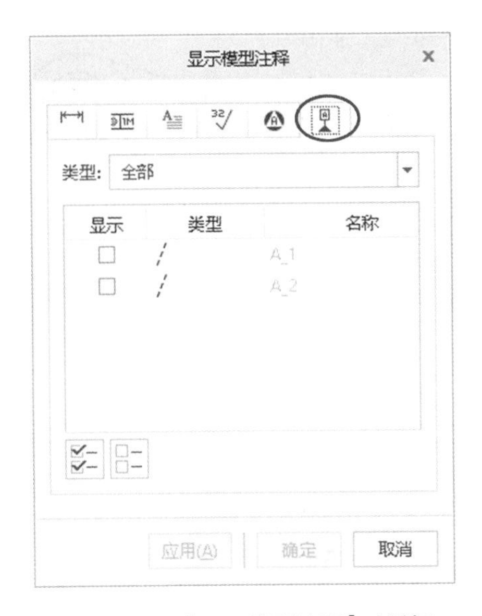

图 12－13　【显示模型注释】对话框

图 12－14　【修改线型】对话框

说明　在【修改线型】对话框可修改线宽，选择菜单“【文件】→【另存为】→【保存副本】”命令，保存【类型】为“PDF（＊.pdf）”，打开其文件可显示线宽等效果。

12.4　创建剖视图和断面图

创建剖视图和断面图,操作如下:首先创建普通视图(基本视图);然后创建投影视图等;最后在已有的截面(剖切面)上创建剖视图或断面图。

创建剖视图和断面图,要创建如图 9-19 所示截面,有如下 3 种方式。

(1)在"零件"或"装配"模式下,用【视图管理器】对话框在零件模型或装配模型上创建截面,详见例 12-3 第 2 步。

(2)在"零件"或"装配"模式下,选择功能区"【视图】→【模型显示】→【截面】"按钮,出现【截面】上下文选项卡,在零件模型或装配模型上创建截面。

(3)在"绘图"模式下,用【绘图视图】对话框的【类别】选项框中的【截面】选项创建截面,详见例 12-5 第 2 步。

12.4.1　创建全剖视图

在三维模型投影生成视图的基础上,通过设置剖切区域"完整"选项可创建全剖视图。

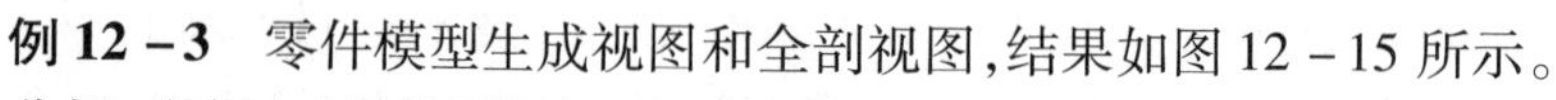

例 12-3　零件模型生成视图和全剖视图,结果如图 12-15 所示。

分析:本例在"零件"模式下创建截面。

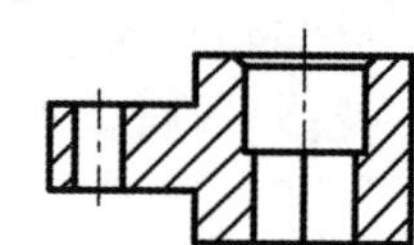

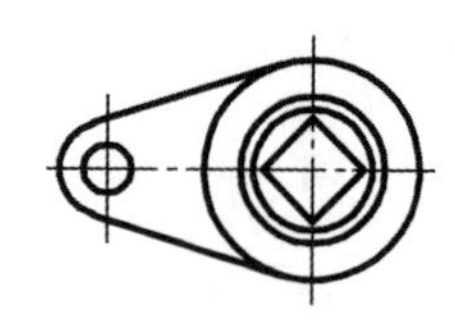

图 12-15　全剖视图示例

第 1 步　新建或打开零件文件:打开"连杆. prt"。

第 2 步　创建截面:

①在【视图控制】工具栏上单击"视图管理器"按钮,弹出如图 12-16(a)所示【视图管理器】对话框。

②选择如图 12-16(b)所示【截面】选项卡,单击【新建】按钮,选择"平面"选项,输入截面名称为 A(如果要在剖视图或断面图上标注"A-A",则在此设置截面 A,本例不需标注"A-A"),单击中键,选择 FRONT 面,单击中键,在如图 12-16(c)所示截面【名称】列表框中即增加了名称"A"。

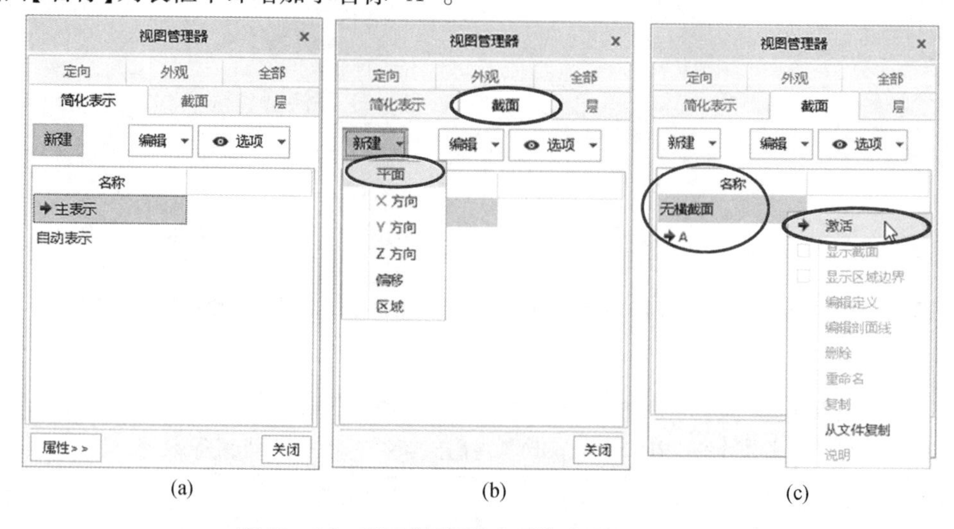

图 12-16　利用【视图管理器】对话框新建截面

③恢复显示默认【无横截面】模型：在如图 12－16(c)所示【无横截面】处右击，在快捷菜单上选择【激活】选项，单击【关闭】按钮关闭【视图管理器】对话框。

第 3 步　新建绘图文件：新建“连杆. drw”文件，进入工程图的绘图界面。

第 4 步　创建视图：创建普通视图为主视图，然后投影视图为俯视图。

第 5 步　编辑剖视图：双击主视图，弹出【绘图视图】对话框，①在如图 12－17 所示【类别】选项框中选择【截面】选项；②在【截面选项】选项区中选择【2D 横截面】单选按钮；③单击 ＋ 按钮；④在【名称】下拉列表中选择截面“A”（在“零件”模式下创建的截面）；⑤在【剖切区域】下拉列表中默认选择“完整”选项；⑥单击【确定】按钮完成全剖视图。

第 6 步　显示和编辑点画线，参见例 12－2 第 4 步。

> **提示**　要编辑剖面线，操作如下：①处于【布局】选项卡，双击剖面线，弹出如图 12－18 所示【菜单管理器】对话框的【修改剖面线】菜单，选择【间距】或【角度】选项可修改剖面线间距或角度；②对于非金属材料（如密封圈），选择【新增直线】选项，在【输入剖面线的夹角】文本框中输入 －45，单击中键，在【输入偏移值】文本框中输入 0，单击中键，在【输入间距值】文本框中输入适当数值，即完成增加相反方向的剖面线。

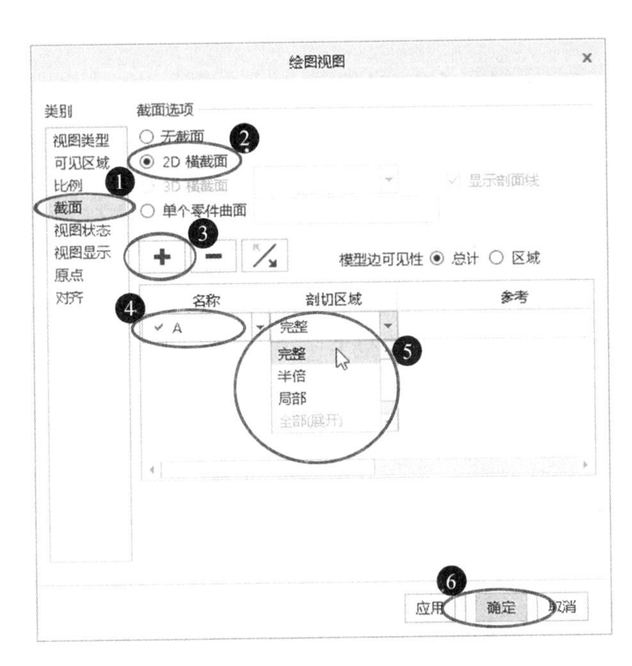

图 12－17　【绘图视图】对话框（选用截面）

图 12－18　【修改剖面线】菜单

例 12－4　带肋板零件模型生成视图和剖视图，如图 12－19 所示。

分析：对于带肋板零件的剖视图，国家标准规定“肋不剖”。因此，可结合模型的“简化表示”（即排除肋板特征）完成带肋板零件剖视图，本例在“零件”模式下创建截面。

第 1 步　准备零件模型：

①新建或打开“主表示”模型（即默认显示全部特征）：以 FRONT 面为草绘平面，对称拉

伸方式拉伸肋板特征;完成模型“支架. prt”,包括肋板特征的全部特征。

②新建“简化表示”模型(即排除肋板的特征):在【视图管理器】对话框的【简化表示】选项卡上单击【新建】按钮,输入名称 JH,单击中键,弹出【菜单管理器】对话框的【编辑方法】菜单,选择【特征】选项,弹出【增加/删除特征】菜单的【排除】选项;在【模型树】或图形区选取肋板特征,依次选择“【完成】→【完成/返回】”选项,返回到【视图管理器】对话框,在简化表示的【名称】列表框中即增加了名称【JH】。

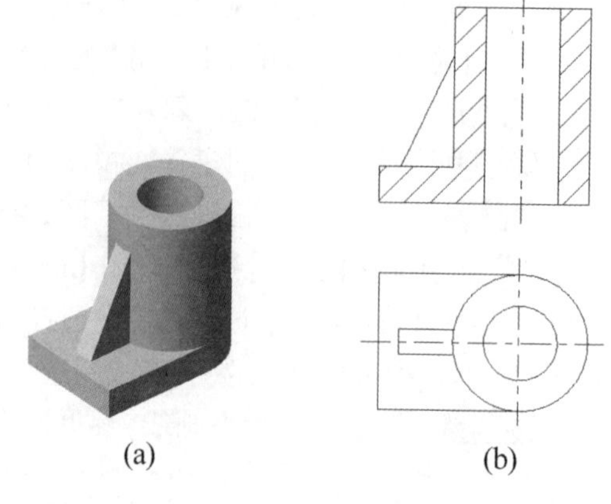

图 12－19　简化表示示例

③恢复默认“主表示”模型:在【视图管理器】对话框中【简化表示】选项卡的【主表示】处右击,弹出快捷菜单,选择【激活】选项,单击【关闭】按钮。

④创建截面:参见例 12－3 第 2 步。

⑤保存零件模型:单击“保存”按钮。

第 2 步　新建绘图文件:新建文件“支架. drw”,弹出【打开表示】对话框,选择简化表示【JH】选项,单击【打开】按钮。

第 3 步　创建全剖的主视图:

①“简化表示”模型的主视图:按创建普通视图的方法,由“简化表示”模型创建主视图。

②“简化表示”模型的全剖视图:参见例 12－3 第 5 步将主视图修改为全剖主视图。

③草绘肋板斜线:可用如下两种方式。

方式 1:直接草绘(位置不准)。选择功能区“【草绘】→【草绘】→【＼线】”按钮,弹出【捕捉参考】对话框,单击“选择参考”按钮,选择捕捉参考后单击中键,然后补画肋板轮廓斜线。

方式 2:以“主表示”为参考(推荐)。选择功能区“【布局】→【模型视图】→【绘图模型】”按钮,弹出【菜单管理器】对话框,依次选择“【设置/添加表示】→【主表示】→【完成/返回】”选项;按创建普通视图的方法,由“主表示”模型创建全剖主视图,且在【绘图视图】对话框的【类别】选项框中选择【对齐】选项,勾选【将此视图与其他视图对齐】选项,然后选择由“简化表示”模型创建的全剖主视图,依次选择“【水平】→【应用】→【竖直】→【应用】→【确定】”按钮;选择功能区“【草绘】→【草绘】→【＼线】”按钮,弹出【捕捉参考】对话框,单击按钮,选取肋板斜线、底板上面和左侧圆柱外轮廓线为参考,单击【＼线】按钮,捕捉斜线两侧交点绘制直线,单击中键,再单击左键,完成绘制肋板斜线;在左侧【绘图树】上选择“主表示”模型创建的全剖主视图,按 Delete 键删掉。

第 4 步　创建俯视图:

①调用“主表示”模型:选择功能区“【布局】→【模型视图】→【绘图模型】”按钮,弹出【菜单管理器】对话框,依次选择“【设置/增加表示】→【主表示】→【完成/返回】”选项。

②创建普通视图的俯视图:按例 12－1 第 3 步完成其俯视图;在【绘图视图】对话框中,选择【对齐】选项,勾选【将此视图与其他视图对齐】选项,选择【垂直】选项,选择主视图,单击【应用】按钮(即主表示的俯视图与简化表示的主视图对齐),单击【确定】按钮。

第5步　显示点画线,参见例12－2第4步。

12.4.2　创建半剖视图

在模型投影生成视图的基础上,通过设置剖切区域“半倍”选项可创建半剖视图。

例12－5　由支座零件模型投影生成视图和半剖视图,如图12－20所示。

分析:创建半剖的主视图,结合“零件”模式下创建“简化表示”,本例在“绘图”模式下创建截面。

第1步　新建零件文件“支座.prt”:

①新建零件模型“主表示”:模型包括肋板特征的全部特征。

②新建“简化表示”(排除肋板的特征):参见例12－4第1步,完成模型的“简化表示”(JH)。

③恢复默认“主表示”显示模型:参见例12－4第1步。

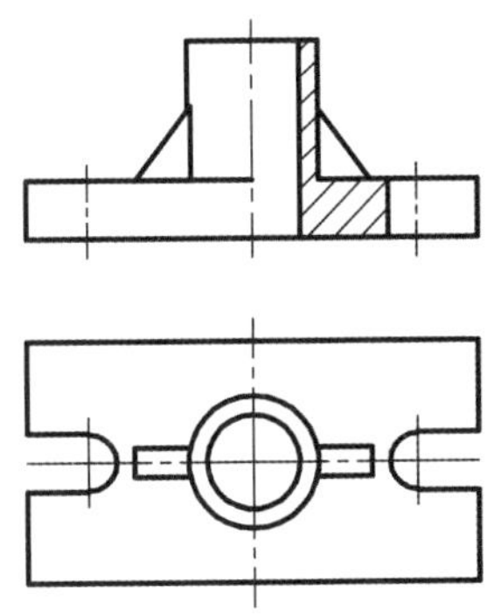

图12－20　半剖视图示例

第2步　创建半剖的主视图:

①新建绘图文件“支座.drw”,弹出【打开表示】对话框,选择简化表示【JH】选项,单击【确定】按钮。

②按创建普通视图的方法,由“简化表示”模型创建主视图,参见例12－4第2步。

③创建截面完成半剖的主视图:双击主视图,弹出【绘图视图】对话框,在【类别】选项框中选择【截面】选项,在【截面选项】选项区中选择【2D横截面】单选按钮,单击 + 按钮,默认在【名称】下拉列表中选择“新建”选项,且弹出【菜单管理器】对话框的【横截面创建】菜单,默认选择“【平面】→【单一】→【完成】”选项,在【输入横截面名】文本框中输入A,单击中键;弹出【菜单管理器】对话框的【设置平面】菜单,选择【平面】选项,然后选择FRONT面(即与主视图平行的面),在截面的【名称】下拉列表中即增加了名称“A”;在如图12－17所示【剖切区域】下拉列表中选择“半倍”选项,在其右侧【参考】显示“选择平面”(在消息区提示“为半截面创建选取参考平面”),选择RIGHT面为半剖的参考平面(即对称平面),视图上显示一个箭头表示剖切位置(在消息区提示“拾取侧”),可在剖开侧单击改变箭头位置即剖开一侧的位置;在【绘图视图】对话框中单击【应用】按钮完成半剖视图,单击【取消】按钮关闭【绘图视图】对话框。

④草绘肋板斜线:参见例12－4第4步。

第3步　创建俯视图:参见例12－4第3步。

第4步　编辑点画线:参见例12－2第4步,编辑半剖视图对称中心线为点画线:①选取半剖主视图,如图12－21所示选择功能区“【布局】→【编辑】→【转换为绘制图元】”按钮,单击中键,弹出【确认】对话框询问是否分解为图元,单击【是】按钮,半剖主视图即分解为图元;②选择功能区“【布局】→【格式】→【线型】”按钮,在已分解为图元的半剖主视图上选取实线的对称中心线,单击中键,弹出【修改线型】对话框将直线修改为点画线;③选择功能区“【草绘】→【草绘】→【╲线】”按钮,弹出【捕捉参考】对话框,单击按钮,选择捕捉参考(对称中心线的点画线)后单击中键,然后捕捉其点画线的端点补画点画线,拖动两端夹点可调整其长度。

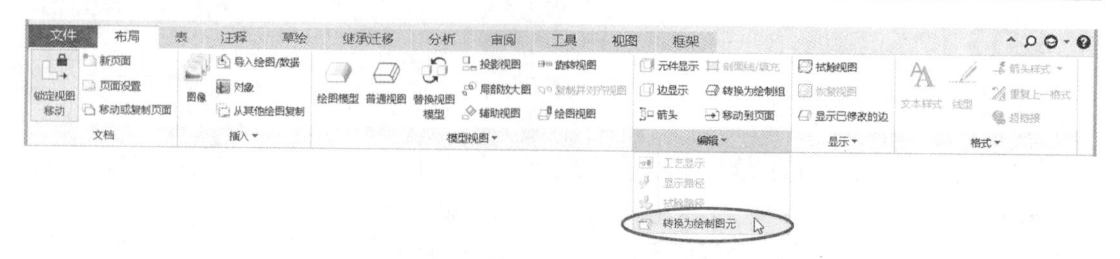

图 12－21 【布局】选项卡(转化为绘制图元)

12.4.3 创建局部剖视图

在模型投影生成视图基础上,通过设置【剖切区域】为“局部”选项可创建局部剖视图。

例 12－6 由如图 12－22 所示轴零件模型生成其局部剖视图。

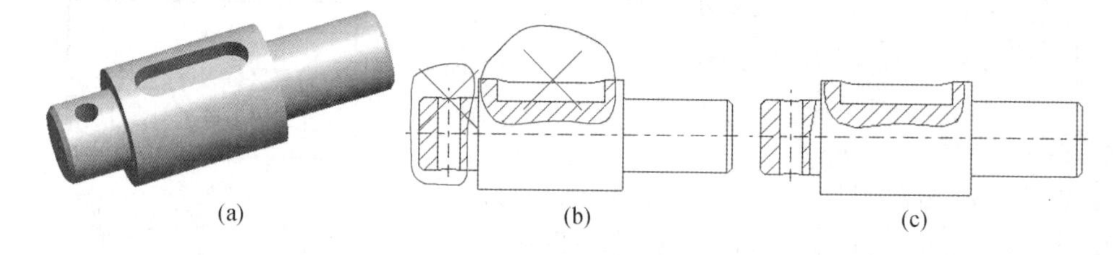

图 12－22 局部剖视图示例

(a)轴零件模型;(b)草绘样条曲线;(c)结果

第 1 步 新建绘图文件,进入绘图界面,按例 12－1 创建普通视图(主视图)。

第 2 步 双击要创建局部剖视图的主视图,弹出【绘图视图】对话框,在【类别】选项框中选择【截面】选项。

第 3 步 在【截面选项】选项区中选择【2D 横截面】单选按钮,单击 + 按钮,弹出【菜单管理器】对话框的【横截面创建】菜单,单击【完成】按钮,弹出【消息输入窗口】对话框,在【输入横截面名】文本框中输入 A,单击中键,弹出【菜单管理器】对话框的【设置平面】菜单,然后选择 FRONT 面。

第 4 步 在【剖切区域】下拉列表中选择“局部”选项,在如图 12－22(b)所示视图的图元上拾取局部剖视图的参考点,将出现一个“×”符号,然后草绘包围拾取点的样条曲线,单击中键。

第 5 步 在【绘图视图】对话框中单击【确定】按钮,完成如图 12－22(c)所示局部剖视图。

12.4.4 创建断面图

创建断面图,可用如下 3 种方式。

方式 1:全剖投影视图。移出断面图与视图按投影关系配置,如图 10－68 所示轴的主视图与断面图为主视图与左视图的投影关系。创建“投影视图”且全剖,参见例 12－3。

方式 2:旋转视图。断面图在已有视图的剖切位置或延长线上,移出断面图和重合断面图创建步骤相同,只是二者中心点拾取位置不同。用“旋转视图”命令,设置如图 12－23 所示【绘图视图】对话框,详见例 12－7。

方式 3:移动转换为图元的移出断面图。移出断面图不在剖切位置或延长线上,选取用方式 1 或方式 2 所创建的移出断面图,选择功能区“【布局】→【编辑】→【 转换为绘制图元】”按钮转化为图元,然后切换到【草绘】选项卡移动断面图。

例 12 -7　在如图 12 -22(c)所示轴键槽的上方创建移出断面图。

第 1 步　创建截面:在“零件”模式下,创建与 RIGHT 面偏移的基准平面且创建截面 A,参见例 12 -3。

第 2 步　创建主视图:在“绘图”模式下,创建如图 12 -22 所示轴的普通视图。

第 3 步　创建断面图:选择功能区“【布局】→【模型视图】→【 旋转视图】”按钮:①按消息区提示选取旋转截面的父视图(即主视图);②继续按消息区提示在图形区拾取移出断面图的中心点(即在轴视图上方拾取移出断面图的位置);③弹出如图 12 -23 所示【绘图视图】对话框,在【横截面】下拉列表中选择“A ”选项;单击【应用】按钮完成断面图,单击【取消】按钮关闭【绘图视图】对话框。

图 12 -23　设置断面图

12.5　编辑工程视图

在绘图界面创建视图后,常需移动视图位置、删除视图、缩放视图和编辑页面比例等。

15.5.1　移动视图

默认情况下,视图是锁定的而不能移动,以防误操作移动视图。因此,移动视图前,必须先解除锁定;在将视图调整至合适位置后,再次对视图进行锁定。

1. 取消锁定视图移动

在如图 12 -2 所示绘图界面选择功能区“【布局】→【文档】→【 锁定视图移动】”按钮,取消选择【锁定视图移动】状态;或在绘图页面空白处按住右键,在快捷菜单中取消勾选【锁定视图移动】选项。

2. 移动视图

选取要移动的视图,按住拖动光标到所需位置;然后选择功能区“【布局】→【文档】→【锁定视图移动】”按钮,再次对视图进行锁定。

15.5.2　删除视图

选取要删除的视图,按住右键,在弹出快捷菜单中选择【删除】选项将视图删除,以其视图为父视图的子视图也同时删除。

15.5.3　编辑图线

选取视图,选择功能区“【布局】→【编辑】→【转换为绘制图元】”按钮,在【菜单管理器】中选择【本视图】可将其修改为图元(与模型无关)。对转换获得的图元或草绘图元,双击其中图元,弹出【修改线型】对话框可修改其线宽;还可选择图元右击,在快捷菜单中选择所需选项编辑图元(例如,选择“在相交处分割”选项,可对相交图元进行分割)。

12.6　工程图尺寸标注

在Creo工程图中,标注尺寸的方法有自动标注尺寸(即显示建模尺寸)和手动标注尺寸,还可修改尺寸。

12.6.1　显示尺寸和标注尺寸

根据图形情况,可利用【注释】选项卡显示建模尺寸或手动标注尺寸。

1. 显示尺寸

显示尺寸可有选择性地显示和隐藏来自建模的尺寸,其尺寸可修改且会实时反映到零件模型上,操作如下:

(1)选择功能区“【注释】→【注释】→【显示模型注释】”按钮。

(2)弹出如图12-13所示【显示模型注释】对话框,选择 ⟼ 选项卡(显示模型尺寸)。

(3)在视图上单击要显示的尺寸,将在【显示模型注释】对话框的【显示】列表框中勾选显示尺寸的复选框,单击【确定】按钮即显示所需尺寸。

2. 标注尺寸

当显示尺寸与要求的尺寸不符时,通常需要手动标注尺寸,操作如下:

(1)选择功能区“【注释】→【注释】→【⟼尺寸】”按钮,弹出【选择参考】对话框,默认选择“选择图元”按钮,如图12-24所示。

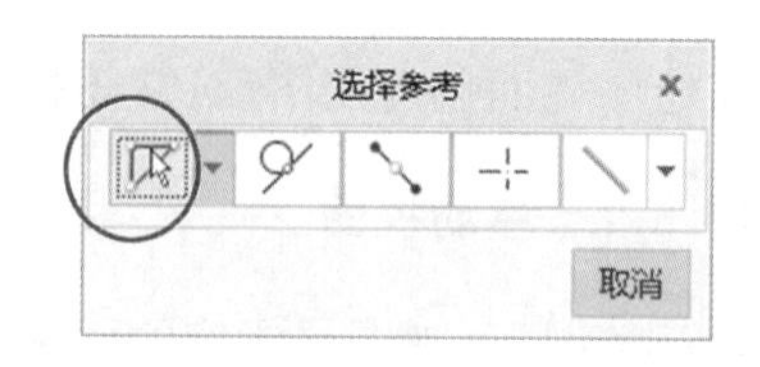

图12-24　【选择参考】对话框(尺寸标注)

说明　根据标注要求,在如图12-24所示【选择参考】对话框中选择【选择图元】【选择切线】【选择中点】【选择求交】或【做虚线】选项,按消息区提示信息标注尺寸。

(2)选取要标注尺寸的图元,在放置尺寸处单击中键完成尺寸标注;如果要标注两个图元之间的距离,则在选取第一个图元后按住 Ctrl 键选取第二个图元,然后在放置尺寸处单击中键,即完成尺寸标注。

12.6.2　修改尺寸

在 Creo 工程图中,修改尺寸包括可修改尺寸的数字、符号以及修改为带公差的尺寸。

1. 修改自动显示的尺寸

修改自动显示的尺寸,有如下几种情况:

(1)修改公称尺寸(尺寸与模型关联):双击显示的尺寸,输入新尺寸数字,单击中键。

(2)增加前缀和后缀:选择尺寸,出现如图 12－25(a)所示【尺寸】上下文选项卡,单击【⌀10.0⊕尺寸文本】按钮,弹出如图 12－26 所示【尺寸文本】面板,光标定位在“前缀”或“后缀”文本框中,输入文字或鼠标拾取【尺寸文本】面板的【符号】选项区中符号,在图形区单击将关闭【尺寸】上下文选项卡,即可将尺寸增加文字或符号。

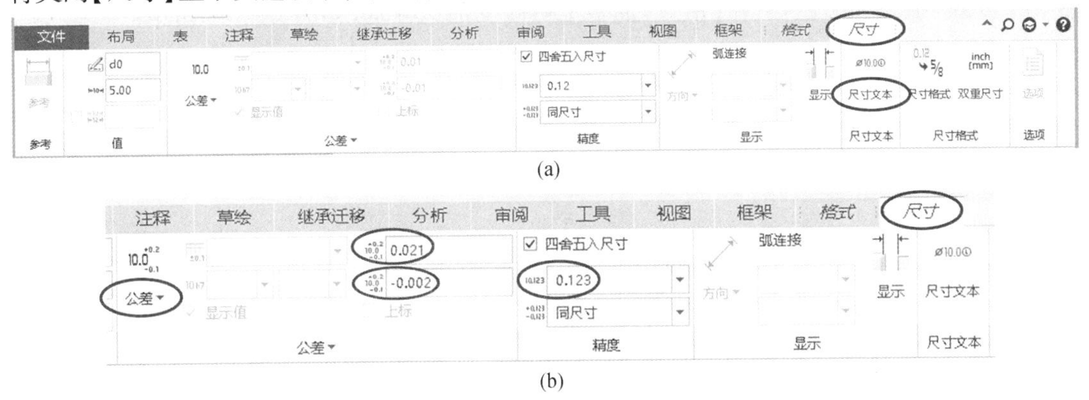

图 12－25　【尺寸】上下文选项卡

(a)默认无公差;(b)设置公差

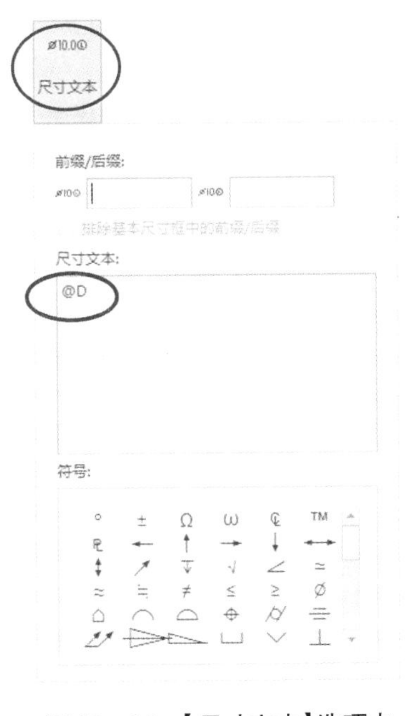

图 12－26　【尺寸文本】选项卡

(3)修改为带公差尺寸:选择尺寸,选择功能区"【尺寸】→【公差】→【公差】"按钮,选择"正负"选项,分别在"上极限偏差"和"下极限偏差"的文本框中输入所需值(例如,分别为+0.021和+0.002);在【精度】面板上"小数位数"下拉列表中选择"0.123"选项,如图12-25(b)所示,在图形区单击,即完成带公差尺寸标注。

2. 修改手动标注的尺寸

选择尺寸,出现如图12-25(a)所示【尺寸】上下文选项卡,单击【 ⌀10.00 尺寸文本】按钮,弹出如图12-26所示【尺寸文本】面板,在【尺寸文本】文本框中将字母D改为字母O,在其后输入所需尺寸数字且可插入文本符号等后缀,也可在@前插入符号 ϕ 等前缀,在图形区单击,即可将尺寸修改为所需标注的尺寸。

3. 修改尺寸的字高、颜色和箭头样式

选择尺寸,由【尺寸】上下文选项卡切换为【格式】上下文选项卡。在【样式】面板上可改变文字样式、字高和颜色等;在【格式】面板上可改变箭头样式,如图12-27所示。

图12-27　【格式】上下文选项卡

12.7　工程图文字标注

在工程图的绘图中,往往需要标注文字,即添加注解(文字和文本符号)。在Creo中,常用的注解类型为"独立注解""引线注解"和"切向引线注解",见表12-4。

表12-4　工程图的文字标注操作

	"独立注解"标注	"引线注解"标注	"切向引线注解"标注
步骤	用于文字标注。例如,技术要求和标题栏等无引线文字标注	用于带小点或带箭头的引线文字标注。例如,装配图中零件序号	用于标注零件图中倒角尺寸。例如,*C*2
1	选择功能区"【注释】→【注释】→【 独立注解】"按钮,弹出【选择点】对话框,默认"选择一个自由点"方式,如图12-28(a)所示	选择功能区"【注释】→【注释】→【 引线注解】"按钮,弹出【选择参考】对话框,默认为"选择参考"方式,如图12-28(b)所示	选择功能区"【注释】→【注释】→【 切向引线注解】"按钮,出现引线

表 12 - 4(续)

<table>
<tr><th></th><th>“独立注解”标注</th><th>“引线注解”标注</th><th>“切向引线注解”标注</th></tr>
<tr><td>步骤</td><td>用于文字标注。例如,技术要求和标题栏等无引线文字标注</td><td>用于带小点或带箭头的引线文字标注。例如,装配图中零件序号</td><td>用于标注零件图中倒角尺寸。例如,C2</td></tr>
<tr><td rowspan="4">2</td><td rowspan="4">在所需插入文字和文本符号的位置单击,即可在文本框中输入文字和文本符号,按 Enter 键换行,在图形区 2 次单击左键</td><td>选择引线的引出位置,再将鼠标移到要放置文字和文本符号的位置单击中键,在【格式】上下文选项卡的文本框中输入文字和文本符号,按 Enter 键换行,在图形区 2 次单击左键</td><td>拖动引线在与倒角斜线重合处单击,再将鼠标移到要放置文字和文本符号的位置单击中键,在【格式】上下文选项卡的文本框中输入文字和文本符号,在图形区 2 次单击左键</td></tr>
<tr><td colspan="2">选取已添加注解,按住右键弹出快捷菜单,选择【切换引线类型】选项,文字即放置在引线上方</td></tr>
<tr><td colspan="2">选择功能区“【注释】→【格式】→【箭头样式▾】”按钮,弹出下拉列表,可选择引线注解的箭头样式,如图 12 - 28(c)所示</td></tr>
<tr><td>例如,选择“实心点”或“单箭头”</td><td>选择“无”</td></tr>
</table>

注:分号用英文半角。

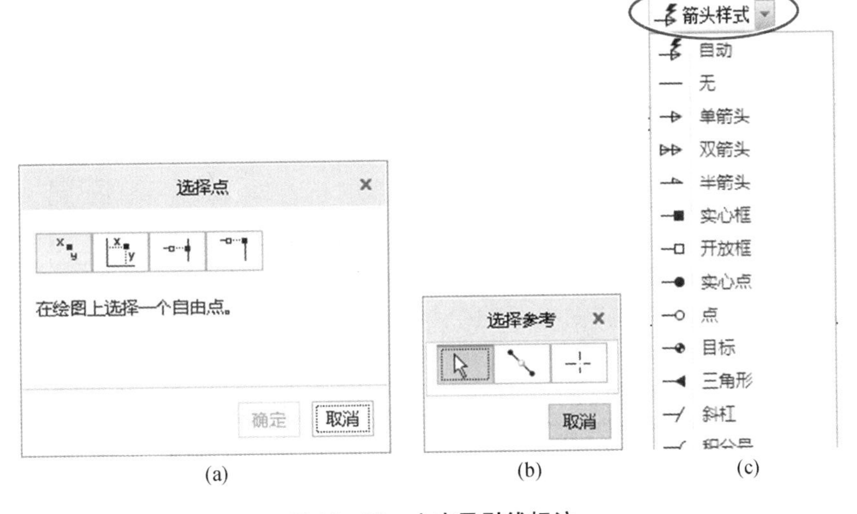

图 12 - 28　文字及引线标注

(a)“独立注解”选择点;(b)“引线注解”选择参考;(c)引线的箭头样式

在绘图中,选取已标注的文字和字符,可对其编辑(移动、删除或改变标注内容)。

例 12 - 8　为符合国家标准规定,编辑完成剖视图或断面图的标注“A - A”,在“A - A”前或后增加文字或删掉文字,移动或删掉“A - A”文字。

第 1 步　在绘图文件中,功能区切换为【注释】选项卡。

第 2 步　选取剖视图中默认自动注释的“截面 A - A”,并拖动到剖视图上方适当位置。

第 3 步 选取并双击“截面 A – A”,弹出【格式】上下文选项卡,删掉文字“截面”,在图形区 2 次单击左键。

> **说明** 在 Creo 中,模型生成剖视图,默认以“截面 A – A”形式在剖视图下方居中注写,不符合国家标准规定。因此,应按表 12 – 2 在自定义工程图配置文件“活动绘图.dtl”中设置选项“default_view_label_placement”和“view_note”的值分别为“top_center”和“std_din”,其生成剖视图将自动以“A – A”形式居中注写在剖视图的上方,即已符合国家标准规定。

12.8 工程图表面结构和几何公差标注

表面结构要求和几何公差是零件图中重要的技术要求,本节介绍其标注方法和步骤。

12.8.1 标注表面结构代号

Creo 自带一些表面粗糙度符号,但不能标注如图 12 – 29 所示表面结构代号。因此,要标注零件图上表面结构要求,有两种情况。

(1)类似于 AutoCAD,用户创建和插入如图 12 – 29 所示自定义的表面结构代号,参见图 6 – 8 所示 AutoCAD 创建和插入表面结构代号图块的操作步骤。

(2)插入 Creo 自带的表面粗糙度符号。

例 12 – 9 创建和插入表面结构代号,如图 12 – 29 所示。

1. 创建表面结构代号

第 1 步 新建符号:选择功能区“【注释】→【注释】→【符号库】”按钮,如图 12 – 30(a)所示;弹出如图 12 – 30(b)所示【菜单管理器】对话框的【符号库】菜单,在【符号库】菜单中选择【定义】选项,在【输入符号名】文本框中输入符号名称“RaBM1”(输入字母或数字,不允许有空格),单击中键,弹出【SYM_EDIT_ RABM1】符号编辑页面和如图 12 – 30(c)所示【菜单管理器】对话框的【符号编辑】菜单。

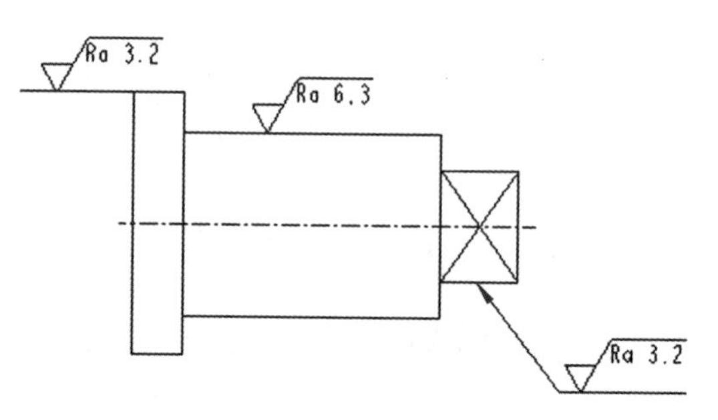

图 12 – 29 标注表面结构代号示例

第 2 步 显示栅格和草绘 3 条水平辅助线:①选择菜单“【视图】→【绘制栅格】”命令,弹出【菜单管理器】对话框的【栅格修改】菜单,依次选择“【显示栅格】→【栅格参数】”选项,在弹出【直角坐标系参数】菜单上选择【X&Y 间距】选项,在【输入新的栅格间距】文本框中默认输入 1,单击中键;②转动鼠标滚轮放大显示栅格;③选择菜单“【草绘】→【草绘器首选项】”命令,弹出如图 12 – 31 所示【草绘首选项】对话框,单击【栅格交点】按钮启用捕捉栅格(等同 AutoCAD 捕捉栅格),在右工具栏上单击按钮或选择菜单“【草绘】→【线】→【线】”命令绘制如图 6 – 8(a)所示 3 条水平辅助线(偏移距离分别为 5 和 6)。

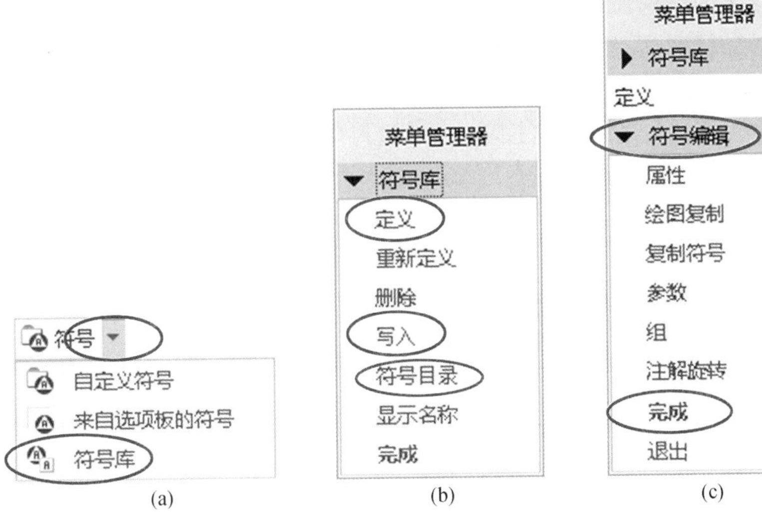

图 12－30　新建自定义符号

第 3 步　草绘符号斜线和编辑图线：①在【草绘首选项】对话框中单击“角度”按钮启用角度追踪（类似于 AutoCAD 极轴追踪）且在【角度】文本框中输入 60，在右工具栏上单击 ✓ 按钮，在最下水平辅助线捕捉一点绘制右侧斜线（高于最上水平辅助线）；②在【角度】文本框中输入 120，从下向上继续绘制左侧斜线（高于中间水平辅助线），2 次单击中键；③选择菜单“【编辑】→【修剪】→【在相交处分割】”命令，选择有相交关系的所有图线，单击中键；④按住 Ctrl 键选择要删掉图线，在右键快捷菜单选择【删除】选项删除多余图线。

图 12－31　【草绘首选项】对话框

第 4 步　输入文字及定义属性“Ra \BM\”：选择菜单“【插入】→【注解】”命令，弹出【菜单管理器】对话框，选择【进行注解】选项，弹出【选择点】对话框，默认选择“在绘图上选择一个自由点”选项按钮，在图形区拾取一点（属性标记的插入点）；在【输入注解】文本框中输入“Ra \BM\”，其“\　\”中字母 BM 为属性标记（等同 AutoCAD 图块的属性标记），即 BM 为 Ra 的可变参数值，2 次单击中键，在【菜单管理器】对话框中选择【完成/返回】选项，单击中键。

第 5 步　设置表面结构代号的插入点和 Ra 预设值：在如图 12－30(c) 所示【菜单管理器】对话框的【符号编辑】菜单上选择【完成】选项，弹出如图 12－32 所示【符号定义属性】对话框，①在【常规】选项卡上勾选【自由】复选框并拾取所绘制的表面结构代号最下点为插入点，勾选【图元上】复选框并拾取表面结构代号最下点；②切换到【可变文本】选项卡，在【进行预设值的对象：BM】文本框中输入常用 Ra 值为 1.6、3.2、6.3 和 12.5（各值以 Enter 键分隔）；单击【确定】按钮。

第 6 步　调整标记位置和图线长度：选择“Ra\BM\”拖动调整到适当位置；选择最上直线，用夹点调整长度。

第 7 步　保存表面结构代号:在如图 12－30(c)所示【菜单管理器】对话框的【符号编辑】菜单中选择【完成】选项;然后在如图 12－30(b)所示【符号库】菜单中选择【符号目录】选项,弹出【选择符号目录】对话框,选择要保存符号的文件夹,单击【打开】按钮;选择【写入】选项,弹出【输入目录】文本框,直接单击中键,再单击中键。

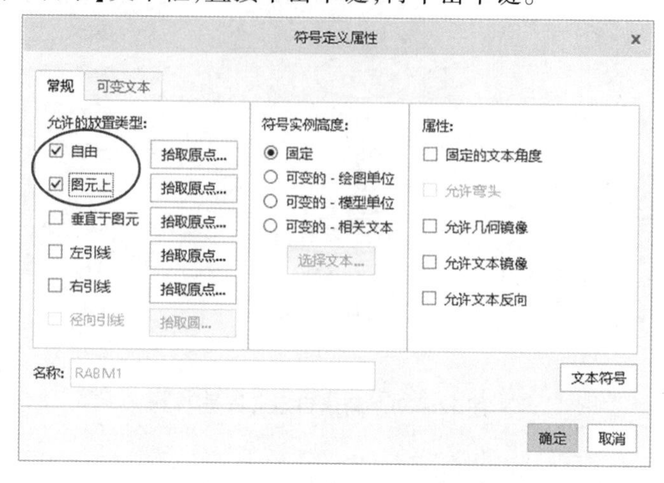

图 12－32　【符号定义属性】对话框

提示　重新编辑自定义符号,操作如下:选择功能区“【注释】→【注释】→【符号库】”按钮,弹出【菜单管理器】对话框的【符号库】菜单;选择【重新定义】选项,弹出【得到符号】菜单;选择【名称】选项,弹出【符号名称】菜单;选择需要重新定义 RaBM1 符号的相应符号名称,即可重新编辑定义,其中可在【菜单管理器】对话框的【符号编辑】菜单中选择【属性】选项进行符号定义属性修改。

2. 插入表面结构代号

在 Creo 中,要标注零件图上表面结构代号,需综合采用两种插入方式,见表 12－5。

表 12－5　插入表面结构代号方式

插入方式	步　　骤	符号名称	图　　示
方式 1:插入自定义表面结构代号(一般标注)	①选择功能区“【注释】→【注释】→【自定义符号】”按钮;②弹出【自定义绘图符号】对话框,在【常规】选项卡的【符号名】下拉列表中选择所需“RaBM1”或“RaBM2”符号相应符号名,在【放置】选项区的【类型】下拉列表中选择“图元上”或“自由”选项;在【可变文本】选项卡的属性【BM】文本框中选择或输入所需 Ra 参数值 1.6、3.2、6.3 或 12.5;③在图形区拾取一点放置其自定义表面结构代号;④单击【确定】按钮,单击左键取消选择	RaBM1. sym	Ra 1.6
		RaBM2. sym	Ra 3.2

表 12－5(续)

插入方式	步　骤	符号名称	图　示
方式 2:插入 Creo 自带(或用户自定义)表面结构代号(简化标注或其余表面标注)	①选择功能区“【注释】→【注释】→【表面粗糙度】按钮;②弹出【表面粗糙度】对话框,单击【浏览】按钮;③弹出【打开】对话框,选择相应文件夹中符号,单击【打开】按钮;④返回【表面粗糙度】对话框,在【放置】选项区的【类型】下拉列表中选择“图元上”或“自由”选项;在图形区拾取一点放置其符号;⑤单击【确定】按钮	【machined】文件夹中 no_value1. sym	
		【unmachined】文件夹中 no_value2. sym	
		【generic】文件夹中 no_value. sym	

12.8.2 标注几何公差

在标注同轴度、平行度和垂直度等几何公差之前,先要标注基准。

例 12－10 在已标注尺寸的图形上标注几何公差,如图 12－33 所示。

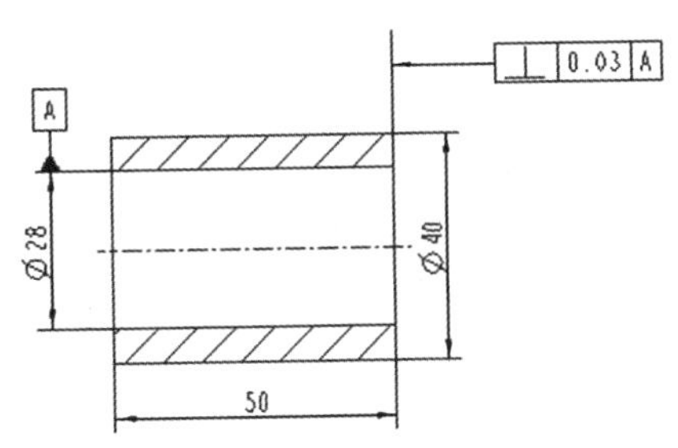

图 12－33 几何公差示例

第 1 步 显示轴和尺寸:选择功能区“【注释】→【注释】→【显示模型注释】”按钮,弹出如图 12－13【显示模型注释】对话框,①显示 ϕ28 基准轴:选择选项卡,选择视图,勾选 ϕ28 轴的复选框,单击【确定】按钮;②显示尺寸:选择选项卡,单击按钮,单击【确定】按钮。

第 2 步 标注基准符号:选择功能区“【注释】→【注释】→【基准特征符号】”按钮,按消息区的提示选择 ϕ28 的尺寸界线,拖动鼠标在适当位置单击中键,单击左键,结果如图 12－33 所示基准 A 的基准符号。

第 3 步 标注几何公差框格:①选择功能区“【草绘】→【草绘】→【线】”按钮,弹出【捕捉参考】对话框,单击按钮,选择右端面(捕捉参考)后单击中键,绘制被测平面的延长线,单击中键,单击左键,如图 12－33 所示延长线;②选择功能区“【注释】→【注释】→【几何公差】”按钮,在被测平面延长线上拾取一点,向右拉长,在适当位置单击中键;③出现如图 12－34 所示【几何公差】上下文选项卡,选择【几何特征】符号为“垂直度”符号,在“公差”文本框中输入 0.03,在【公差和基准】面板上单击最上的“从模型选择基准参考”

按钮，拾取第 2 步所标注的如图 12 – 33 所示基准 A 的基准符号，几何公差框格即增加基准 A，单击左键。

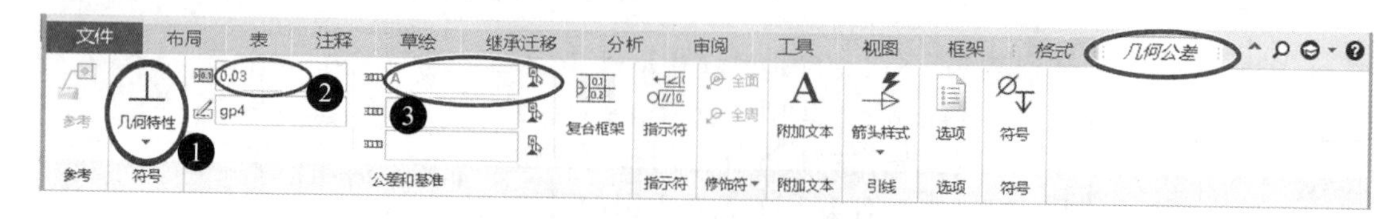

图 12 – 34　【几何公差】上下文选项卡

> **提示**　标注同轴度 ϕ0.03 时，将光标放在 0.03 前，然后选择功能区“【几何公差】→【符号】→【符号】”按钮，弹出【符号】面板，单击符号 ϕ。

12.9　创 建 表 格

标题栏和明细栏是工程图样的重要组成部分，本节以创建符合国家标准的标题栏为例，简要说明创建工程图中表格的方法和步骤。

例 12 – 11　在 Creo 中，创建如图 2 – 2 所示标题栏。

分析：绘制标题栏之前，要分析标题栏的组成。按国家标准推荐标题栏，可将其标题栏分为如图 12 – 35 所示 4 个表格，从右向左依次插入 4 个表格，合并单元格和设置单元格尺寸，然后移动完成整个标题栏表格。

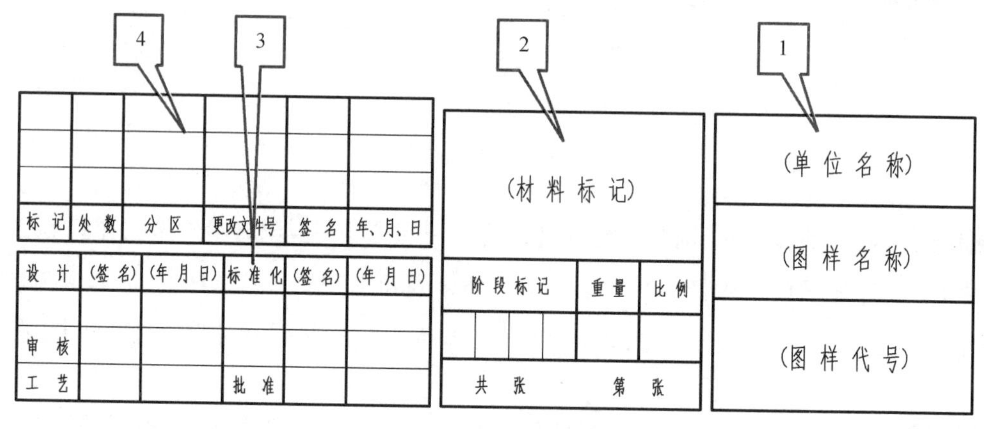

图 12 – 35　创建表格示例

下面以如图 12 – 35 所示第 2 部分表格为例，介绍创建表格的方法，操作如下：

第 1 步　新建绘图文件：进入工程图的绘图界面。

第 2 步　选择“插入表”命令：选择功能区“【表】→【表】→【表】”按钮，然后在下拉列表中选择【插入表】选项(也可移动鼠标选择表格的行数和列数而单击选择，在适当位置单击放置)。

第 3 步　设置表格的单元格：弹出如图 12 – 36(a)所示【插入表】对话框，参见如图 2 – 2 所示标题栏，①在【方向】选项区选择“表的增长方向：向左且向上”按钮；②在【表尺寸】

选项区的【列数】文本框中输入 6，在【行数】文本框中输入 4；③在【行】选项区的【高度】文本框中输入 7；④在【列】选项区的【宽度】文本框中输入 6.5；⑤单击中键。

第 4 步 设置插入基点坐标：弹出如图 12－36（b）所示【选择点】对话框，①单击“使用绝对坐标选择点”按钮；②输入表格右下角的坐标（365，5）；③单击中键。

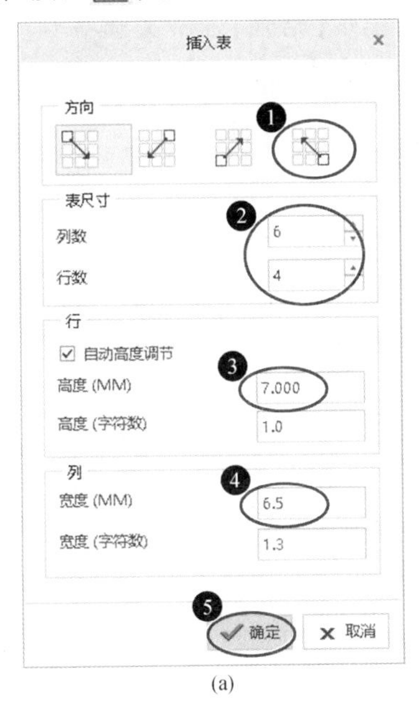

(a)

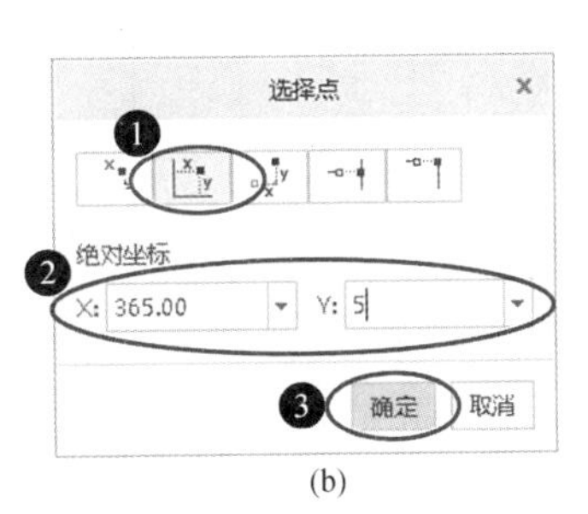

(b)

图 12－36　插入表格

（a）【插入表】对话框；（b）【选择点】对话框

提示　框选表格后，可用如下两种方式移动表格位置。

方式 1：拖动表格，捕捉右下角点到指定位置；

方式 2：选择功能区“【表】→【表】→【移动特殊】”按钮，弹出如图 12－36（b）所示【选择点】对话框，然后同第 4 步操作。

第 5 步 修改单元格高度和宽度：单击已创建表格右上角的单元格，选择功能区“【表】→【行和列】→【高度和宽度】”按钮，弹出【高度和宽度】对话框，在【高度】文本框中输入 28，在【宽度】文本框中输入 12。同样方法，参见如图 2－2 所示标题栏尺寸，依次修改各个单元格高度和宽度，如图 12－37（a）所示。

第 6 步 合并单元格：按住 Ctrl 键，依次选取表格最上一行的 6 个单元格，选择功能区“【表】→【行和列】→【合并单元格】”按钮，合并表格。同样方法，合并其他需要合并的单元格，结果如图 12－37（b）所示。

第 7 步 设置文字样式和输入文字：

①设置文字样式：选择功能区“【表】→【格式】→【管理文本样式】”按钮，弹出【文本样式库】对话框，单击【新建】按钮，弹出【新文本样式】对话框，设置【样式名称】为“工程字 1”、【高度】为 3.5、【水平】位置为“中心”、【竖直】位置为“中间”、【颜色】为蓝色，单击【确定】按钮，单击【关闭】按钮。

②将“工程字 1”设置为【默认文本样式】：选择功能区“【表】→【格式】→【默认文本样

式】”按钮,弹出【菜单管理器】对话框的【选取样式】菜单,选择【工程字1】选项。

③设置“工程字1”文字样式的应用范围:选择功能区“【表】→【格式】→【A文本样式】”按钮,框选标题栏表格,在【选取】对话框中单击【确定】按钮;弹出【文本样式】对话框,选择【样式名称】为“工程字1”,单击【应用】按钮,单击【确定】按钮。

④输入文字:双击表格中任意一个单元格,出现【格式】上下文选项卡,可输入和编辑其单元格中文字(例如,选择第1部分表格中单元格文字使其字高为5)。

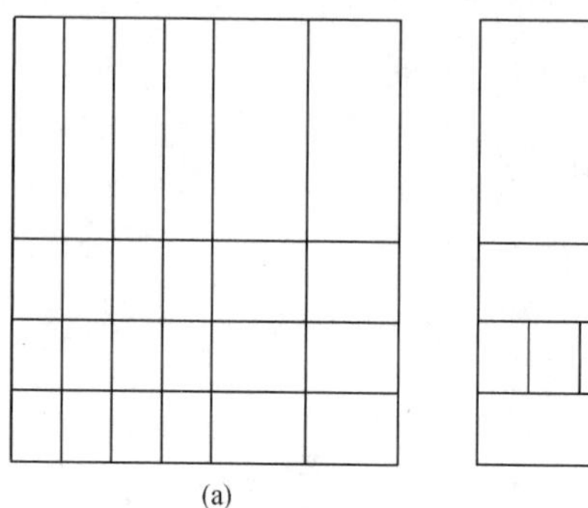

(a)

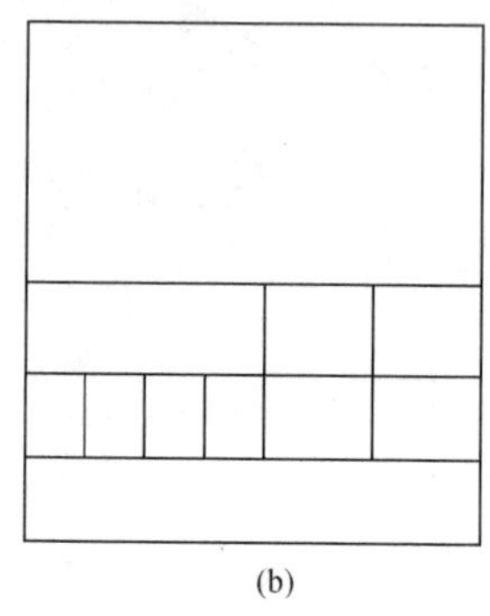

(b)

图12-37 编辑表格

(a)合并单元格前;(b)合并单元格结果

上机指导和练习

【目的】

1. 熟悉Creo 4.0软件工程图的绘图界面。
2. 学会设置符合国家标准的绘图环境(设置和调用配置文件)。
3. 熟练由零件模型或装配模型投影工程图。
4. 掌握创建截面的方法,能够完成剖视图和断面图。

【练习】

1. 根据如图7-22所示端盖零件图,创建零件模型并投影完成零件图。

提示 操作如下:

第1步 创建或打开端盖零件文件:完成零件建模后,在【视图控制】工具栏上单击“视图管理器”按钮,弹出【视图管理器】对话框,再选择其中【截面】选项卡,依次单击【新建】→【平面】选项创建主视图的截面A,保存端盖零件文件“端盖.prt”。

第2步 调用配置文件和格式文件:设置和调用符合国家标准的配置文件后,通过调用格式文件“A3零件图.frm”新建绘图文件(也可以直接新建绘图文件)“端盖.drw”。

第 3 步　生成视图和剖视图：

①生成 2 个视图：由端盖模型生成第一个视图即普通视图（主视图）；在绘图界面双击主视图，弹出【绘图视图】对话框，在【类别】选项框中选择【截面】选项，在【截面选项】选项区中选择【2D 横截面】单选按钮，单击 + 按钮，在【名称】下拉列表中选择已有截面 A，在【剖切区域】下拉列表中默认选择“完全”选项，单击【确定】按钮即生成全剖的主视图；然后由主视图生成投影视图（左视图）。

②显示和草绘点画线：选择功能区“【注释】→【注释】→【显示模型注释】”按钮，弹出【显示模型注释】对话框，选择选项卡（显示模型基准），选取主视图和左视图，在图形区选取点画线或在对话框中勾选要显示轴线的复选框，单击【应用】按钮，单击【确定】按钮即可显示点画线；在草绘状态下，草绘并修改线型完成左视图上 $\phi76$ 点画线圆和小圆的点画线。

第 4 步　标注尺寸及公差：

①显示尺寸：选择功能区“【注释】→【注释】→【显示模型注释】”按钮，在【显示模型注释】对话框中选择选项卡，选择主视图和左视图，选择需要显示的建模尺寸。

②创建尺寸：选择功能区“【注释】→【注释】→【尺寸】”按钮，选取要标注尺寸的点画线圆，在放置尺寸处单击中键，标注点画线圆尺寸 $\phi76$；选择功能区“【注释】→【注释】→【切向引线注解】”按钮，标注倒角尺寸 $C2$ 和沉孔深度。

③修改尺寸：选择显示的模型尺寸，出现【尺寸】上下文选项卡，单击【⌀10.00 尺寸文本】按钮，弹出其面板，通过【公差】面板和【精度】面板设置尺寸公差，将尺寸 6 修改为尺寸公差 6；选择功能区“【注释】→【注释】→【独立注解】”按钮标注沉孔及深度。

第 5 步　标注表面结构代号：

①在图形上一般标注：插入自定义表面结构代号，参见例 12 - 10。

②标注其余表面要求：选择功能区“【注释】→【注释】→【独立注解】”按钮标注括号；选择功能区“【注释】→【注释】→【表面粗糙度】按钮插入符号，高度 11。

第 6 步　标注几何公差：

①标注基准符号 A：选择功能区“【注释】→【注释】→【基准特征符号】”按钮，按提示区的提示选择基准平面 A 积聚的直线，向右拖动鼠标，适当位置单击中键，单击左键。

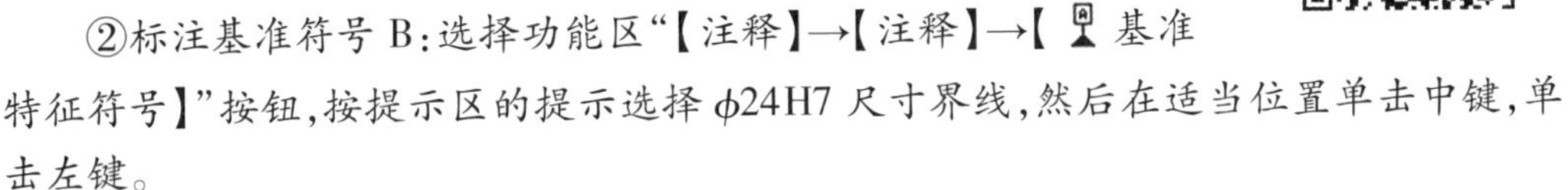

②标注基准符号 B：选择功能区“【注释】→【注释】→【基准特征符号】”按钮，按提示区的提示选择 $\phi24H7$ 尺寸界线，然后在适当位置单击中键，单击左键。

③标注几何公差框格：选择功能区“【注释】→【注释】→【几何公差】”按钮，选择尺寸 $\phi56k6(^{+0.021}_{+0.002})$，选择其框格，在右键快捷菜单上选择【更改参考】选项；再右击，在

快捷菜单选择【自动】选项;然后拾取 $\phi 56k6(^{+0.021}_{+0.002})$ 尺寸界线,拖动框格在适当位置单击中键,再选择几何公差框格,出现【几何公差】上下文选项卡,选择相应选项设置同轴度,调整几何公差框格位置及引线长度。同样方法,标注平行度。

第 7 步 标注文字:在【注释】面板上常用“独立注解”“引线注解”及“切向引线注解”,参见表 12-3。选择功能区“【注释】→【注释】→【独立注解】”按钮标注技术要求。

2. 按例 11-1 创建螺栓连接装配体(用修饰螺纹),完成如图 12-38 所示螺栓连接装配图。

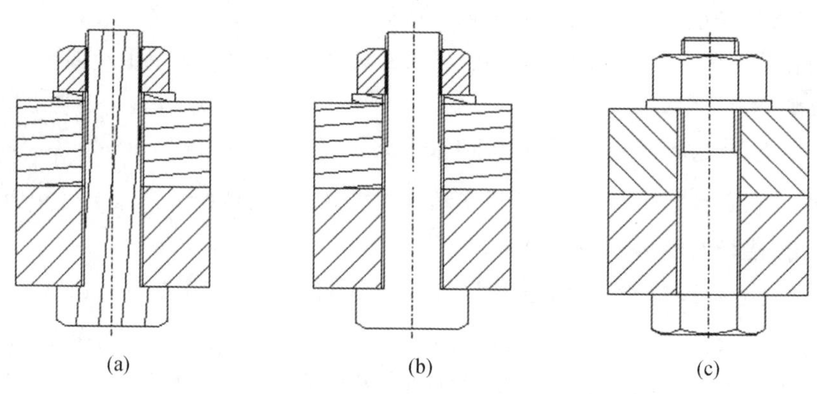

图 12-38 控制螺栓、螺母和垫圈的显示

(a)调整前;(b)排出螺栓剖面线;(c)结果

提示 设置符合国家标准的系统配置文件后,操作如下:

第 1 步 创建螺栓连接装配模型,并创建截面 A(或在装配绘图界面新建截面)。

第 2 步 新建绘图文件,选择功能区“【布局】→【模型视图】→【普通视图】”按钮,在绘图页面适当位置单击,弹出【选取组合状态】对话框,默认选择【无组合状态】选项(即以正常装配形式的装配图,而不是爆炸图状态),参见例 12-1 创建主视图,参见例 12-3 修改为如图 12-38(a)所示全剖主视图。

第 3 步 控制剖面线方向和间距:①处于【布局】选项卡,双击任意零件的剖面线;②弹出【修改剖面线】菜单,通过单击【上一个】或【下一个】选项切换螺栓、螺母和垫圈的剖面线;③改变剖面线的角度或间距(例如,对上板选择【角度】选项修改剖面线角度为 135)。

第 4 步 控制螺栓、螺母和垫圈为不剖:通过【修改剖面线】菜单的【上一个】或【下一个】选项,切换螺栓、螺母和垫圈的剖面线,分别选择【排出】选项,排除螺栓、螺母和垫圈的剖面线,如图 12-38(b)所示排除了螺栓的剖面线,单击【完成】按钮,结果如图 12-38(c)所示。

3. 已知如图 7-26 所示低速滑轮装置装配图和如图 7-25 所示各零件尺寸,要求:(1)由托架零件模型完成其零件图;(2)由低速滑轮装置模型完成其装配图。

提示 低速滑轮装置中有带肋板的托架零件，要完成低速滑轮装置装配图，操作如下：

第1步 在“零件”模式下，新建托架零件的简化表示（如JH）。

第2步 在“装配”模式下，①打开【视图管理器】对话框，新建低速滑轮装置模型的简化表示（如M），单击中键；②弹出【编辑：M】对话框，在【模型树】显示低速滑轮装置的零件，在托架零件右侧的下拉列表中选择“用户定义”选项，在弹出【选择表示】对话框中选择“JH”，单击【确定】按钮；其他零件勾选【主表示】；单击【应用】按钮；单击【打开】按钮；③返回【视图管理器】对话框，双击【主表示】或在【主表示】右键快捷菜单上选择【激活】选项，单击【关闭】按钮。

第3步 新建绘图文件，弹出【打开表示】对话框，选择低速滑轮装置模型的简化表示“M”，单击【确定】按钮进入绘图界面。

第4步 创建主视图，弹出【绘图视图】对话框，在【类别】选项框中选择【视图状态】选项，然后在【简化表示】选项区的【简化表示】下拉列表中选择“M”选项；用创建剖视图的方法生成全剖的主视图。

第5步 切换到【草绘】选项卡，补画肋板的斜线。

第6步 切换到【布局】选项卡，①由简化表示的主视图投影俯视图；②双击其视图，弹出【绘图视图】对话框，在【类别】选项框中选择【视图类型】选项且将【类型】下拉列表的“投影”更改为“常规”；然后在【视图状态】选项将【简化表示】下拉列表的“M”更改为“主表示”。

附录 A　AutoCAD 2018 常用命令

本附录按字母顺序列出了 AutoCAD 2018 的常用命令、简写(即命令别名)及其功能,见附表 A。

附表 A

序号	命　令	简　写	功　能
1	**A**DCENTER	ADC,DC	打开【设计中心】选项板
2	ARC	A	绘制圆弧
3	AREA	AA	计算对象或指定区域的面积和周长
4	ARRAY	AR	创建二维阵列
5	ATTDEF	ATT	定义块的一个属性
6	ATTEDIT	ATE	编辑块的属性
7	**B**LOCK	B	块定义
8	BREAK	BR	打断选定对象
9	**C**HAMFER	CHA	给对象的边加倒角
10	CIRCLE	C	绘制圆
11	COPY	CO	复制对象
12	COPYBASE		带基点将对象复制到剪贴板
13	COPYCLIP		将对象复制到剪贴板
14	CUTCLIP		剪切
15	**D**IM		在同一命令会话中可连续创建多种类型的尺寸标注
16	DIMCENTER	DCE	圆心标记
17	DIMDIAMETER	DDI	直径尺寸标注
18	DIMEDIT	DED	编辑尺寸标注
19	DIMLINEAR	DLI	线性尺寸标注
20	DIMRADIUS	DRA	半径尺寸标注
21	DIMSTYLE	D,DST	打开【标注样式管理器】,创建、修改尺寸标注样式
22	DIMTEDIT	DIMTED	移动和旋转标注的文字
23	DIST	DI	测量两点之间的距离和角度
24	DIVIDE	DIV	定数等分点或块
25	DOUNT	DO	绘制圆环

附表 A(续)

序号	命　令	简　写	功　能
26	DSETTING	DS,SE	打开【草图设置】对话框,设置栅格、捕捉、极坐标及对象捕捉追踪模式
27	**E**LLIPSE	EL	绘制椭圆
28	ERASE	E	删除对象
29	EXPLODE	X	将复合对象分解为其组件对象
30	EXPORT	EXP	将对象输出为其他格式文件(如 WMF 文件)
31	EXTEND	EX	延伸对象,使其与另一对象相交
32	**F**ILL		控制是否填充(例如,图案填充、尺寸箭头和多段线)
33	FILLET	F	给对象的边加圆角
34	**H**ATCH	H	创建图案填充
35	HATCHEDIT	HE	编辑图案填充
36	HELP		获取帮助
37	**I**D		查询点的坐标值
38	IMPORT	IMP	将不同格式的文件输入到 AutoCAD
39	INSERT	I	插入块或图形
40	**J**OIN	J	合并对象
41	**L**AYER	LA	打开【图层特性管理器】选项板,管理图层
42	LENGTHEN	LEN	拉长对象
43	LIMITS		设置图形界限
44	LINE	L	绘制直线
45	LINETYPE	LT	打开【线型管理器】对话框,加载、设置和修改线型
46	LIST	LI	为选定对象列表显示特性数据
47	LTSCALE	LTS	设置线型全局比例因子
48	LWEIGHT	LW	打开【线宽设置】对话框,设置线宽显示和默认线宽
49	**M**ATCHPROP	MA	特性匹配(将当前对象的特性应用到其他对象)
50	MEASURE	ME	用点或块定距等分对象
51	MENU		加载自定义文件(可恢复 AutoCAD 默认界面)
52	MIRROR	MI	镜像复制(创建对象的镜像图形)
53	MLEADER	MLD	创建多重引线对象
54	MOVE	M	移动对象
55	MTEXT	MT,T	输入多行文字
56	**N**EW		新建图形
57	**O**FFSET	O	偏移复制(创建同心圆、平行线和平行曲线)
58	OPEN		打开图形文件

附表 A(续)

序号	命　　令	简　　写	功　　能
59	OPTIONS	OP	打开【选项】对话框
60	OSNAP	OS	设置捕捉模式
61	**P**AN	P	实时平移
62	PASTECLIP		粘贴
63	PASTESPEC	PA	选择性粘贴
64	PLINE	PL	绘制二维多段线
65	PLOT		打印
66	POINT	PO	绘制点
67	POLYGON	POL	绘制正多边形
68	PROPERTIES	CH,MO,PR	打开【特性】选项板,控制当前对象的特性
69	PURGE	PU	清理图形文件中一些无用的命名对象,如块等
70	**Q**LEADER	LE	引线标注(如标注几何公差等)
71	QNEW		使用默认图形样板文件的选项开始一张新图
72	QSELECT		快速选择
73	**R**ECTANG	REC	绘制矩形
74	REDO		重做
75	REDRAW	R	重画(刷新当前视口中的显示)
76	REGEN	RE	重生成并刷新当前视口
77	ROTATE	RO	绕基点旋转对象
78	**S**AVEAS		保存未保存的图形,或另存为一个文件名
79	SCALE	SC	按比例缩放对象
80	SPLINE	SPL	指定点绘制一条平滑的曲线(样条曲线)
81	STRETCH	S	拉伸与选择窗口或多边形交叉的对象
82	STYLE	ST	打开【文字样式】对话框,创建、修改文字样式
83	**T**ABLE	TB	创建表格
84	TABLESTYLE	TS	创建、修改或指定表格样式
85	TEXT		输入单行文字
86	TEXTEDIT	ED,TEDIT	编辑单行文字或多行文字
87	TIME		查询时间
88	TRIM	TR	修剪对象
89	**U**NDO	U	放弃上一个操作
90	UNITS	UN	控制坐标及角度的显示格式和精度
91	**W**BLOCK	W	写块
92	**Z**OOM	Z	控制显示缩放(增大或减小当前视口中视图的比例)

附录 B　AutoCAD 2018 快捷键

AutoCAD 2018 快捷键,见附表 B。

附表 B

序号	组合键	功能键	功　　能
1	Ctrl + A		全选
2	Ctrl + B	F9	打开/关闭“捕捉栅格”模式
3	Ctrl + C		将对象复制到 Windows 剪贴板
4	Ctrl + E	F5	循环切换三个等轴测平面
5	Ctrl + F	F3	打开/关闭“对象捕捉”模式
6	Ctrl + G	F7	打开/关闭“栅格”模式
7	Ctrl + J		重复执行上一个命令
8	Ctrl + L	F8	打开/关闭“正交”模式
9	Ctrl + M		重复上一个命令
10	Ctrl + N 或 Alt + 1		新建图形文件
11	Ctrl + O 或 Alt + 2		打开已存在的图形文件
12	Ctrl + P 或 Alt + 5		打印当前图形
13	Ctrl + Q 或 Alt + F4		退出 AutoCAD
14	Ctrl + S 或 Alt + 3		保存当前图形
15	Ctrl + U	F10	打开/关闭“极轴追踪”模式
16	Ctrl + V		粘贴 Windows 剪贴板上的内容
17	Ctrl + W	F11	打开/关闭“对象捕捉追踪”模式
18	Ctrl + X		将对象剪切到 Windows 剪贴板
19	Ctrl + Y 或 Alt + 7		重做,即取消放弃
20	Ctrl + Z 或 Alt + 6		放弃,即取消上一次操作
21	Ctrl + \	Esc	取消当前命令
22	Ctrl + 0		打开/关闭“全屏显示”模式
23	Ctrl + 1		打开/关闭【特性】选项板
24	Ctrl + 2		打开/关闭【设计中心】选项板
25	Ctrl + 3		打开/关闭【工具选项板】
26	Ctrl + 4		打开/关闭【图纸集管理器】
27	Ctrl + 8		显示或隐藏【快速计算器】
28	Ctrl + 9		显示或隐藏命令窗口

附表 **B**(续)

<table>
<tr><th>序号</th><th>组合键</th><th>功能键</th><th>功　能</th></tr>
<tr><td>29</td><td></td><td>F1</td><td>显示【Autodesk AutoCAD 2018 - 帮助】</td></tr>
<tr><td>30</td><td></td><td>F2</td><td>打开/关闭【文本窗口】</td></tr>
<tr><td>31</td><td></td><td>F12</td><td>打开/关闭“动态输入”模式</td></tr>
<tr><td>32</td><td>Ctrl + F6 或 Ctrl + Tab</td><td></td><td>多文档切换</td></tr>
<tr><td>33</td><td>Ctrl + Shift + C</td><td></td><td>带基点将对象复制到 Windows 剪贴板</td></tr>
<tr><td>34</td><td>Ctrl + Shift + S 或 Alt + 4</td><td></td><td>显示【另存为】对话框</td></tr>
<tr><td>35</td><td></td><td>Delete</td><td>删除对象</td></tr>
<tr><td>36</td><td>Ctrl + Enter</td><td></td><td>关闭上下文选项卡</td></tr>
<tr><td rowspan="2">37</td><td rowspan="2">Alt</td><td rowspan="2"></td><td>默认不显示菜单栏时,输入 Alt 后键入界面显示的字母或数字,可继续在【文件】菜单、【快速访问】工具栏或面板上选择执行命令</td></tr>
<tr><td>显示菜单栏时,输入 Alt 后键入菜单栏上显示的字母,可继续在下拉菜单上选择执行其命令</td></tr>
</table>

附录 C　Creo 4.0 快捷键

Creo 4.0 快捷键，见附表 C。

附表 C

序号	快捷键	功　　能	适用模式
1	A	组装，添加元件	装配
2	D	标注尺寸	草绘
3	L	线链，绘制线段	草绘和绘图
4	P	创建基准平面	零件和装配
5	R	倒圆角	零件和装配
		绘制矩形	草绘
6	S	在平面参考上创建草绘	零件和装配
7	X	拉伸	零件和装配
8	Ctrl + A	激活窗口	草绘、零件、装配和绘图
9	Ctrl + C	复制	草绘、零件、装配和绘图
10	Ctrl + D	标准方向显示模型	零件和装配
11	Ctrl + Del	删除段(删除多余线段)	草绘和绘图
12	Ctrl + E	编辑定义	草绘、零件、装配和绘图
13	Ctrl + F	查找	草绘、零件、装配和绘图
14	Ctrl + G	重新生成模型	零件和装配
15	Ctrl + H	隐藏选定特征、元件和层	草绘、零件、装配和绘图
16	Ctrl + N	新建文件	草绘、零件、装配和绘图
17	Ctrl + O	打开已存在文件	草绘、零件、装配和绘图
18	Ctrl + P	打印活动对象	草绘、零件、装配和绘图
19	Ctrl + R	重画	草绘、零件、装配和绘图
20	Ctrl + S	保存	草绘、零件、装配和绘图
21	Ctrl + T	尺寸加强	草绘
22	Ctrl + V	粘贴	草绘、零件、装配和绘图
23	Ctrl + W	关闭窗口并将对象留在会话中	草绘、零件、装配和绘图
24	Ctrl + X	剪切	草绘、零件、装配和绘图
25	Ctrl + Y	重做，即取消放弃	草绘、零件、装配和绘图
26	Ctrl + Z	放弃，即取消上一次操作	草绘、零件、装配和绘图

附表 C(续)

<table>
<tr><th>序号</th><th>快捷键</th><th>功　　能</th><th>适用模式</th></tr>
<tr><td>27</td><td>Ctrl + 1</td><td>带反射着色</td><td rowspan="6">零件和装配</td></tr>
<tr><td>28</td><td>Ctrl + 2</td><td>带边着色</td></tr>
<tr><td>29</td><td>Ctrl + 3</td><td>着色</td></tr>
<tr><td>30</td><td>Ctrl + 4</td><td>消隐</td></tr>
<tr><td>31</td><td>Ctrl + 5</td><td>隐藏线</td></tr>
<tr><td>32</td><td>Ctrl + 6</td><td>线框</td></tr>
<tr><td>33</td><td>Ctrl + Alt + A</td><td>全选</td><td>草绘</td></tr>
<tr><td>34</td><td>Ctrl + Shift + A</td><td>外观库</td><td rowspan="3">草绘、零件、装配和绘图</td></tr>
<tr><td>35</td><td>Ctrl + Shift + H</td><td>全部取消隐藏</td></tr>
<tr><td>36</td><td>Ctrl + Shift + S</td><td>保存副本</td></tr>
<tr><td>37</td><td>Delete</td><td>删除对象</td><td rowspan="5">草绘、零件、装配和绘图</td></tr>
<tr><td>38</td><td>Esc</td><td>取消当前命令</td></tr>
<tr><td rowspan="2">39</td><td>Alt + A</td><td>显示【分析】选项卡及其各按钮快捷键</td></tr>
<tr><td>Alt + F</td><td>显示【文件】下拉菜单及其各按钮快捷键</td></tr>
<tr><td>40</td><td>Alt + F4</td><td>关闭文件(关闭文件退出 Creo)</td></tr>
<tr><td>41</td><td rowspan="2">Alt + L</td><td>显示【柔性建模】选项卡及其各按钮快捷键</td><td>零件</td></tr>
<tr><td>42</td><td>显示【布局】选项卡及其各按钮快捷键</td><td>绘图</td></tr>
<tr><td rowspan="2">43</td><td>Alt + M</td><td>显示【模型】选项卡及其各按钮快捷键</td><td rowspan="3">零件和装配</td></tr>
<tr><td>Alt + P</td><td>显示【应用程序】选项卡及其各按钮快捷键</td></tr>
<tr><td>44</td><td>Alt + R</td><td>显示【审阅】选项卡及其各按钮快捷键</td></tr>
<tr><td>45</td><td>Alt + S</td><td>显示【注释】选项卡及其各按钮快捷键</td><td>绘图
零件、装配和绘图</td></tr>
<tr><td>46</td><td>Alt + T</td><td>显示【工具】选项卡及其各按钮快捷键</td><td rowspan="5">草绘、零件、装配和绘图</td></tr>
<tr><td>47</td><td>Alt + V</td><td>显示【视图】选项卡及其各按钮快捷键</td></tr>
<tr><td>48</td><td>Alt + Z</td><td>显示【视图控制】工具栏及其各按钮快捷键</td></tr>
<tr><td>49</td><td>F1</td><td>使用 Creo Parametric 帮助</td></tr>
<tr><td>50</td><td>F11</td><td>切换全屏模式</td></tr>
</table>

参考文献

[1] 许国玉,罗阿妮,常艳艳. 计算机绘图教程[M]. 哈尔滨:哈尔滨工程大学出版社,2016.

[2] 许国玉. 工业产品类 CAD 技能一级(二维计算机绘图)AutoCAD 培训教程[M]. 北京:清华大学出版社,2010.

[3] 陶冶,邵立康,樊宁,等. 全国先进成图技术与产品信息建模创新大赛命题解答汇编(1~10届)(机械类与建筑类)[M]. 北京:中国农业大学出版社,2018.

[4] 全国 CAD 技能等级培训工作指导委员会. CAD 技能等级考评大纲[M]. 北京:中国标准出版社,2008.

[5] 全国技术产品文件标准化技术委员会,中国质检出版社第三编辑室. 技术产品文件标准汇编:技术制图卷[M]. 北京:中国标准出版社,2012.

[6] 中华人民共和国国家质量监督检验检疫总局. 中华人民共和国国家标准:机械制图[M]. 2版. 北京:中国标准出版社,2011.

[7] 全国技术产品文件标准化技术委员会. 技术产品文件标准汇编:CAD 管理卷[M]. 2版. 北京:中国标准出版社,2009.

[8] 许国玉. AutoCAD 与 Microsoft Office 的数据转换[J]. 应用科技, 2004,31(6):7-9.

[9] 许国玉. 三维设计模型生成工程图样方法的研究[J]. 机械工程师, 2005(9):71-43.

[10] 许国玉. “工程制图与计算机绘图”课程立体化建设[J]. 教书育人, 2007(5):84-85.

[11] XU GUOYU. Research and practice on bilingual teaching for computer aided drawing based on network, Proceedings the 8th China - Japan joint conference on graphics education[C]. Beijing:Beijing Institute of Technology Press, 2007.

[12] 许国玉. 试论双语互动教学与助学模式[J]. 黑龙江高教研究, 2009(3):173-175.

[13] 许国玉. 机械制图融合式交互课件研究与教学实践[J]. 图学学报, 2015,36(6):960-965.

[14] 许国玉. 应用数字信息技术和双语的工程图学创新教育[J]. 图学学报, 2014,35(1):115-120.

[15] 许国玉. 依托“技能竞赛和考试”提升机械制图创新教育[J]. 图学学报, 2015,36(4):631-637.